普通高等教育“十二五”系列教材（高职高专教育）

国家骨干院校重点建设专业教材

单元机组集控运行与技能训练

DANYUAN JIZU JIKONG YUNXING YU JINENG XUNLIAN

主　编　王祥薇　王永成

编　写　陈国栋　余长军

主　审　吴　静

中国电力出版社

CHINA ELECTRIC POWER PRESS

内 容 提 要

本书为普通高等教育"十二五"系列教材（高职高专教育），是为高职高专热能与发电工程类专业学生学习大型火电机组运行所编写的职业活动导向教材。全书分为五个项目，包括集控运行职业岗位认知、单元机组启动、单元机组运行调整、单元机组停运、机组事故处理，600MW 超临界压力仿真机组冷态启动操作指南为配套数字资源。

本书可作为高职高专电厂热能动力装置专业、火电厂集控运行专业、发电厂及电力系统专业、生产过程自动化技术专业教学实训用书，也可作为职业资格和岗位技能培训教材。

图书在版编目（CIP）数据

单元机组集控运行与技能训练/王祥薇，王永成主编．—北京：中国电力出版社，2012.2（2022.8 重印）

普通高等教育"十二五"规划教材．高职高专教育

ISBN 978-7-5123-2564-7

Ⅰ.①单… Ⅱ.①王…②王… Ⅲ.①火电厂—单元机组—集控装置—高等职业教育—教学参考资料 Ⅳ.①TM621.6

中国版本图书馆 CIP 数据核字（2011）第 281754 号

中国电力出版社出版、发行

（北京市东城区北京站西街 19 号　100005　http：//www.cepp.sgcc.com.cn）

三河市航远印刷有限公司印刷

各地新华书店经售

*

2012 年 2 月第一版　　2022 年 8 月北京第七次印刷

787 毫米×1092 毫米　16 开本　15.75 印张　482 千字

定价 **48.00** 元

前　言

本书是为高职高专热能与发电工程类专业学生学习大型火电机组运行所编写的职业活动导向教材，是安徽电气工程职业技术学院国家骨干院校重点建设专业系列教材之一。本教材以单元机组生产过程和工作过程的相关技能训练为主线，根据火电厂集控运行岗位职业能力成长规律，结合先进的火电仿真系统对教材内容、工作任务进行系统化设计，内容结构注重"知行一体化"，全面涵盖了机组启动、运行调节、停运及事故处理的专业知识和操作技能。任务目标、知识准备、任务描述、任务实施、知识拓展、实践与探索的体系结构，凸显以实际工作任务为引领、专业理论为技能训练服务的特色，使学生在掌握知识技能的同时，职业素质和分析能力得到进一步提高。

本书由安徽电气工程职业技术学院王祥薇教授、余长军副教授、曾娜老师和大唐淮南洛河发电厂高级工程师王永成、陈国栋共同编写。项目一由陈国栋和余长军编写；项目二由王永成和王祥薇编写；项目三由王祥薇编写；项目四由王祥薇和余长军编写；项目五由陈国栋编写；曾娜参与绘制本书部分图片。全书由王祥薇和王永成主编并负责统稿。本书提供600MW超临界压力仿真机组冷态启动操作指南的数字资源，由王祥薇和余长军编写，请读者扫描二维码阅读。

本书由中国大唐集团公司高级工程师吴静主审。主审老师详细审阅了全部书稿，提出很多宝贵意见和建议，在此表示感谢。

由于编者水平有限，书中难免有不妥之处，敬请读者批评指正。

编　者

2012.2

600MW超临界压力
仿真机组冷态
启动操作指南

目　录

项目一 集控运行职业岗位认知

大型火电机组通常采用单元制运行方式，即锅炉—汽轮机—发电机纵向联系的独立单元。锅炉和汽轮发电机组共同响应外部负荷需要，稳定运行的单元机组输出电功率与外部电网能量需求平衡，稳定的主蒸汽压力反映了机组内部锅炉与汽轮发电机之间能量供求平衡，因此，锅炉和汽轮发电机组是一个不可分割的整体，是一个联合的被控对象。随着现代网络及控制技术的发展，分散控制系统（DCS）在火力发电机组上被普遍采用，它以微处理器为基础对生产过程进行集中监视、操作和运行管理，使担负着电厂发电生产任务的运行人员岗位由原来的锅炉值班员、汽轮机值班员、电气值班员等演变为集控运行值班员，同时对运行人员的知识技能提出了更高的要求。

项目目标

了解承担电厂安全生产重要工作任务的一个职业岗位群——集控运行岗位群，熟悉该岗位群职业能力和职业素质要求、岗位培训和职业发展、班组管理等基本内容。

了解集控运行岗位群工作环境，熟悉电厂主厂房设备布置、运行集中控制室布置、运行人员操作监视火电机组的主要手段。

了解火电机组仿真培训系统硬件组成、软件支撑系统的主要功能，体验以实际机组为对象的火电仿真实训系统带来的生产现场环境和生产工艺流程的真实感受。

认知任务

认知任务一 职业岗位管理认知

一、电厂运行人员的职业素养

（一）职业道德

职业道德，就是同人们的职业活动紧密联系的，符合职业特点所要求的道德准则、道德情操与道德品质的总和，它既是对本职人员在职业活动中行为的要求，又是职业对社会所负的道德责任与义务。发电厂生产过程自动化程度高、技术性强，是高技术密集型企业，作为电厂运行人员应热爱电厂运行工作，树立优良电业职业理想、职业道德、职业纪律和职业责任感。具体要求如下：

（1）爱岗敬业、团结协作。贯彻“抓安全、讲效益、顾大局、守纪律”的职业道德精神，执行本岗位职业道德规范，工作认真负责，一丝不苟；坚守岗位，尽职尽责。搞好班组建设，以主人翁的姿态积极参加生产运行、民主管理和各种形式的劳动竞赛，保持工作现场环境整洁卫生，争做文明职工，争创先进集体。电力生产设备多、系统复杂，需要每个岗位、工种主动协作、紧密配合，因此服从指挥、团结协作是电力生产必须遵循的原则，也是电厂运行人员基本的道德规范。

(2) 勤奋学习、钻研业务。要求运行人员熟悉本岗位设备系统结构特点、运行规程、技术规范数据及各种运行方式；积极参加文化知识和业务知识培训，不断提高技术技能水平；取得工作票许可人资格；正确掌握触电急救法、人工呼吸法、消防救火法和各种事故状态下的自我保护；按本部门、专业、工作计划目标，结合本岗位工作实际，制订计划措施，恪尽职守，确保设备安全经济运行，并完成或超额完成计划目标任务和交办任务。同行之间、同事之间要坦诚相见，不搞技术封锁，年轻同志要尊重老同志，虚心求教，认真学习经验；老同志要耐心指导、鼓励徒弟超过师傅。

(3) 遵章守纪、诚实守信。发电厂的运行是电力生产的关键环节，运行人员遵守规程对安全发电尤为重要。进厂上班佩戴岗位标志，着装规范整齐，并符合安全规程要求；严格执行“三纪”(行政纪律、劳动纪律、技术纪律)，做到令行禁止；遵守厂规厂纪，严肃上班纪律，不迟到早退，不围坐闲谈，不看与上班工作无关的书报，不干私活，不擅离岗位；严格执行“两票三制”，工作票、操作票合格率应为100%；交接班制度、巡回检查制度、设备定期试验及轮换制度毫不放松，认真做好本岗位设备巡回检查，做到细听、细看、细查、细分析；值班时精心监视仪表，精心操作，精心调整设备；正确分析和判断设备异常、设备故障，对不安全情况和事故，不隐瞒、不包庇、不弄虚作假，坚决执行“四不放过”，即事故原因不清楚不放过、事故责任者和应受教育者没有受到教育不放过、事故责任人没有处理不放过、没有采取防范措施不放过。

(二) 安全教育

认真贯彻落实《中华人民共和国安全生产法》，明确从业人员的权利和义务，坚持“安全第一、预防为主”的方针，执行《电业安全工作规程》(发电厂和变电所电气部分、热力和机械部分)，全面落实安全生产责任制，不断提高个人的安全意识。

安全教育是提高职工安全意识和安全技术素质的重要手段。在各种影响安全生产的要素中，人是最重要、起关键作用的要素。坚持“四不伤害”，即我不伤害自己，我不伤害别人，我不被别人伤害，保护他人不受伤害。因此，应坚持以人为本，持之以恒地开展形式多样化的安全教育，开展安全业务技术培训和心理承受能力培养等。

新人员进厂工作必须经过三级安全教育，且考试合格后方可上岗。三级安全教育分别为厂级安全教育、车间级安全教育和岗位(工段、班组)安全教育，是企业安全生产教育制度的基本形式。厂级安全教育的主要内容：介绍安全生产基本知识，使新进厂职工树立“安全第一”和“安全生产人人有责”的思想；本单位安全生产规章制度和劳动纪律；作业场所和工作岗位存在的危险因素、防范措施及事故应急措施；有关事故案例。车间级安全教育的主要内容：介绍本车间安全生产状况及规章制度；作业场所和工作岗位存在的危险因素、防范措施及事故应急措施；有关事故案例。岗位安全教育的主要内容：岗位安全操作规程；生产设备、安全装置和劳动防护用品的正确使用方法；有关事故案例。

在岗人员每年进行一次安全生产工作规程教育，经考试合格后方可继续工作。因故间断工作连续3个月以上者，应重新学习，并经考试合格后，方能恢复工作。

二、电厂运行岗位职业能力培养

(一) 岗位培训流程

运行人员是指直接担负着电厂发电生产任务的相关生产人员。人员素质的高低直接关系到生产任务的完成及电厂的安全经济运行。随着高参数、大容量机组的相继投入，对电厂运行人员提出了更高、更新的要求，因此，各电厂十分注重加强对运行人员的职业技能培训。

1. 岗前培训

针对即将走上工作岗位的高校毕业生，在入厂独立值班前，必须经过规程规章制度学习、现场见习和跟班实习三个阶段的培训，每个阶段要制定培训计划，认真按计划进行。

（1）规章制度学习。安排学员学习厂纪厂规，学习安全规程及有关法规，并熟悉发电厂的生产过程。经过集中学习考试合格后，才能进入下一阶段学习。

（2）现场见习。按照“厂中校”的人才培养模式，将学生送到企业相关实训基地，由学校和现场生产班组指定专人进行培训，签订师徒合同，学习本岗位设备构造原理、性能，有关系统及运行方式。见习运行人员不允许操作设备，不能顶岗值班。见习期满，经过考试合格方可进行现场跟班学习。

（3）现场跟班学习。首先，利用仿真机对学员进行操作培训和学习。学习期满经过考核合格，可以安排进入现场进行跟班学习，班组要安排有经验的人员进行培训。在老师傅的监护下，参加实际操作。跟班学习期满，经考试合格，实际考察确认有适应工作的生产知识和独立工作能力，并经有关部门批准后，方可独立工作。

2. 在岗人员的培训

生产岗位培训是企业对各岗位工人进行技术教育的重要方法，由各班组具体实施。班组根据本班人员的技术业务素质状况，围绕生产实际，制订切实可行、有针对性的培训计划，并建立考勤、考核制度，指定专人定期检查计划落实情况，使员工了解设备的构造、工作原理及其性能，熟练掌握运行方式、操作方法、事故分析及应急处置等。生产岗位培训是电厂安全、经济运行的根本保证，一般有以下几种培训方法。

（1）考问讲解。生产知识的考问讲解是针对人员素质和岗位标准，以本专业、本岗位“三熟三能”为主要内容，本着缺什么补什么的原则，采用逐级提问的方法进行培训。当考问人认为被考人回答不完整或不正确时，要给予补充或纠正，达到巩固和丰富生产知识的目的。

（2）技术问答。班组可以定期或不定期结合生产工作中的技术薄弱环节和设备存在的问题，由培训员提出若干技术问题，分别交给若干人解答，然后写出标准答案，公布于技术问答栏供大家学习。

（3）事故预想。任何事故的发生，都将给电厂造成损失，事故预想是防止事故发生的重要措施。事故预想应以当值主要设备缺陷、特殊运行方式、季节（气候）变化、新设备和修后设备投入运行以及其他临时发生的情况为重点。做好事故预想，使运行人员明确分工，并事先制定出反事故措施，一旦发生事故，能够及时处理。

（4）反事故演习。反事故演习是提高排除故障能力的有效方法，应以常见设备弱点、人员技术弱点、事故时指挥与联系弱点及厂内事故教训为主要内容。通过反事故演习，可查找出应急处置中存在的不足，做到有针对性改进。

（5）岗位训练。班组要针对本班所管辖的设备在运行、操作、检修工艺方面存在的薄弱环节和新设备、新技术的应用，在生产中边学边练，提高运行人员的实际操作能力和应急处置能力。

（6）技术工作总结、点评。班前班后会开得好坏将对班组成员，尤其是新工人的技术是否进步起到至关重要的作用。上班时班长把本班次运行方式、设备缺陷和设备投入情况以及上班注意事项向班组成员交代清楚；下班时班长召开班后会，总结当班生产工作，对当班实际工作情况向全班人员进行讲评，对工作中表现优秀的人员进行表扬，同时对不足之处进行点评，使班组成员对自己和别人的工作有一个正确地认识，也可对操作中的问题进行技术交流，使全班人员的技术素质得到完善、提高。

（二）岗位能力及职责要求

1. 集控运行巡检

（1）应知。了解《电业安全工作规程》、《电力工业技术管理法规》、《消防规程》有关条文及熟悉运行专业的操作规程；熟知运行专业基础理论知识和工艺系统主要设备的原理、正常的运行状态；熟知运行专业设备的巡检内容和巡检路线以及相关的制度和规定；熟知巡检过程中的安全注意事项、异常情况的处理方法。

（2）应会。熟悉本机组所有系统流程及设备结构原理，能背画运行各专业的系统图，掌握各辅机运行参数；会使用各种巡检工器具，掌握现场各种消防设备的使用方法及适用范围，并懂得触电、烫伤、外伤、气体中毒等急救知识。

（3）岗位职责。在操作员的直接领导下，负责所在机组的巡回检查和就地操作、调整任务；认真执行现场运行规程、电业安全工作规程及各项规章制度；能够掌握所在现场设备和系统的工作流程，以及设备、系统的异动情况；配合操作员做好所在机组的启动、停运和调整等有关的具体工作；负责所在机组的设备运行情况和有关参数的检查，正确地判断所辖设备的异常运行，并能进行相应处理，确保人身和机组运行的安全；配合操作员做好所在机组大、小修后及事故处理中试验和操作等相关工作；完成所在机组的相关定期试验工作，并且负责有关表报、记录的录入，对录入内容的准确性、有效性负责；负责本机组操作工具的管理维护；完成上级岗位安排的临时性工作。

2. 集控运行操作员（值班员）

（1）应知。熟知《电力工业技术管理法规》、《电业安全工作规程》、《电业生产事故调查规程》、《消防规程》及《集控运行规程》；熟悉电力生产过程及除尘、化学、热工、燃料等相关的设备和系统；熟知各专业各技术指标及各项参数的质量标准；熟知各系统布置及设备原理；熟知各专业系统之间相互关联的特性；了解检修后的设备验收标准。

（2）应会。掌握全厂热力系统图和电气一次系统图；掌握主系统设备的各种运行方式；熟练掌握各专业全部设备规范、构造、基本原理及运行情况，熟悉各热机连锁、保护，熟悉各辅助系统的设置、投入、退出操作、参数调整；有填写各类操作票的能力，能在监护下熟练进行设备的操作及检修前的全部安全措施布置；有鉴别主要系统设备异常运行的能力，并采取相应预防措施；会使用各种消防、安全器具，会消除简单的设备缺陷。

（3）岗位职责。在机组长的领导和监护下，做好本机组的安全、经济运行管理工作，机组长不在时，履行机组长职责；负责本机组 CRT 上的一般操作和现场的重大操作；负责对巡检人员的现场操作进行监护及检修工作票的安全措施办理；认真执行“两票三制”，完成设备的操作、定期试验和轮换工作；做好设备巡回检查和维护工作；熟知所管辖设备的保护、运行监视方法，能及时发现异常情况，协助机组长迅速、正确地处理事故（异常），防止故障扩大；根据运行方式变化做好事故预想，并对系统设备进行重点监控；做到现场文明生产工作，保持设备管道清洁；完成上级岗位交办的其他任务。

3. 集控运行机组长（单元长）

（1）应知。掌握常用工具的原理及正确使用方法；熟悉及掌握《安规》的相关内容；了解《防止电力生产重大事故的二十五项重点要求》中主要内容；熟悉发电机、变压器、电动机、电流互感器、电压互感器、避雷器、开关、刀闸等电气主设备的原理及结构；能看懂各种电气二次图；掌握各种报警的含义及处理方式。

（2）应会。熟知《集控运行规程》；熟悉热工、化学、燃料、除灰运行规程及系统流程；能够正确指挥、组织事故处理及机组异常运行的综合分析，并能根据各运行设备存在的薄弱环节及时布置正确的事故预想；熟悉机组各项经济技术指标及掌握调整机组在最佳安全、经济运行的控制手段；熟悉 500、220kV 电网主网架系统，熟悉全厂公用系统和厂用电系统；有较强的综合分析判断能力，能准确及时地分析判断事故原因，并能采取有效措施排除事故或故障，防止事故扩大；能解决机组运行中出现的生产技术问题。

（3）岗位职责。在值长的领导下，搞好本机组的安全、经济运行，是本机组所有相关设备正常运行的直接责任人，在行政上受值长领导，技术上受相关运行专工指导；机组长对本机组的安全文明生产负领导责任；对自己发布的生产指令、操作指令负直接领导责任；对本机组的违章行为或违反劳动纪律的行为负管理责任；对本机组的操作、组织、指挥、监护负直接责任；对本机组的机组运行管理负领导责任；做好事故预想，运行中发生异常情况或事故，应领导本机组人员进行准确判断、正确处理，并及时汇报值长，做好详细记录；在主系统设备运行方式发生重大变化时，制定操作方案，负责监护和布置安全措施；带头严格执行“两票三制”，有权制止无票作业或违章作业；在搞好安全生产的同时，安排督促班组的各项安全生产管理工作，建立健全安全管理台账；完成上级岗位交办的其他任务。

4. 集控运行值长

（1）应知。熟悉《电力工业技术管理法规》、《电业安全工作规程》、《集控运行规程》、《启动调试导则》、《电业生产事故调查规程》、《电网调度管理条例》、《继电保护运行规程》、《电网调度规程》、《化学运行规程》、《燃料运行规程》、《压力容器安全监察规程》、《消防管理条例》、《检修工艺规程》；机组主要设备及主要辅机的构造、性能及工作原理；各种自动控制、热工保护和测量仪表的作用、工作原理、定值参数及试验方法；计算机分散控制系统的组成、功能及工作原理；机组热效率试验方法和计算方法；机组定压、滑压运行原理、方法及注意事项；单元机组在各种工况状态下的启动、停用方法；机组停用后的保养知识以及寿命的管理知识；新技术、新设备、新材料和新工艺的应用知识；生产技术管理的基本知识。

（2）应会。熟悉设备控制保护、自动装置的原理图和结构图，熟知汽轮发电机组的热力系统图和电气一次系统图；了解机组各设备的连锁程序控制、自动控制的原理方框图；使用正确的调度术语指导和联系工作；熟知本厂正常运行方式和变工况运行方式，能对全厂各项主要技术经济指标进行分析监督，使之在最佳工况下安全运行；有敏锐的分析判断能力，能准确及时地分析判断事故原因，并采取有效措施排除事故或防止事故扩大，能解决当值设备运行中出现的问题；具有较强的组织能力，能正确组织、熟练指挥各专业运行系统的倒换操作，按要求布置安全措施，做好设备试运、验收、事故处理等工作；编制反事故措施及特殊运行项目的安全措施；具有应用本专业新技术、新设备、新材料和新工艺的能力，并能按照新设备试运行方案进行试运行试验。

（3）岗位职责。全面负责本值工作，是本值各岗位行政、生产、技术的领导者和指挥者，是本值安全文明生产第一责任人，行政上受发电部主任的领导，技术上接受运行副总工程师的指导；当班期间全面调度生产事宜，执行电网的调度指令和公司安排的生产调度计划，并接受安监部门的监督；对机组各设备系统的投运、退出、事故处理和检修的各项安全措施负责，在设备系统有缺陷需要检修时尽快联系检修人员处理；遇有紧急情况时有权调动厂内有关部门配合；及时制止和纠正违章作业，禁止无关人员进入生产现场；在组织管理本值人员的安全生产过程中，督促各岗位人员严格执行安全规程、运行规程和各项管理制度；严肃批评、纠正、考核各岗位人员的违章违纪行为；在布置工作任务时，要有针对性地交待安全注意事项；组织实施月度培训计划，督促完成日常培训任务；负责召开班前班后会，布置工作，总结经验，对人员提出表彰或批评；组织全班做好各项劳动竞赛活动；完成上级交办的其他任务。

三、电厂运行岗位管理

（一）发电厂生产技术管理基本知识

发电厂的生产技术管理包括质量管理、安全管理、文明生产管理、环保管理、设备管理、运行管理、班组管理、检修管理、专项监督管理、燃料管理、计量管理、计划管理和节能管理等。

运行工作是发电企业的中心工作，它贯穿于发电企业生产的全过程。运行管理是发电企业管理的重要组成部分，发电厂通过对运行生产的计划、组织、指挥、控制和协调，保证发电生产的安全、经济、可靠、环保，实现发电企业的利益最大化。发电厂运行管理的内容较多，概括起来主要有以下七部分：安全运行管理；设备出力管理；运行调度及调峰管理；经济运行及指标管理；运行规程、系统图及原始资料管理；运行分析管理；运行组织的行政管理。加强运行管理，认真贯彻“安全第一、预防为主”的方针，严格执行各项规章制度，调动和发挥发电厂运行人员的积极性，合理利用资源，努力降低消耗，保证电能质量，最大限度地满足社会用电的需要。

班组是在劳动分工的基础上，为完成规定的生产任务，把一部分职工组织起来的劳动集体。“班”是企业劳动组织的最基层也是企业行政管理的一级组织。例如一台大型单元机组有五个运行值，每个值有集控运行、除灰、脱硫、化学、输煤等若干个按专业分工的班组。班组管理主要是班的管理，也包括一部分小组的管理工作，统称为班组管理。班组的管理包括班组的生产管理、安全管理、质量管理、基础管理、民主管理、思想政治工作。

（二）两票三制

1. 工作票

工作票是准许在设备上工作的书面命令，是执行保证安全技术措施的书面依据。工作票是电力系统几十年用血和泪总结出来的。严格执行工作票，减少了电力系统事故的发生，减少了人为因素造成的人身伤害和设备的损失，规范了人员的工作行为，提高了发电设备检修的安全管理水平和检修工作的质量和效率，对电力生产安全起到了一定的保障作用。

工作票包括：热力机械工作票（见表1-1）、电气第一种工作票、电气第二种工作票、电气线路第一种工作票、电气线路第二种工作票、热控工作票、一级动火工作票、二级动火工作票、继电保护安全措施票、热控保护安全措施票。

工作票签发人、工作许可人和工作负责人必须符合《电业安全工作规程》所要求具备的条件，并按规定考试合格，领导批准，书面公布。工作票签发人、工作许可人和工作负责人应按《电业安全工作规程》规定认真履行职责，落实安全责任和现场安全措施，确保检修工作过程中的人身和设备安全。

表 1-1　　×××公司热力机械第一种工作票

1. 工作负责人（监护人）：　　　　班组：　　　　编号：　×××

2. 工作班成员：　　　　共____人　　　　附页：______张

3. 工作内容：

工作地点：

4. 计划工作时间：自___年___月___日___时___分至___年___月___日___时___分结束

5. 必须采取的安全措施：　　　　6. 措施执行情况：（√）

工作票签发人：______年______月______日

接票人：______年______月______日______时______分

7. 运行值班人员补充的安全措施：　　　　8. 补充措施执行情况：

9. 批准工作结束时间：______年______月______日______时______分。

值长：______月______日　单元长：______月______日

工作许可人：______月______日　值班负责人：______月______日

10. 上述安全措施已全部执行，从______年______月______日______时______分许可开始工作

工作许可人______________工作负责人：______________

11. 工作负责人变更：自______年______月______日______时______分原工作负责人离去，变更为担任工作负责人。工作票签发人：______工作许可人：______

12. 工作票延期：有效期延长到______年______月______日______时______分

值长：______单元长：______工作许可人：______工作负责人：______

13. 工作终结：工作人员已全部撤离，现场已清理完毕

全部工作于_____年_____月_____日_____时_____分结束　工作负责人：______工作许可人：______

14. 检修设备试运后，工作票所列安全措施已全部执行，可以工作：

允许恢复工作时间	工作许可人	工作负责人
月　日　时　分		
月　日　时　分		
月　日　时　分		

2. 操作票

操作票是防止误操作（误拉、误合断路器、带负荷拉合隔离开关、带地线合闸等）的主要措施，包括电气倒闸操作票和热机操作票（见表1-2）两种。电气操作票适用于发电厂内电气设备的状态转变以及位置改变的操作；热机操作票主要应用于火力发电厂的水、汽、气、油、灰、渣等设备系统及设备的投入及退出运行的操作。

操作票必须由两人执行，一人操作，一人监护，其中对设备比较熟悉者作监护人。每张操作票只能填写一个操作任务，由操作人填写，监护人和值班负责人逐级审查合格后方可执

行，在事故处理，拉、合断路器（开关）的单一操作和拉开接地刀闸或拆除全厂（所）仅有的一组接地线时，可不填写操作票。

表 1-2　　　　　热 机 操 作 票 No.

年　　月　　日

发令人		监护人		操作人		检查人	
操作任务：　　　　#炉　　　　#引风机启动							
操作前已由　　　　向　　　　联系过							
操作开始时间　月　日　时　分			结束时间　月　日　时　分				

顺序	操 作 内 容	时间	执行
1	系统设备大、小修后，确认引风机及系统相关工作结束，工作票已全部总结，安全措施拆除，现场清理干净		
2	检查、试验引风机入口调节门、出口电动门及液力偶合器调整勺管开、关正常，伺服机构完好		
3	检查引风机、引风机电动机轴承螺丝、地脚螺丝齐全牢固，靠背轮连接良好，防护罩安装牢固，轴承油位正常（1/2～2/3），油位表清晰；无漏油，轴承冷却水阀门完好无损，冷却水压力正常（不小于 0.25MPa）		
4	检查引风机液力偶合器各部外观正常，靠背轮连接完好，地脚螺丝齐全无松动。各油、水管道接头连接牢固可靠，各部位无漏油，无渗水现象。偶合器油箱油位正常（1/2～2/3），油质良好清晰，各测温装置，测速探头安装牢固，接线良好；各表计齐全、指示正确，伺服机（电动执行机构）切换至“电动”位置。勺管行程标尺在“0”位置。开启冷油器进、出口油阀；关闭油滤网旁路阀，开启冷油器进、出口水阀，检查冷却水压力正常（不小于 0.25MPa）		
5	检查电动机电源线和地线完好，电动机冷却风扇风口无杂物		
6	引风机各控制回路、自动装置正常投运，各连锁保护试验正常，确认风机动力电源已送上		
7	确认引风机的事故开关在“运行”位置		
8	确认引风机入口调节门、出口电动门关闭		
9	确认引风机具备启动条件后，选择顺控或手动启动引风机		
10	确认引风机电动机合闸约 10s 后，电流由最大返回正常值（小于电流额定值 199A）		
11	延时 15s 后，全开引风机出口电动挡板		
12	调整引风机入口调节挡板		
13	根据运行工况调整引风机液力偶合器勺管开度及引风机入口风门开度		

续表

顺序	操作内容	时间	执行
14	检查引风机电流正常，风机轴承、液力偶合器工作油出口油温、电动机轴承温度正常，振动正常，液压润滑油过滤器差压小于0.25MPa，当超过0.25MPa时应切换过滤器并进行清洗，润滑油进、回油畅通，油温正常		
15	引风机正常运行时应监视参数：风机轴承温度不超过75℃，电动机轴承温度不超过85℃，绕组温度不超过120℃，振速不超过9.5mm/s，振幅不超过0.1mm，液力耦合器参数：油泵出口油压0.08～0.35MPa；液力耦合器入口油压0.01～0.03MPa；油泵出口油温小于85℃，耦合器工作油温不超过80℃；液力耦合器入口油温小于70℃		
操作记事			

__________至__________已由 执行

__________至__________已由 执行

危险点分析

1	风机	启动前确认轴承冷却水投入、油位正常，防止断水、少油烧瓦	
2	液偶	确认液偶油位正常（1/2～2/3），冷油器冷却水投入正常，防止断水、少油烧瓦	
3	风门	确认风机入口调节门、出口电动门关闭，液偶勺管开度在0位，防止电机带负荷启动	
4	启动	若风机启动后跳闸，禁止强行启动，检查机械、电气部分无异常后方可再启一次	
5	启动	若风机启动后启动电流长时间电流不回返，（大于10s），手动停运该风机，检查机械、电气部分无异常后方可再启一次	
6	启动	若风机启动后声音异常，或剧烈振动，或风机、电机、轴承温度急剧上升，手动停运该风机，联系检修检查	

3. 交接班

运行交接班是指运行各岗位人员工作的移交和接替。发电企业运行岗位的交接必须保证生产过程的连续性，若在交接班期间发生事故，应在事故处理完毕后再进行交接班。交接形式以书面文字为准，必要的口头交代必须语言规范、清晰、明确。

交接班的主要内容：运行方式及方式变动情况；现场作业及安全措施部署情况，重点核对接地装置；设备、系统缺陷和消缺情况；全厂带负荷情况、潮流分布、负荷预计；所辖设备的运行状况；异常、事故及处理情况；定期工作开展情况；现场安全措施、运行方式与值班记录、模拟图的对应情况；公用设施、台账、器具及文明卫生情况；上级指示、命令、指导意见等。

4. 巡回检查

巡回检查是鉴定和掌握设备基本状况的重要手段，分接班前检查、班中巡回检查和检修人员的定期检查三种方式。

巡回检查必须由能独立值班的人员、设备专责、点检人员担任，并做到“四到”（看、听、摸、嗅），及时掌握设备运行状况。巡回检查时要正确佩戴安全帽，携带检查任务和环境需要的检查工器具，例如：手电筒、听针、测温仪和测振仪等，认真记录有关数据。

遇恶劣天气（雷雨、大风、大雪、大雾等）、设备存在缺陷、新设备投产、机组处于异常运行、特殊运行方式时，应加强巡回检查次数，同时对发现的异常参数及时分析、汇报。

5. 定期工作

设备定期轮换与定期试验工作统称为定期工作。定期轮换是指运行设备与备用设备之间轮换运行；定期试验是指运行设备或备用设备进行动态或静态启动、保护传动，以检测运行或备用设备的健康水平。

定期工作必须严格执行操作票制度。在进行设备定期试验、轮换前必须对被试验和被轮换（运行及备用）的设备进行检查，确保试验、轮换安全可靠；定期工作开始前，要认真开展危险点分析和采取预控措施，做好事故预想，确保操作安全。

（三）优化运行

当前电力市场日趋完善，竞争日益激烈，同时由于经济的发展和人民生活水平的提高，电网峰谷差越来越大，大型机组频繁参与调峰。在这种形式下，降低发电成本，提高经济效益已成为各发电企业的迫切需要。火电厂运行优化系统作为指导电厂优化运行的主要工具日益显示出其重要性。

火电厂优化运行系统以性能计算和能损分析为基础，通过对运行参数的计算，确定机组运行状态和部件性能对机组经济性的影响，从而揭示出使机组经济性降低的各种因素；通过对设备性能状态分析和运行参数分析，给出最优经济运行指导；通过对机组运行参数和重要指标的统计和计算，对运行中的设备进行在线故障诊断。

基于性能计算和能损分析的结果，找出可控损失项及这些损失对机组经济性造成的影响，进而给出减少这些损失的指导意见，提高机组的运行水平。目前，主要应用在锅炉吹灰、凝汽器真空和可控参数的优化指导上。

认知任务二 职业岗位环境认知

一、主厂房布置

火力发电厂主厂房布置一般采用四列式布置方案，依次为汽机房—除氧间—煤仓间—锅炉房，炉后依次布置电除尘—引风机—烟囱—脱硫系统。汽机房运转层采取大平台布置，机组之间设有检修场地，汽轮发电机组采取纵向顺列布置。锅炉为全钢架结构，岛式布置。

1. 汽机房

汽机房 0m 层布置：凝结水精处理装置、主机润滑油系统、润滑油净化储存系统设备、水环式真空泵、凝结水泵、发电机密封油集装装置、氢冷系统设备、闭式循环冷却水泵、闭式循环冷却水热交换器、开式循环冷却水泵及开式循环冷却水电动滤网、汽动给水泵小汽轮机润滑油系统。

汽机房 0m 层中部布置凝汽器，双背压机组，低压凝汽器位于发电机侧，高压凝汽器位于汽轮机侧。凝汽器下方设有深坑，用于安装两台凝汽器水室联络管，以及循环水进出水管道和阀门。

汽机房6m层主要是管道层，汽轮机机头下部布置高压旁路、润滑油系统设备、EH油集装装置、轴封汽供汽及轴封冷却器和轴加风机等设备，发电机侧布置定子冷却水系统设备、发电机封闭母线、励磁变压器、6kV厂用配电装置等，7、8号低压加热器安装在凝汽器颈部。

汽机房13m层为运转层，布置有汽轮发电机组和汽动给水泵组、汽轮机低压旁路装置。两台汽动给水泵小汽轮机排汽向下接入主机凝汽器。

2. 除氧间

除氧间一般设有0、6、13m和26m四层。底层布置有电动给水泵组、汽动给水泵前置泵、凝结水精处理再生装置、化学加药装置、凝结水处理控制室等设施。6m层布置5、6号低压加热器和辅助蒸汽疏水扩容器。运转层布置高压加热器组。26m层为除氧层，除氧器室内布置，并布置有闭式循环冷却水膨胀水箱。

3. 煤仓间

煤仓间设有0、17m和42m三层。0m层按照顺列布置6台磨煤机及其附属设备。17m层布置给煤机、辅助蒸汽母管。42m层布置输煤皮带机，与17m层间布置原煤仓。

4. 锅炉房

锅炉房0m布置有机械除渣设备、密封风机、疏水扩容器等设备。一次风机、送风机并列布置在锅炉炉后。

二、集中控制室布置及功能

图1-1所示为某电厂单元机组运行集控室。

图1-1　单元机组运行集控室

作为单元机组监视与控制中枢的集控室，直接关系到机组的安全、经济运行，并在很大程度上反映出机组的制造质量、自动化程度及电厂的运行维护水平。

随着计算机技术引入自动化控制领域，以及DCS分散控制系统的采用，CRT过程监视在火电机组控制中逐渐呈现主体地位，常规仪表监控基本被取代，一台机组人机界面统一为4～6台标准的CRT操作员站和2台大屏幕。集控室与早期相比发生了根本性变化，不仅打破原有的机电炉分专业监控形式，且单元机组控制由一机一控转变为两机一控，甚至四机一控。在一台机组启停及故障处理情况下，便于其他机组运行值班人员及时提供支持和配合，同时，有利于对各机组之间公用和辅助生产系统的有效监控。

现代大型单元机组集控室的布置由前至后一般分为BTG盘、运行值班员控制台和值长台三部分。BTG盘装设火焰电视监视器、重要报警光字牌、主要仪表（如：机组功率、频率、汽轮机转速等）以及时钟等，方便主要画面和参数的监视。很多新建电厂在原来放置BTG盘的位置，改放与DCS联网的大屏幕显示器，作为另一种型式的操作员终端，可以扩大操作员的视野，同时利用窗口技术把工业电视纳入大屏幕显示范围，通过画面切换可以监视参数、炉膛火焰以及机组各系统和设备。运行值班员控制台上放置多台CRT操作员站，用于单元机组监视与控制，一个CRT操作员站显示各系统流程和电厂生产过程总貌、过程状态、控制回路显示、数据及运行趋势显示、报警显示等。控制台上仅保留紧急停炉、紧急停机、手动启动油泵等少数几个硬操作按钮，以备DCS系统故障情况下能够安全停机。值长台上设置调度电话、厂级监控信息系统（SIS）、厂级信息管理系统（MIS）等人机接口终端，对机组生产过程进行自动化管理和经济调度。集控室后部设有运行人员休息室、热控工程师站等区域。

三、分散控制系统

单元机组各种被控生产设备的地理位置是分散的，而运行人员能在一个控制中心对各种主、辅设备及系统进行集中监视和控制，这正是由于分散控制系统在火电机组中的应用，不仅大幅度地提高劳动生产率，降低发电机组的能耗，并且对机组的安全生产提供了可靠的保证。

分散控制系统（Distributed Control System，DCS）是利用计算机技术对生产过程进行集中监视操作、管理和分散控制的一种新型控制技术，是计算机技术、信息处理技术、测量控制技术、通信网络技术和人机接口技术相互渗透发展而产生的一种新型先进控制系统。分散控制系统的含义着重体现在“分散”上，而“分散”的含义包括两个方面：一是强调各种被控的生产设备的地理位置是分散的，相应系统的控制设备也在地理位置上分散布置；二是指控制系统所具有的功能是分散的，即计算机控制系统的数据采集、过程控制、运行显示、监控操作等按功能分散给若干台微处理器，这种功能上的分散同时也分散了整个系统的危险性，在功能分散的基础上，DCS通过计算机网络又将运行的操作与显示集中起来，这样便于操作人员集中控制，所以分散式控制系统又被称为集散型控制系统、分布式控制系统。

DCS最初在国内燃煤电厂应用时，其功能覆盖范围仅包括数据采集与处理系统（DAS）和模拟量控制系统（MCS），然后扩展至顺序控制系统（SCS）与锅炉炉膛安全监控系统（FSSS），作为DCS的主要子系统，以上4项功能目前在国内的应用已相当成熟。近年来，随着新一轮高参数、大容量火电机组的投运，大型火电厂分散控制系统（DCS）的功能覆盖范围已扩充至电气控制系统（ECS）、汽轮机数字电液控制系统（DEH）和其他常规的独立控制系统。标志着通过DCS已可以实现对炉机电整套单元机组的检测、调节、报警和保护等全面的控制。

四、巡回检查常用工器具

（一）热机巡回检查常用工器具

1. 测振仪

测振仪也叫测振表，是利用石英晶体和人工极化陶瓷的压电效应设计而成的。当石英晶体或人工极化陶瓷受到机械应力作用时，其表面就产生电荷，采用压电式加速度传感器把振动信号转换成电信号，通过对输入信号的处理分析，显示出振动的加速度、速度和位移值。

巡回检查期间，利用测振仪对水泵、风机等主要设备的轴承及轴向端点进行测试，有利于对设备的运行状态进行分析与判断。

2. 红外测温仪

被测物体发射出的红外能量，通过红外测温仪的光学系统在探测器上转换为电信号，经过放大和信号处理后转变为被测目标的温度值。

红外测温仪不需要接触被测物体而快速测得温度读数，具有重量轻、体积小、使用方便的特点，并能可靠地测量热的、危险的或难以接触的物体，且不会污染或损坏被测物体。

（二）电气巡回检查常用工器具

1. 绝缘手套

绝缘手套是用天然橡胶制成，在带电作业等情况下起到对手或者人体的保护作用。

所有电气操作必须戴绝缘手套，严禁只戴一只绝缘手套进行操作；使用前应检查外观清洁，无油污，无破损现象，且“绝缘试验”合格证完好，并在有效期内；将绝缘手套从手臂端向手指端卷曲，绝缘手套不应有漏气现象；现场电气设备发生接地故障，人员需接触设备外壳和构架时，必须戴绝缘手套。

2. 绝缘靴

绝缘靴主要作为高压电力设备方面电工作业时的辅助安全用具。

绝缘靴应保持清洁，无破损，无油污，且“绝缘试验”合格证完好，并在有效期内。雷雨天气巡视室外高压设备或雨天操作室外高压设备时，应穿绝缘靴；现场高压设备发生接地故障期间，室内不得接近故障点4m以内，室外不得接近故障点8m以内，进入上述范围人员必须穿绝缘靴。

3. 卡表

卡表是钳形电流表的俗称，由电流互感器和电流表组合而成，利用电磁感应原理测量一次回路电流值，如图1-2所示。

卡表应保存在干燥的工具柜内，使用前要擦拭干净，检查卡表外观完好无破损；使用卡表测量时应由两人进行，一人监护，一人操作；操作时应戴绝缘手套，穿绝缘靴，不得触及其他设备，以防止短路或接地；观测表计时，尽量将卡表保持水平位置，要特别注意保持头部与带电部位的安全距离，防止触电。

4. 万用表

万用表又叫多用表，一般可测量直流电流、直流电压、交流电流、交流电压和电阻等，有的还可以测电容量、电感量及半导体的一些参数。如图1-3所示，它由表头、测量电路及转换开关三个主要部分组成，把各种被测量转换为统一的一定量限的微小直流电流送入表头进行显示。

生产现场为保证人身安全，特别规定万用表只允许使用在400V及以下电压等级系统；

使用万用表必须两人进行，一人监护，一人操作；使用万用表时，必须先确认万用表切换开关在相应位置上，不得置错位置；万用表不使用时，应将万用表切换开关置交流电压最大挡，并关闭万用表电源开关。

5. 摇表

摇表也称兆欧表、绝缘电阻表，是测量绝缘电阻最常用的仪表。通过手摇的方式在设备测量端施加一直流电压，测量回路依据电流大小显示绝缘水平的高低，如图 1-4 所示。

图 1-2 卡表

图 1-3 万用表

图 1-4 摇表

图 1-5 高压验电笔

选择与被测设备绝缘电压等级相符的摇表（6kV 及以上电压等级选用 2500V，380V 及以下电压等级选用 500V）；使用摇表测量绝缘，应由两人进行，在测量过程中，必须戴绝缘手套；测量绝缘前，必须将被测设备从各方面断开，并验明无电压，确实证明被测设备无人工作后方可进行，测量中禁止他人接近被测设备；在测量设备前后，必须将被测设备对地放电；在带电设备附近测量绝缘电阻时，测量人员和摇表安放位置必须选择适当，保持安全距离，以免摇表引线或引线支持物触碰带电部分，移动引线时，必须注意监护，防止触电。

6. 高压验电笔

高压验电笔是用来检查高压网络变配电设备、架空线和电缆是否带电的工具，亦称验电器。如图 1-5 所示。

选择与被测设备电压等级相符的高压验电笔，使用前检查高压验电笔外观完好、干燥，无损坏，且“绝缘试验”合格证完好，并在有效期内，并使用高压发生器检查风车旋转正常；验电操作必须由两人进行，一人监护，一人操作，操作人必须戴绝缘手套；验电时，应将高压验电笔顶端缓慢靠近带电部位，特别注意防止发生短路。

认知任务三 火电机组仿真实训系统

一、仿真机及仿真培训发展概况

电力行业历来把安全运行作为行业的首要技术指标，因此很多国家规定电力行业的运行操作人员必须经过严格的训练，才允许值班和上岗操作。特别是20世纪70年代之后，因核电站运行人员误操作引发过严重事故，使得培训工作变得更为突出。为了培养操作运行人员，1968～1973年美国动力集团公司相继建了各自的仿真培训中心，利用仿真技术实现电厂生产过程的操作模拟。

仿真技术和仿真学科是建立在计算机技术和数学模型基础上的一门新兴科学。在电力工业中，真正实用性仿真机的研究和开发始于20世纪60年代数字式电子计算机的应用。随着电子计算机的发展、使用和建模技术水平的不断提高，核电和火电仿真机也得到了迅速发展。

我国的电力仿真技术研究起步较早，成果显著，早在1975年，原水利电力工业部支持清华大学研制"大型火电机组仿真系统"，以200MW燃煤发电机组作为仿真对象的仿真系统于1982年研制成功，成为当时世界上少数有能力建立仿真机的国家之一。经过几年的仿真机培训效果对比调查，参加过仿真培训的人员能很快熟悉设备及系统，运行时互相配合较好，发现事故能正确处理。鉴于仿真培训的重要性和必要性，我国自1988年规定：200MW以上机组的主要运行岗位人员在上岗前必须先在仿真机上进行为期不少于一个月的培训。培训不合格者不得上岗。对于已投入生产的200MW以上的发电机组主要岗位运行人员也要逐渐做到定期上仿真机轮训和反事故演习，并以此作为对运行人员的重要考核内容。

二、仿真系统及建模理论

1. 电力仿真机的硬件系统

电力培训仿真机的硬件系统由一台计算机工作站和多台微机组成，由局域网连接成为一个独立的系统，用以模拟发电厂控制室的运行操作和监控设备，它是仿真的基础设施，系统结构如图1-6所示。

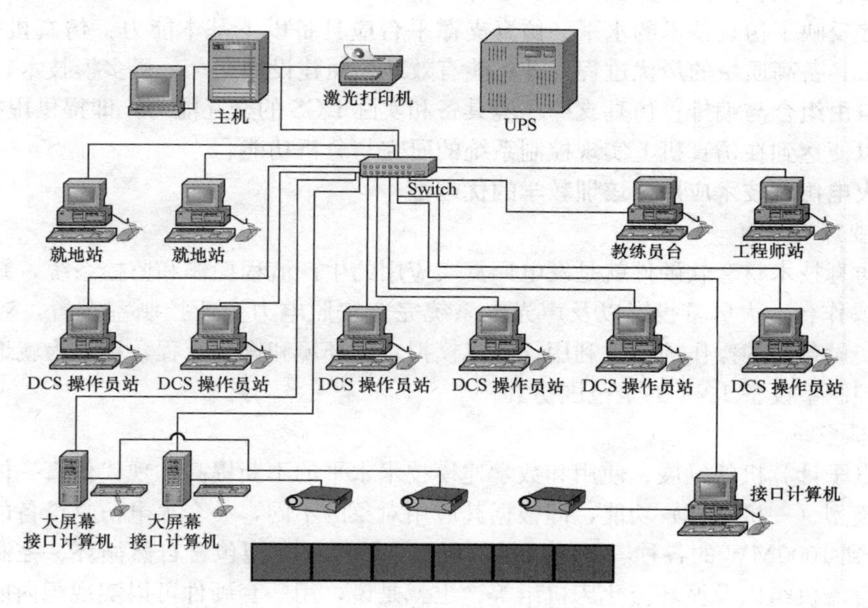

图1-6　电力仿真机硬件配置系统

随着计算机软件、硬件以及网络技术的快速发展，计算机的计算能力和容量在飞速提升，现有的一台PC机和过去的昂贵工作站计算机的性能相当，使得仿真机的硬件成本大幅度下降，网络传输能力大幅提高，复杂的结构化数据的可靠传输已不是问题。因而，火电仿真技术的发展将真实的电力生产车间轻松复制到高校，形成校内仿真生产性实训基地，通过营造逼真的生产现场环境和生产工艺流程为学生理论与实践相融合的学习模式构筑了一个高科技的平台。

2. 建模理论和支撑系统

仿真机的核心技术是建立被仿真对象的数学模型和支撑软件。随着电厂仿真技术的发展，图形化建模技术和高性能的仿真支撑环境代表了仿真技术发展的方向。

建模技术是指如何建立适用于被仿真电站机组的数学模型。先进的建模技术既能够保证仿真的高精度和实时性，也能够缩短仿真机开发时间。用于教学培训的仿真机数学模型与控制系统研究、工程分析等使用的数学模型有所不同。为了满足仿真精度的需要，培训仿真机采用的模型是根据质量、能量和动量三大守恒定律所建立的机理数学模型。大型火电机组的数学模型包括热力系统和电气系统的全过程，如火电厂的锅炉本体模型或核电站的蒸汽发生器模型、汽轮机模型、发电机本体模型、控制系统模型及各种辅机和辅助系统模型。从系统本身的复杂性和工程应用的要求来看，最关键的建模技术是锅炉或蒸汽发生器模型。锅炉本体又可分解为多个子系统，如汽水系统、水冷壁传热系统、燃烧系统、风烟系统、尾部受热面系统、除尘和脱硫系统等。

面向对象的图形化和模块化建模技术以设备为单元，划分成设备模块。设备模块中包含设备的结构参数、流体形态、工质参数等，在建模过程中，调用相关设备模块组成一个热力子系统，诸多子系统组合为大的设备或系统。输入工质和设备相关参数之后，将自动进行流体网络计算，可以得出所需实际输出参数。

仿真支撑环境软件是仿真机研发和运行维护必不可少的大型软件，仿真支撑环境功能的优劣，直接反映了仿真技术的水平。仿真支撑平台应具备以下基本能力：仿真机操作简单、易于维护；具备高质量的最优过程设计；能有效地缩短建设周期；一机多模技术，实现仿真客户端的自由组合与编排；仿真支撑环境具备和实际 DCS 的交互能力，即提供虚拟 DPU 仿真技术，以便达到在仿真机上实现控制系统的研究与分析功能。

三、火电仿真技术应用于培训教学的优越性

1. 职业环境逼真

火电仿真技术整套软硬件就是发电厂真实应用的生产流程操作和监控系统，并且操作员站、DCS 操作台、大屏幕投影以及声光电系统完全按照电力企业控制室布置，对一些必须在室外真实设备处的操作项目也利用计算机模拟真实环境和操作流程，称之为就地站，实现与发电厂控制室设备 1∶1 的全范围仿真。

2. 一机多模

随着电子计算机的发展、使用和数学建模技术水平的不断提高，现代仿真一体化支撑系统具备多模型（一机多模）功能，即根据其应用对象的不同，一套火电仿真设备的可以装载从 25MW 到 1000MW 的各种容量的机组，所仿真的机组类型包含自然循环、控制循环、超临界压力直流机组以及循环流化床机组等。也就是说，用一套硬件可以实现国内所有典型发电机组的全范围高逼真度仿真。培训教学时可以根据教学对象需求调用不同的设备模型及其生产流程模型进行讲解和操作训练。

3. 分组操作

高水平的支撑环境还可以实现多用户操作，各用户可各自运行，互不影响。由于仿真机的硬件系统由一台计算机服务器（工程师站）和多台微机（操作员站和教练员站）组成，由局域网链接成为一个独立的系统，增加操作员站只是增加该局域网中计算机数量，简单易行。

4. 功能全面

先进的火电仿真实训系统中，锅炉、汽轮机、电气和热工控制系统具有一个完整、严格、精确的数学模型，能实现机组启动、运行以及停机的全过程，能在仿真机上进行机组的启/停，正常调整及故障处理操作，相关仪表，控制器、报警和状态指示能出现与实际电站相同的反应。仿真机还有实际机组无法比拟的优点即允许在任何操作方式下或任意工况范围内实现冻结、解冻和保存功能，能进行操作的回退和重演，方便反复训练，也有助于教学和考核。

【任务描述】

5～6人组建电厂运行工作班组，进行人员分工，明确值长、单元长、值班员、巡检及各岗位职责，熟悉仿真实训环境，复习所学过的专业知识为下一步运行工作做好准备。

【典型案例】

一、事故经过

1990年1月22日15时44分，某电厂1号机运行中因二瓦振动保护动作，机组跳闸，汽机主汽门关闭，负荷到零。锅炉汽压升高到安全门动作压力14.7MPa，安全门首先动作。司炉（锅炉运行值班员）采取了停止风扇磨煤机减粉的措施，同时令副司炉投一支油枪，准备汽机挂闸后恢复运行。此时站在副司炉身旁的司水员（巡检负责）误认为让其去关安全门的脉冲阀，便急速跑到锅炉顶部，将正在动作的14.7MPa安全门的脉冲阀关闭，迫使16.8MPa安全门动作，该司水员又将这台安全门脉冲阀关闭，又迫使17.2MPa安全门动作，该司水员又将这台安全门解列。至此，该炉4台主安全门全部退出运行，锅炉失去超压保护，致使锅炉汽压升高到17.5MPa，司炉只好开启向空排汽门降压。司水员关完3台安全门的脉冲阀后，回到控制室说："安全门的脉冲阀关完了"，司炉听到后立刻令副司炉上炉顶将3台安全门投入。

二、事故分析

司水员误操作，盲目将3台动作中安全门解列是本次锅炉超压的主要原因；事故处理中，司炉命令不明确，引起司水员误会是本次超压的重要原因；司水员经验不足，不知道安全门在压力升高依次动作不应解列，也是本次事故的原因之一。事故处理中，司炉摆手叫副司炉去投油枪，站在副司炉身旁的司水误认为是让他去解列安全门，违反了操作复诵制；司水员在没有明确操作任务的情况下，盲目将3台安全门解列，引起锅炉超压。

三、事故经验

运行人员缺乏事故处理经验，技术水平低，缺乏锅炉压力升高，安全门动作不应解列安全门的起码知识，反映出岗位培训工作的不力。通过此次事故告诉我们：①事故处理中，下令人员命令应正确、清楚，接令人员复诵操作内容；②要切实加强运行管理，做好对运行人员的安全教育和技术培训工作，通过技术问答、反事故演习，提高处理事故的能力；③对锅炉安全门要做到定期试验，保证好用，防止拒动误动。在锅炉运行中进行安全门维护和缺陷处理时，必须做好事故预想及防止锅炉超压的措施。

项目二　单元机组启动

项目目标

熟悉单元机组启动要求、禁止启动条件、启动状态划分及启动前检查、准备；能准确描述单元机组主要系统流程和设备作用；能利用仿真机进行单元机组滑参数冷态启动和热态启动；熟悉启动过程中主要操作步骤及注意事项、技术要求；能根据现象初步判断启动过程中主要设备及系统的异常并了解其异常原因和处理原则；能用专业理论知识解释启动过程中主要设备及系统启动特点和运行调整方式。

知识准备

单元机组的启动是指机组由静止状态转变成运行状态的过程，包括启动前准备、辅助设备及系统投运、锅炉点火及升温升压、汽轮机冲转与升速、发电机并列、升负荷至额定负荷。单元机组的启动过程是对设备部件加热升温的过程。在此过程中，烟气、蒸汽等工质与金属部件进行复杂的热量交换，设备的温度、应力都要发生很大的变化，因此在机组启动过程中应使各部件均匀加热，控制各部分温差、热应力、热变形和热膨胀。采用合理的启动方式，在保证安全的基础上，尽可能缩短启动时间，提高其经济性。

一、单元机组启动方式的分类

1. 按设备金属温度分类

按设备金属温度可以把单元机组启动分为：冷态、温态、热态和极热态四种。通常规定锅炉停炉时间≥3 天，初始状态为常温和无压时为冷态；锅炉还有一定压力和温度时为热态；汽轮机第一级汽室金属温度低于满负荷时金属温度的 30％左右时为冷态，为满负荷时金属温度的 30％～70％为温态，为满负荷时金属温度的 80％左右时为热态，高于 450℃以上为极热态。也有以停机后至再启动时的时间长短来划分的，即停机一周为冷态，停机 48h 为温态，停机 8h 为热态，停机 2h 为极热态。

一般大型机组启动状态划分如下。

（1）冷态启动：高压内缸调节级金属温度和中压缸第一级叶片持环温度小于 200℃；

（2）温态启动：高压内缸调节级金属温度和中压缸第一级叶片持环温度在 200～350℃之间；

（3）热态启动：高压内缸调节级金属温度和中压缸第一级叶片持环温度在 350～450℃之间；

（4）极热态启动：高压内缸调节级金属温度和中压缸第一级叶片持环温度高于 450℃。

当锅炉和汽轮机同处于冷态时，机组按照冷态方式启动；当锅炉和汽轮机同处于热态时，机组按照热态方式启动；当锅炉处于冷态时，汽轮机处于热态，机组按照冷态启动方式选取升压、升负荷率，按照热态启动方式选取冲转时间和暖机时间。

2. 按冲转蒸汽参数分类

按汽轮机冲转参数的不同，分为额定参数启动和滑参数启动。

(1) 额定参数启动时，机组从冲转到带额定负荷的整个过程中，高压主蒸汽阀前的蒸汽参数始终保持在额定值。这种启动方式在冲转时由于蒸汽与汽轮机金属温差大，受到的热冲击大，同时，调节阀节流损失大，大型单元制机组不宜采用。

(2) 滑参数启动时，高压主蒸汽阀前的蒸汽参数随汽轮机转速或负荷的上升而滑升。滑参数启动一般采用压力法滑参数启动：在锅炉点火前关闭汽轮机主汽阀和调节阀，对汽轮机进行抽真空，待汽轮机主汽阀前参数达到要求时冲转汽轮机，在升负荷期间，主蒸汽压力随负荷滑升。

压力法滑参数启动由于冲转时蒸汽参数较低、流量较大，因而具有以下优点：汽轮机受热均匀；节流损失小；启动速度快；过热器、再热器能得到充分冷却，不易超温；锅炉水循环好，水冷壁不易超温。

3. 按冲转时汽轮机进汽方式分类

对于中间再热式汽轮机，按冲转时的进汽方式不同，可分为中压缸启动和高、中压缸联合启动。

高、中压缸联合启动时，蒸汽同时或略有先后地进入中压缸和高压缸冲动汽轮机。高、中压合缸的汽轮机采用这种启动方式可使分缸处受热均匀，减少热应力并能缩短启动时间。

中压缸启动是指在汽轮机冲转时高压缸不进汽或只进少量蒸汽，利用高、低压旁路直接从中压缸进汽冲转汽轮机，待汽轮机负荷达到一定水平后才逐渐向高压缸进汽。采用中压缸启动，锅炉升温升压的同时预热高压缸，由于蒸汽参数低、流量大，因此有利于减少对高压缸的热冲击，有利于低转速、低负荷暖机，使中低压连通管温度较快的达到带负荷的要求，从而达到快速启动带负荷的目的，缩短了启动的时间。采用中压缸启动时，高、中压缸受热均匀，温升合理，使汽缸易于膨胀，机组胀差容易控制。机组热态启动时，采用中压缸启动可快速提高再热蒸汽温度，使再热蒸汽温度和中压缸温度能够更好匹配，减小了由于再热蒸汽温度偏低而产生的热应力。同时，可使机组热态启动时出现的负胀差现象得到有效控制和缓解。

与高、中压缸联合启动相比，中压缸启动具有以下优点：①中压转子的温升快，能使转子尽快度过低温脆性转变温度，提高了转子的安全性；②再热蒸汽的流量大，有利于保护锅炉再热器；③启动进入低压缸的排汽量大，可有效地降低低压次末级温度和排汽缸温度；④关闭高排止回阀，开启抽真空阀即可隔离高压缸使之在真空状态运行，从而避免了传统高中压缸联合启动时因空负荷或低负荷长时间运行而引起的高压缸超温问题；⑤运行方式更灵活，单机带厂用电运行及空负荷运行时间不受限制，对承担调峰任务的机组启动更有利。

4. 按控制进汽阀门分类

按机组启动时控制汽轮机进汽的阀门分类，可以分为主汽门冲转和调节阀冲转两种。

主汽门冲转是指启动时调节阀全开，由主汽门控制进汽量，转速达到某定值或带少量负荷后进行阀切换，改由调节阀控制进汽。该启动方式由于汽轮机全周进汽，受热均匀，故温差热应力小。缺点是主汽门受到蒸汽冲刷，可能会导致主汽门关闭不严。国产引进型机组采用主汽门预启阀控制进汽，避免了蒸汽对主汽门的冲刷。

调节阀冲转是指启动时主汽门全开，由调门控制进汽量。这种启动方式一般采用部分进汽方式，因此会导致汽轮机全圆周受热不均，温差热应力较大。

二、单元机组启动规定

1. 启动前检查和准备工作

单元机组启动前进行的检查和准备工作，不仅为缩短启动时间创制了条件，同时也是机组安全启动的重要保证。如果启动前检查、准备工作不充分，某些设备缺陷和异常情况没有被提前发现，往往会造成启动工作无法顺利进行，甚至酿成事故。

启动前，首先应该检查所有曾经进行检修过的部位，确定检修工作已全部结束。机组大、小修后组织有运行人员参与的冷态验收工作，并进行必要的试验和设备试转等调试工作。检查机组所有汽、水、油、烟、风、燃料、灰渣、压缩空气等系统完整、支吊架正常，阀门附件齐全完好，炉本体膨胀指示器正确清晰、无膨胀受阻，设备及管道保温完整、介质流向及漆色标志正确完整，各检查孔已严密封闭，冷灰斗水封良好、溢水正常，水位计、安全阀等附件齐全完好。

启动前检查锅炉燃烧器完好、摆动及调节机构动作正常、火焰电视监视系统齐全完好、炉膛火检冷却系统完整、火检冷却风机具备投运条件。锅炉吹灰器及其管道完整，并均退出炉外。炉膛出口烟温探针完好、进退灵活并已退出炉外。燃烧室内无结焦、无脚手架和其他杂物，各受热面、烟道、省煤器灰斗及空气预热器清洁无杂物。空气预热器润滑油系统、吹灰及灭火系统完好。各辅机润滑油系统检查正常，机组辅机及辅助系统完好，具备启动条件。锅炉燃油系统检查正常、燃油循环至炉前，或等离子点火装置具备投运条件；煤仓存煤充足。

启动前检查汽轮机本体各处保温完好、无油污染，符合要求。汽轮机高、中压主汽门、调门及其控制机构正常。滑销系统完好，缸体能自由膨胀，指示正确。低压缸大气隔膜完整，真空系统找漏工作已完成。主油箱事故放油门关闭，并悬挂“禁止操作”标示牌。转动设备地脚螺丝无松动，靠背轮连接牢固，防护罩完好。各气动、电动阀门、挡板操作灵活，开度指示正确；所有系统阀门、挡板在启动位置。汽轮机润滑油、密封油、EH 油、小机润滑油系统冲洗、循环结束，油质符合要求，设备系统完整具备投入条件。检查确认盘车装置及顶轴油泵连锁开关投入，盘车装置进油门开启。汽轮机冲转前应连续盘车 4h，特殊情况下不少于 2h。

发电机经大、小维修后或较长时间备用后，启动前必须测量发电机定子回路、励磁回路及发电机轴承等的绝缘，收集并确认有关绝缘数据应符合规定。对需要送电的设备按顺序进行送电。

2. 启动前有关项目的试验工作

单元机组启动前应进行有关项目的试验工作，如电动门、气动门、安全门、电气开关，保护、控制、调整装置的传动试验；主辅机的连锁、保护试验；锅炉水压试验；FSSS 主要功能保护及 MFT 动作试验；汽轮机润滑油系统、调速系统试验；发电机假同期试验等。并保证其动作正确可靠，具备投运条件。

锅炉水压试验是检查锅炉承压部件严密性的试验。水压试验的范围应包括锅炉各承压受热面系统、锅炉本体范围内的汽水管道和附件。水压试验分为工作压力试验和超压试验两种。工作压力试验可根据检修和检查的需要随时进行，超压试验一般用于新安装的锅炉和检修中更换了较多的承压受热面的情况。直流锅炉一次汽水系统其超压试验压力为过热器出口额定压力的 1.25 倍，且不小于省煤器进口联箱设计压力的 1.1 倍；汽包锅炉为汽包工作压力的1.25倍；二次汽系统按再热器进口额定压力的1.5倍单独进行。水压（超压）试验进水温度控制在30～70℃范围内，水温过低易造成受热面表面结露及金属冷脆，水温过高易造成汽化。水压试验按先低压后高压的顺序进行，即先进行再热器水压试验，再进行省煤器、水冷壁、过热器的水压试验。

在进行水压试验之前，应先把安全阀关闭。将锅炉进满水，使锅炉内无空气，然后对锅炉进行全面的检查。确认无泄漏时，即可进行缓慢升压。当压力大约升至工作压力的10%时，应暂停升压，进行一次全面细致的检查。如情况良好，即可继续升压。当压力升至工作压力时，应立即停止升压，对锅炉进行全面检查，并注意监视在5min内的压力下降情况，如压降不超过0.5MPa（再热器不超过0.25MPa）即为合格。如果锅炉需要进行超压试验，则需要根据工作压力下全面检查的结果来决定是否可以继续进行超压试验。水压试验合格后的降压采用打开炉顶放空气门的方式进行。注意，降压速度不得大于0.3MPa/min；当压力降至0.1MPa时打开所有放气阀和疏放水阀门，对其管道进行冲洗。主蒸汽管内放水应在锅炉点火前完成，否则可能引起主蒸汽管道内的水冲击。

对于中间再热机组，汽轮机DEH调节系统静态试验一定要在锅炉点火前进行，否则当锅炉点火后，蒸汽旁路系统投入，再热系统已通汽，由于中压汽缸进汽管没有截止门，中压调速汽阀一旦开启，就可能由于中压缸进汽而冲动汽轮机。冷态启动过程超速试验，应待机组已带10%负荷运行暖机4h解列后进行。机械超速和电超速试验应分别试验二次，二次的动作转速差值不应大于18r/min（0.6%）。

三、单元机组限制启动条件

当机组启动前，控制或保护系统工作不正常，例如锅炉炉膛安全监控系统（FSSS）不能正常投入；汽轮机安全监控系统（TSI）不能正常投入；汽轮机数字电液调节系统（DEH）或小汽轮机数字电液调节系统（MEH）系统不能正常投运；分散控制系统（DCS）系统异常，影响机组运行操作和监视；模拟量控制系统（MCS）主要功能不正常，影响机组启动操作或正常运行；任一项主要安全保护经试验不能正常投入或机组保护动作值不符合规定；主要辅机连锁不合格时，机组禁止启动。

当机组启动前，主要检测、监视、调整仪表失灵，例如汽机转速、轴向位移、胀差、上下缸温度、主汽温度、主汽压力、再热汽温度、再热汽压力、除氧器水位、凝汽器水位、直流锅炉启动分离器水位或汽包锅炉汽包水位、炉膛压力、给水流量表、蒸汽流量、发电机电压及电流、频率、有功功率、无功功率、励磁电压或电流等主要仪表不能正常投入；DAS、ECS、UACS系统故障不能正常投入时，机组禁止启动。

当机组启动前，设备存在严重缺陷并威胁机组安全启动或安全运行（如汽轮机旁路及控制系统工作不正常；盘车时动静部分有明显金属摩擦声或盘车不能投入、盘车电流严重超限；仪用压缩空气系统工作不正常；自动励磁调节器全部故障；电除尘或烟气脱硫设备不能投运）；主要辅机或辅助系统不符合启动条件（如润滑油、EH油的油箱油位低、油质不合格或油温低；密封油系统不能正常投运；机组水质不合格）；主要附属系统设备安全保护性阀门或装置（如锅炉安全阀、快速泄压阀、燃油速断阀等）动作不正常，机组禁止启动。

若汽轮机调速系统不能维持机组空转或甩负荷后动态飞升，转速超出危急保安器动作值；或任一高中压主汽门、调速汽门、高排止回阀、抽汽止回阀关闭不严密；高中压外缸内壁上下温差不小于50℃；转子偏心度大于0.076mm或超过原始值±0.02mm，禁止汽轮机冲转。

若发电机同期装置工作不正常或自动灭磁装置故障、发电机内氢气纯度小于96%或发电机定子冷却水水质不合格，禁止发电机并网。

四、600MW超临界压力机组热力系统概述

在同样发电量下，超临界压力机组与亚临界压力机组相比，效率有大幅度提高，发电煤耗低，排放污染物少。加快建设和发展高效超临界压力火电机组是解决电力短缺、提高能源利用率和减少环境污染的最现实、最有效的途径。我国发展超临界压力火电机组的起步容量定为600MW，从技术性、经济性以及机组配用材料方面考虑，主蒸汽参数一般为压力24～25MPa、温度538～566℃，机组采用一次中间再热。

图2-1所示为某600MW超临界压力机组热力系统简图。

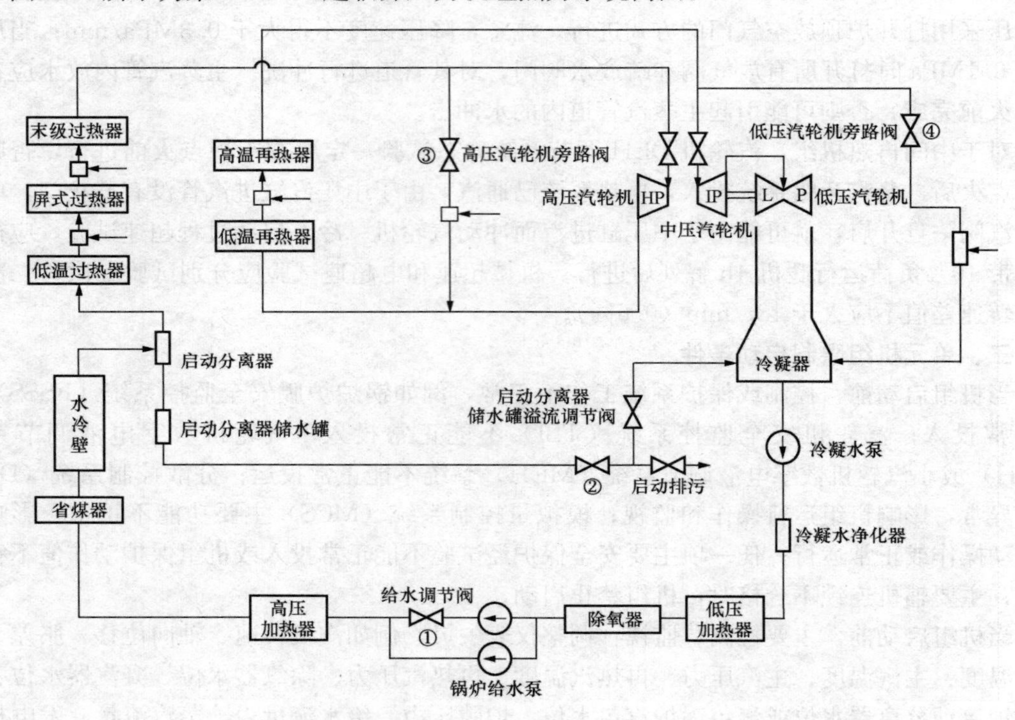

图2-1 某600MW超临界压力机组热力系统简图

按水循环方式分，锅炉可分为自然循环炉、多次强制循环炉、直流锅炉和复合循环炉。由于超临界压力时水与汽的密度差很小，无法进行汽水分离，所以超临界压力参数锅炉不能采用带汽包的循环锅炉，只能采用直流锅炉或复合循环锅炉。鉴于600MW超临界压力机组采用复合循环经济性不高，所以600MW超临界压力锅炉通常采用直流锅炉。图2-2所示为某超临界压力锅炉汽水流程。

五、600MW超临界压力机组冷态启动典型流程

图2-3所示为600MW超临界压力机组冷态启动典型流程。

六、亚临界压力汽包炉启动

汽包炉和直流炉在启动步骤上基本一致，但由于汽包炉和直流炉在汽水行程上存在差别，使得两者在启动和运行中的控制要点上存在差别。

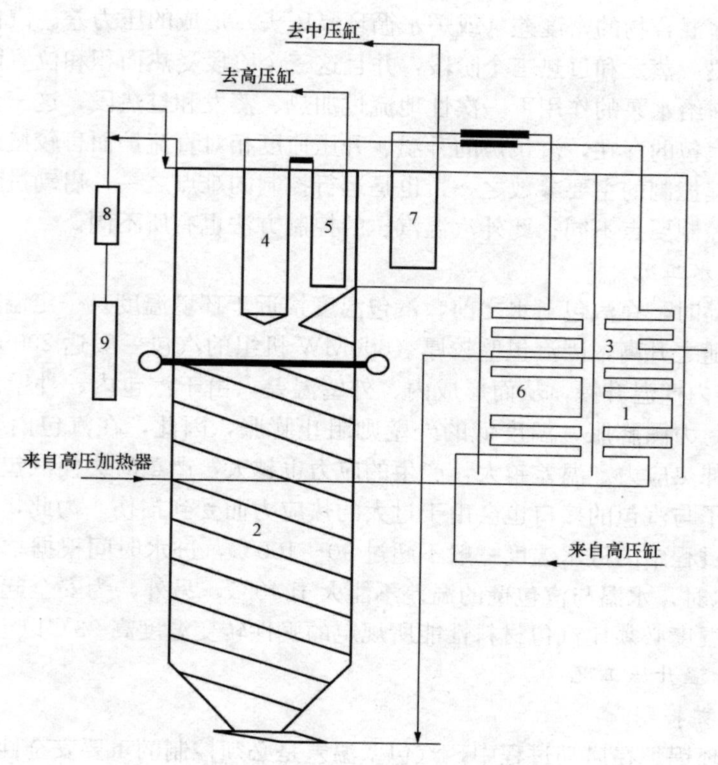

图 2-2 SG1918/25.4-M 超临界压力锅炉汽水流程

1—省煤器；2—炉膛；3—低温过热器；4—屏式过热器；5—末级过热器；6—低温再热器；7—高温再热器；8—汽水分离器；9—储水罐

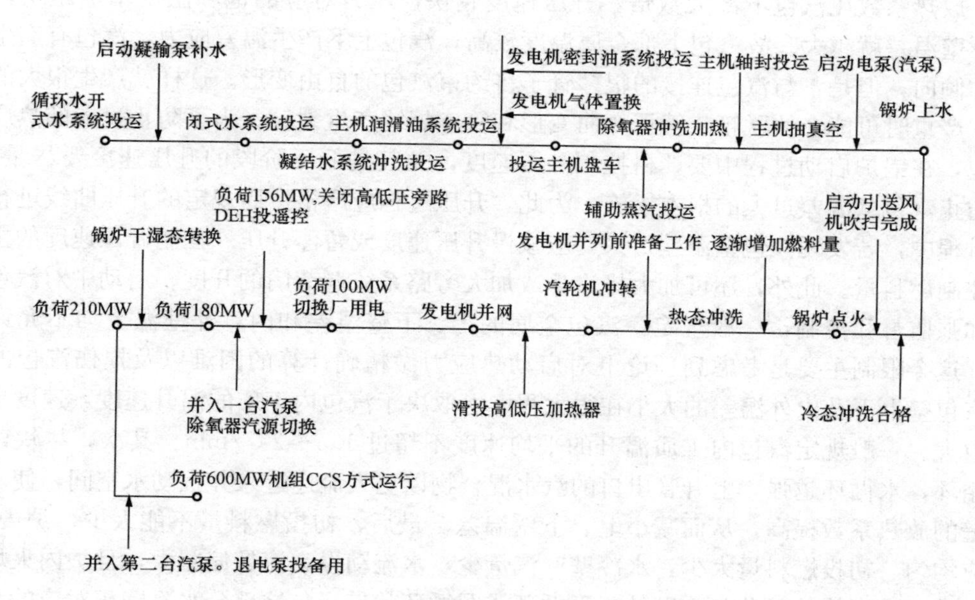

图 2-3 600MW 超临界压力机组冷态启动典型流程

汽包炉由于汽包的存在，在汽包和水冷壁之间形成循环回路，其循环动力依靠下降管中炉水与水冷壁汽水混合物的密度差（或炉水循环泵压头）形成的压力差。汽包将整个汽水循环过程分隔成加热、蒸发和过热三个阶段，并且这三个阶段受热面积和位置固定不变。而对于直流炉，工质在给水泵的作用下一次性地流过加热、蒸发和过热段，这三个阶段没有明显的分界线，由于汽包的存在，汽包炉的升温、升压速度相对直流炉而言较慢。因此，对于汽包炉汽包水位是其控制的主要参数之一，也是运行控制的难点之一；启动过程中给水切主路和并给水泵时的控制要点不同；此外汽温汽压的控制方法也有所不同。

（一）锅炉上水工况

机组冷态启动时，在汽包上水之前，汽包温度接近于环境温度。一定温度的给水进入汽包后，内壁温度随之升高，因汽包壁较厚（600MW 机组的汽包一般达 200mm 左右），外壁（外表面）温升较内壁温升慢，从而形成内、外壁温差。由于汽包内、外壁温差的存在，温度高的内壁受热，力图膨胀，温度低的外壁则阻止膨胀，因此，在汽包内壁产生压缩热应力，外壁产生拉伸热应力。温差越大，产生的应力也越大，严重时会使汽包内表面产生塑性变形。此外，管子与汽包的接口也会由于过大的热应力而受到损伤。为此，部颁锅炉运行规程中规定，启动过程中的进水温度一般不超过 90～100℃，进水时间根据季节的变化控制在 2～4h。热态上水时，水温与汽包壁的温差不能大于 40℃，另外，为安全起见，要求锅炉进常温水时，上水温度必须比汽包材料性能所规定的脆性转变温度高 33℃以上。

（二）锅炉升温升压工况

1. 汽包壁温差控制

一般自然循环锅炉在启动过程中，汽包壁温差是必须控制的重要安全性指标之一。在启动开始阶段，蒸发区内的自然循环尚未完全建立，汽包内的水流动很慢或局部停滞，对汽包壁的放热很少，故汽包下部金属温度升高不多。汽包上部与饱和蒸汽接触，蒸汽对金属凝结放热，放热系数比汽包下部大数倍，升压速度越快，压力对应的饱和温度增加越快，汽包上、下壁温差就越大。故汽包上部金属温度较高，汽包上下产生温差应力，汽包有产生弯曲变形的倾向，但是，与汽包连接的很多管子将约束汽包的自由变形，这样就产生很大的附加应力，严重时可能会使联箱、管子弯曲变形和管座焊缝产生裂纹。为了防止过大的热应力损坏汽包，在锅炉启动过程中要严格控制升压速度，尤其是低压阶段的升压速度要尽量缓慢，这是防止汽包壁温差过大的根本措施。为此，升压过程应严格按照规定的升压曲线进行。在升压过程中，若发现汽包壁温差过大，应减慢升压速度或暂停升压。控制升压速度的主要手段是控制燃料量。此外，还可加大排汽量或加大旁路系统调节门的开度。启动中对汽包壁温差要加强监督和控制，一般规定，汽包金属的上、下壁温差和内、外壁温差均不允许超过 50℃。这个限制主要是考虑到理论上对启动热应力做精确计算的困难以及损伤汽包的严重性。汽包壁上下及内外温差的大小在很大程度上取决于汽包内工质的温升速度，速度愈快则温差愈大。一般规定汽包内工质温升的平均速度不超过 1.5～2℃/min。其次，尽快建立正常水循环，水循环越强，上升管出口的汽水混合物以更大流速进入并扰动水空间，使水对汽包下壁的放热系数提高，从而减小上、下壁温差。最后，初投燃料量不能太少，炉内燃烧、传热应均匀。初投燃料量太少，水冷壁产汽量少，水流动慢，流量偏差大，且炉内火焰不易充满炉膛，有可能使部分水冷壁处于无循环或弱循环状态，与这部分水冷壁相对应的汽包长度区间内的上、下壁温差增大。因此保持均匀火焰是启动燃烧调整的重要任务。初投燃料量与控制升压速度的矛盾，可用开大旁路系统调门的方法解决。

2. 水冷壁保护

自然循环锅炉在点火过程中，特别在升温升压的初始阶段，水冷壁受热不多，管内工质含汽量很少，故水循环还不正常。又因这时投入油枪或燃烧器的数量少，故水冷壁受热和水循环的不均匀性较大。因此，同一联箱上的水冷壁管之间存在金属温差，产生一定的热应力，严重时会使下联箱变形或管子损伤。升压过程中保护水冷壁的措施包括：均匀炉内燃烧；通过加强水冷壁下联箱的放水、适当开大排汽门、提高燃烧率等措施尽快建立正常水循环。启动初期较慢地升压对尽快建立正常水循环也是有利的。燃料热量中，一部分用于提升金属壁温和水温，增加蒸发系统的蓄热量，其余才用于产汽，所以升压速度低，用来增加水和金属蓄热的热量少，用于产汽的多；同时，低压下所对应的饱和温度低，管子壁温低，辐射换热量大，产汽多，汽水密度差大，循环动力大。

（三）省煤器再循环

汽包锅炉在点火后的一段时间内，锅炉不需进水或只需间断进水。在停止给水时，省煤器内局部的水可能汽化，如生成的蒸汽停滞不动，该处的管壁就可能超温。间断进水时，省煤器内的水温也就间断地变化，使管壁金属产生交变应力，导致金属和焊缝产生疲劳。

汽包锅炉绝大多数采用锅炉汽包与省煤器下联箱连通的措施，可使汽包与省煤器之间形成一个经过省煤器的自然循环回路。当停止给水时，开启再循环管上的再循环门，依靠下降管与省煤器之间水的密度差可维持持续水流冷却省煤器。同时，持续水流使省煤器出水温度降低，减轻了管壁金属产生的交变热应力。要注意的是，锅炉在上水时要关闭再循环门，否则给水将由再循环管短路进入汽包，省煤器又会因失去水的流动而得不到冷却。上水完毕，在关闭给水门的同时，应打开再循环门。

（四）启动过程中汽包炉与直流炉给水切主路和并给水泵时的控制要点差别

在机组启动过程中，负荷达到一定时，给水要进行由旁路切换到主路、并列给水泵的操作。在这些操作过程中，直流炉以控制中间点温度为原则（在燃烧稳定、燃料量不变的情况下，可以通过控制给水流量基本不变来控制中间点温度），而汽包炉则以控制汽包水位正常为原则。

（五）强制循环汽包炉冷态启动特点

控制循环锅炉下降管上装有的控制循环泵以及过热蒸汽系统配有的5%启动旁路，使机组启动的时间大大缩短，安全性和经济性提高。

点火前，循环泵已经启动，建立了水循环，汽包的受热比较均匀，有利于升温升压速度的提高，点火时炉膛内热负荷不均匀对水冷壁的安全影响也较小，因为启动初期循环倍率较大，水冷壁管内有足够的水量流动，而且给水和锅水经汽包、循环泵混合后进入水冷壁，温度比较均匀，所以控制循环锅炉在点火启动中不需采用特殊措施来改善水冷壁的受热情况。此外控制循环锅炉在25%～30%额定负荷之前，依靠循环泵对省煤器进行强迫循环，其循环水量大，保护可靠。而且再循环阀不需要频繁开关操作，可保持全开状态。在额定负荷的25%～30%之后，再循环阀关闭。

5%过热器旁路系统是在垂直烟道包覆过热器下环形联箱接出一根管路至凝汽器，并在管路上装设控制阀。其设计流量通常为锅炉最大连续负荷的5%，亦称5%旁路。开大5%旁路，可以降低汽压，提高汽温；关小5%旁路，可以提高汽压，降低汽温。启动时通过调整5%旁路，改变过热器出口的流量，来控制汽压、汽温，满足提高运行灵活性、缩短启动时间的要求。

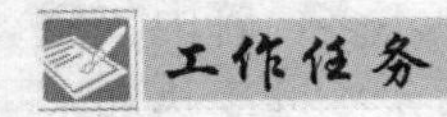

工作任务一　厂用电系统投运

【任务目标】

掌握电厂厂用电系统流程；能熟练利用火电仿真机组进行厂用电系统投运操作，掌握操作过程中的注意事项和厂用电系统操作的一般原则。

【知识准备】

火力发电厂在电力生产过程（包括启动、运行、停役、检修等）中，有大量电动机拖动的机械设备，用以保证机组的主要设备（锅炉、汽机、发电机等）和辅助设备（输煤、碎煤、除灰、除尘、脱硫、脱硝及水处理等）的正常运行；现代大容量火力发电厂还要求其生产过程自动化和采用计算机控制，为了满足这一需要，需要有自动化监控设备为主要设备和辅助设备服务。另外，在发电厂中还存在试验、修配、照明、电焊等用电设备。因此，需要向这些电动机、自动化监控设备和计算机以及其他的照明、检修用电设备供电，所有这些用电设备的总耗电量，统称为厂用电或自用电，而这种电厂自用的供电系统称为厂用电系统，它包括厂用变压器以下所有的厂用负荷供电网络。

一、厂用电负荷分类

厂用电负荷，根据其用电设备在生产过程中的作用和突然供电中断时造成危害的程度，按其重要性可分为以下四类。

(1) Ⅰ类厂用负荷：凡短时停电（包括手动切换恢复供电）会造成设备损坏、危及人身安全、主机停运及大量影响出力的厂用负荷，都属于Ⅰ类厂用负荷。如给水泵、凝结水泵、循环水泵、引风机、送风机、直吹式磨煤机、一次风机等，通常这类负荷都设有两套设备互为备用，分别接到两个独立电源的母线上，当一个电源失去后，另一个电源就立即自动投入。

(2) Ⅱ类厂用负荷：允许短时停电（几分钟至几小时），恢复供电后，不致造成生产紊乱的厂用负荷，属于Ⅱ厂用负荷。此类负荷一般属于公用性质负荷，往往不需要24h连续运行，而是采用或可以采用间断性运行，如中间仓储式制粉系统的设备、输煤机械、化学水处理设备、工业水泵、除灰设备等。一般它们也有备用电源，并采用手动切换。尽管属于Ⅱ类厂用负荷，但停电时间延长也有可能损坏设备或影响正常生产。

(3) Ⅲ类厂用负荷：较长时间停电，不会直接影响生产，仅会造成生产上的不方便的负荷，都属于Ⅲ类厂用负荷。如修配间、试验室、油处理室等负荷。在600MW发电厂中，此类负荷也多采用两路电源供电，并手动切换。

(4) 事故保安负荷：在全厂停电时，为了保证机组安全地停止运行，事后又能很快地重新启动，或者为了防止危及人身安全等原因，需要在全厂停电时能够继续供电的负荷。按电源要求的不同它又可分为：①直流保安负荷，如汽轮发电机组的直流润滑油泵、事故氢密封油泵等；②交流不停电保安负荷（Uninterrupted Power Supply，UPS），如电子计算机、热工保护、自动控制和调节装置等，除可靠性要求高外，此类负荷对供电的质量也提出了更高的要求；③允许短时停电的交流保安负荷，如盘车电动机、交流润滑油泵、交流密封油泵、消防水泵等。

二、厂用电系统

发电厂的厂用电源必须供电可靠，且能满足电厂各种状态要求，除应具有正常的工作电源外，还应设置备用电源、启动电源和事故保安电源。本节主要介绍600MW机组的厂用电源接线，如图2-4所示。

本机组采用发电机变压器组单元接线方式，发电机出口装设有断路器。厂用电母线工作电源取自主变压器低压侧，3号机组厂用电经3号高压厂用变压器降压后送至6kV厂用工作ⅢA段与ⅢB段母线，4号机组厂用电经4号高压厂用变压器降压后送至6kV厂用工作ⅣA段与ⅣB段母线。公用性负荷设公用母线分段供电，分别由3、4号高压公用变压器降压后送至6kV高压公用Ⅲ（Ⅳ）段母线，两台机组的公用母线互为备用。机组正常运行时厂用电母线工作电源由发电机供给，当3、4号机组任一或全部停运，相应主变压器及线路不停运，则由500kVⅠ（Ⅱ）线经3、4号主变压器倒送电供厂用电系统；当3或4号发电机变压器组需停运时，厂用电母线可由启动备用变压器经6kV备用段母线供电。

厂用380/220V系统通过低压厂用变压器从6kV系统引接，降压后分别供给各380V动力母线。380V动力中心一般采用单母线分段运行，正常运行时每段母线通过一台低压厂用变压器供电，两段母线之间通过一联络开关互为暗备用，例如380V汽轮机工作段、锅炉工作段等。380V动力中心还有部分采用单母线运行，正常运行时每段母线通过一台工作变压器供电，另设专用变压器实现明备用，例如380V电除尘段、煤场段、输煤段等。

每台机组保安电源系统分汽轮机、锅炉两组，均由相应两段动力母线提供两路互为备用的工作电源，并且每台机组设一台柴油发电机作其事故保安电源。

直流系统分为110、220V两个电压等级。每台机组主厂房各设两套110V直流系统，用于控制设备、继电保护、自动装置、仪表和信号装置供电。两套系统互为备用。线路保护室、净水站、除灰、循环水泵房分别单独设一套控制用110V直流系统。每台机组设一套220V直流系统，提供动力、事故照明和UPS装置电源，两台机组互为备用。

每台机组设一套UPS装置，提供DCS等重要交流负载。每套UPS装置包括两台UPS主机单独向各自的馈线母线供电，两段UPS馈线母线间设两个联络开关作检修备用。

三、厂用电系统操作的一般原则

设备送电前应终结所有工作票，拆除为检修而设的安全措施，检查设备及所属回路完整，符合运行条件。将仪表及保护回路熔丝或小开关、变送器的辅助电源熔丝放上，并根据规定投入保护装置，严禁设备无保护运行。

合（拉）刀闸及手车开关停（送）电前，必须检查开关在断开状态；停电操作时先断开开关，然后拉开负荷侧刀闸，再拉开母线侧刀闸，送电操作顺序与停电相反；操作过程中，发现误拉（合）刀闸不准重新合上（拉开），只有在采取了安全措施后才允许将误拉（误合）的刀闸合上（拉开）；回路中所装电气和机械防误闭锁装置不得随意退出运行；带有同期合闸的开关，应在投入同期后方可进行合闸，仅在开关一侧无电压时操作并应得到值长的同意后，才允许解除同期闭锁回路。

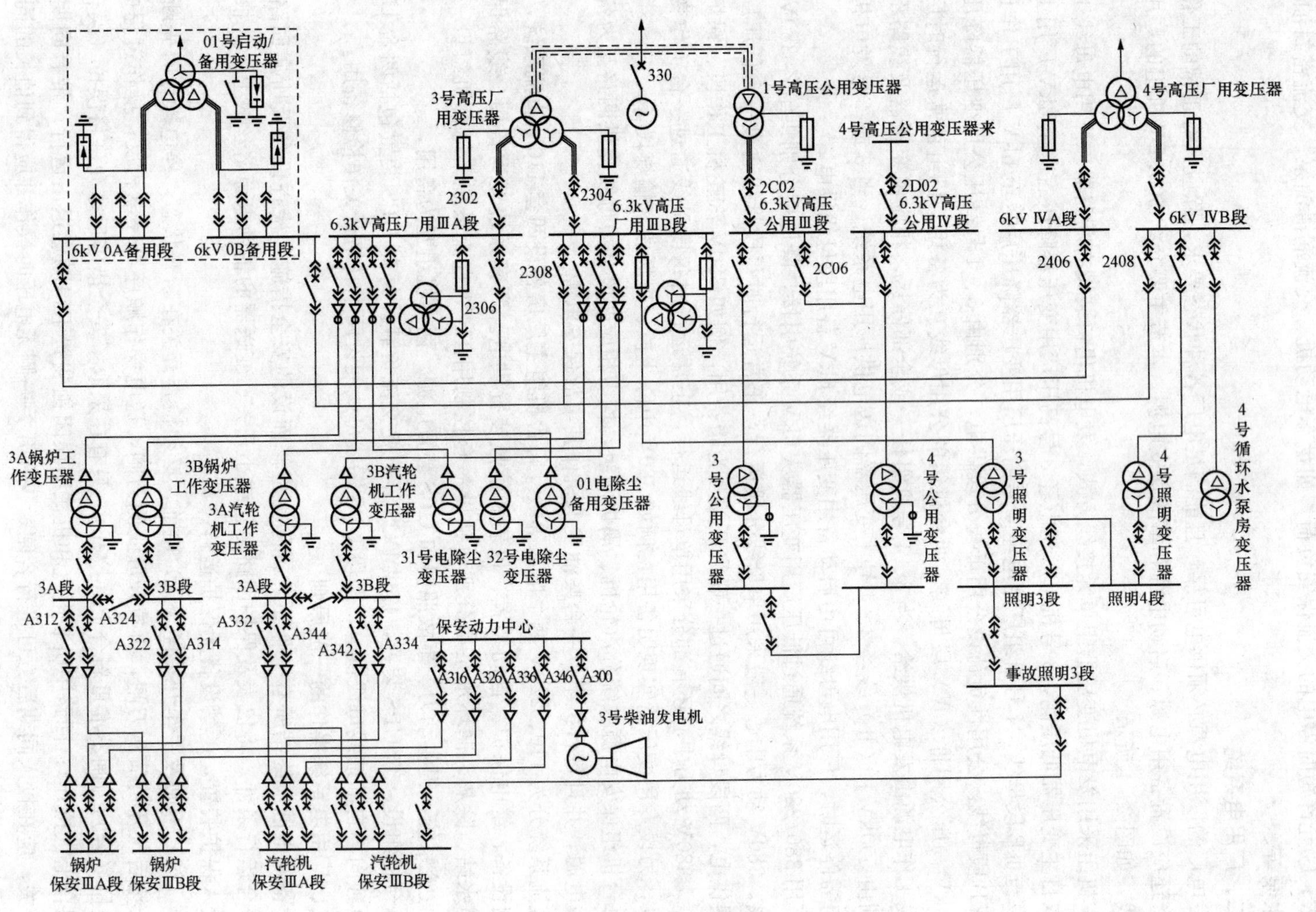
01号启动/
备用变压器
6kV 0A备用段
6kV 0B备用段
3号高压厂
用变压器
330
1号高压公用变压器
4号高压公用变压器来
4号高压厂用变压器
2302
2304
2C02
2D02
6.3kV高压厂用ⅢA段
6.3kV高压
厂用ⅢB段
6.3kV高压
公用Ⅲ段
6.3kV高压
公用Ⅳ段
6kV ⅣA段
6kV ⅣB段
2308
2306
2C06
2406
2408
3A锅炉工
作变压器
3B锅炉
工作变压器
3A汽轮
机工作
变压器
3B汽轮
机工作
变压器
01电除尘
备用变压器
31号电除尘
变压器
32号电除尘
变压器
3号公用变压器
4号公用变压器
3号照明变压器
4号照明变压器
4号循环水泵房变压器
3A段
3B段
3A段
3B段
A312
A324
A322
A314
A332
A344
A342
A334
保安动力中心
A316
A326
A336
A346
A300
3号柴油发电机
照明3段
照明4段
事故照明3段
锅炉
保安ⅢA段
锅炉
保安ⅢB段
汽轮机
保安ⅢA段
汽轮机
保安ⅢB段

图2-4 厂用电系统

系统合环操作必须满足相位一致、电压一致；合环操作时，有同期鉴定的开关，应同期鉴定后合环，确无同期鉴定的开关合环时，应检查确在环网状态下方可合环操作；解（合）环操作前，应考虑电压的变动不超过规定值，并注意各潮流分布情况，有无电气元件过载等。

变压器和母线等设备在新安装投入运行前、大修后以及事故跳闸后应按有关规程的规定进行全电压冲击，有条件时应尽可能先采取零起升压的方式充电。冲击合闸操作时应注意冲击合闸开关具备足够的遮断容量且故障跳闸次数在规定次数内；冲击合闸开关保护装置完整投入运行，停用自动重合闸，必要时在冲击合闸前降低保护装置的整定值；尽可能选择对系统稳定影响较小的电源作冲击合闸电源；对中性点接地的变压器冲击时，其中性点应接地。

【任务描述】

单元机组启动前，必须将厂用电系统投运。发变组回路中未设置发电机出口断路器的单元接线，一般是通过高压启动备用变压器从电网倒送电，也有的电厂为降低购网电费而从相邻机组 6kV 母线获取启动（备用）电源。机组并网并带一定负荷后，将厂用电切换成本机供电；对于设置发电机出口断路器的单元接线，则采用主变压器倒送电方式获取启动（备用）电源，该接线方式优点是机组启动后无需再进行厂用电源倒换操作。

在机组停运期间，一般厂用电系统仍处于运行状态，如厂用母线、直流系统、UPS 系统需要检修，按照需要进行停运，检修工作结束后即恢复正常运行。

本任务选取发电机出口设置断路器接线方式，从全冷态开始进行厂用电系统投运操作。送电的次序是：110、220V 直流系统（蓄电池组的操作）—UPS 系统—500kV 线路侧及主变压器、高压厂用变压器及高压公用变压器—厂用 6kV、380V 工作段和汽机/锅炉保安段—汽机/锅炉 MCC 段、直流系统及 UPS 装置工作电源的送电操作。以下分系统详细讲述送电流程，见表 2-1。

【任务实施】

表 2-1　　厂用电系统投运任务实施流程

工作任务	厂用电系统投运	
工况设置	单元机组全冷态	
工作准备	1. 准确描述所操作仿真机组厂用电系统流程和主要设备作用； 2. 说明大型火电机组 6kV、380V 所带主要负荷有哪些； 3. 线路停、送电的操作顺序是怎样规定的？为什么	
工作项目	操作步骤及标准	执行
直流系统投运	检查确认 DC 110V 两组母线回路完整，符合运行条件，母线上所有开关均在断开位置	
	合上每组 DC 110V 母线蓄电池组输出开关，检查母线电压正常	
	依次合上 DC 110V 两组母线的馈线开关和负荷开关； 注意：调整所属负荷由两组直流母线分别供电	

续表

工作项目	操作步骤及标准	执行
直流系统投运	检查确认 DC 230V 母线回路完整，符合运行条件，母线上所有开关均在断开位置	
	合上 DC 230V 母线蓄电池组输出开关，检查母线电压正常	
	合上 DC 230V 母线馈线进线开关和负荷开关	
	380V 厂用工作段母线送电完成后，将直流系统充电机投入运行，将备用充电机恢复备用	
UPS 系统投运	检查确认 UPS 装置符合运行条件，所有输入、输出开关以及馈线负荷开关均在断开位置	
	确认 UPS 装置手动旁路开关在“手动旁路”位置，合上 UPS 旁路电源输入开关，检查 UPS 输出电压正常	
	将手动旁路开关切换至“自动旁路”，检查 UPS 装置开始“自我测试”，测试完成后无异常报警信号	
	合上 UPS 装置主回路电源输入开关和直流电源输入开关	
	依次手动启动整流器和逆变器，检查 UPS 装置静态开关自动切换至逆变器回路供电	
	根据需要合上 UPS 馈线柜各负荷开关	
主变、高厂变、公用变保护投运	检查主变、高厂变、公用变保护柜运行正常，无异常报警信号	
	根据规程规定，测量投入各保护柜保护压板	
主变、高厂变、公用变送电	依次检查 500kV 出线的线路刀闸、开关、主变、高厂变和高公变回路检修工作结束，检修用临时安全措施（接地刀闸、警告牌）已拆除，回路完整符合运行条件	
	确认高厂变、高压公用变低压侧开关在检修位置；确认发电机出口开关及刀闸在断开位置；确认主变低压侧接地刀闸在断开位置	
	合上 500kV 出线和主变高压侧电压互感器二次侧空开；将主变高压侧回路恢复至“热备用”状态	
	从 DCS 窗口合上主变高压侧开关，就地检查主变、高厂变、公用变运行正常	
	380V 厂用工作段送电完成后，开启主变、高厂变、高公变冷却装置	
6kV 厂用母线送电	检查 6kV 厂用各工作母线上所有开关均在“检修”位置。首先恢复 6kV 厂用各工作母线电压互感器至“运行”状态，再恢复 6kV 厂用各工作母线工作电源进线电压互感器至“运行”状态	
	确认 6kV 厂用各工作母线工作电源开关在断路，将各电源开关恢复至“热备用”状态	
	在 DCS 窗口中依次合上 6kV 厂用各工作母线工作电源开关，检查 6kV 各段母线电压指示正常	

续表

工作项目	操作步骤及标准	执行
380V 工作母线送电	检查 380V 各工作段母线供电变压器（锅炉变、汽机变等）及母线回路完整，符合运行条件	
	检查 380V 工作段母线上所有开关在“检修”位置。将母线电压互感器恢复至“运行”状态	
	测量投入供电变压器的速断保护、过流保护和接地保护压板	
	确认变压器高压侧开关在断路状态；将开关推至“工作”位；将开关合闸电源、控制电源空开切至“合位”；远近控转换开关切至“遥控”位置；确认变压器低压侧开关在断路状态；将开关推至“工作”位；将开关合闸电源、控制电源空开切至“合位”，远近控转换开关切至“遥控”位置	
	在 DCS 画面合上变压器高压侧开关；合上变压器低压侧开关；检查 380V 厂用工作母线电压正常	
	将互为备用的两段母线联络开关转为“热备用”状态	
380V 保安段母线送电	检查 380V 保安段母线上所有开关在“检修”位置。将保安段母线电压互感器恢复为“运行”状态	
	确认保安段母线电源开关在断路状态，手动合上保安段母线进线电源开关	
	在 DCS 画面合上保安段母线工作电源开关，并将备用电源开关面板上连锁开关切至“连锁”位。注意：各保安段母线应由不同电源供电，已提高供电可靠性	
	就地将柴油发电机恢复至“热备用”状态，将柴油发电机的就地机头控制面板上切换开关切至“自动”位置，将柴发出口开关及各保安段柴发进线开关转为“热备用”状态	
380V 厂用 MCC 系统送电	就地检查各 MCC 母线上所有开关均在“冷备用”状态。确认 380V 厂用工作段母线上各 MCC 电源开关在断路，将 MCC 母线进线开关恢复“运行”状态	
	检查 380V 各厂用工作母线上 MCC 电源开关在断路，将 MCC 电源开关恢复至“热备用”状态	
	在 DCS 画面上合上 380V 各 MCC 段母线任一路电源开关，就地检查 MCC1 电压指示正常。注意：双路电源供电的 MCC，正常运行时由一路电源供电，并尽量调整负荷平均分配	

【知识拓展】

一、600MW 机组厂用工作电源引接方式

600MW 机组厂用电源都采用发电机—变压器组单元接线和分相封闭母线的方式。机组厂用电源都从发电机至主变压器之间的封闭母线引接，即从发电机出口经高压厂用变压器将发电机出口电压降至所要求的厂用中压，为提高供电可靠性，厂用分支也都采用分相封闭母线。如图 2-5 所示。其中图 2-5（a）在发电机出口不装设断路器，主要是因为要求的开断电流很大，断路器难以选择，也不装隔离开关，只设可拆连接片，以供检修和调试用。因此，仅当发电机处于正常运行时，才能对厂用负荷供电；在发电机处于停机状态、启动时发

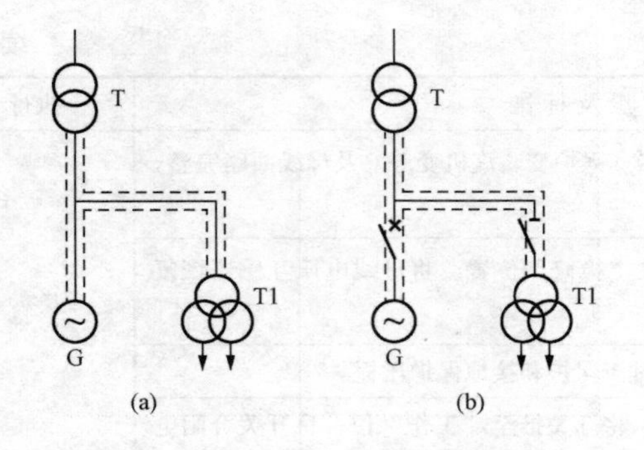

图 2-5 厂用工作电源的引接方式

(a) 发电机出口不设断路器；(b) 发电机出口设有断路器

电机电压建立之前或停机过程中电压下降时，都不能对厂用负荷供电。这就需要另外设置独立可靠的启动和停机用的电源。另一种是发电机出口装有断路器，见图 2-5(b)，则发电机启动和停机时，只要断开发电机出口断路器，厂用负荷仍可从系统经主变压器，再经高压厂用变压器供电。发电机出口装设断路器价格较高，一次性投资较大。常规电厂主要从减少一次投资角度考虑，往往未予选用，而在一些有特殊运行要求的电厂可以考虑选用。如电厂厂用电常用系统与备用系统电源是两个系统且系统相角差变化较大时；又如燃气轮机电厂，鉴于燃气轮机依靠变频启动装置来启动，发电机先作为同步电动机运行，需投运励磁电源，而当励磁变压器接在主变压器发电机之间时，励磁电源不能从厂用母线获得，启动过程中发电机（此时作为同步电动机使用）必须从系统母线—本机组主变压器高压侧断路器—主变压器—励磁变压器取得励磁电源，为考虑发电机并网的需要，发电机出口必须装设断路器。

二、小车式厂用高压开关柜

厂用高压开关柜用于高压（3～10kV）厂用系统接受和分配电能给电厂辅助设备，并为这些辅助设备提供控制、测量、保护和信号等，见图 2-6。内设断路器或熔断器、接触器等，用于厂用负荷的正常关、合和事故时的切除。小车式开关柜是将断路器（或 FC 回路）装于小车上。小车可以互换，断路器检修时，可用规范相同的备用小车恢复供电，缩短检修停电时间。断路器可以随小车拉出柜外，检修方便。小车式按其断路器布置的高度分为落地式和中置式，适用于不同的运行要求。

图 2-6 6kV 开关成套配置效果图

6(10) kV 小车式高压开关柜由柜体和可移开部件（即小车）两大部分组成，柜体由小车室，母线室，电缆室，继电器仪表室等独立的功能单元小室构成。小车室位于开关柜前中部，室内安装特定的小车导轨，位于小车室左、右侧，供小车在导轨内滑行与工作。各类小车在柜内都采用中置式锁定安装，配备有专门的提升转移车，使各小车能安全、方便地进入或移出柜体，见图 2-7。小车室底部与小车底部相对位置有识别装置，保证同类型同规格小车才可互换。小车室顶部设有泄压通道。

柜门关闭的状态下，断路器可在工作位置与试验/断开位置之间移动。打开前面的操作手柄活门，插入操作手柄并旋转，即可进行断路器的推入、拉出操作，如图 2-8 所示。断路器若不在“分”状态，则活门无法打开，断路器无法移动。

图 2-7　断路器移动小车

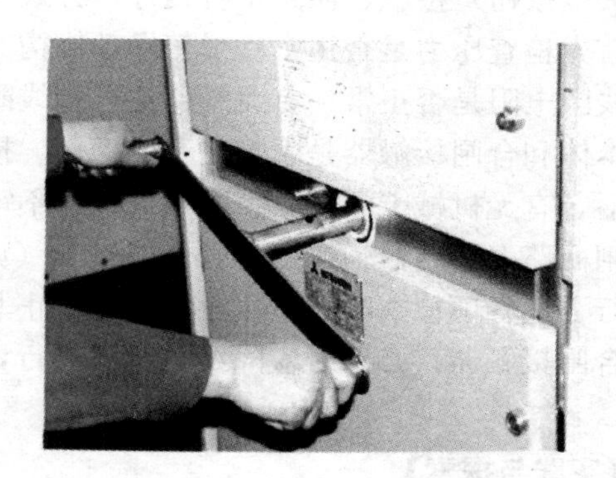

图 2-8　断路器推进、拉出摇柄

各型号小车式断路器（或接触器）开关柜连锁设计一般根据其结构特点和要求，注重操作的逻辑性及防范性预防措施，设置机械闭锁与电气闭锁相结合的五防连锁装置，为操作人员与设备提供可靠的安全性保护。各型号开关柜闭锁的设计方案不完全相同，但必须满足下述五防闭锁的各项基本要求：防止误分合断路器、接触器；防止带负荷抽出小车；防止带接地开关送电；防止带电合接地开关；防止误入带电间隔。

三、手车式断路器几种工作状态和位置

运行状态。手车开关在开关柜内“工作”位置，其主回路和控制回路全部与柜内接线接通，开关在“合闸”状态。

热备用状态。手车开关在开关柜内“工作”位置，其主回路和控制回路全部与柜内接线接通，开关在“分闸”状态。

冷备用状态。手车开关在开关柜内“试验”位置，其主回路和控制回路全部与柜内接线断开。

检修状态。手车开关在开关柜外，其主回路和控制回路全部与柜内接线断开，按照检修工作要求装设接地线（或合上接地刀闸），悬挂安全警示牌。

工作位置。电气一次回路接通时开关小车在开关柜内所处的位置。

试验位置。电气一次回路未接通，二次回路接通时开关小车在开关柜内所处的位置。

检修位置。电气一、二次回路均未接通，开关小车在开关柜外部。

四、断路器合闸失灵的判别和处理

断路器合闸失灵有操作方面的因素、电气回路故障和机械回路故障等原因。排除操作方

面的因素后，当电动合闸失灵时，应先判断是电气回路故障还是机械部分故障。如接触器不动，则为控制回路故障；如接触器动作，合闸电磁铁不动，则是主合闸回路故障；如主合闸电磁铁动作，则一般是断路器操动机构或本体机械故障。由初步分析，逐步缩小查找故障的范围，直至查到故障部分，及时进行消除。

具体处理方法是：①检查是否因合闸时间短而造成合不上，可以再合一次（合闸时间长些）。②通过 DCS 系统操作的，应复查一下操作指令是否正确，是否满足操作条件。③检查断路器操动机构动力电源小开关是否跳闸，动力电源直流电压是否正常，合闸熔断器是否熔断，合闸回路元件是否有接触不良或断线的现象。④检查控制直流电压是否过低。⑤检查继电保护有无动作，有无闭锁信号，检查各继电器及辅助接点是否接触良好。⑥检查断路器操作开关（按钮）接触、回路是否良好，方式控制开关位置是否对应。⑦液压操动机构的断路器应首先检查压力是否正常；弹簧操动机构的断路器则先应检查弹簧是否储能。⑧检查合闸回路线圈电阻是否正常，有无开路或合闸线圈层间短路。⑨检查机械部分是否发生故障，断路器本体和合闸接触器是否卡住不能动作、接触器卡住或大轴窜动和销子脱落；操动机构是否灵活，有无机械卡涩现象、闭锁钩啮合不牢、合闸铁芯超越行程小、未复归到预合闸位置或合闸回路上断路器辅接点是否切换过早（如系此原因，断路器合闸时将有跳跃现象）等。在进行上述各项检查时，应注意安全和防止非同期合闸，必须在做好有关安全措施后，才能碰动合闸接触器，必要时应隔绝电源后进行，将断路器置于检修位置后进行检查处理。

【实践与探索】

（1）编写 6000V 厂用工作段母线由运行转检修操作票，并利用仿真机进行操作。

（2）发电机出口未装设断路器的发变组回路如图 2-9 所示，查找相关机组规程资料，写出厂用电系统送电操作步骤，并用仿真机实践。

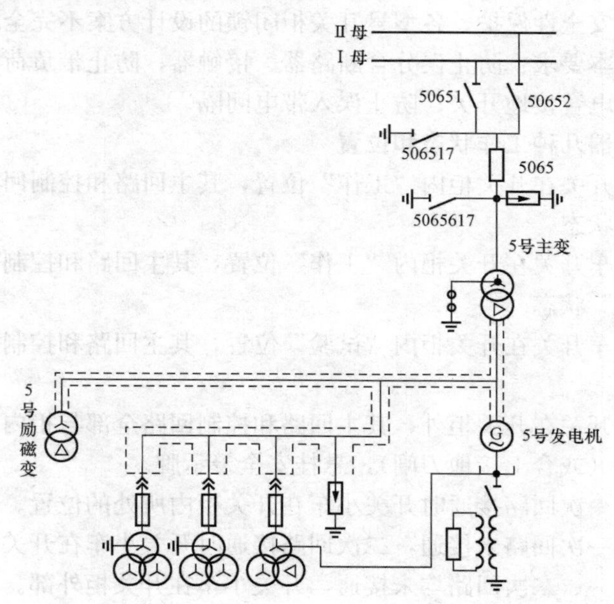

图 2-9 某电厂发变组回路示意

工作任务二　补水及冷却水系统投运

➩【任务目标】

掌握循环水系统、工业水系统、开式水系统、闭式水系统流程，能熟练利用火电仿真机组进行各个系统投运操作，掌握操作过程中注意事项。了解循环水中断后危害及处理原则。

➩【知识准备】

机组冷却水及补给水系统主要包括补给水系统（从江、河、湖、海抽取水源，为整个电厂提供生产、生活用水的系统）、工业水系统、循环水系统、开式水系统和闭式水系统，它们的主要作用是为机组主辅设备提供冷却介质。

一、循环水系统

用于冷却和凝结汽轮机排汽的水系统称为循环水系统。循环水系统主要设备包括循环水泵、循泵出口液控蝶阀、旋转滤网、旋转滤网冲洗系统、拦污栅、平面钢闸板，还包括循环水管道、取排水构筑物、水管沟、虹吸井等。如图 2-10 所示。

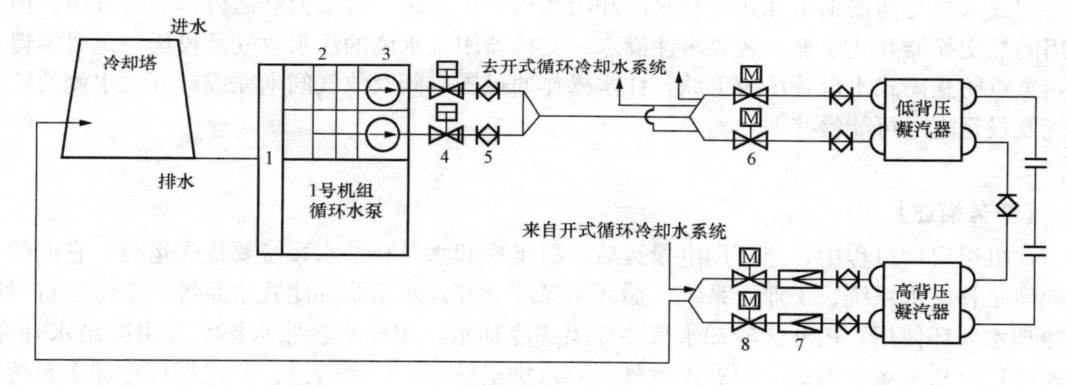

图 2-10　循环水系统设置示意

1—进水工作井；2—循环水泵房滤网设备；3—循环水泵；4—液压止回蝶阀；
5—膨胀节；6—进口电动蝶阀；7—胶球收球网；8—出口电动蝶阀

循环水泵将循环冷却水升压后分左右两路进入低压凝汽器内冷却水管，经单流程流动后进入高背压凝汽器，充分冷却汽轮机排汽后，分左右两路回水至循环水出水母管。

循环水泵房内安装四台 50%容量立式循环水泵，每台循环水泵出口配二阶段液控蝶阀。在泵房前池内每台水泵装有钢闸板、拦污栅，进水旋转滤网及一台立式旋转滤网冲洗水泵。在拦污栅前后装设水位差压计，当水位差达到 0.2m 时将自动启动旋转滤网和冲洗水泵，清理干净时将自动停止运行，拦污栅可由操作员手动进行操作。

二、开式冷却水系统

开式循环冷却水系统主要去冷却一些对水质要求不高、需要水温较低而用水量大的设备。开式冷却水由凝汽器循环水进水蝶阀前母管引接，经电动滤网供给开式冷却水泵，升压后分别供给：发电机氢气冷却器、发电机定子水冷却器、2×100%闭式水热交换器、电动给水泵各种冷却器、凝结水泵电机冷却器、真空泵冷却器、主机润滑油冷却器，回水接至凝汽器循环水排水蝶阀后的母管，排入循环水管。系统流程见本书项目六中图 6-44。

机组正常运行时开式冷却水泵一台运行、一台备用，当运行泵故障跳闸时或泵出口母管压力下降到规定值时，备用泵自动投入。自动反冲洗滤网用于清除循环水系统中的杂物，防止循环水中的脏物进入开式冷却水泵和闭式水热交换器等设备中，当滤网前后压差达到一定值时，自动反冲洗滤网自动投入运行。

三、闭式冷却水系统

闭式循环冷却水系统对于冷却用水量小、水质要求高的一些设备。闭式循环冷却水系统设置2台100%容量的闭式冷却水泵、2台100%容量的闭式循环水热交换器、一只闭式水高位水箱和辅助设备闭式水冷却器。闭式冷却水系统是为机组辅助设备提供冷却水源，以保证辅助设备及其系统的正常运行，该系统是一个闭式回路，用开式循环冷却水进行冷却。系统基本流程：闭式水箱→闭式泵→闭式水热交换器→闭式水用户→闭式泵进口。闭式冷却水泵正常时一台运行，一台备用。系统流程见本书项目六中图6-47。

闭式水系统在正常运行中会存在一定的介质损耗，所以系统需要定期补水。系统启动前，闭式水系统的补水由凝结水输送泵从凝结水补水箱取水；机组正常运行中，闭式水系统的补水来自于凝结水泵的凝结水。闭式水箱内液位开关来控制水箱的正常运行水位。

闭式水热交换器采用开式冷却水冷却闭式水。正常时一台交换器运行，一台备用。但是备用的热交换器开式水侧一般要求注满水。交换器闭式水侧的注水放气及投运一定要缓慢小心，重点防止闭式水母管压力下跌，注水操作通过进口阀及放气阀来完成。开式水侧的注水放气及投运也尽可能慢些。

⇨【任务描述】

在机组启动过程中，当厂用电投运后，机组冷却水及补给水系统要优先运行，它们的投运顺序是补给水系统、工业水系统、循环水系统、开式水系统和闭式水系统。正常运行时闭式冷却水循环使用，用开式冷却水来冷却闭式冷却水，闭冷水膨胀水箱水位由凝结水补充。开式循环冷却水系统启动前应充水放气，充水排至循环水回水管道。开式循环冷却水系统投运前必须保证循环水泵已经运行，开式循环冷却水泵的出口阀门已打开，各冷却器的进、出口阀门已打开。在闭式循环冷却水系统启动充水前，开启各冷却设备前后的隔离阀和放气阀，向膨胀水箱上水，直至其水位达到正常运行水位，投入水位调节系统。通过调节各冷却器出口管道上隔离阀的开度，控制各设备冷却水量。当机组停运后，所有闭式循环冷却水用户已经停运，可停止闭式循环冷却水系统的运行。但是开式循环冷却水系统必须继续运行一段时间，直到设备剩余的热量完全排出为止。系统停运后，在冬季，应将设备水室和管道的存水通过放水门排尽。补水及冷却水系统投运任务实施流程见表2-2。

⇨【任务实施】

表2-2 补水及冷却水系统投运任务实施流程

工作任务	补水及冷却水系统投运
工况设置	单元机组全冷态送电后
工作准备	1. 准确描述所操作仿真机组循环水、开式水和闭式水系统流程和主要设备作用。 2. 说明开式冷却水、闭式冷却水主要冷却哪些设备

续表

工作项目	操作步骤及标准	执行
补给水系统投运	补给水泵启动前检查表计齐全，指示正确；水泵轴瓦油位正常，油质良好。送上排污泵、冲洗泵、旋转滤网及泵进出水阀的电源。开启补给水泵进、出水阀，将冷水塔补水阀开启	
	检查事故开关在运行位置	
	送上补给水泵马达的电源	
	启动补给泵运行，记录电流返回时间	
	倾听水泵和电机转动部分声音正常，检查泵出口压力、轴承温度、振动、油环带油情况应正常，马达轴承温度不超过95℃	
	一切正常后汇报集控长或单元长，记录交班	
工业水系统投运	关闭本机组工业水系统所有放水门，开启工业水管道系统有关排气阀。确认全厂公用工业水母管压力正常	
	打开全厂公用工业水母管至本机手动隔离阀	
	本机组工业水管道系统排气阀出水后关闭	
	检查本机组工业水压力与公用母管压力相同，若工业水母管压力低于0.2MPa以下时，可汇报值长，打开工业水另一母管至本机手动隔离阀，注意其余机组工业水压力	
循环水系统投运	循环水泵启动前检查确认冷水塔集水池水位正常。检查各操作电源已送电，各表计投入且指示正常，循泵出口液控蝶阀供油系统投入，油压及油箱油位正常；检查循环水泵电机上轴承润滑油位、油质正常；检查循环水管道放水门、凝汽器循环水各水室放水门关闭，循环水管道自动排气阀手动门、凝汽器循环水各水室放空气门开启	
	开启凝汽器循环水进口电动阀至30°，全开凝汽器循环水出口电动阀	
	投入液控蝶阀至远方位	
	在操作员站按下循环水泵启动按钮	
	检查循泵出口液控蝶阀开至15°后循泵自启动，注意电流返回时间及电流大小，同时注意延时30s液控蝶阀继续开启至全开位置	
	根据负荷及环境情况启动第二台循泵。泵启动后检查循环水泵电机电流返回正常并稳定，出水压力正常，电机冷却水、轴承润滑冷却水供水开启	
开式水系统投运	根据开式水泵及系统投入检查卡对系统进行全面检查调整，符合投运条件，在投入第一台开式泵时，要根据需要投入用户，以保证系统有足够的回水量	
	确认循环水泵已开启运行，送上开式水系统各电动阀电源	
	开启开式水电动滤网前隔离门、滤网排气阀，注水排气后开启电动滤网后隔离门。开启开式水泵进、出口电动阀及系统各排气阀，对开式水系统注水排气，排尽空气后关闭各排气阀及开式水泵出口电动阀	
	检查开式水泵进口压力大于0.05MPa，确认开式水泵连锁、保护试验正常，送上开式水泵电机电源	
	启动开式水泵运行，出口门联开	
	检查电动机电流、出口压力、泵组振动、声音、轴承温度等均正常	
	开式水泵运行正常后，检查备用泵具备投运条件，备用泵投“自动”	

续表

工作项目	操作步骤及标准	执行
闭式水系统投运	根据闭式冷却水泵及系统投入检查操作卡对系统进行全面检查调整，在投入第一台闭式水泵时，要根据需要投入用户以保证系统有足够的回水流量	
	确认闭式水膨胀水箱底部放水阀及系统各放水阀关闭，检查闭式泵泵体、各管道排气阀开启	
	检查闭式水膨胀水箱已具备进水条件，开启凝结水输送泵至闭冷水膨胀水箱补水阀向膨胀水箱上水，将补水阀投“自动”	
	闭式水箱水位正常后开启闭式水泵进、出口电动阀，向系统进行注水排气，排尽空气后关闭各排气阀及闭式水泵出口电动阀	
	送上闭式水泵电源，确认闭式水泵启动条件满足	
	在CRT上启动闭式水泵，出口门联开	
	检查闭式水泵电流、出口压力正常，将备用泵投“自动”	

【知识拓展】

一、机组补给水系统及开、闭式水系统运行维护

1. 补给水泵的运行维护

定期对补水泵房的设备和系统管道全面检查一次，发现设备缺陷应填写缺陷卡并汇报。正常情况下，每日试开一次旋转滤网及冲洗泵，保持滤网前、后水位差正常，夏季河水脏污时，增加投运旋转滤网次数以清理杂物。严格执行设备加、换油制度，发现轴承漏油、油质恶化、油位低时，应及时加换油防止烧坏轴承。

2. 工业水系统运行

(1) 工业水系统运行时，要监视工业水母管压力，压力不得小于0.36MPa。

(2) 发现工业水母管压力下降较大，应仔细查找原因，切断不需要投用设备的冷却水，检查工业水泵的运行状态是否正常，工业水泵投用台数是否能满足系统运行用户需要，在可能的情况下，可增开工业水泵台数，维持运行。

(3) 通知化学人员密切监视工业水补水量的变化，防止工业水中断发生。

3. 开式冷却水泵运行维护

(1) 开式水泵电流不大于31.7A；开式水泵及电机轴承温度小于80℃；开式水泵出口压力0.2～0.4MPa；各轴承座处的振动幅值小于0.05mm；开式泵泵体及电机各部无异音，无异常振动和过热现象；开式泵密封部有少量水溢出，回水畅通，无过热现象。

(2) 开式水泵进水前电动旋转滤网的控制方式应投入“自动”，运行中若自动失灵，应根据滤网的差压情况定期手操清洗。

(3) 备用开式水泵符合启动条件，且在“备用”位；运行开式水泵电机跳闸或开式水泵出口母管压力$<$0.15MPa，备用开式水泵将自启动。

4. 闭式水泵运行维护

(1) 闭式水泵与电机各部无异音，无异常振动，无过热现象；闭式水泵电流不大于49.9A；闭式水泵及电机轴承温度小于80℃；各轴承座处的振动幅值小于0.05mm；闭式水泵出口压力0.7MPa；闭式水泵密封处有少量滴水，回水畅通，无过热现象；闭式水热交换器额定出水温度37.5℃；闭式水泵进口滤网差压小于0.04MPa，当差压大于0.04MPa时，

此时应换泵运行，并清理滤网；闭式水箱水位自动控制正常，水位维持在1100～1600mm。

(2) 备用闭式水泵符合启动条件，且在“备用”位；闭式水出口母管压力小于0.35MPa或运行闭式泵电机跳闸，备用闭式水泵将自动启动。

二、循环水泵出口蝶阀

大型机组循环水泵采用立式混流泵，具有流量大，转速低，运行效率高稳定性好的优点。循环水泵出口蝶阀为重锤式液控止回蝶阀，主要由阀体、蝶板、阀轴、蝶板密封圈、固定压板螺钉等组成。蝶阀的结构如图2-11所示。蝶阀采用液压传动和控制，开阀力矩大，并使开、关阀程序调定易于实现。蝶阀开启后液压驱动系统能自动保压，使重锤不下降，而举起的重锤提供关阀动力，安全可靠。

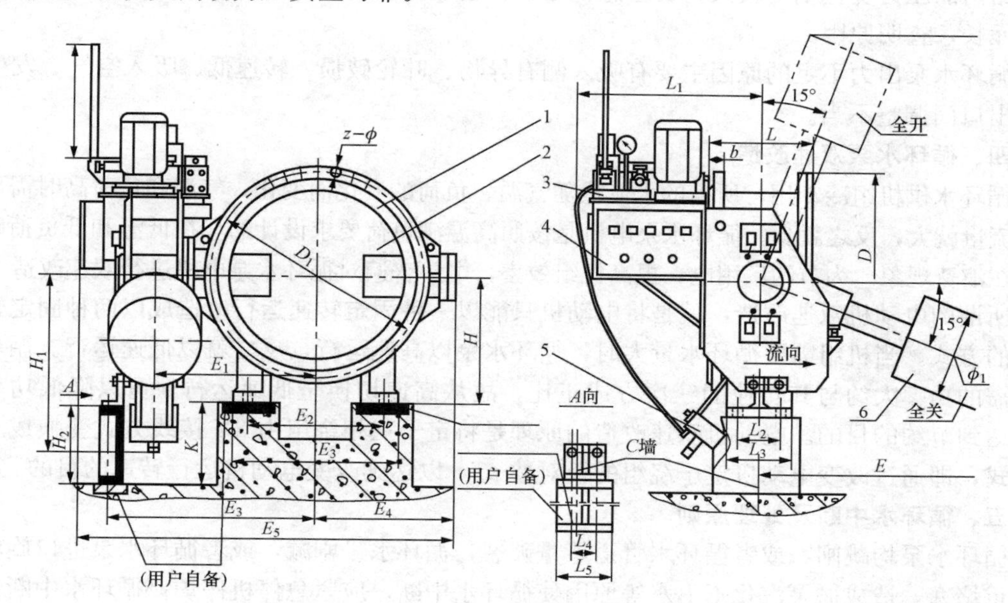

图2-11　重锤式液控止回蝶阀

1—阀体；2—蝶板；3—液控系统；4—电气箱；5—摆动油缸；6—重锤

液控止回蝶阀开启方式：前15°快开，快开时间2.5～3s，后75°慢开，时间为20～40s之间（注：阀门动作时间可根据现场需要进行设定）。

液控止回蝶阀关闭方式：前75°快关，快关时间2.5～3s，后15°慢关，时间为20～40s之间。当循环水泵手动停运或事故跳闸时，蝶阀自动按程序快关截断大部分水流起到止回阀的功能，然后慢关到全关位置，起到消除水锤危害，缓冲和截止作用。

此外，蝶阀也可匀速开关，动作时间为20～40s，一般为手动操作阀门时使用。

蝶阀液压系统常见缺陷是漏油，包括内、外漏油。造成外漏的原因主要是密封部件损坏，通过更换耐油橡胶密封材料，加强大、小修的定期维护，运行中外漏现象能基本避免。造成内漏的主要原因是各液压控制阀的密封口（线密封）被划伤所致，主要是由于系统中有杂质，积聚在密封口上被挤压后使其留下痕迹，破坏密封线，从而影响密封性。定期清理油箱，过滤压力油可有效避免内漏，目前各蝶阀一年需更换一次油箱液压油。

三、循环水泵的运行与异常

循环水泵的启动可先开出口蝶阀15°，此时水泵倒转转速约为额定转速的15%～20%，然后启动水泵；循环水泵也可在出口阀关闭的条件下启动，但是水泵允许堵转运行时间不超过45s。

泵运行中注意调整填料的压紧程度，以有少量的水连续不断地从填料函处冒出为准。泵运行后应观察和测量泵的振动和噪声，如有异常应慎重检查，根据不同情况汇报单元长联系处理。当电机轴承温度升高时，应检查油位是否过低，冷却水是否减小或中断；泵组振动增大时，应检查电机电流，倾听泵组内有无异音，若电流和出口压力晃动较大，还应检查集水池水位是否过低，滤网前、后水位差是否过大，水泵进、出口阀是否开完。

运行中一台循环泵跳闸，在有备用泵的情况下，应检查备用泵自启动并运行正常或及时手动开启备用泵，注意检查跳闸循环泵出口蝶阀应联动关闭，否则应立即手动关闭，此时出口管路内的压力变化幅度较大，要注意基础和各连接件之间的状态。将跳闸泵开关复位，汇报单元长，查明原因。

循环水泵出力不足的原因主要有吸入侧有异物、叶轮破损、转速低、吸入空气、发生汽蚀、出口门调整不当。

四、循环水泵双速改造

循环水供机组冷却用，所需的水流量随气温、负荷的变化而变化，气温和负荷高时需要循环水流量就大，反之就少。循环水泵电机是按照高温满负荷要求设计的，在低温和低负荷时难免存在浪费现象。为节约厂用电，提高机组效率，电厂普遍对循环水泵电机进行双速改造。

所谓的电动机双速改造，就是将电动机只能以一种固定转速运行改造成以两种固定转速运行的方式。当机组需要循环水量大时，循环水泵以高速运行，反之就以低速运行。循环水泵所需的功率大约与其转速的三次方成正比，故从高速切换至低速运行，可以降低功率损耗，达到节约的目的。电动机双速改造的原理是将定子三相绕组由2Y接线方式变换成△接线方式，即通过改变电动机定子绕组的极对数p1，以达到改变电动机运行转速的目的。

五、循环水中断及处理原则

循环水泵均跳闸，或者循环水管道严重破裂，循环水量剧减，或者循环水泵进口旋转滤网严重堵塞，造成循泵汽化不上水等原因使循环水中断，应紧急停机停炉。循环水中断使凝汽器真空迅速下降，排汽温度急剧上升，导致凝汽器不锈钢管超温，不锈钢管和管板胀差过大，凝汽器泄漏，汽机末级叶片过热，大气隔膜冲破。设备因冷却水失去，造成油温、水温升高而严重损坏。

发生循环水中断，应立即打闸停机，联动锅炉MFT，发电机逆功率保护动作，与电网解列；注意汽轮机交流润滑油泵自启，油压正常，否则手动开启；关闭凝汽器循环水进出口电动阀；若凝汽器压力达到60kPa或排气温度达75℃，应停止真空泵运行，打开真空破坏门，强制打开低缸喷水减温；尽可能维持凝结水系统正常运行；禁止投用旁路系统，迅速强制关闭主蒸汽管道、小机高压进汽管道和冷热再热汽管道各疏水阀，减少进入凝汽器的热量。注意开式泵应跳闸，否则手动停运；严密监视闭式水温度，确保主机润滑油温及各轴瓦温度不超限；尽快消除循环水中断的原因；当低缸排汽温度小于50℃时方可恢复凝汽器循环水，应加强对凝结水硬度的监视。

【实践与探索】

(1) 机组运行中，单台循环水泵停运后出口门未联关应如何处理？

(2) 循环水泵是辅机耗电大户，查阅相关资料，为提高机组的经济性，如何优化循环水泵的运行方式?

工作任务三 压缩空气和辅助蒸汽系统投运

【任务目标】

掌握压缩空气系统、辅助蒸汽系统流程，能熟练利用火电仿真机组进行各个系统投运操作，掌握操作过程中注意事项。了解仪用汽失去后的处理原则。

【知识准备】

压缩空气和辅助蒸汽系统属于公用系统，在主机启动前，这两个系统必须正常运行。机组停运后，压缩空气系统和辅助蒸汽系统一般保持正常运行，除非需要对整个系统进行检修，这主要考虑调试、检修用气，邻机运行安全、灭火、防冻等，如需停用压缩空气系统和辅助蒸汽系统，应经值长同意，确认无用户后方可停用。

一、压缩空气系统

压缩空气系统分为仪用压缩空气系统和厂用压缩空气系统，有的电厂由同一空压机组供气，也有的电厂分别由不同的空压机组提供气源。如图 2-12 所示，该机组压缩空气系统共配置 4 台并列布置的喷油螺杆式空压机。正常运行时，2 台运行，2 台备用（其中 1 台运行备用，1 台检修备用)。此外还包括空气净化及干燥装置、2 只仪用压缩空气储气罐和 2 只厂用压缩空气储气罐，以及相关的管道和阀门等。

每台空压机的出气管，通过手动隔离阀（空压机出气阀）连接到空压机出口压缩空气母管，因为仪用气比厂用气品质要求高得多，所以将仪用压缩空气送进 4 台空气净化及干燥装置，经过净化和干燥处理后的压缩空气被送进仪用压缩空气储气罐储存，并通过该储气罐的出气阀门，进入主厂房及厂区仪用气系统。

在空压机出口压缩空气母管上，引出一路压缩空气，不经过空气净化及干燥装置，而是通过一阀门控制站，将压缩空气送进厂用压缩空气储气罐储存。该路空气作为厂用压缩空气的正常气源。

二、辅助蒸汽系统

辅助蒸汽系统主要包括辅助蒸汽联箱、供汽汽源、用汽支管、减温减压装置、疏水装置及其连接管道和阀门等。辅助蒸汽联箱是辅助蒸汽系统的核心部件。600MW 超临界压力参数机组辅助蒸汽联箱的压力为 0.8～1.3MPa，温度为 300～350℃。

考虑到机组启动、低负荷、正常运行及厂区用汽等情况，辅助蒸汽系统一般设计有三路汽源（如本书项目六中图 6-66 所示)：①相邻机组供汽。经相邻机组辅汽来汽进入本机辅汽联箱，在进汽电动阀前有疏水点，将暖管疏水排至无压放水母管。②在机组低负荷期间，随着负荷增加，当再热蒸汽冷段压力符合要求时，辅助蒸汽由相邻机组供汽切换至本机再热蒸汽冷段供汽。③当机组负荷上升到 70%～85%BMCR 时，汽轮机第四级抽汽参数符合要求，可将辅助汽源切换至四段抽汽。在正常运行工况下，四段抽汽压力变动范围与辅助蒸汽联箱的压力变化范围基本接近。在这段供汽支管上，设置了电动截止阀和止回阀，未设调节阀。因此，在一定范围内，辅助蒸汽联箱的压力随机组负荷和四级抽汽压力变化而滑动，从而减少了节流损失，提高机组运行的热经济性。

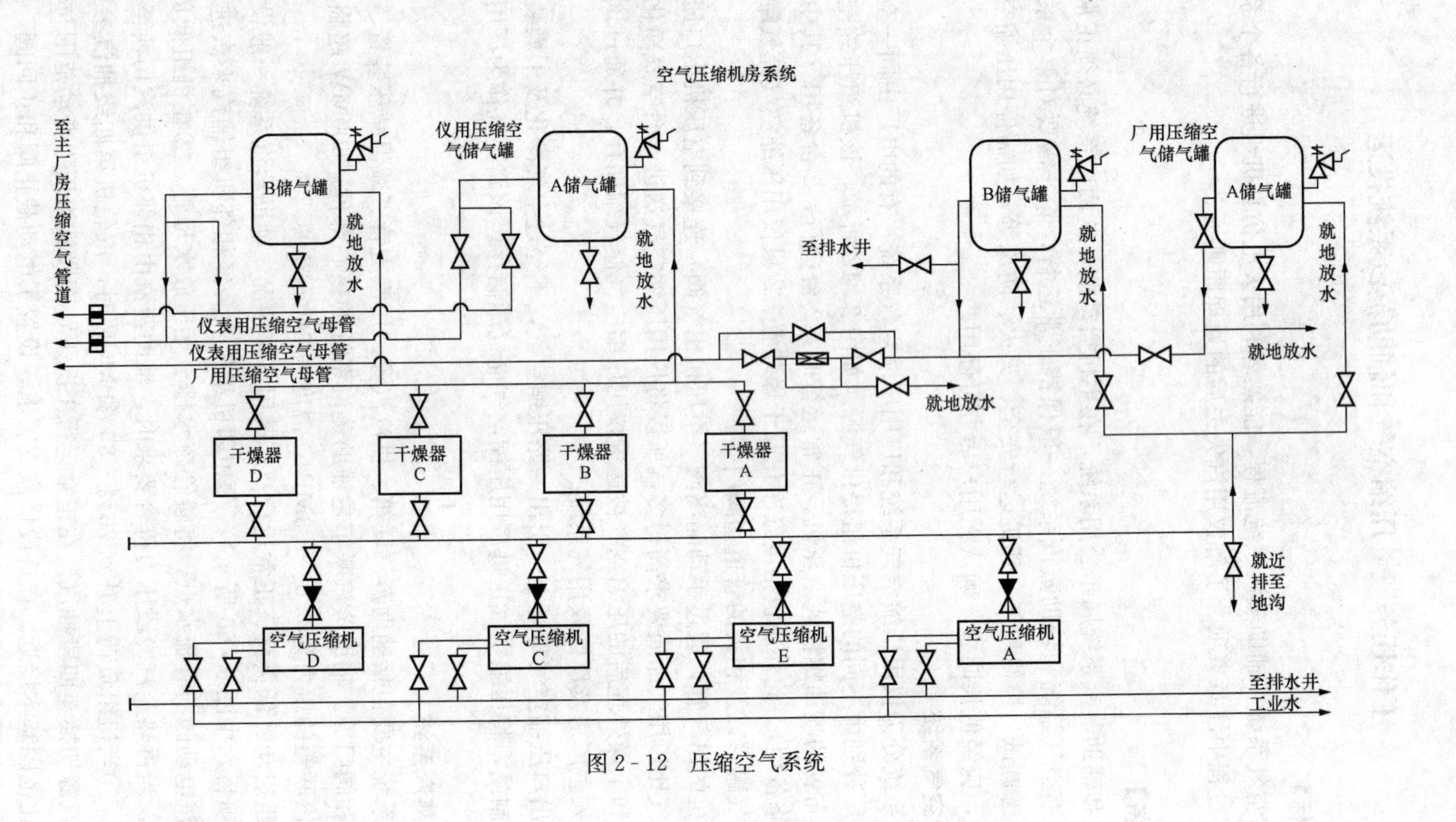

空气压缩机房系统
至主厂房压缩空气管道
B储气罐
仪用压缩空气储气罐
A储气罐
B储气罐
厂用压缩空气储气罐
A储气罐
就地放水
就地放水
至排水井
就地放水
就地放水
就地放水
就地放水
仪表用压缩空气母管
仪表用压缩空气母管
厂用压缩空气母管
干燥器 D
干燥器 C
干燥器 B
干燥器 A
就近排至地沟
空气压缩机 D
空气压缩机 C
空气压缩机 E
空气压缩机 A
至排水井
工业水

图2-12 压缩空气系统

辅助蒸汽的用户主要有：机组启停、低负荷或甩负荷时除氧器的加热用汽；机组启停及低负荷工况下汽轮机的轴封用汽；机组启动前，驱动给水泵的小汽轮机的调试用汽；锅炉暖风器、空气预热器启动吹灰、油枪吹扫、燃油伴热及燃油雾化等用汽。

【任务描述】

主机启动前，投运压缩空气和辅助蒸汽系统，冷态启动时，辅助蒸汽系统由相邻机组供汽，对除氧器进行加热，提供汽轮机轴封用汽等。压缩空气和辅助蒸汽系统投运任务实施流程见表2-3。

【任务实施】

表2-3 压缩空气和辅助蒸汽系统投运任务实施流程

工作任务	压缩空气和辅助蒸汽系统投运	
工况设置	单元机组全冷态	
工作准备	1. 准确描述所操作仿真机组压缩空气和辅助蒸汽系统流程和主要设备作用。 2. 说明大型火电机组辅助蒸汽的作用	
工作项目	操作步骤及标准	执行
压缩空气系统投运	所有检修工作结束，现场清洁无杂物，照明充足	
	投入冷却水系统，检查管道无泄漏，水压0.2～0.5MPa，冷却水温5～35℃。检查空压机设备、管阀符合启动前要求	
	检查确认空压机动力电源、控制电源已送上，控制方式设为远方控制	
	检查组合式干燥机冷却水投运正常，电源已送上，符合运行条件	
	开启空压机房系统就地手动隔离门，确认空气通道畅通	
	在控制室CRT画面上按下“启动”按钮，检查空压机启动运行正常	
	就地启动组合式干燥机，检查各部运转正常	
	确认压缩空气储气罐出口压力正常，开启压缩空气系统各用户手动隔离门，恢复供气	
辅助蒸汽系统投运	检查临机来汽源隔离门开启，其他汽源至辅汽联箱隔离门关闭，辅汽联箱去各用户隔离门关闭。检查和开启辅汽系统上所有疏水门及疏水器前后隔离门	
	确认辅汽系统的电动门、气动门完好，送上阀门的电源、气源。检查系统中所有热工仪表齐全、完好、指示正确	
	稍开邻机辅汽母管来辅汽调门，辅汽母管开始进行暖管，注意管道无冲击振动。检查辅汽母管各疏水管有汽冒出，辅汽联箱压力上升后，逐渐关小各疏水门	
	辅汽母管充分暖管，温度升至200℃后，检查辅汽母管各疏水器动作正常，缓慢开邻机辅汽母管来辅汽调门，提高辅汽联箱压力0.9～1.0MPa	
	根据需要，投用各辅汽用户，注意调整辅汽压力，温度正常	

【知识拓展】

空气压缩机的运行方式分为自动运行和节流运行（又称连续运行）。自动运行：当压力达到设定的最大工作压力后，机器不再产生压缩空气，经过一段时间延时后，空气压缩机也会停止；当工作压力下降到设定的最低压力时，空气压缩机启动，开始产生压缩空气。节流运行：一旦压力达到比例调节器设定的压力高限，压缩空气的输出马上就受到节流；当压力达到设定低限时，节流恢复。

常用的喷油螺杆式空气压缩机结霜或停止时间延长时应排净冷却水。压缩机的后冷却器、分离器、收集器及压缩空气管路在最低点都装有排水装置，以便于排出积液。自动排液装置必须按一定时间间隔检查，以保证其良好的功能。由于油/水冷却器泄漏，有些油可能会进入冷却水循环线路，冷凝液可能含油，排出冷凝液时，应遵照相应的废水处理规定。

螺杆式空气压缩机采用闭式循环冷却水冷却，工作时尽量维持压缩空气出口温度30～35℃，机油温度65～75℃。要注意的是，只有当螺杆压缩机关闭并泄压后才能检查油位。因为压力储存罐可能还处于高压状态，油可能仍然温度较高。油位的标准是油位应当在油量显示器的中间，如需要油可加满。检查油位要做到以下两点：①在每一次停机或一定的间隔后在压力储存器的观察窗检查油量；②油应当已经沉下，进入的气泡必须消散，这一过程可能要用一个小时，取决于各种条件。

1. 仪用气失去的处理原则

仪用气压力下降时，应密切注意各运行工况，立即查明原因，尽量维持机组负荷稳定，有关设备应切至手动调节。若由于某段管路爆破、泄漏，应立即设法隔离，如果备用空压机未自启，则迅速到就地复归报警信号后抢投空压机。当仪用气压降至0.35MPa且无法恢复时，应故障停炉。

仪用气压下降或失去时，应严格监视轴封汽压力，凝汽器真空等运行限额，当机组主要参数失控，危及机组安全运行时，应立即故障停机或紧急停机。当仪用气源中断后，如关闭型阀门无法关闭，应立即关闭调节阀前后隔离阀。开启型阀门无法开启时，应立即开启其旁路阀，以确保机组安全停运。仪用气失去后，应立即关闭高、中压疏水至凝汽器手动隔离阀，关闭除氧器事故防水阀的前后手动隔离阀，尽量避免低压缸安全膜鼓破。

2. 辅助蒸汽系统运行问题

辅汽母管投运时一般要通过小旁路阀或微开隔离阀进行充分暖管，然后再缓慢全开隔离阀，否则会发生水击。一般可以通过母管的温度来判断暖管的效果。当锅炉负荷大于30%BMCR时，再热冷段压力达1.0MPa，可以切换至冷再热蒸汽至辅汽系统汽源。当机组稳定运行，四抽压力大于0.8MPa时，将辅汽切至四抽供给，切换时先解除再热冷段至辅汽联箱进汽调门自动，逐渐关小再热冷段至辅汽联箱进汽调整门，直到全关；四抽至辅汽联箱供汽门逐渐开大，直到全开。若停运时辅汽母管不能泄压到零，主要可能是隔离阀不严所致，所以一般母管的隔离阀尽量少操作。

【实践与探索】

在机组启动过程中，写出辅助蒸汽汽源由邻机供汽切为本机冷再供汽的操作步骤及注意事项，并在仿真机上实践？

工作任务四 汽轮机油系统投运

【任务目标】

掌握汽轮机润滑油系统、EH油系统流程及主要设备作用，能熟练利用火电仿真机组进行各个系统投运操作，掌握操作过程中注意事项。熟悉油系统常见故障及处理原则。

【知识准备】

目前大型汽轮发电机组的供油系统将润滑油和调节油分开，即润滑系统采用透平油，调节系统采用高压抗燃油单独供油的方式。

一、润滑油系统

润滑油系统的任务是向汽轮发电机组的支持轴承、推力轴承和盘车装置提供合格的润滑油，带走因摩擦产生的热量和由转子传来的热量，并为发电机氢密封系统提供密封油，以及为机械超速脱扣装置提供压力油。600MW超临界压力参数机组润滑油系统如图2-13所示。该系统主要由主油泵、冷油器、注油器、顶轴油系统、排烟系统、主油箱、交流润滑油泵、直流事故油泵、密封油备用泵、滤网、电加热器、止回阀和各种监测仪表等构成。主油泵供出的高压油经止回阀后分为两路：一路供给发电机高压密封油和机械超速与危急遮断油（低压保安油）；另一路经过注油器后再分成两路，一路供主油泵进油；另一路经冷油器及滤油器等后送往轴承，作为润滑用油。

主油泵是蜗壳型双吸离心泵，装在调阀端轴承座内汽轮机转子的接长轴上，由汽轮机主轴直接驱动，且与汽轮机主轴采用刚性连接。在正常转速下，当进口压力为0.0686～0.31MPa时，出口油压约为1.75～2.0MPa。由于主油泵的这种驱动方式能利用转子的动能在惯性期间向轴承供油，因而是最可靠的。它容量大，出口压头稳定，在额定转速或接近额定转速运行时，主油泵供给润滑油系统所需的全部油量。此外，还供给发电机氢密封用油系统两路备用油源。主油泵不能自已吸油，因此在启动阶段要依靠电动机驱动的轴承油泵供油。在正常运转时，主油泵进口由注油器供给。

润滑油系统的辅助油泵包括交流油泵（轴承油泵）、直流油泵（危急油泵）和氢密封备用油泵（高压起动油泵）。启动和停机过程中使用交流油泵，提供所有的低压备用密封油和轴承用油。在汽轮机以额定转速正常运行时，主油泵供给全部需用的润滑油，交流油泵停用作为主油泵的备用泵。直流油泵是轴承油泵的备用泵，如果轴承油压降到0.0689～0.0758MPa，直流油泵就会投入运行。密封油备用泵是由交流电动机驱动，安装在油箱顶部，它给高压密封油备用油总管供油，在主油泵不能满足高压密封用油以及机械超速遮断用油需要时，投入运行。

顶轴油泵在机组盘车前启动，利用5.5～12.4MPa（取决于转子的大小）的高压油把轴颈顶离轴瓦，消除两者之间的干摩擦，同时可以减少盘车的启动力矩，使盘车马达的功率可以减少。当机组转速超过600r/min时，盘车装置的喷油电磁阀关闭，顶轴油泵自停。

润滑油的温度由冷油器调节。在正常运行工况，一台投入运行，另一台备用。备用冷油器油（水）侧出口阀全开，进口阀关闭。流到冷油器的油由手动操作的换向阀控制，它可使油流向任何一台冷油器，也可以切换冷油器而不影响进轴承的油流量。冷油器出口油温靠调

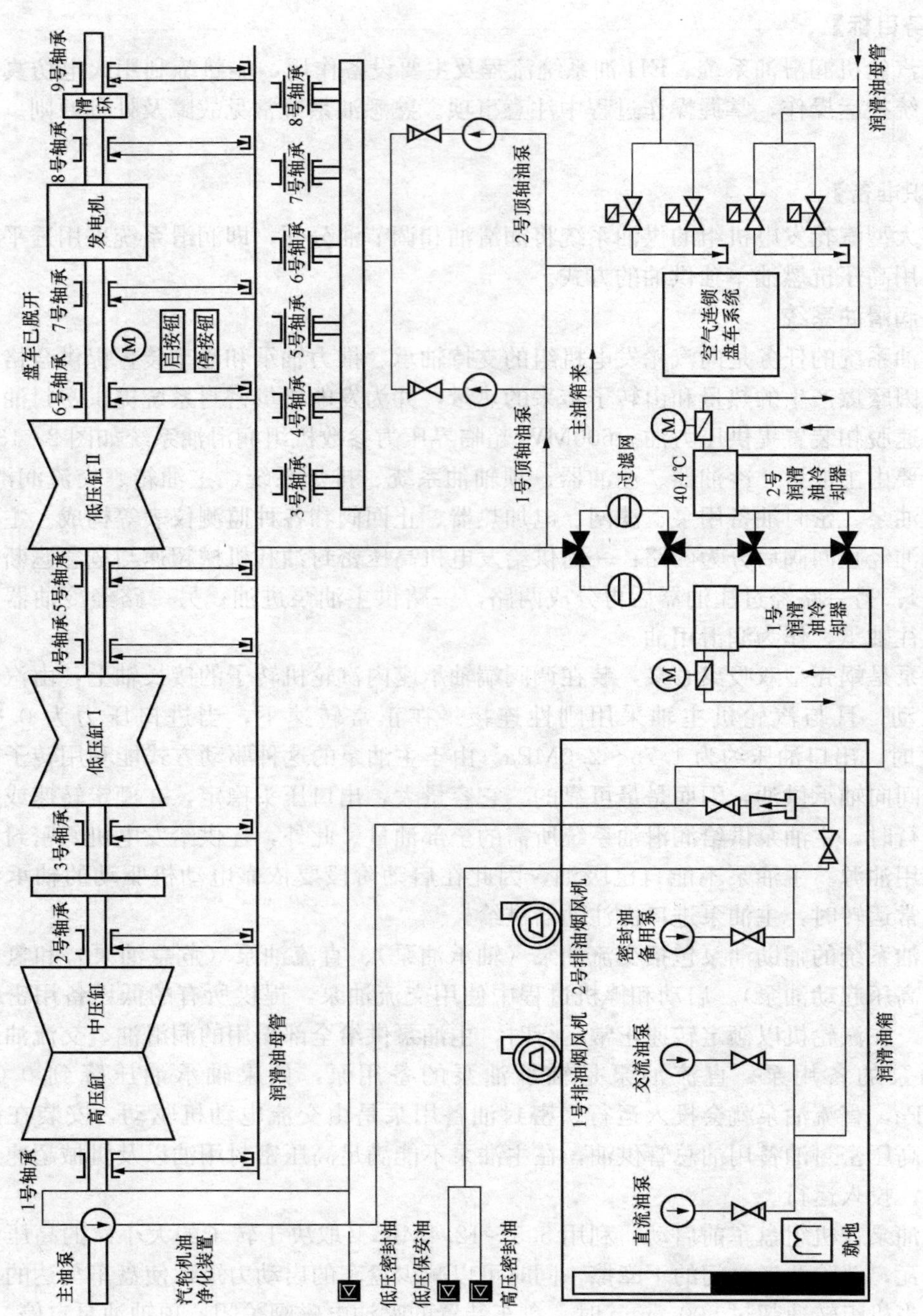
主油泵
汽轮机油净化装置
1号轴承
高压缸
中压缸
2号轴承
3号轴承
低压缸Ⅰ
4号轴承
5号轴承
低压缸Ⅱ
6号轴承
盘车已脱开
7号轴承
M
启按钮
停按钮
发电机
8号轴承
滑环
9号轴承
润滑油母管
3号轴承
4号轴承
5号轴承
6号轴承
7号轴承
8号轴承
低压密封油
低压保安油
高压密封油
1号排油烟风机
2号排油烟风机
直流油泵
交流油泵
密封油备用泵
润滑油箱
就地
1号顶轴油泵
2号顶轴油泵
主油箱来
过滤网
40.4℃
1号润滑油冷却器
2号润滑油冷却器
空气连锁盘车系统
润滑油母管

图2-13 润滑油系统

节冷却水流量大小来实现。正常情况下调整到在进油 60～65℃时，冷油器出口温度为 43～49℃。

二、高压抗燃油系统

高压抗燃油系统（EH 油系统）是以高压抗燃油作为工质，为各执行机构及安全部套提供动力油。整个系统由油箱、冷油器、滤油器、高压蓄能器、低压蓄能器、各种压力控制阀、油泵及马达等组成。系统流程见本书项目六中图 6-63。

EH 油系统的油泵是一种恒压变流柱塞泵，油泵的输出流量会根据系统的用油量自动调节。升压后的抗燃油经过供油滤油器、单向阀、截止阀，进入供油母管。通过供油母管送到各执行机构和危急遮断系统。各执行机构的回油则通过压力回油管和冷油器回至油箱。恒压变流柱塞泵出口压力整定为（14.5±0.5）MPa。当泵的输出流量和系统用油流量相等时，泵的变流机构维持在某一位置，当系统需要增加或减少用油量时，泵会自动改变输出流量，维持系统油压为 14.5MPa，当系统瞬间用油量很大时，蓄能器将参与供油。

正常情况下，EH 油柱塞泵一台运行。高压油集管上装有压力开关（PS）能感受油系统的压力过低信号，当压力低至 11.03MPa 时，触点闭合，启动备用泵。供油母管上设有弹簧式溢流阀作为系统的安全阀，当高压母管的油压达到（17±0.2）MPa 时，溢流阀动作，将压力油送回油箱，起到过压保护的作用。在低压回油母管上，接有低压蓄能器，以减小回油压力波动。系统还配有专门的循环泵将油从油箱吸出，进行过滤和冷却后，再返回油箱。即使伺服系统不工作，油液的冷却和过滤也可进行。

⇨【任务描述】

机组启动前，汽机润滑油系统、发电机密封油系统、汽机盘车、EH 油系统均应运行正常。启动的顺序是：汽轮机润滑油系统—发电机密封油系统—汽机盘车—EH 油系统。在汽机冲转前，应至少连续盘车 4h，若盘车中断应重新计时；氢冷机组在进行发电机气体置换前或盘车前，密封油系统要正常运行。如果是机组检修后启动，在润滑油油质合格后才能允许进入汽机轴瓦，油质再次合格后才能允许启动密封油系统。

机组启动前，交流油泵（轴承油泵）和密封油备用泵要先投入运行，直到主油泵能满足全部的需油量时才停止运行（大约 90%的额定转速）。轴承油泵和密封油备用泵由感受轴承油压的压力开关控制。在停机或意外工况时，如果轴承油压降到 0.0758～0.0827MPa，油泵就投入运行，把轴承油压和高压密封油备用总管压力回升到所需值。然而压力升高后，泵不会自动停机，必须在控制室内手动停机。汽轮机油系统投运任务实施流程见表 2-4。

⇨【任务实施】

表 2-4　汽轮机油系统投运任务实施流程

工作任务	汽轮机油系统投运
工况设置	单元机组全冷态送电后，机组冷却水系统已经投运
工作准备	1. 准确描述所操作仿真机组润滑油系统和 EH 油系统流程和主要设备 2. 说明润滑油系统各油泵的作用及启动顺序

续表

工作项目	操作步骤及标准	执行
汽机润滑油系统投运	润滑油系统管道和设备完整良好。各种控制电源、信号电源投入。系统中的各种表计一、二次阀门打开，油位计投入正常，所有放油门关闭，热工各种保护报警良好投入	
	就地润滑油净油系统向润滑油主油箱补油，油箱油位正常。油箱油温低于10℃，禁止启动油泵。投入电加热，当油温大于38℃时，停止电加热	
	在就地打开顶轴油泵进、出口门，确认各轴承顶轴油供油手动门开启。润滑油、密封油系统已按阀门检查卡处于启动前正常状态	
	启动主油箱一台排烟风机运行，调整排烟风机入口挡板，维持主油箱内微真空在0.248～0.762kPa，投入另一台排烟风机连锁。选择一台冷油器投入运行，另一台备用，打开水侧放气阀进行排气，当有连续水流后将其关闭	
	启动交流润滑油泵，检查润滑油系统运行正常，油箱油位正常。将润滑油温度设定为40℃并投入“自动”	
	主机润滑油压应＞0.2MPa，各轴承处油压高于0.08MPa，冷油器的冷却水工作正常，出口油温保持38～42℃，油滤网差压＜60kPa。机组正常运行时，应保持隔膜阀上部油压0.5～0.8MPa	
	按规定进行交、直流润滑油泵和交流备用密封油泵联动试验之后投入直流油泵连锁	
	启动一台顶轴油泵运行，检查振动、出口压力正常、系统无泄漏。将备用顶轴油泵投入连锁	
汽机盘车	确认主机润滑油、顶轴油和发电机密封油运行正常	
	启动汽轮机“主机盘车装置”，检查盘车电流正常无摆动，大轴偏心率不大于0.075mm	
	盘车运行时，监视盘车电机电流正常，润滑油、密封油和顶轴油不得中断，机组各轴承金属温度正常。加强就地巡回检查，倾听汽缸及轴封处有无金属摩擦声	
EH油系统投运	设备及系统管道良好，各种控制电源，信号电源投入；EH油泵电机及油箱电加热器测绝缘送电；系统中所有表计一、二次门开启，油位检测隔离门开启，放油门关闭；各种保护、记录等热工仪表投入运行	
	油泵进出口门开启。检查系统中所有蓄能器氮气压力正常；所有蓄能器的手动隔离门打开，隔离门后放油门关闭；EH油冷却器水侧注满水放尽空气	
	油质合格，向油箱注油至高油位。油温低于21℃时，投入油箱电加热器	
	启动一台EH油泵运行，检查振动、出口压力正常、系统无泄漏后，投入备用泵连锁。就地检查系统回油正常	
	EH油箱油位正常，油箱温度35～45℃，EH油母管压力（14±0.5）MPa	

【知识拓展】

一、主机盘车装置

主机盘车装置，包括手动操纵机构、盘车电流表、偏心表等。在汽轮机启动冲转前或停机后，让转子以一定速度连续转动起来，以保证转子均匀受热或冷却，从而避免转子产生热弯曲；减少汽机冲转时的启动力矩。还可以用来检查汽轮机是否具备启动条件：如主轴弯曲度是否满足要求，有无动静部分摩擦等。

盘车投运需要注意以下几个问题。①汽机冲转前四个小时，必须投入盘车。在连续盘车期间，如因工作需要或盘车故障使主轴停止，必须再连续盘车 4h 方可允许再次启机；②机组安装后，初次启动或大修后第一次启动前应采用就地手动方式盘车，正常后方可投入连续盘车；③盘车运行时，应监视顶轴油泵及盘车马达电流正常，同时必须保证润滑油、顶轴油和密封油不得中断，维持润滑油温在 21～32℃，各轴承金属温度应正常，且油压充足，转子偏心度不超过 0.076mm；④盘车时，汽缸内有明显摩擦声，应停止连续盘车，改为每隔半小时转 180°，不允许强行投连续盘车；⑤中断盘车时，应停在大轴偏心指示最小位置，在重新投入盘车时应先转 180°然后停留上次盘车停运时间的一半，直到转子偏心度指示为零，方可投入连续盘车；⑥确认轴封供汽停止、高压缸调节级金属温度低于 150℃，方可停止盘车装置的运行。

盘车装置及顶轴油系统停运需注意以下几个问题：正常情况下，当高压缸第一级金属温度低于 150℃，方可停止连续盘车。若因消缺等特殊情况，当高压缸第一级温度在 250℃以下时，经总工程师批准后，可停止连续盘车，但要每 30min 盘动大轴 180°，直到高压缸第一级温度低于 150°为止。在机组启动过程中，当转子转速超过盘车转速时，盘车装置啮合齿轮自动脱扣，电机自停，否则手动停止盘车电机。确认盘车装置已经停止运行，解除备用顶轴油泵连锁，停运顶轴油泵。

二、冷油器投运注意事项

冷油器投运时要先投油侧，解列时在切换锁定后先解列水侧。冷油器切换前，应检查备用冷油器回水手动门在全关位置。切换时，应注意主油箱油位、润滑油压力及温度的变化。确认 A、B 冷油器出油阀全开。备用冷油器充满油后，投入备用冷油器的冷却水。转动切换阀的大手轮，使阀松动，沿箭头方向使小手轮转动 90°，即可进行切换，注意冷却水调节阀动作情况，确认冷油器出油温度在 43～49℃之间，润滑油压力正常。切换正常后，用大手轮锁住切换阀，停止原运行冷油器冷却水，原运行冷油器转入备用状态。在切换初期，因备用冷油器中积存大量冷油，会造成油温突降，所以操作一定要缓慢。在切换过程中，根据油温变化情况缓慢开启切换阀和冷却水手动门，保持油温稳定。在任何操作中，都要保持油侧压力始终大于水侧压力，以防泄漏。

三、油质问题

油质的好坏在很大程度上决定了润滑效果、调节保安系统动作的灵敏度，甚至影响到某些元件的使用寿命。因此，保证汽轮机油系统中油的品质，是关系汽轮机稳定、安全运行的重要前提。油质问题主要是指油中带水、空气、机械杂质以及由此引起的油的酸化、乳化等现象。

油中的水分能使油乳化，乳化后的油黏度增大，润滑效果变差。一般油中进水原因有轴封汽压过高、轴封回汽不畅，使轴封漏汽进入轴承室后凝结成水，并和油混合起来；冷油器铜管破裂，冷却水进入油系统；补充油时带入水；潮湿的空气冷凝时产生的水；对水冷发电机而言，转子漏水进入轴承座。判断油中是否进水通过取油样或者窥视窗看油流就可以大概知道进水的程度，如油呈乳白色或泡沫多，一定要及时脱水、换油。

油中的空气主要是系统在排烟风机作用下负压运行过程中吸入的。油与空气接触后会产生一种能溶于水的有机酸，使油的酸价升高，将腐蚀与油接触的各个部件；同时空气本身也能氧化腐蚀部分管道、元件；另外，油和空气混合后，会出现较多的泡沫，这将影响油泵的正常工作，进而影响到调节系统的正常动作。油中机械杂质的来源很多，主要有设备制造安装中遗留杂质、原油过滤不彻底；系统运转、流体变质生成的杂质；液压元件因冲刷磨损生成微细颗粒以及橡胶密封件老化变质等。机械杂质对油系统的危害很大：一方面，磨损系统中的轴承、油泵等设备；另一方面，对调节、保护装置的正常动作十分不利，尤其是对于机组中的电液控制元件而言，由于其配合精度非常高，控制要求严格，少量颗粒就能引起元件中的小孔、喷嘴堵塞，或活动件卡紧、滑芯不能动作等后果。某厂一台300MW机组发生过一起主汽门突然关闭的事故，经检查，发现伺服阀滤油器上附有一层较均匀的褐色涂层，使伺服阀动作不灵敏，甚至黏结卡住，造成主汽阀关闭。

四、油系统停运

1. 润滑油系统停运

确认主机盘车装置、顶轴油泵及发电机密封油系统均已停运。高压缸调节级金属温度低于150℃，并且各轴承金属温度均在正常范围内，方可停止交流润滑油泵和高压备用密封油泵运行。将直流润滑油泵连锁解除后，停止交流润滑油泵和高压备用密封油泵。解除备用排烟风机连锁，停止排烟风机运行。

2. EH油系统的停止

EH油系统在机组停运后，即可停止运行。解除备用EH油泵连锁，停运EH油泵。油泵停运后应及时关闭冷油器冷却水，防止油温下降过多。EH油温较低时，油箱中会出现凝结水，停机时间超过一周时应定期投入EH油循环泵或电加热运行，维持油温。

⇒**【实践与探索】**

（1）编制冷油器切换操作票，并在仿真机上操作。

（2）阅读关于汽轮机油中带水问题的相关论文，总结一下现场常见原因及采取措施。

工作任务五　发电机冷却及密封系统投运

⇒**【任务目标】**

掌握水氢氢冷却发电机氢气系统、定子冷却水系统、密封油系统流程及主要设备作用；能熟练利用火电仿真机组进行上述系统及设备的投运操作，掌握操作过程中注意事项；了解各系统运行中常见故障及处理原则。

⇒**【知识准备】**

发电机在运行中产生磁感应的涡流损失和线阻损失，这部分能量损失转变为热量，使发电机的转子和定子发热，发电机线圈的绝缘材料因温度升高而引起绝缘强度降低，会导致发电机绝缘击穿事故的发生，所以必须不断地排出由于能量损耗而产生的热量。采用水—氢—氢冷却的汽轮发电机系统，发电机定子线圈（包括定子引线和出线套管）采用水内冷，转子线圈采用氢内冷，定子铁芯及定子端部采用氢外冷，发电机采用密闭循环通氢冷却，机座内部的氢气由装于转子两端的单级轴流式风机驱动。为防止氢气泄漏，在发电机转子的轴端通以密封油进行密封。

一、发电机定子冷却水系统

定子线圈冷却水系统是一个组装式的闭式循环系统，利用定子内冷水泵向各定子绕组不间断地供水，并监视水温、水压、流量和电导率等参数的变化，来达到冷却发电机定子的目的。本系统主要特点及功能：采用冷却水通过定子线圈空心导线，将定子线圈损耗产生的热量带出发电机；用冷却器带走冷却水从定子线圈吸取的热量；系统中设有过滤器以除去水中的杂质；用旁路式离子交换器对冷却水进行软化，控制其电导率；使用检测仪表及报警器件等设备对冷却水的电导率、流量、压力及温度等进行连续的监控；具有定子线圈反冲洗功能，提高定子线圈冲洗效果；水系统中的所有管道及与线圈冷却水接触的元器件均采用抗腐蚀材料。

图 2-14 所示为机组定子冷却水系统。用于定子冷却的凝结水补入定子冷却水箱，水箱上装有补水装置和液位检测开关。水箱装有液位开关，用于自动控制补水以保持箱内正常的液位及对过高或过低液位发出报警。定子线圈的回水进入水箱回收，回水中如含有微量的氢气可在水箱内释放。因此，在发电机运行时，水箱上部聚有少量氢气。机组刚运行时因机内氢气湿度可能偏高，同时定子线圈内部定子冷却水温度又可能过低，会导致定子线圈表面结露。为防止定子线圈表面结露，水箱内还装有蒸汽加热装置，以便在机组升压和投入运行之前对定子冷却水进行加热。定子冷却水系统水箱是密闭的，在水箱液位以上的空间充有一定压力的氮气，以隔离空气对水质的不良影响。

定子冷却水泵将水箱内冷却水升压后经过冷却器、过滤器，然后进入发电机定子绕组，出水流回水箱，如此不断循环，以带走定子绕组运行中产生的热量。在发电机定子绕组冷却水进出口管路上设有旁路和阀门，以便对定子绕组进行反向冲洗。系统有两台定子冷却水泵、两台冷却器和两台过滤器，正常时，一台工作，一台备用。冷却器冷却水来自开式循环冷却水，在循环水回水管路上设置有调节器，用以调节冷却水量，从而控制冷却器定子水出水温度在 45℃左右。在切换水泵、过滤器及冷却器时，必须先将备用装置投入使用，然后才可关闭待处理的装置，以防造成瞬时断水而引起发电机跳闸事故。

二、发电机氢气系统

氢气冷却系统见图 2-15。从制氢站来的氢气经过滤器、氢压调节器送到发电机机壳上部的总管，进入发电机机壳。氢压调节器，用于自动维持机内氢气压力恒定，如自动失灵，用与其并联的手动阀调整氢压。在发电机气体置换时（用二氧化碳置换氢气或空气），二氧化碳从储气罐送到排气母管，经过管道和阀门从发电机机壳下部进入发电机。气体控制站管道上装有压力表，以监视氢气和二氧化碳的压力。系统中配置了一台氢气干燥器，其内装有硅胶或氯化钙等吸潮物，用来降低发电机氢气的湿度。发电机内的氢气流通是在发电机转轴风扇的驱动下，沿管路进入氢气纯度分析仪，再沿管道回到风扇的负压区，如此不断地循环。氢气分析器可自动对纯度进行分析并显示，如果纯度低于 96%，立即发出报警。氢气

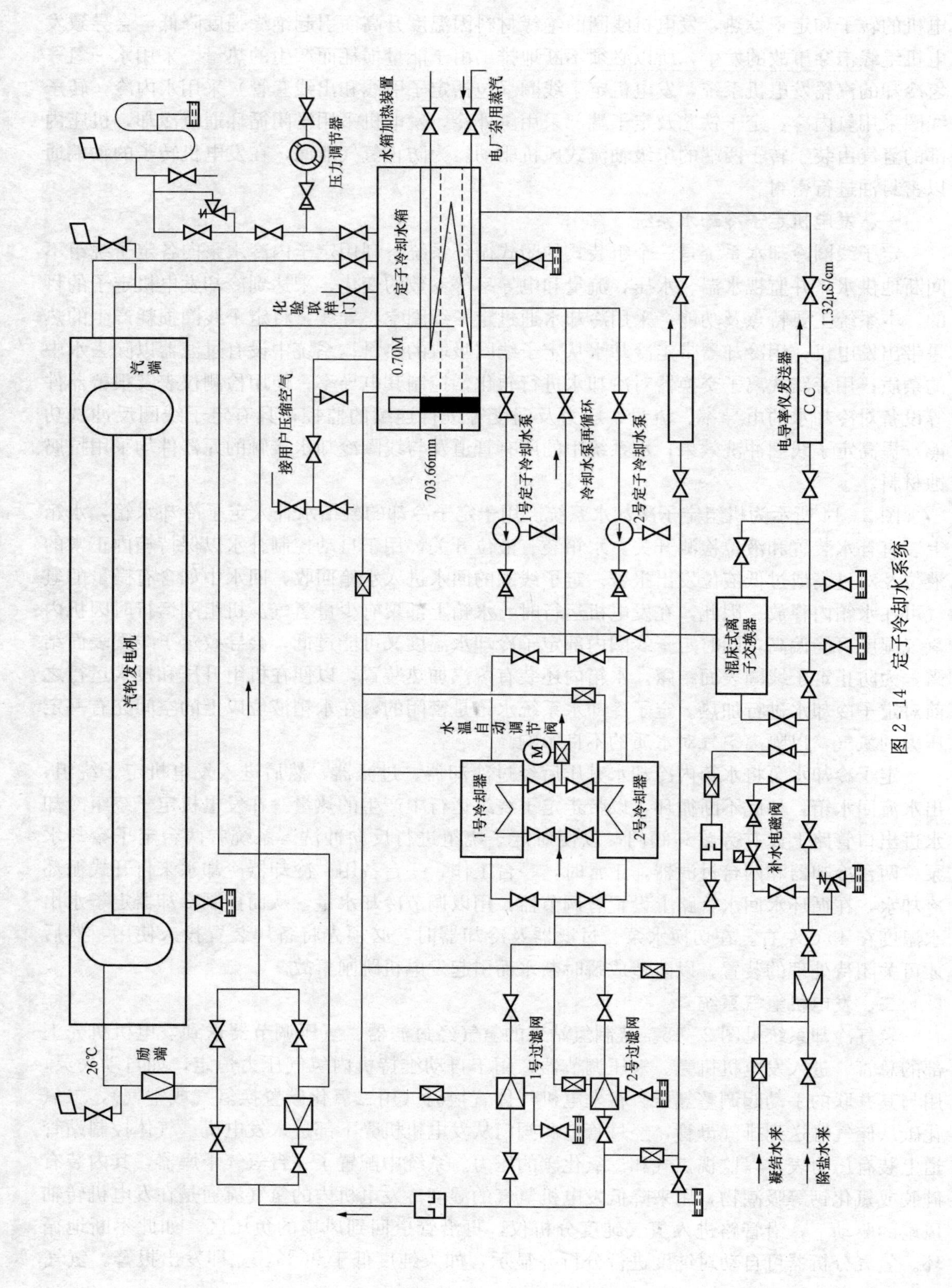

图2-14 定子冷却水系统

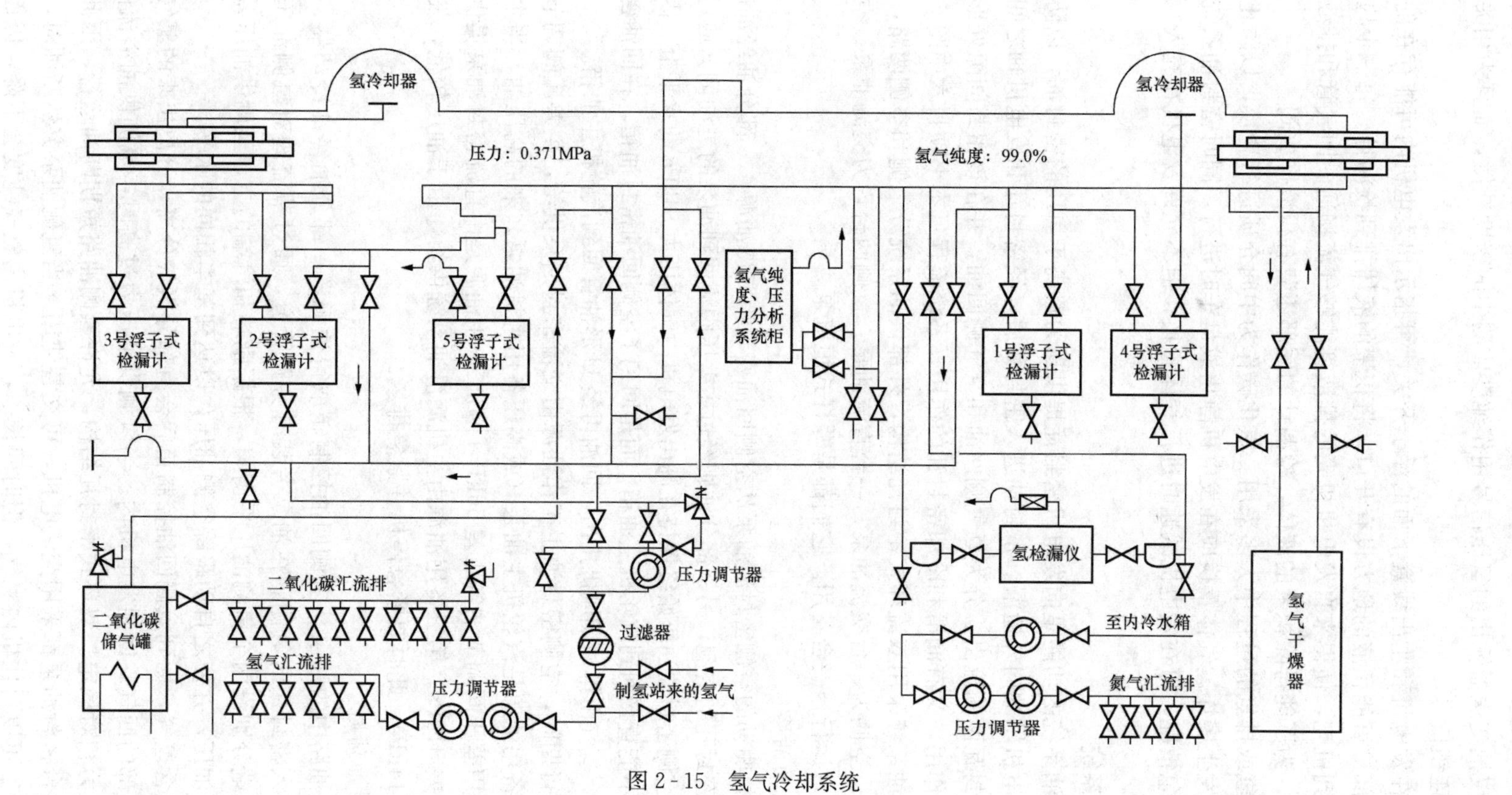
氢冷却器
氢冷却器
压力：0.371MPa
氢气纯度：99.0%
3号浮子式检漏计
2号浮子式检漏计
5号浮子式检漏计
氢气纯度、压力分析系统柜
1号浮子式检漏计
4号浮子式检漏计
氢检漏仪
压力调节器
二氧化碳汇流排
二氧化碳储气罐
氢气汇流排
过滤器
压力调节器
制氢站来的氢气
至内冷水箱
氮气汇流排
压力调节器
氢气干燥器

图 2-15 氢气冷却系统

压力分析系统不仅把变送器输出的氢压信号用作纯度监测中的密度补偿，而且为相关设备提供监视、报警和连锁信号。

检漏计是装在发电机和主出线盒下面的浮子开关，可指示出发电机内可能存在的任何液体。在机壳的底部最可能积液的地方设有开口，将积聚的液体排到检漏计。每一个检漏计装有一根回气管通到机壳，使得来自发电机机壳的排液管能够气流畅通。回气管和排液管都装有截止阀。另外，为了能排除积聚的液体，检漏计的底部还装有积液排放阀。

发电机在充氢或排氢的过程中大多采用二氧化碳作为中间介质进行置换，以防止机壳内形成混合气体而发生爆炸。气体置换应在发电机静止或盘车时进行，同时密封油系统应投入运行。如出现紧急情况，可在发电机减速时进行气体置换，但不允许发电机在充入二氧化碳气体下高速运行。

三、密封油系统

发电机密封油系统的功能是向发电机密封瓦提供压力略高于氢压的密封油，以防止发电机内的氢气从发电机轴端向外泄漏。密封油进入密封瓦后，经密封瓦和发电机轴之间的密封间隙沿轴向从密封瓦两侧流出，分为氢气侧回油和空气侧回油，并在该密封间隙处形成密封油流，既起密封作用，又有润滑和冷却密封瓦的作用。系统流程见本书项目六中图 6-57。

发电机密封油系统采用双流环式密封瓦结构，外部供油系统分氢侧和空侧两路，分别配有两台密封油泵。空侧为一台交流油泵，一台直流油泵；氢侧两台均为交流油泵。空、氢侧密封油泵均为一台运行，一台备用。它们都是螺杆式恒流泵。

1. 空侧密封油油路

由交流电动机驱动的空侧密封油油泵从空侧回油密封箱取得油源，一部分油经油冷却器、油过滤器后注入密封瓦的空侧，另一部分油则经过主差压阀流回到油泵的进油侧。通过压差调节阀将密封瓦的空侧密封油油压始终保持在高出发电机内气体压力 84kPa 的水平上。因空侧回油中含有氢气，不能直接回到汽轮机主油箱，而是回到了空侧回油密封油箱。在回油密封油箱里氢、油分离后，氢气由排油烟风机排出，回油再经 U 形油管回到汽轮机主油箱。

机组正常运行期间，空侧密封油主工作油源由交流密封油泵供给，主差压阀调节油氢压差 84kPa；第一备用油源是汽轮机主油泵（或高压备用密封油泵）来的高压油，当主工作油源故障时，由备用差压阀调节油氢压差 56kPa；第二备用油源是由直流密封油泵提供，主差压阀调节油氢压差 84kPa；第三备用油源由主机润滑油系统供给，由于油压较低，发电机内气体压力只能≤14kPa，此时要紧急停机并紧急排氢。

2. 氢侧密封油油路

氢侧密封油油路中的油泵从氢侧回油控制箱取得油源，一部分油经油冷却器、油过滤器、平衡阀后注入密封瓦的氢侧。在油泵旁装有旁路管道，通过节流阀对氢侧油压进行粗调。在励端和汽端分别设两个氢侧油压平衡阀，根据励端和汽端的空、氢侧供油压差，自动细调密封瓦氢侧油压，并使之自动跟踪空侧油压，以达到基本相同的水平。

氢侧回油饱含氢气，回到氢侧回油控制箱后会有部分氢气分离，分离出来的氢气，通过氢侧密封油箱上部的回气管回到发电机内。当氢侧供油压力过高时，氢侧供油溢流阀动作，维持氢侧供油压力相对稳定。双环式密封瓦结构，允许氢侧油路短期断油运行，因此未设直流油泵。氢侧两台密封油泵都采用交流电机，可交替使用。当氢侧油泵突然断油时，密封瓦以单流环式运行，可以封住机内氢气，但时间长了，发电机内氢气纯度会下降，因而增加了排污补氢的耗氢量。再就是氢侧油路中密封油箱内的油位会迅速上升，在自动排油装置失灵的情况下需运行人员手动排油。

【任务描述】

在机组启动前，发电机氢气系统、定子冷却水系统、密封油系统要处于正常运行。其启动顺序是：在汽机润滑油系统运行正常且油质合格后，投入密封油系统运行，密封油系统运行正常后，投入发电机氢气系统。定子冷却水系统一般在发电机氢气系统投入运行前完成，这主要考虑定子冷却水系统排气时间较长。

在投入定子冷水系统运行时，在保证定子冷却水泵不过电流的情况下，尽量开大定子冷却水再循环阀，以降低定子冷却水压力至 0.2MPa。

在投入发电机氢气系统前，要进行发电机内气体置换，置换顺序是：CO_2 置换空气，CO_2 纯度合格后进行 H_2 置换 CO_2，H_2 纯度合格后提升发电机内氢气压力。在气体置换及提升发电机内氢气压力的过程中，注意保持密封油和发电机内气体的差压处于正常范围。发电机冷却及密封系统投运任务实施流程见表 2-5。

【任务实施】

表 2-5 发电机冷却及密封系统投运任务实施流程

工作任务	发电机冷却及密封系统投运	
工况设置	单元机组全冷态送电后，机组冷却水系统、汽轮机润滑油系统已经投运	
工作准备	1. 准确描述所操作仿真机组发电机氢气系统、定子冷却水系统、密封油系统流程和主要设备。 2. 发电机为什么要冷却？简述发电机水—氢—氢冷却方式。 3. 在投入发电机氢气系统前，为什么要进行气体置换	
工作项目	操作步骤及标准	执行
密封油系统投运	汽轮机润滑油系统已投入运行	
	密封油系统各种控制电源、信号电源投入；各种热工仪表齐全完整、投入运行；各设备电机已送电。就地检查密封油系统各阀门位置正确、密封油箱油位正常	
	在 DCS 上启动空侧密封油箱一台排烟风机运行，投入另一台排烟风机连锁	
	启动一台空侧交流密封油泵，检查发电机密封瓦空侧油压正常，发电机油氢压差维持 84kPa，投入空侧直流事故密封油泵连锁	
	检查氢侧密封油回油箱油位正常后，启动一台氢侧交流密封油泵，检查运行正常后，将另一台氢侧交流密封油泵投入备用	
定子冷却水系统投运	发电机定子冷却水系统检修工作结束，热控表计、信号保护电源已送电。关闭系统各放水门，打开补水回路手动门和系统各空气门，开定冷水箱补水电磁阀，向定冷水箱补水，定冷水箱放空气阀见水后关闭	
	开启定冷水泵进口门、水冷却器及滤网进出口门向系统注水排气。当定冷水冷却器定冷水侧空气放尽后，一组投入运行，一组备用，备用冷却器定冷水侧进水门关，出水门开，冷却水侧进水门关闭，出水门开启；定冷水滤网一组投入运行，一组备用，备用滤网进水门关，出水门开。将两台定冷水泵电机送电	

续表

工作项目	操作步骤及标准	执行
定子冷却水系统投运	确认定冷水泵再循环门全开，启动一台定冷水泵，检查轴承振动、温度、泵内声音、填料密封漏水、出水压力、定冷水箱水位正常	
	调节定冷水泵再循环门，检查定冷水流量不小于 105m³/h。氢水差压＞0.035MPa。投入定冷水温度“自动”调节，设定温度在 40～50℃之间，并要求水温高于氢温 2～3℃。投入备用定冷水泵连锁。检查定子回水集管放空气阀连续出水后关闭	
发电机氢气系统投运	氢冷系统检修工作结束，系统风压试验合格。确认主机润滑油系统、发电机密封油系统、闭式水系统已投入正常运行。送上热控仪表和信号保护装置电源。开启浮子式检漏计进回气阀，关闭底部排污阀；开启气体纯度压力分析装置顶部取样进气阀，关闭管道排污阀；开启氢气干燥装置进回气阀，关闭管道排污阀；开启绝缘过热检测装置进回气阀，关闭管道排污阀；送上 CO_2 加热装置电源	
	二氧化碳置换空气操作：开启二氧化碳汇流排上所有阀门，投运二氧化碳加热装置。稍开二氧化碳进气阀向发电机充 CO_2，开启顶部排气阀维持机内压力 5～20kPa，注意密封油压力跟踪调节正常。当机内 CO_2 纯度≥95%，逐一开启检漏计、氢气干燥装置、气体纯度压力分析装置。关闭二氧化碳进气阀和顶部排气阀，关闭二氧化碳汇流排上所有阀门，停运二氧化碳加热装置	
	氢气置换二氧化碳操作：开启气体纯度压力分析装置底部取样进气阀，关闭顶部进气阀。开启氢气汇流排上所有阀门，开启压力调节器进出口阀和旁路阀，稍开氢气进气阀向发电机充 H_2，开启底部排气阀维持机内压力 5～20kPa。当机内 H_2 纯度≥98%，逐一开启检漏计、氢气干燥装置、气体纯度压力分析装置。关闭底部排气阀	
	继续开大氢气进气阀，逐渐将机内氢气压力提升至 0.4MPa，同时注意密封油压力自动跟踪调节正常，油氢压差维持在 0.084MPa。根据氢气温度将冷却水调节阀投“自动”	

【知识拓展】

一、发电机密封油系统种类

氢冷发电机用安装在轴两端的密封瓦来防止机内氢气从轴向外泄漏，同时也防止空气进入机内。密封瓦内的油在轴上起密封作用。

密封瓦的型式通常有两类，一类是盘式，中等容量的发电机采用这种型式；另一类是环式，环式又分为单流、双流及三流环式三种。双流环式油系统，氢侧油系统与空侧油系统各自独立，空、氢两侧油压相等，油流向分开，油量无交换。发电机在运行中密封油压高于氢压 1 个恒定压差，这个差值由压力调节阀来实现。空侧与氢侧油压由压力平衡阀来调节平衡，一般允许差值为 0.049MPa。双流环式油系统无真空净油装置，要求平衡阀和压差阀质量要高，要保证两侧油压平衡，维持油和氢之间有一定压差。

三流环式油系统与双流环式相似，氢侧油压与空侧油压也要相等，但在两侧油流的中间又增加了 1 路浮动油，油压略高于空侧油压，其作用是将密封环在大轴上“浮起”。空侧油系统有回油箱，汽侧和励侧各有 1 台密封油泵和冷油器。氢侧油压高于氢压，由油泵出口旁路阀来调节。中间浮动油系统有1台交流油泵，1只油箱，油源取自空侧的供油母管，中间油压略高于空侧。三流环式密封瓦共有4个油系统，6台油泵，结构较复杂，但密封较好，漏氢量少。

单流环式供油系统只有1套，不分氢侧和空侧。在正常运行方式下，汽轮机来的润滑油进入密封油真空箱，经主密封油泵升压后由差压调节阀调节至合适的压力，经滤网过滤后进入发电机的密封瓦。空气侧的回油进入空气析出箱，氢气侧的回油进入膨胀箱后再向下流入浮子阀箱，而后依靠压差流入空气析出箱。单流环式供油系统机构简单，但是漏氢量较大。

三种油密封系统如前所述，各有优缺点，单流环式结构简单，有油水分离装置，能将油中含有的水分先除去然后进入密封瓦，起到降低机内氢气湿度的作用，但漏氢量较大些。双流环式结构稍复杂些，要求平衡阀和差压阀质量可靠，否则会增高机内氢气湿度，其漏氢量比单流环式少。三流环式结构比较复杂，对制造和安装水平要求高，能降低机内氢气湿度，漏氢量也比较少。

二、发电机密封油系统的运行

1. 密封油系统的运行监视

当发电机内充满氢气时，不论发电机是运行还是停止，密封瓦的供油都不能中断，并且油压要高于氢压0.056MPa（0.3～0.8kg/cm^2）。在双流环式密封瓦的油系统中，还应注意监视平衡阀的跟踪灵敏度和窜油情况。油封箱中的油位或者发出的油位信号是不容忽视的，特别是在双流环式密封瓦的油系统中，要防止因为平衡阀跟踪不灵，窜入氢侧的油量过大，而造成发电机的满油事故。因此必须严密监视油封箱中液位的变化情况。要严密监视密封油泵的运行，并定期开启直流备用密封油泵，保证备用泵处于正确备用状态。要监视油过滤器的进、出口压降，压降增高说明过滤器堵塞，要进行检查清洗。要严密监视密封瓦的油温。冬季气温低，油系统中的冷却器阀门要开小一些，使入口油温不低于35℃，或者走旁路。夏季则要全开。

2. 密封油系统停运

停机后，确认发电机内气体置换已完毕，机内空气压力为0，且盘车停止。关闭密封油备用油源压差调节阀前、后手动门，确认旁路门处于关闭状态。解除氢侧密封油备用泵联动，停止氢侧密封油泵，关闭密封油泵入口门、再循环门。解除空侧密封油备用泵联动，停止空侧密封油泵，关闭密封油泵入口门。密封油系统停止回油后，可停止排油烟机运行。如油泵需要检修，将油泵电机电源拉掉。

三、发电机定冷水系统运行与故障处理

1. 定冷水系统运行监视

发电机正常运行中，冷却水量≥105m^3/h，且应保持水压比氢压至少低0.035MPa以上。如发电机内无压力，定冷水水压应小于0.2MPa。定冷水箱水位、水箱内气体压力正常。若密封油系统故障，降氢压运行时，必须保持最低水压不低于0.15MPa（进水汇流排处）。若定子冷却水导电率高于1.5$\mu S/cm$时，则应加大流经离子交换器的水量或水箱换水。发电机定子线圈反冲洗，只能在机组停用后进行。机组启动前，必须将水冷系统调至正向流通。

定子水箱本身具有水气分离作用，可以把水与氢气分离出，将定子线圈中的气体排至大气，在排气管上装有煤气表，以检测氢气漏入定冷水系统的漏气量。

2. 定冷水系统停止

定冷水冷却器调节阀切至“手动”且关闭，并关闭定冷水冷却器闭式水进、出水门及温度调节阀后隔离门。解除定冷水泵连锁，停定冷水泵。若定冷水系统检修、发电机大修及停机期间需停用定冷水系统，外界环境温度接近冰点或发电机按规定做绝缘试验时，应排尽系统内的积水。

3. 发电机定冷水系统氢水差压

为避免定子冷却水进入发电机腔体，应使定子水的水压低于发电机机壳内的氢压。在总进水管和发电机定子机座之间还装有压差开关。压差开关的高压端接至定子机座内部（氢压），低压端与总进水管（水压）相连。正常运行时，发电机内的氢压应高于定子线圈进水压力。当发电机内氢压下降到仅高于进水水压 35kPa 时，该压差开关将动作并发出“氢—水压差低”报警信号。

4. 发电机断水保护

“定子线圈流量非常低”报警信号发出后延时 30s，发电机即跳闸，以保护定子线圈不因冷却水流量过低而引起烧毁事故。三个并联的压差信号用于断水保护，根据“三取二”原则，由计算机或电气方式实现断水保护，以提高断水保护的可靠性。

运行中，发电机断水信号发出时，运行人员应立即看好时间，做好发电机断水保护拒动的事故处理准备，与此同时，查明原因，尽快恢复供水。若在保护动作时间内冷却水恢复，则应对冷却系统及各参数进行全面检查，尤其是转子绕组的供水情况，如果发现水流不通，则应立即增加进水压力恢复供水或立即解列停机；若断水时间达到保护动作时间而断水保护拒动时，应立即手动拉开发电机断路器和灭磁开关。发电机断水后，须待定子线圈温度降至65℃以下，方可向线圈通水。

5. 定子冷却水压低的原因及处理

检查系统有无泄漏、滤网和冷却器有无堵塞，切换系统并联系检修处理；检查是否由定冷水箱水位低引起，将水位补至正常，若电磁阀故障应联系检修处理；检查阀门有无误关，设法恢复；检查运行中的定冷水泵是否正常，否则开启备用泵。运行泵进出口差压降至 0.14MPa 时，运行泵跳闸并报警，备用泵联启，否则立即手动启动备用泵，尽快恢复向发电机定子供水。断水达 30s，发电机断水保护动作，汽机脱扣，发电机解列，若保护拒动，应立即手动打闸停机。

四、发电机氢气系统运行与故障处理

1. 发电机采用氢气作为冷却介质的特点

发电机采用氢气作为冷却介质的特点：①氢气密度很小，纯氢密度仅为空气的 7%，即使在发电机机座内氢压 0.4MPa 下，其密度也只有空气的 50%，因此大大降低了通风损耗；②氢气具有高导热性（约为空气的 7 倍）和高的表面热传递系数（约为空气的 1.35 倍），不仅冷却效果好，而且提高氢压可使发电机容量显著提高；③氢气冷却都为密闭循环系统，机内长期运行干净无尘，减少检修费用；④机内无氧无尘，减少了异常运行状态下发生电晕所导致的对绝缘的有害影响，有利于延长绝缘寿命；⑤氢气密度很低又密闭循环于由中厚钢板焊成的机座内，故环境噪声较小。

2. 氢气系统运行监视

正常运行时，发电机额定氢压为 0.4MPa，当低于 0.38MPa 时要及时补氢；冷氢温度一般在40～48℃，且温度应低于定冷水进水温度，以防止发电机内部湿度过高而引发结露；各组氢气冷却器出口冷氢温差要控制在2K之内；热氢温度正常维持在45～80℃；氢气纯度≥96%，当降到96%以下，应及时排污补氢；氢气湿度一般控制露点温度在-5～-25℃之间；漏氢量<11.3m^3/d（标准状态下）。

3. 氢冷系统停止

因检修需要或发电机长期停备，应置换发电机内氢气。具体操作步骤：稍开排气阀将发电机内氢气压力降至0.01MPa，注意密封油压力自动跟踪正常，油氢压差在0.084MPa；对发电机内充入CO_2，CO_2纯度≥95%后再用空气置换CO_2，操作要点同前。

4. 发电机氢气冷却系统典型异常及处理

当机内氢气纯度低至96%或含氧量大于1.05%时，应加强补氢排污。当机内氢压下降，联系制氢站提高供氢母管压力，及时补氢，恢复正常氢压。必须注意维持氢压大于定子冷却水压力35kPa，确保油一氢差压。若机内氢压下降速度增快，补氢量增大，立即寻找漏氢点并设法阻止漏氢的发展。如氢压继续下降，补氢仍不能保持正常氢压时，则应立即降低发电机负荷。如确认机内氢压持续10min急剧下跌10kPa/min，应要求故障停机。

氢压下降时，要检查氢压表计，如查明系仪表管堵塞、接头漏泄或表计失灵，应立即消缺处理。检查密封油压是否正常，否则按密封油系统故障处理。检查供氢母管氢气压力是否正常，如氢压过低，应查明供氢主管路及其阀门附件有无缺陷，供氢站压力是否正常，并进行相应处理。当发生漏氢时，应注意防止集电环附近、机壳周围发生氢爆。

【实践与探索】

查阅《电业安全工作规程》，说明规程中对氢冷发电机氢气系统的操作有何规定。

工作任务六 凝结水系统、除氧器系统投运

【任务目标】

掌握凝结水系统、除氧器系统流程；能熟练利用火电仿真机组进行凝结水系统、除氧器系统及设备的投运操作，掌握操作过程注意事项；了解凝结水泵和除氧器运行中的常见故障及处理原则。

【知识准备】

凝结水系统的主要功能是为除氧器及给水系统提供凝结水，并完成凝结水的低压段加热，同时为低压缸排汽、三级减温减压器、辅汽、低旁等提供减温水以及为给水泵提供密封水。为了保证系统安全可靠运行、提高循环热效率和保证水质，在输送过程中，对凝结水系统进行流量控制及除盐、加热、加药等一系列处理。

600MW单元机组设置一台300m^3凝结水贮水箱、两台100%容量凝结水泵、一台轴封加热器、四台低压加热器。系统流程见本书项目六中图6-67。

为保证系统用水，每台机组设置一套凝结水补充水系统。凝补水系统主要在机组启动时为凝汽器和除氧器注水及正常运行时系统的补水，也可回收凝汽器的高位溢流水。此系统包

括一台 300m³ 凝结水贮水箱、两台凝结水补水泵及相关管道阀门。机组正常运行时储水箱水位由除盐水进水调阀控制，两台机组的储水箱之间设一根联络管，以增加运行灵活性。

凝汽器为双壳体、双背压、对分单流程、表面式凝汽器，凝汽器热井水位通过凝汽器补水调阀进行调节。正常运行时，借助凝汽器真空抽吸作用，给热井补水，当热井水位高到一定值时补水阀关闭，若水位继续上升则通过凝结水排放阀把水排到凝结水储水箱。

两台100%容量的凝结水泵正常运行期间，一运一备。凝泵密封水采用自密封系统，正常运行时，密封水取自凝泵出口，经减压后供至两台凝泵轴端；启动时密封水来自凝结水补水系统。

为防止凝结水泵发生汽蚀，在轴封加热器后设一路凝结水再循环管至凝汽器，在启动和低负荷时投用。凝结水的最小流量应大于凝泵和轴封加热器所要求的安全流量400t/h，以冷却机组启动及低负荷时轴封溢流汽和门杆漏汽，并保证凝结水泵不汽蚀。在凝结水泵入口管路上设有T型滤网，以滤去凝结水中的机械杂质。

为了确保凝结水水质合格，每台机组配一套凝结水精处理装置，布置在机房零米位置。凝结水精处理装置设有进、出口闸阀及旁路闸阀，机组启动或精处理故障时由旁路向系统供水。系统亦设有氧、氨和联胺加药点。

轴封加热器汽侧借助轴封风机维持微负压状态，利于轴封乏汽的回收，防止蒸汽外漏。轴封加热器按100%额定流量设计，利用凝结水再循环管保证机组低负荷时亦有足够的冷却水。其疏水经水封自流至凝汽器，为了保证水封管的连续运行，水封管内不通过蒸汽，水封管高度应大于两侧压差的两倍。

凝结水系统设有四台低压加热器，即5、6、7、8号低压加热器。7、8号低压加热器为合体布置，安装在两个凝汽器的喉部；5、6号低压加热器安装在机房6.9m层。7、8号低压加热器采用大旁路系统；5、6号低压加热器采用小旁路。当加热器需切除时，凝结水可经旁路运行。低压加热器采用疏水逐级自流方式回收至凝汽器，并设有事故疏水直排凝汽器。5号低压加热器出口接出一路排水引至开式水回水管或地沟，启动冲洗或事故排水时可投入运行。

除氧器采用滑压运行方式，正常运行时由汽机四级抽汽供汽，启动和备用汽源来自辅汽系统。除氧器的水位由主凝结水调节阀控制。除氧器凝结水进水管上装有一个止回阀，以防止除氧器内蒸汽倒流进入凝结水系统。

在凝结水精处理后设有凝结水支管，为系统用户提供水源，包括低压缸喷水、凝汽器水幕保护喷水、轴封减温器喷水、给水泵密封水、辅汽减温水、本体扩容器减温水、闭式水系统补水、低旁减温水及真空破坏阀密封水等。

⇨【任务描述】

凝结水系统、除氧器系统投运顺序：凝汽器补水到正常水位—凝结水泵启动—凝结水系统清洗—除氧器进水—除氧器投加热—除氧器清洗。

对于直流锅炉，特别是带简单疏水扩容式启动系统的直流锅炉，锅炉点火前，给水温度应尽量提高。这是因为锅炉点火后，如果给水温度低，分离器产汽量将比较少，容易造成分隔屏过热器超温。对于采用等离子点火的锅炉，较高的给水温度可有效防止启动初期省煤器灰斗处潮灰积聚。凝结水系统、除氧器系统投运任务实施流程见表2-6。

➩【任务实施】

表 2-6 凝结水系统、除氧器系统投运任务实施流程

<table>
<tr><td>工作任务</td><td colspan="2">凝结水系统、除氧器系统投运</td></tr>
<tr><td>工况设置</td><td colspan="2">单元机组冷态启动送电后</td></tr>
<tr><td>工作准备</td><td colspan="2">1. 准确描述所操作仿真机组凝结水系统和除氧器系统流程和主要设备作用。
2. 造成凝结水过冷的原因有哪些?
3. 什么是除氧器的定压运行和滑压运行?
4. 凝结水泵为什么要装再循环管</td></tr>
<tr><td>工作项目</td><td>操作步骤及标准</td><td>执行</td></tr>
<tr><td rowspan="8">凝结水泵及系统投入前准备</td><td>确认凝结水系统检修工作结束，工作票已终结</td><td></td></tr>
<tr><td>检查送上凝结水系统各电动阀、调节阀的电源、气源</td><td></td></tr>
<tr><td>投入凝结水储水箱补水调整门自动，对凝结水储水箱进行补水，水箱进水至正常高水位</td><td></td></tr>
<tr><td>将凝结水系统放水门关闭，放空气门开启</td><td></td></tr>
<tr><td>启动凝结水输送泵，将凝汽器补水至正常水位</td><td></td></tr>
<tr><td>送上凝泵推力轴承、电机轴承及电动机冷却器的冷却水。检查电机轴承润滑油位正常，油质良好；检查凝结水输送泵至凝泵密封水门开启，调整密封水压力、密封水流量正常，机械密封无泄漏</td><td></td></tr>
<tr><td>确认凝泵进口门开足，空气门开启，凝结水再循环门投自动，联系化学投入精除理装置或投入旁路</td><td></td></tr>
<tr><td>检查送上凝结水泵电机电源</td><td></td></tr>
<tr><td rowspan="4">凝结水泵启动</td><td>启动一台凝结水泵，其出口门联开</td><td></td></tr>
<tr><td>凝结水泵启动后检查凝结泵运转正常，维持热井水位正常</td><td></td></tr>
<tr><td>将凝泵密封水切至凝泵出口母管供给，调节密封水压力正常，机械密封无泄漏</td><td></td></tr>
<tr><td>凝结水母管压力稳定后，将另一台凝泵投备用</td><td></td></tr>
<tr><td rowspan="3">凝结水系统投运</td><td>投低压加热器水侧，凝结水系统冲洗。水质合格后，稍开除氧器水位调节门向除氧器上水，排净管道空气</td><td></td></tr>
<tr><td>开大除氧器水位调节门，注意凝泵电流、凝结水流量、凝结水压力及凝汽器水位等正常。除氧器水位达正常值后，可投入除氧器水位自动调节，进行除氧器冲洗</td><td></td></tr>
<tr><td>当凝结水流量大于 400t/h，注意凝泵再循环门逐渐关闭</td><td></td></tr>
<tr><td rowspan="3">除氧器启动前的检查和准备</td><td>确认除氧器检修工作结束，工作票终结</td><td></td></tr>
<tr><td>确认除氧器各阀门的控制电源、气源送上；除氧器的就地和远方水位计投入。水位高低报警、动作经校验正常</td><td></td></tr>
<tr><td>系统中的安全门整定好。开启除氧器启动排气门</td><td></td></tr>
</table>

续表

工作项目	操作步骤及标准	执行
除氧器系统投运	确认凝结水水质合格后，利用凝结水泵向除氧器上水	
	稍开除氧器上水调门，管道注水，放尽空气后逐渐加大流量，避免产生冲击振动，造成喷嘴损坏	
	上水至除氧器30%正常容积处，投入除氧器辅汽加热，打开除氧器辅汽进汽电动门，将除氧器辅汽进汽调整门缓慢开启，除氧器升温升压，控制温升率小于规定值	
	当除氧器压力接近0.147MPa时，将除氧器辅汽进汽调整门投入自动，维持除氧器0.147MPa定压运行	
	当除氧器水温达到104℃，开启除氧器连续排气门，关闭启动排气门	

【知识拓展】

一、凝结水泵运行和维护

1. 凝结水泵正常运行中的监视与调整

凝结水系统正常运行中需要注意监视凝泵电流正常，凝结水母管压力正常，凝泵密封水压力正常、机械密封无泄漏；凝结水泵及电机轴承温度、振动正常；凝汽器水位自动控制正常，凝泵进口滤网差压正常。

2. 凝结水泵的停止

凝泵的停止，必须在机组停役后，无凝结水用户后，方可停用凝泵。将备用泵切为手动，停止运行凝泵。凝结水泵停运后，出口阀应连锁关闭，否则手动关闭，泵电流降为零，泵不倒转。根据检修需要，停止其电源，并做好相应隔离工作。

机组正常运行期间单台凝泵检修，应关闭检修凝泵空气阀，避免影响凝汽器真空。

3. 凝泵运行中的事故处理

凝结水泵的型式为立式筒袋式多级离心泵。当出现运行凝泵进口阀关闭、电机过负荷、凝泵推力轴承或电机线圈温度高、凝汽器水位低等情况之一时，运行泵自动跳闸，备用泵自启动（凝汽器水位低除外）；凝泵出口母管压力低于设定值时，备用泵也自启动。当发生振动、明显的金属摩擦声、电机冒火冒烟等情况下应紧急停止凝泵运行。

凝结水泵抽吸的是处于真空和饱和状态的凝结水，容易引起汽蚀。发生汽蚀时，凝结水泵出口压力摆动，流量不稳或降到零，电流摆动并下降；凝结水泵出口母管振动，止回阀发出撞击声。汽蚀原因主要有凝汽器水位低、入口管漏入空气或滤网堵塞、凝泵密封水断流或压力低等。发现凝泵有汽蚀现象，应立即检查凝汽器水位并到就地核实，确认水位低后立即增大补水量将凝汽器水位补至正常；检查凝泵泵体抽空气门开启；检查凝泵密封水情况，调整密封水量。若凝泵入口滤网放水门、放空气门误开，应立即关闭。经上述调整无效后，启动备用凝泵，停止故障泵。

二、凝汽器运行和维护

1. 凝汽器水位控制

机组启动中由于凝汽器真空不高且需要大量进水，一般开启凝结水输送泵进行补水。机组正常运行时，凝汽器真空较好，补水量较低，靠凝结水补水箱与热井的液位差、凝汽器的真空提供补水的压头，凝结水输送泵备用。正常运行时要保持凝汽器水位在正常范围内，水位过高，凝汽器真空下降，冷却水带走凝结水的热量，使凝结水过冷度增大；水位过低，会使凝泵汽蚀。

造成凝汽器水位高的原因：凝泵运行中跳闸，备用泵未联动；凝汽器冷却水管漏泄；凝汽器水位调节或除氧器水位调节失灵；凝结水管路阀门误关，造成除氧器进水中断；凝泵故障。如凝汽器水位上升，除氧器水位正常，应将凝汽器补水调节切手动，必要时开凝结水系统 5 号低压加热器出口放水门。如果凝汽器水位调节失灵，应切为手动调节，用旁路门控制水量；如果凝汽器水位上升，而除氧器水位下降，应启动备用凝泵，无法恢复时，应迅速减少机组负荷。凝汽器冷却水管泄漏引起水位上升，应注意监视凝结水水质，若硬度超标，应请示值长凝汽器半侧解列查漏。

造成凝汽器水位异常下降的原因：凝汽器水位调节或除氧器水位调节失灵；凝结水系统故障或泄漏；低负荷运行时，凝结水再循环门调节失灵；凝结水储水箱水位低或者凝结水系统 5 号低压加热器出口放水门误开。如果调节门失灵，采用手动旁路门控制凝汽器水位；如果凝结水储水箱水位低，立即加大补水，同时汇报值长，开启其他机组凝补水系统联络门进行补水；如凝结水再循环门调节失灵，用手动再循环旁路门调节再循环水量；若 5 号低压加热器出口放水门误开，应立即关闭；如系统泄漏应迅速进行隔绝，无法隔绝时，应请示停机。

2. 凝结水的品质及凝汽器查漏

在运行中，为防止热力设备结垢和腐蚀，必须经常通过化学分析对凝结水水质进行监视，以保证各项水质指标符合要求。引起凝结水水质不良的主要原因是冷却水漏入凝汽器汽侧。此时凝结水水质严重恶化，如硬度超标等。在运行中，由于机械性损伤、腐蚀、振动等原因，造成冷却水管损坏，使冷却水大量泄漏。在凝汽器出现较大程度的泄漏而不及时停炉时，会导致水冷壁管产生大面积氢脆腐蚀，一定要高度重视凝汽器泄漏出现后的隔离查漏。

在运行中查漏的常用方法是薄膜法。降低负荷，撤出要查漏的凝汽器水侧后，在两侧管板上贴上沾水的保鲜膜或极薄的尼龙薄膜。由于凝汽器的汽侧保持真空，因此泄漏管处将把薄膜吸成凹状，据此可查出泄漏管。

汽轮机组停机检修中凝汽器管的查漏主要采用水压法。同时应关闭循环水进出口阀，放尽存水，水侧要冲洗干净，并用压缩空气吹干。将凝汽器汽侧灌水至凝汽器喉部，检查凝汽器是否泄漏。在凝汽器进行灌水试验时，要设置临时支撑架，以防凝汽器的支撑弹簧受力过大而产生永久变形。泄漏的凝汽器冷却水管可以用橡胶锥形塞封堵；凝汽器冷却水管胀口处泄漏需重新胀管或在停机检修中抽出冷却水管封堵。

对分制凝汽器可以实现机组在低负荷时隔离半侧循环水进行查漏。先将机组负荷减到额定负荷一半左右，具体能带的负荷要待隔离后看这侧的排汽温度再来调整。然后关闭要隔离侧的循环水进出水蝶阀，开启放气阀和放水门，水室放尽水后，开启停用一侧凝汽器人孔门，进入查漏。恢复时不要忘记关闭放气阀和放水阀。隔离侧的抽真空阀也要关闭，否则影响真空泵的工作效率，进而影响另一侧的真空。在查漏过程中，凝汽器真空值应不小于 87kPa，且趋势稳定，否则应停止隔离，尽快恢复。

三、除氧器运行和维护

1. 除氧器投运过程中的注意事项

在除氧器的整个投运过程中，应注意调整凝汽器和除氧器水位正常，凝结水流量大于

400t/h。在除氧器加温中，注意控制进汽压力不要过大，以免对除氧器产生热冲击，使除氧器热应力过大；同时应使管道充分疏水，防止管道产生汽水冲击。当机组负荷大于15%MCR、汽轮机第四级抽汽压力高于0.2MPa时，除氧器加热切至四抽汽源。开启四抽至除氧器进汽电动门，除氧器辅汽进汽调整门随压力升高逐渐自动关闭或热备用，除氧器进入滑压运行，同时检查除氧器辅汽供汽管自动疏水正常。在除氧器切换汽源时，注意除氧器压力不能突然下降或偏低，防止产生除氧器自生沸腾及给水泵汽化现象；还要注意调整辅汽联箱压力，防止超压。运行中应经常核对除氧器参数显示正确，监视除氧器的压力、温度、水位及进水流量等正常，运行工况与机组负荷相适应，除氧器无明显的振动。维持除氧器水位正常。若除氧器水位自动调节失灵，立即切至手动调节。

2. 除氧器的事故处理

当除氧器水位高至Ⅰ值报警时，应立即核对除氧器水箱实际水位，检查水位调节阀动作情况，若自动调节有问题，检查自动调节切为“手动”，调整水位至正常，及时联系检修处理。当发生水位高Ⅱ值时，检查除氧器溢流阀应自动打开，3号高压加热器至除氧器疏水电动阀关闭，若未动作应人为强制动作，降低水箱水位至正常。当发生水位高Ⅲ值时，检查除氧器四抽电动阀及止回阀应自动关闭，否则人为强制关闭；检查3号高压加热器正常疏水阀、除氧器水位调阀关闭。当发生水位低至Ⅰ值报警时，应立即核对除氧器水箱实际水位，检查水位调节阀动作情况，若自动调节有问题，将自动调节切为“手动”，调整水位至正常，及时联系检修处理。当发生水位低Ⅱ值报警时，给水泵应跳闸，按紧急停机处理。

若发现除氧器压力偏低，检查除氧器压力与四抽压力差，若压差不正常，可能是四抽电动阀或止回阀卡涩或没全开，应及时处理打开。若由于除氧器进水流量过大，而使压力降低，应检查自动调节是否失常，否则应切为手动调节。若是因为凝结水温度过低，造成除氧器压力降低时，应检查低压加热器运行是否正常。

若发现除氧器压力偏高，检查辅汽至除氧器进汽调节阀是否关闭；分析是否高压加热器水位过低或无水，导致高压蒸汽进入除氧器使压力升高，并及时检查调整高压加热器水位至正常。凝结水流量突然降低也会使除氧器压力升高，此时应注意安全阀动作情况，并检查分析凝水流量降低的原因，若因除氧器水位自动调节失灵而突然关闭，应及时开大调节阀和旁路阀，并联系消除缺陷。

➾【实践与探索】

（1）某台火电机组正常运行时发现凝汽器水位高，巡检提议去打开凝汽器底部放水阀，加快水位下降，如果你是值班员，这种方法可行吗？你如何处理？

（2）查阅相关资料，撰写一篇有关凝结水泵变频调节的读书笔记。

工作任务七　超临界压力直流锅炉上水及冷态清洗

➾【任务目标】

掌握给水系统、高压加热器疏水放气系统流程和主要设备作用，能利用仿真机进行给水系统投运操作，掌握操作过程中注意事项；掌握高压加热器系统流程、疏水方式；熟悉电泵保护、启动、调节及常见故障；了解直流锅炉启动前循环清洗。

⇨【知识准备】

一、给水系统

给水系统是指从除氧器出口到锅炉省煤器入口的全部设备及其管道系统。给水系统的主要功能是通过给水泵提高除氧器水箱中的水的压力，经过高压加热器进一步加热后，输送到锅炉省煤器入口，作为锅炉的给水。此外，给水系统还向锅炉过热器的一、二级减温器、再热器的减温器以及汽机高压旁路装置的减温器提供高压减温水，用于调节上述设备的出口蒸汽温度。

图2-16所示为600MW超临界压力直流锅炉给水系统，该系统主要包括：两台50%容量的汽动给水泵；两台汽泵前置泵；一台30%容量的电动给水泵及其驱动电机、液力偶合器和前置泵；1、2、3号高压加热器；阀门、滤网等设备以及相应管道。给水系统主要流程：除氧器水箱→前置泵→流量测量装置→给水泵→3号高压加热器→2号高压加热器→1号高压加热器→流量测量装置→给水调节门→省煤器进口联箱。给水泵的出水母管还引出一路给水供高旁的减温水，给水泵的中间抽头（汽泵的第二级后、电泵的第四级后）引出的给水供锅炉再热器的喷水减温器。过热器减温水一般取自高压加热器出口，但也有取自省煤器出口。

在1号高压加热器出口、省煤器进口的给水管路上设有给水调节站（旁路由调节阀、电动阀组成，主路是电动闸阀），给水调节站是为了满足机组启动初期锅炉给水的调节。在机组启停和低负荷（小于15%额定负荷）时供水，由电动旁路调节阀开度调节给水流量。在锅炉给水量大于15%额定负荷时，切换至给水主路，给水流量由改变给水泵转速直接调节。

为提高除氧器在滑压运行时的经济性，同时又确保给水泵的运行安全，通常在给水泵前加设一台低速前置泵，与给水泵串联运行。由于前置泵的工作转速较低，所需的泵进口倒灌高度（即汽蚀余量）较小，从而降低了除氧器的安装高度，节省了主场房的建设费用；给水经前置泵升压后，其出水压头高于给水泵所需的有效汽蚀余量和在小流量下的附加汽化压头，有效地防止给水泵的汽蚀。

三台给水泵出口均设置独立的再循环装置，其作用是保证给水泵有一定的工作流量，以免在机组启停和低负荷时发生汽蚀。给水泵启动时，再循环装置自动开启，流量达到允许值后，再循环装置全关，当给水泵流量小于允许值时，再循环装置自动开启。

已冷却的给水泵再次启动时，温度较高的给水流入泵内，使泵的壳体产生较大的热应力，甚至由于不对称的热膨胀，出现挠曲。为防止这种现象出现，每台给水泵都设有暖泵管路。暖泵管路中的热水循环通过泵的外壳，机组启动前通水暖泵，使其处于热备用状态。

二、直流锅炉启动旁路系统

直流锅炉单元机组的启动旁路系统主要有以下功能：①维持水冷壁具有流速稳定的最小水流量，保持锅炉启动流量和启动压力；②回收工质和热量；③使蒸汽参数满足汽机启动过程的需要。

直流锅炉启动旁路系统（特指过热器旁路系统）有内置式分离器启动系统和外置式分离器启动系统两大类型。外置式操作复杂较少采用。DG1900/25.4－Ⅱ型超临界压力直流锅炉采用的是内置式分离器启动系统，主要由启动分离器、储水罐、水位控制阀（361阀）、截止阀、管道及附件等组成，其系统见图2-17。

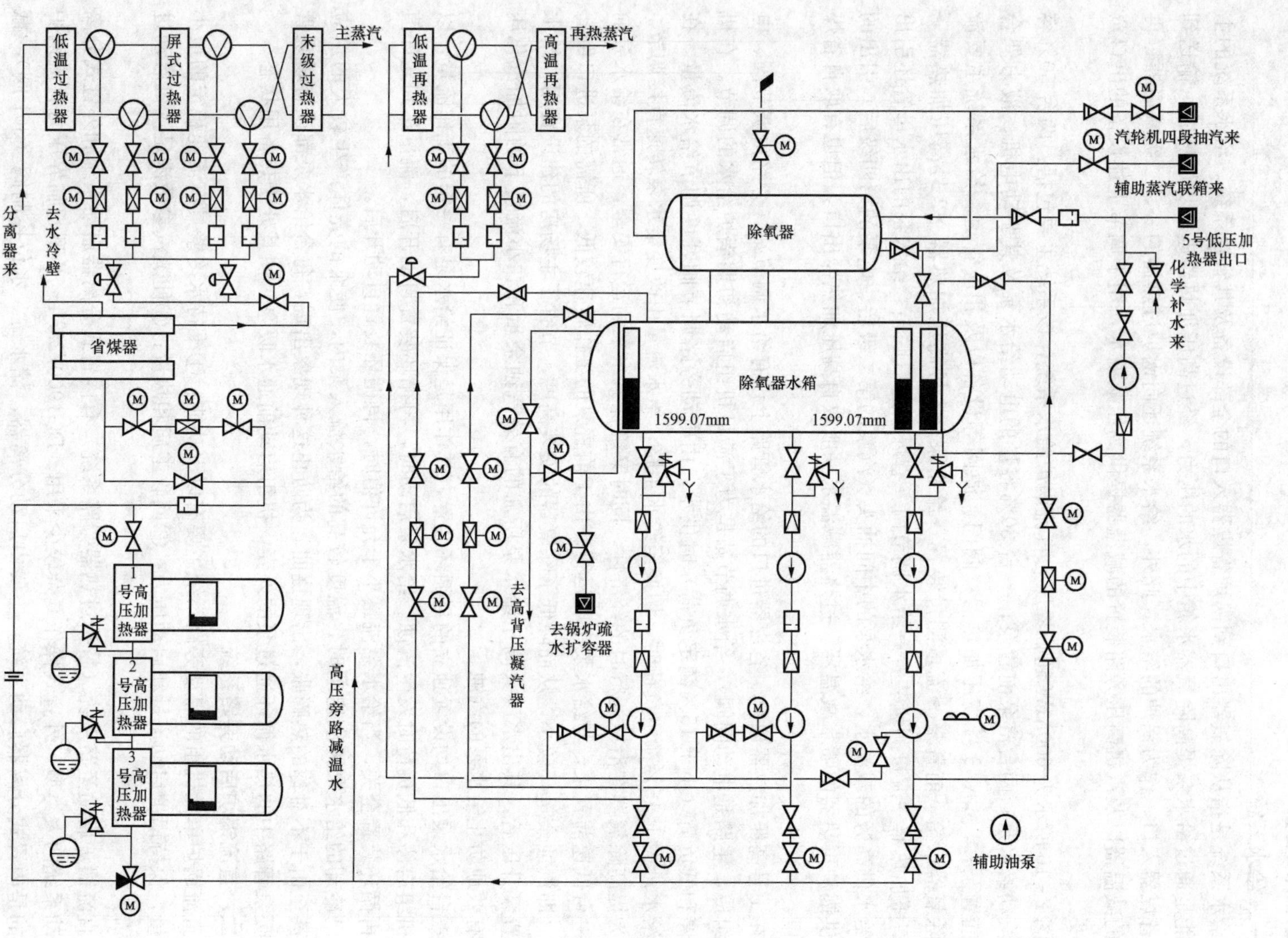
低温过热器
屏式过热器
末级过热器
主蒸汽
低温再热器
高温再热器
再热蒸汽
分离器来
去水冷壁
省煤器
汽轮机四段抽汽来
辅助蒸汽联箱来
5号低压加热器出口
化学补水来
除氧器
除氧器水箱
1599.07mm
1599.07mm
去高背压凝汽器
去锅炉疏水扩容器
高压旁路减温水
1号高压加热器
2号高压加热器
3号高压加热器
辅助油泵

图2-16　给水除氧系统

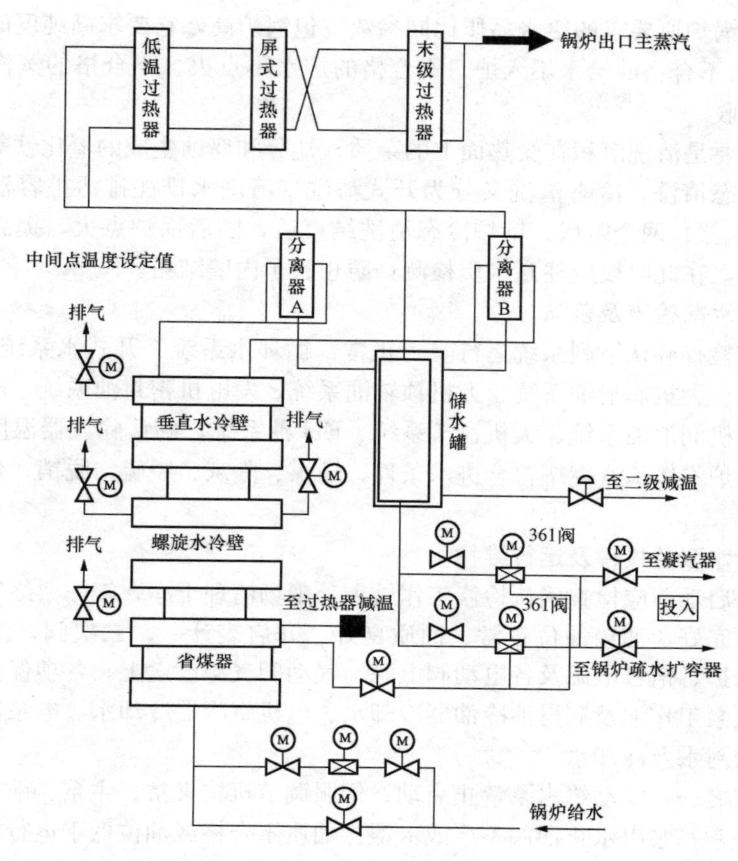

图 2-17　内置式分离器启动系统

汽水分离器直接串接在水冷壁和过热器之间，且无任何阀门。在锅炉启停及低负荷运行时同汽包炉的汽包一样，起到汽水分离的作用，分离器出口蒸汽直接送入过热器；疏水通过疏水系统回收工质和热量。当转入纯直流运行后，分离器只起一个蒸汽联箱的作用，蒸汽通过分离器直接送入过热器，且机组正常运行后无须切除。

三、高压加热器疏水放气系统

高压加热器采用大旁路给水系统，形式较为简单，管道附件少，设备投资小，安全性高，但缺点是如果一台加热器故障，就必须同时切除高压加热器组，使给水温度大大低于设计值，降低机组的运行热经济性。正常运行时，高压加热器的疏水采用逐级自流的方式，即 1 号高压加热器的疏水流入 2 号高压加热器，2 号高压加热器的疏水流入 3 号高压加热器，最后从 3 号高压加热器接入除氧器。每条疏水管道上设有电动疏水调节阀，用于控制高压加热器正常水位。此外每台高压加热器还有危急疏水管路直接接到疏水扩容器。各级高压加热器的汽侧均设有启动排气和连续排气装置。启动排气用于机组启动和水压试验时的迅速排气，连续排气用于正常运行时连续排出加热器内不凝结气体。

四、直流锅炉的清洗

由于工作原理的差异，直流锅炉的水工况不同于汽包锅炉。直流锅炉没有汽包，给水带入的杂质及给水系统和锅炉自身的腐蚀产物部分沉于锅炉受热面上，部分被蒸汽带入汽轮机。因此，直流锅炉所要求的给水品质比同参数汽包锅炉高，它要求高纯度的给水，严格做到“四不原则”：不合格的给水不入炉、不合格的炉水不点火、不合格的蒸汽不冲转、不合格的凝结水不回收。

锅炉清洗主要是清洗沉积在受热面上的杂质、盐分和腐蚀生成的氧化铁等。锅炉清洗包括冷态清洗和热态清洗，冷态清洗又分为开式清洗（清洗水排往排污扩容器）和循环清洗（清洗水排往凝汽器）两个阶段。锅炉冷态清洗结束后，随后锅炉点火，提高温度的清洗过程称为热态清洗，在此阶段应注意水质检测，防止管子内壁结垢。

五、锅炉进水前检查及确认

锅炉进水前检查确认下列系统运行是否正常：循环水系统、开式水系统、闭式水系统、发电机氢冷系统、大机润滑油系统、大机顶轴油系统、发电机密封油系统、凝结水系统、压缩空气系统、辅机润滑油系统、大机盘车系统、EH 油系统，确认除氧器温度已达到锅炉进水温度，确认锅炉本体检查完毕符合进水条件，输煤、除灰、脱硫、脱销、化学等外围系统已做好相应准备。

六、电动给水泵的投停及运行维护

电动给水泵启动前应检查确认检修工作结束，现场清理干净，工作票终结，安全措施拆除，表计齐全、完好，油箱油位正常、油质良好。开启表计一、二次阀，注意表计指示正确，各表计、保护、信号电源及各电动阀电源、气动阀气源已送上。各项保护、连锁试验正常。检查投入电泵工作油及润滑油冷油器冷却水、电机空冷器冷却水、电泵前置泵冷却水及密封水、电泵密封水及冷却水。

有下列条件之一，电动给水泵禁止启动：伺服调节机构失常；主泵、前置泵轴端密封失常；油泵工作失常；泵出水止回阀不严或卡涩；油质不合格或油位低于运行极限值；主要保护及连锁装置之一失灵；主要表计之一失灵（如转速、蜗壳温度表、电机线圈温度表、电流表、流量表等）；油温小于 15℃。

确认电泵符合启动条件后，启动电泵，注意电流返回时间。电泵泵组正常运行中要检查确认电泵泵组各参数正常；各设备轴承振动、温度、回油油流正常；泵的电流、转速在允许范围内；液力偶合器伺服机构动作正常，勺管开度指示与转速相对应；工作冷油器、润滑冷油器工作正常，油温正常，滤油网压差小于 0.08MPa；液力偶合器工作冷油器进油温度小于 110℃（高于 110℃报警，达到 130℃电泵保护动作跳闸）；机械密封水温正常，各格兰冷却水正常，泵入口滤网压差小于 0.06MPa；电动机线圈各点温度正常，进、出风温正常。

⇒【任务描述】

锅炉上水有三种方式：电泵上水、前置泵＋电泵上水、前置泵＋汽泵上水。以前常采用的是电泵上水，电泵上水操作简单、可靠，但耗电量较大；前置泵＋电泵上水只是在锅炉点火前用前置泵上水，但最迟在锅炉点火后要切换为电泵，节电效果不是很明显；为降低耗电量，目前很多大型电厂采用前置泵＋汽泵上水的方式，即先用汽泵前置泵向锅炉进水，锅炉进水结束后在需要更高给水压力时用辅汽冲转起汽泵。前置泵＋汽泵上水的优点是节约了大量厂用电而且能提前暖泵，缺点是操作复杂。如采用汽泵上水，需用临机来辅汽冲转小汽轮机。汽泵冲转必须在汽机轴封汽投运及抽真空完成后进行。本次任务采用电泵上水。超临界压力直流锅炉上水任务实施流程见表 2 - 7。

【任务实施】

表 2-7　　超临界压力直流锅炉上水任务实施流程

工作任务	超临界压力直流锅炉上水	
工况设置	单元机组全冷态送电后，相关系统投运正常	
工作准备	1. 准确描述所操作仿真机组给水系统流程和主要设备作用。 2. 电动给水泵禁止启动条件有哪些？ 3. 直流锅炉启动旁路系统的主要作用有哪些	
工作项目	操作步骤及标准	执行
锅炉进水前检查确认	锅炉进水前检查确认下列系统运行正常：循环水系统、开式水系统、闭式水系统、发电机氢冷系统、大机润滑油系统、大机顶轴油系统、发电机密封油系统、凝结水系统、压缩空气系统、辅机润滑油系统、大机盘车系统、EH 油系统	
	除氧器温度已达到锅炉进水温度	
	锅炉本体检查完毕符合进水条件，输煤、除灰、脱硫、脱销、化学等外围系统已做好相应准备	
	确认高压给水系统所有放水门关闭、放空气门开启。省煤器、水冷壁疏水门关闭，省煤器出口放空气门开启；所有过热器、再热器疏水门开启，放空气门开启；过热器、再热器所有喷水减温截止门、调节门关闭；启动系统暖管管路进、出口截止门、调节门关闭	
给水管道及高压加热器水侧注水	当除氧器水质 Fe＜200ppb 后，开启电泵进、出口门、锅炉给水电动门、给水调节门开至 10%左右，向给水管道及高压加热器水侧注水	
	高压加热器注水完毕，关闭高压给水放空气门，关闭电泵出口门	
启动电动给水泵	电动给水泵启动前的检查调整	
	启动辅助油泵，检查润滑油压力不小于 0.17MPa，各轴承油质、油流正常，油系统无漏油，油滤网差压正常	
	检查确认电泵出口电动阀关闭，开启电泵再循环调节阀前、后电动阀，再循环调节阀投“自动”	
	确认电泵勺管在最低位	
	启动电动给水泵，检查正常后，开启电动给水泵出口电动门	
	停止电泵辅助油泵运行，检查油压正常	
锅炉上水	根据电泵出口压力逐渐开启省煤器入口给水旁路调门，锅炉以 10%BMCR 左右的流量上水，投入给水 AVT（除氧）运行方式	
	当启动分离器管道水位计有水位显示时，应适当降低给水量，避免炉水进入过热器	
	待启动分离器有水位且水位调节门开度稳定正常后，逐渐加大给水量至 30%BMCR，检查电动给水泵再循环门自动关小直至全关，控制启动分离器水位正常，将启动分离器水位控制投自动	

【知识拓展】

一、锅炉启动旁路系统运行特点

1. 锅炉启动时系统运行特点

(1) 锅炉开始上水：361阀出口到凝汽器管路上电动闸阀关闭、到锅炉疏水扩容器的闸阀开，完成锅炉上水后储水罐水位由361阀进行控制，通过361阀和361阀出口到锅炉疏水扩容器的管道进行排污。

(2) 冷态开式清洗：361阀和361阀出口到锅炉疏水扩容器管道上电动闸阀开启、361阀出口到凝汽器管道上电动闸阀关闭，清洗水排到锅炉疏水扩容器，直到储水罐下部出口水质合格后，冷态开式冲洗结束。

(3) 冷态循环清洗：361阀和361阀出口到锅炉疏水扩容器管道上电动闸阀关闭、361阀出口到凝汽器管道上电动闸阀开启，启动系统清水全部排到凝汽器。维持25%BMCR清洗流量进行循环冲洗，直到省煤器入口水质合格，冷态循环清洗结束。

(4) 热态冲洗（锅炉点火后）：361阀和361阀出口到锅炉疏水扩容器管道上电动闸阀关闭、361阀出口到凝汽器管道上电动闸阀开启，启动系统清水全部排到凝汽器。此时由于汽水受热膨胀会导致储水罐水位突然升高，361阀应能正常自动控制储水罐水位。

(5) 直流工况（25%BMCR）后：锅炉进行直流运行后，361阀全关，随即关闭361阀出口到凝汽器管道上电动闸阀，分离器处于干态运行状态，仅起蒸汽通道的作用。

(6) 361阀暖管管路的设计：为防止361阀及储水罐到361阀管道出现热冲击对阀门和管道造成疲劳损伤，该系统还设计了361阀暖管管路，管路为省煤器出口连接管—361阀—储水罐—过热器二级减温器。暖管管路在锅炉实现直流转换、361阀完成关闭后才启用。在锅炉停运过程中，361阀暖管管路建议在361阀开启后关闭。

2. 锅炉正常停炉时系统运行特点

当锅炉负荷降到30%BMCR，压力降低到8.4MPa时，首先关闭361阀暖管管路，开启361阀出口到凝汽器管道上电动闸阀，361阀投入自动运行，当储水罐出现水位后，储水罐水位由361阀自动调节。停止给水后361阀关闭。

二、高压加热器水侧投用前注水原因

在高压加热器投用前，高压加热器内部是空的，如果不预先注水充压，则高压加热器水侧会积累空气。在正常投运后，因高压加热器水侧残留空气，则可能造成给水母管压力瞬间下降，引起锅炉断水保护动作，造成停炉事故。此外高压加热器投用前水侧注水，可判断高压加热器钢管是否泄漏。在高压加热器投用前，高压加热器进、出水门均关闭，开启高压加热器注水门，高压加热器水侧进水。待水侧空气放净后，关闭空气门和注水门，待10min后，若高压加热器水侧压力无下降则属正常；若高压加热器水侧压力表指示下降快，说明系统内漏量较大；若压力下降缓慢，则说明有轻微泄漏，应检查高压加热器钢管及各有关阀门是否泄漏；当发现高压加热器汽侧水位上升时应停止注水，防止因抽汽止回阀不严密而使水从高压加热器汽侧倒入汽轮机汽缸。

三、电动给水泵保护

当满足下列条件之一，电动给水泵自动跳闸：有电气跳闸信号；除氧器水位低至跳闸值；电泵流量低至最小值且最小流量阀未打开（延时跳泵）；电泵入口压力低至跳闸值（延时跳泵）；电泵润滑油压低至跳闸值；电泵径向轴承温度或推力轴承温度达跳闸值。

达到下列条件之一，紧急停运电动给水泵：电泵转速调节伺服机构失灵，不能控制转速；泵组发生强烈振动或内部有明显的金属摩擦声；给水泵发生汽化；保护定值已到或超限，保护未动作时（电泵密封水出口温度达 90℃、电泵偶合器径向轴承温度达 95℃、电泵润滑油冷油器进油温度达 70℃、电泵工作油冷油器进油温度达 130℃、电泵工作油冷油器出油温度达 85℃、电泵润滑油冷油器出油温度达 60℃、电泵电机轴承温度达 80℃、电泵电机线圈温度达 145℃）；压力管道破裂，严重威胁人身和设备安全；油箱油位突然降至无指示；油系统着火不能立即扑灭，严重威胁泵组安全，轴承断油冒烟；电机冒烟着火；厂用电失去。

四、电动给水泵调速型液力偶合器

1. 结构和工作原理

液力偶合器是借助液体为介质传递功率的一种动力传递装置，主要由主动轴、泵轮、涡轮、旋转内套、勺管和从动轴等组成。如图 2-18 所示。电动给水泵液力偶合器具有调速范围大、功率大、调速灵敏等特点，能使电动给水泵在接近空载下平稳、无冲击地启动；通过无级变速便于实现给水系统自动调节，使给水泵能够适应主汽轮机和锅炉的滑压变负荷运行的需要。调速型液力偶合器可以在主动轴转速恒定的情况下，通过调节液力偶合器内液体的充满程度实现从动轴的无级调速，流道充油量越多传递力矩越大，涡轮的转速也越高。因此可以通过改变工作油量来调节涡轮的转速，以适应给水泵的需要。调节机构称为勺管调速机构。调节执行机构根据控制信号动作，通过曲柄和连杆带动扇形齿轮轴旋转，扇形齿轮与加工在勺管上的齿条啮合，带动勺管在工作腔内作垂直方向运动，改变液力偶合器内的充油量，实现输出转速的无级调节。

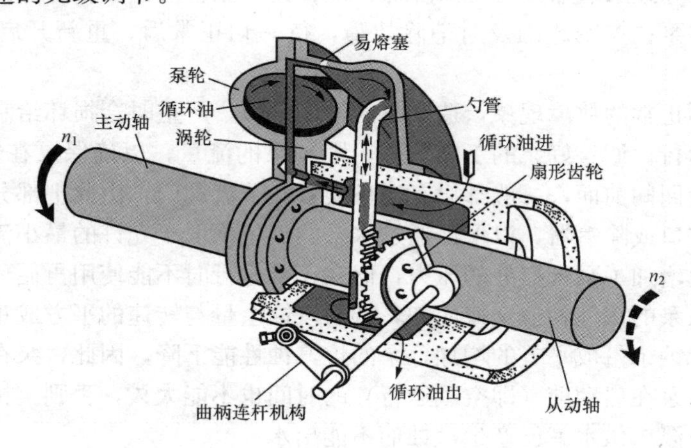

图 2-18 调速型液力偶合器

2. 液力偶合器的安全保护

偶合器启动前先启动辅助润滑油泵，进行轴承的润滑，待各轴承充分润滑后，才启动给水泵电动机。在偶合器主电机与辅助润滑油泵间有电气连锁开关。在辅助润滑油泵启动前防止主电机启动。电泵启动后，当润滑油压达到 0.25MPa 时，辅助油泵自动跳闸。在偶合器正常运行的条件下，当润滑油压下降或电泵停运时，又能自启辅助油泵。

在旋转外壳上，还装有易熔塞。易熔塞是偶合器的一种保护装置。正常情况汽轮机油的工作温度不允许超过 100°，油温过高极易引起油质恶化。同时油温过高，偶合器工作条件恶化，联轴器工作极不稳定，从而造成偶合器损坏及轴承损坏事故。为防止工作油温过高而发生事故，在偶合器转动外壳上装有四只易熔塞，内装低熔点金属。当偶合器工作腔内油温升至一定温度时，易熔塞金属被软化后吹损，工作油从四只孔中排出，工作腔油液排空，涡轮停转，以防止过载并避免压力升高导致工作腔爆炸。

3. 偶合器勺管卡涩的原因及处理

当发现电动给水泵勺管报警时（电动给水泵勺管的输出与反馈之差值大于8%），应首先判断勺管是否卡涩，如电动给水泵勺管卡涩，将电动给水泵勺管自动切为手动，退出AGC保持机组负荷稳定，并立即派人至就地手动操作勺管，保证汽包水位或给水流量稳定，同时汇报机组主值及值长。运行中常见给水泵勺管卡涩的原因：①偶合器油中带水，引起扇形齿轮轴上的两只滚动轴承严重锈蚀而不能转动，以致勺管不能升降；②电动执行机构限位调整不当，使勺管导向键受过载应力导致局部变形，卡死在勺管键槽内；③勺管与勺管套配合间隙过小，容易卡涩；④勺管表面氮化层剥落；⑤油压调节阀卡涩，故障。

针对以上故障一般采取以下处理方法：①严格监视偶合器油质，定期化验。如油质不合格应立即滤油或换油，并查处进入油系统的水源；②调换导向键，将电动执行机构转角限定在安全位置；③将勺管与勺管套配合间隙放大，并适当减小勺管套与排油腔体孔的配合过盈量，增加勺管与勺管套的配合研磨工序，减少卡涩现象；④氮化层剥落应及时调换勺管。

五、给水泵汽化的现象、原因及处理

给水泵发生汽蚀时，出口压力下降并摆动，泵组及给水管道发生强烈振动并发出噪声，电流及流量降低并摆动。可能的主要原因有：除氧器水位低；给水泵进水阀误关或进口滤网堵塞；负荷突变，导致除氧器压力突然降低；低转速小流量时，再循环没打开；前置泵故障等。此时应紧急停泵；查明原因及时消除故障，待一切正常后，重新开启给水泵运行或做备用。

汽蚀是一种不正常的故障现象，造成泵的性能下降，严重时会损坏给水泵。因此泵在使用前必须经过试运行，调整好泵的工作范围，限制泵的流量，以确保泵在安全区域内工作；在给水泵出口，止回阀前面，一般都设有循环支管和节流阀门，由此把部分出水量和平衡泄水量回流入水泵进口或除氧器，以保证通过水泵的流量不低于允许的最小流量，从而带走热能，保持水温，也增加了泵入口处的压力，但在正常运行时不能使用再循环管，以免影响其经济性。此外，从泵的汽蚀相似定律而知，必须汽蚀余量与转速的平方成正比，即当泵的转速增加后，必须汽蚀余量成平方的增加，泵的抗汽蚀性能下降，因此，泵在运行时的转速不应高于规定转速。泵在启动前（即空载运行）的时间也不能太久，否则，机械损失的热量会使水温升高，导致泵未供水就已产生汽蚀而不能出水。

➡【实践与探索】

（1）查阅相关资料，编写汽包炉上水操作步骤，利用汽包炉火电机组仿真机进行操作实践。

（2）电泵运行时，给水母管压力降低的原因及处理措施。

工作任务八 汽轮机送轴封抽真空

【任务目标】

掌握汽轮机轴封系统、真空系统流程和主要设备作用，能利用仿真机进行汽轮机送轴封抽真空操作，掌握操作过程中的注意事项；熟悉轴封汽源、轴封母管压力调节和凝汽器的最佳真空的概念。

【知识准备】

一、轴封系统

轴封系统的作用是向汽轮机、给水泵小汽轮机的轴封提供密封蒸汽。大型汽轮机的轴封比较长，通常分成若干段，相邻两段之间有一环形腔室，可以布置引出或导入蒸汽的管道。

轴封系统所需的蒸汽与汽轮机的负荷有关。在机组启动、空载和低负荷时，缸内为真空状态，轴封系统防止外部空气漏入汽轮机；机组高负荷时防止高、中压缸轴端漏汽。600MW 超临界压力机组的轴封蒸汽系统外接汽源通常有三路，分别是辅助蒸汽、再热冷段蒸汽和主蒸汽。机组冷态启动时，用辅助蒸汽向轴封供汽。机组负荷达 75%时，低压缸两端轴封用汽靠高、中压缸两端轴封漏汽供给，即轴封系统达到了自密封（无需外部汽源），外接汽源作为轴封备用汽源，由溢流调节阀控制供汽压力，多余的高、中压缸轴封漏汽通过气动调节阀排入疏水扩容器。系统流程见本书项目六中图 6 - 78。

汽轮机的轴封回汽及阀杆漏汽均通过各自的管道汇集至回汽母管，排入轴封加热器，其疏水经 U 形水封排至凝汽器。轴封加热器是管式表面式加热器，其冷却水来自凝结水泵出口，在管内流动，吸热后去 8 号低压加热器；汽—气混合物在空侧流动。向汽轮机轴封供汽时，轴封加热器应立即投入运行，并有足够的冷却水量，以冷却轴封漏汽。轴封加热器配有两台 100%容量的轴加风机，一台运行，一台备用，用于抽出轴封加热器中未凝结的漏汽和空气，使其汽侧产生一定的微负压。

为了保证汽轮机本体部件的安全，对轴封供汽的温度有一定要求。因此，轴封供汽母管向低压端轴封供汽的管道上设置喷水减温器，在汽轮机运行的各种工况下调节供汽温度，将轴封供汽的温度控制在合适范围。减温水来自主凝结水，由凝结水精处理装置后引出。一般来说，高、中压缸轴封供汽温度的合适范围是 260℃，低压缸轴封的供汽温度应在 150℃左右。

二、轴封汽投运与停用操作注意事项

轴封供汽前应先对送汽管进行暖管并排尽疏水。向轴封送汽时，应注意低压缸排汽温度变化和盘车运行状况，严禁转子在静止状态下向轴封送汽。要注意轴封送汽的温度与金属温度的匹配，轴封供汽必须具有不小于 14℃的过热度。向轴封送汽的时间必须恰当，冲转前过早的向轴封送汽，会使上、下缸温差增大或胀差增大。轴封汽投用后，应注意主机上、下缸温差、胀差等重要参数，检查各轴封处是否冒汽及声音是否正常。机组热态启动必须先送轴封汽后抽真空。

在停机过程中，按下列步骤停运轴封系统：在减负荷停机过程中，轴封压力不足以维持时，将轴封汽源切至冷再供给；当主汽压力下降，轴封压力不足以维持时，将轴封汽源切至辅助蒸汽母管供给；机组停运后，确认机组在盘车状态，主凝汽器真空完全消失后，关闭供汽门，将轴封压力定值减至零，关闭减温水调节门及手动门，停止轴加风机；停止轴封加热器的凝结水侧运行。在真空泵停止运行和主凝汽器真空完全消失以前，不得中断轴封供汽。

三、抽真空系统

真空系统的作用就是建立和维持汽轮机组的低背压和凝汽器真空。与300MW以下大多数汽轮机组凝汽器具有单一设计压力值不同，目前投产的600MW及以上容量机组大多采用双背压或多背压凝汽器。常见的抽气设备是水环式真空泵。

水环式真空泵主要部件是叶轮和壳体，壳体内部形成一个圆柱体空间，叶轮偏心地装在这个空间内，同时在壳体的适当位置上开设吸气口和排气口，靠泵腔容积的变化来实现吸气、压缩和排气。水环式真空泵工作之前，需要向泵内注入一定量的水，此部分水起着传递能量和密封作用。系统流程如图2-19所示。通过自动补水阀或其旁路阀向汽水分离器注水，系统通过工作水管使泵与汽水分离器实现水位平衡。汽水分离器的水位通过自动补水阀和溢流管维持在正常的范围内，正常的水位使真空泵水环运行在最佳工况，保证真空泵出力和效率。真空泵启动后，当真空泵入口压力开关动作后，连锁开启进气控制阀，开始抽吸真空系统空气。工作水在离心力的作用下通过冷却器、汽水分离器闭式循环，在闭式冷却水的冷却下带走泵工作中产生的热量，保持工作水的温度正常。

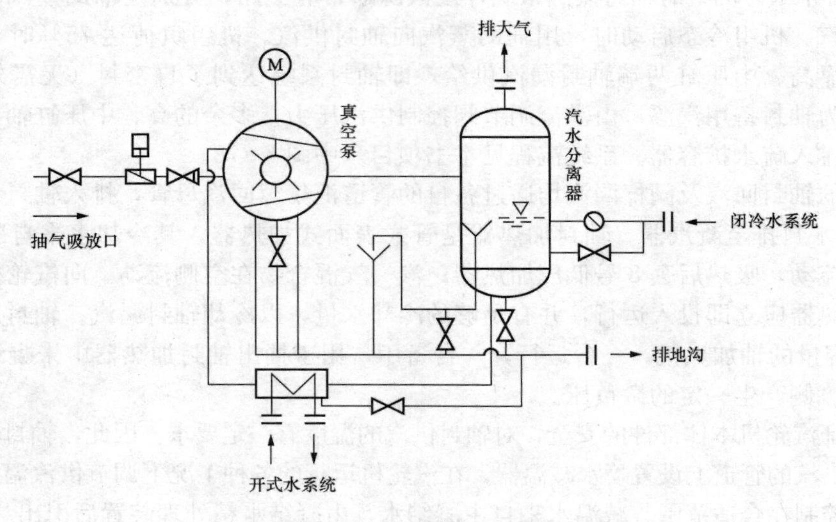

图2-19 水环式真空泵系统流程

四、真空泵运行维护

机组带负荷后，根据汽机排汽温度和真空系统严密性情况，决定真空泵运行台数。真空泵正常运行时应检查：泵及电机声音、电流正常，泵组各轴承座处振动值≤0.05mm，电机轴承温度<80℃，真空泵汽水分离器水位在1/3～2/3之间，真空泵进口水温≤40℃，泵两端应有少量水溢出，并且两端部无过热现象。真空泵应定期切换运行。

【任务描述】

锅炉点火前，要完成向汽轮机送轴封汽和抽真空。其先后顺序：先送轴封，后抽真空。对于非冷态启动（汽轮机内温度较高），严禁先抽真空后送轴封。汽轮机送轴封抽真空任务实施流程见表2-8。

⇨【任务实施】

表 2-8 汽轮机送轴封抽真空任务实施流程

工作任务	汽轮机送轴封抽真空	
工况设置	单元机组全冷态送电后，相关系统投运正常，主机盘车投运	
工作准备	1. 准确描述所操作仿真机组轴封系统、真空系统流程及主要设备作用。 2. 说明大型单元机组在不同负荷下轴封的密封方式。 3. 你所操作的火电仿真机组运行过程中，轴封供汽母管的压力为多少？真空是多少	
工作项目	操作步骤及标准	执行
轴封系统投入前的准备	轴封系统各种控制电源、信号电源投入；系统中的电动阀门、气动调节阀送电、送气	
	循环水系统已投运，小机轴封进回汽隔离门关闭	
	凝结水系统投入运行，轴封加热器水侧投入，凝结水供轴加疏水系统 U 形管注水完毕	
	主机盘车装置投入运行	
	大机轴封进汽手动门开启	
轴封系统投入	确认辅汽压力、温度正常，汽缸疏水及轴封母管疏水门开启	
	启动轴加风机，稍开辅汽到轴封系统隔离门进行暖管，注意母管无振动、无水击，当汽温上升至 121～177℃后，逐渐开大辅汽至轴封系统隔离门。当疏水干净后关闭疏水门，暖管结束	
	开启轴封汽压力调节门前后隔离门，检查调节门动作正常。给定压力定值，压力调节门投入自动	
	当轴封汽温上升至 121℃以上时，关闭轴封汽调整门后疏水门	
	当低压轴封汽温大于 177℃后可投入轴封减温水装置，维持低压轴封温度 149℃。投用减温水装置应谨慎操作，严防汽轮机轴封进水	
真空系统投运	确认凝汽器真空破坏门关闭，真空破坏门密封水供水完毕并保持有少量溢流	
	打开高、低压凝汽器抽空气阀	
	检查真空泵及系统有关电源及控制气源是否送上	
	打开真空泵入口隔离阀，检查入口气动蝶阀是否关闭	
	检查真空泵补水水源是否正常可靠，打开旁路补水阀，将分离器水位补至正常值后关闭，打开补水手动隔离门	
	投入真空泵冷却水	
	启动真空泵，检查真空泵入口气动蝶阀是否自动开启	
	检查真空泵电机电流、轴承温度、振动，汽水分离器水位和排气是否正常	

⇨【知识拓展】

一、轴封供汽母管的压力调节

机组运行过程中，轴封供汽母管的压力维持在 0.02～0.027MPa。轴封供汽母管的压力通常由四个气动控制的膜片执行阀调节，其名称分别为高压供汽阀、辅助供汽阀、冷再热供汽阀、溢流阀。每个阀装有一个智能定位器和一个包含整体滤网的空气减压阀。不同的膜片执行阀智能定位器整定压力值不同，在机组的所有运行工况下，智能定位器根据轴封供汽母管上的传压管传来的蒸汽压力信号（4～20mA的电信号），产生一个可变输出，因此，控制调节阀就能在相应的运行工况下维持汽封的密封汽压力。

通常，高压供汽用于脱扣和甩负荷以后的启动或用于低负荷冷再热不供汽时。因此，高压供汽阀的智能定位器调整在最低压力整定值，而辅助供汽阀和冷再热供汽阀的智能定位器调整为各高出0.00345MPa（绝对）的压力。溢流阀的智能定位器被整定为比冷再热供汽智能定位器整定值高出0.00345MPa（绝对），这样，当自密封漏汽量超过封住低压缸汽封所需的汽量时，总管压力将会增加，供汽阀将完全关闭，溢流阀将打开，将多余蒸汽泄放至凝汽器，从而控制汽封蒸汽总管中的蒸汽压力。

不同汽封总管压力下各阀的状态表见表2-9。

表2-9　　阀状态表

汽封总管压力（MPa）	高压供汽阀	辅助供汽阀	冷再热供汽阀	溢流阀
0.0207	开启和控制	开	开	关
0.0241	关	开启和控制	开	关
0.0276	关	关	开启和控制	关
0.0310	关	关	关	开启和控制

二、最佳真空

对一台结构已经确定的汽轮机而言，因为初参数和终参数已经确定，蒸汽在其中膨胀，压力下降有一定的限度，若继续提高真空即降低背压，蒸汽膨胀只能在最末级动叶外进行了，此时对应的真空使汽轮机做功达到最大值，这个真空称为极限真空。在极限真空下，蒸汽的做功能力得到充分利用，但是此时循环水量和水泵的耗电量维持在较高水平上，从经济上讲这是不合适的。简单地说提高真空所增加的汽轮机功率与循环水泵等消耗的厂用电之差值达到最大时的真空值，这时的经济效益为最大，称之为最佳真空。

三、影响凝汽器真空的主要因素

（1）冷却水进口温度。在其他条件不变时，若冷却水进口温度较低，则真空提高。对于开式循环水供水系统，冷却水进口温度完全由季节、气候决定，冬天温度较低，所以真空也高些。对于闭式循环水供水系统，冷却水进口温度除受环境影响之外，冷水塔的运行状况也会对真空有很大影响。

（2）冷却水温升。冷却水温升（循环水温升）是凝汽器冷却水出口温度与进口水温的差值。一般，机组稳定运行时，蒸汽负荷是一定的，也即进入凝汽器的蒸汽量是一定的，所以冷却水温升主要决定于冷却水量。如果冷却水温升增加，真空降低，则说明冷却水量不足。冷却水量不足的主要原因是循环水泵出力不足或水阻增加，而水阻增加的原因可能是铜管堵塞、循环水泵出口或凝汽器进口水门开度不足以及虹吸破坏等的。

（3）凝汽器传热端差。凝汽器传热端差是指凝汽器压力下的饱和温度与凝汽器冷却水出口温度之差。传热端差增加，会使凝汽器真空降低。运行中，如果凝汽器冷却水管表面结垢或脏污，会阻碍传热，使端差增大；真空系统管道阀门不严或汽封供汽压力不足甚至中断或抽气器效率降低，都会使凝汽器汽侧积聚较多的空气，阻碍传热而使端差增大。此外，如果凝汽器水位控制不当，使部分冷却水管被淹没而减少冷却面积，也会使端差增大；冷却水流量减少，流速降低，传热效果不好，也会使传热端差增大。

四、凝结水过冷度

凝结水的温度比排汽压力对应下的饱和温度低的数值称为凝结水过冷度。凝结水过冷却，使凝结水易吸收空气，结果使凝结水的含氧量增加，加快设备管道系统的锈蚀，降低设备使用的安全性和可靠性；在除氧器加热就要多耗抽汽量，降低发电厂的热经济性。运行中过冷度增加的主要原因有凝结水水位过高、凝汽器内积存空气、凝汽器内冷却水管排列不合理或布置过密。

【实践与探索】

（1）查阅相关资料了解轴封供汽带水对机组运行的危害及处理措施，撰写读书笔记。

（2）轴封加热器为什么设置在凝结水再循环管路的前面？

工作任务九 风 烟 系 统 投 运

【任务目标】

掌握风烟系统流程和主要设备作用，能利用仿真机进行风烟系统投运操作，掌握风机启动前应具备的条件及启动注意事项，熟悉轴流风机的启动、调整及并列运行；了解风烟系统主要辅机运行中的问题及处理原则。

【知识准备】

锅炉风烟系统用于连续不断地提供锅炉燃料燃烧所需的空气量，并按燃烧的要求对各燃烧器层进行风量的合理分配，同时使燃烧生成的含尘烟气流经各受热面和烟气净化装置后，最终由烟囱排至大气。锅炉风烟系统按平衡通风设计，系统的平衡点发生在炉膛中，因此空气侧的系统部件设计为正压运行，烟气侧系统部件设计为负压运行。平衡通风不仅使炉膛和风道的漏风量不会太大，保证了较高的经济性，又能防止炉内高温烟气外冒，对人员的安全和锅炉房的环境均有一定的好处。

风烟系统包括风系统和烟气系统。如图 2-20 所示，配正压直吹式制粉系统的锅炉，其风烟系统主要由下列设备和装置组成：两台动叶可调轴流式送风机、两台动叶可调轴流式一次风机、两台静叶可调轴流式引风机、两台容克式三分仓空气预热器、两台静电除尘器、两台火检冷却风机、两台密封风机、风和烟气管道及二次风箱。其中，燃料燃烧所需要的二次风、燃尽风由送风机供给；输送和干燥煤粉的一次风，由一次风机供给；冷却火检探测器的冷却风由火检冷却风机供给；给煤机、磨煤机密封风，由一次风机出口经密封风机增压后提供。

一、一次风系统及一次风机

一次风的作用是用来干燥和输送煤粉，并供给燃料燃烧初期所需的空气。一次风的主要流程：大气经滤网、消声器垂直进入两台轴流式一次风机，经一次风机提压后分成两路：一路进入磨煤机前的冷一次风母管；另一路经过空预热器的一次风分仓，加热后进入磨煤机前

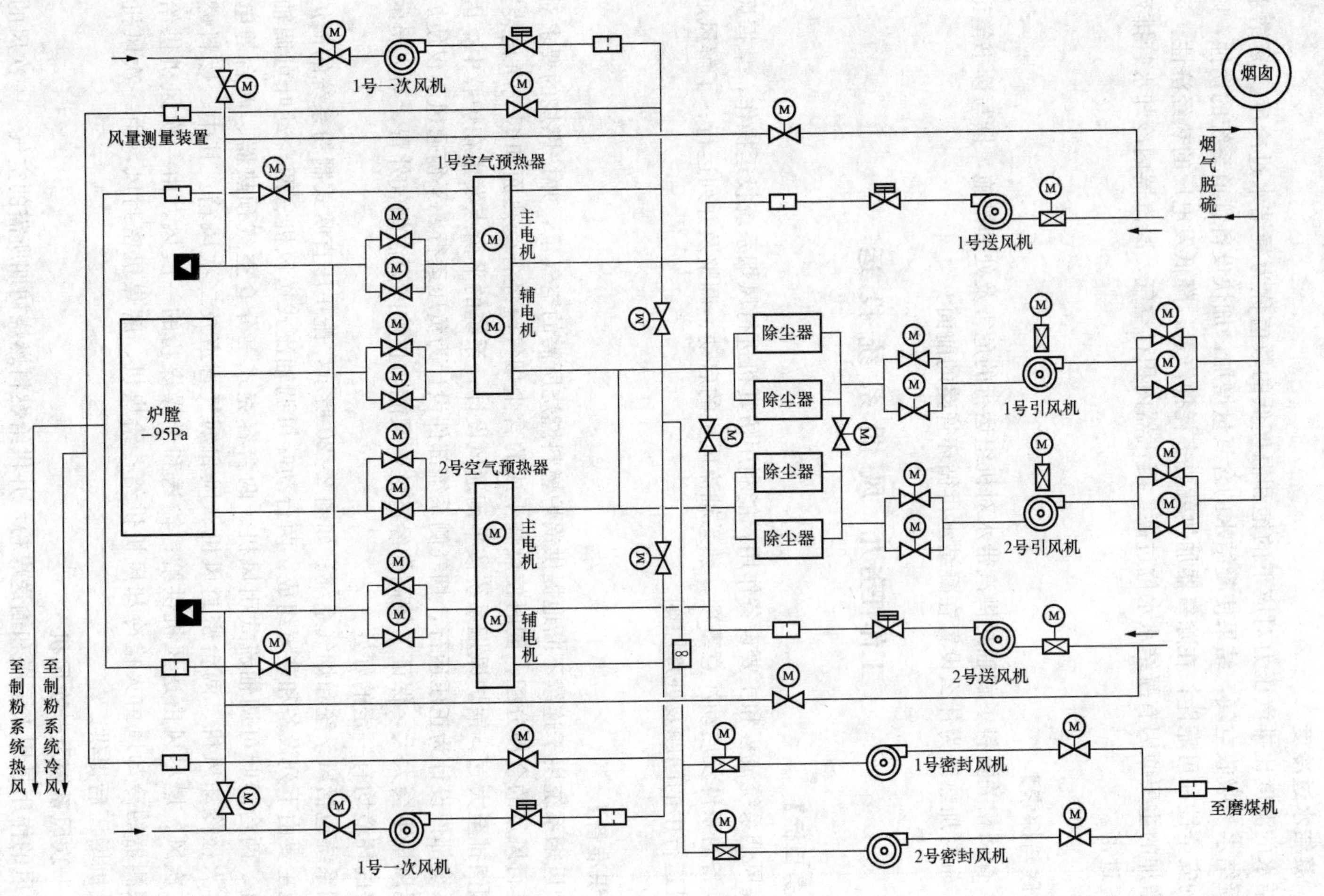

烟囱
烟气脱硫
1号一次风机
风量测量装置
1号空气预热器
主电机
辅电机
1号送风机
除尘器
除尘器
除尘器
除尘器
1号引风机
炉膛
-95Pa
2号空气预热器
主电机
辅电机
2号引风机
2号送风机
1号密封风机
2号密封风机
至磨煤机
至制粉系统热风
至制粉系统冷风
1号一次风机

图2-20 锅炉风烟系统

的热一次风母管，从冷一次风母管和热一次风母管上引出支管，分别提供给各台磨煤机冷风和热风，冷风和热风在磨煤机前混合，在冷一次风和热一次风各支管出口处都设有调节挡板和电动挡板来控制冷热风的风量，保证磨煤机总的风量要求和出口温度正常。合格的煤粉经煤粉管道由一次风送至炉膛燃烧。

大型单元机组一般设有两台50%容量的动叶可调轴流式一次风机，并列运行。一次风机的流量主要取决于干燥和输送煤粉所需的风量和空气预热器的漏风量，可以通过调节动叶的倾角来调节。

一次风机启动前应先检查润滑油系统运行正常、风机相关连锁保护投入、就地检查无异常；风机出口挡板及动叶关闭、空气预热器一次风出口挡板开启；一次风机启动许可条件满足后启动一次风机，启动后当一次风机电机电流回降至空载电流后，开启出口挡板，缓慢开启调节动叶，关闭另一台停用状态一次风机的出口挡板和调节动叶。

第二台一次风机启动后，缓慢开启第二台一次风机调节动叶，当二台一次风机负荷相同或相近时，可投入二台一次风机调节自动。

一次风机启动后，可启动一台密封风机，开启密封风机出口挡板。使用密封风机入口调节挡板调整密封风压，待出口风压正常后，投入备用密封风机连锁。

二、二次风系统及送风机

为了使燃料在炉内的燃烧正常进行，用送风机克服空气预热器、风道和燃烧器等的流动阻力，向炉膛内送入燃料燃烧所需要的空气。风烟系统设有两台50%容量的动叶可调轴流式送风机，并列运行。二次风的主要流程为：大气经滤网、消声器与再循环热风汇合后垂直进入两台轴流式送风机，由送风机升压后，全部经冷二次风道进入容克式三分仓空气预热器的二次风分仓中加热，被加热后的热风作为二次风由热二次风道、二次风大风箱送至燃烧器进入炉膛。

两台空气预热器的进口联络风道主要是为了平衡两台送风机出口风压，预热器出口联络风道主要是为了平衡两侧大风箱的风压。在锅炉低负荷期间，可以通过该联络风管道只投入一组风机。在送风机的入口风道上设有热风再循环，风源取自对应的预热器出口二次风，当环境温度较低时，可以投入热风再循环，以提高进入空气预热器的空气温度，从而防止空气预热器冷端积灰和低温腐蚀。

二次风箱（即大风箱）布置在锅炉两侧的燃烧器层，整个二次风箱壳体有三层：内壁钢板，保温层，外层护板。为了对燃烧器检修的方便，在风箱上开设人孔门。二次风箱内部焊接拉筋，以承受一定的风压。为了防止通过二次风箱的二次风产生过大的涡流，减少阻力损失，在燃烧器各风室内设有导流板。二次风箱内风量的分配，是通过调节设在风箱内流向各个喷嘴的通道上的调节挡板来实现的，这些调节挡板的控制方式为层控制，以使燃烧器同层四个角的风量和风速基本一致，从而保证炉内稳定的空气动力场。

用于锅炉点火和低负荷稳燃的油燃烧器是布置在二次风喷嘴内的，因此没有独立的供风通路。

为适应锅炉负荷高低的变化，燃烧需要的风量随之变化。锅炉风量大小的控制，是根据负荷给定值并结合烟气中的含氧量的大小来调节送风机的出力而实现的。运行中，保持合适的烟气含氧量，对锅炉的安全、经济运行至关重要。

送风机采用动叶可调式轴流风机，通过液压调节系统调节风机叶片的角度，从而达到调节送风机风量的目的。液压调节系统通过位于风机外部的电动调节装置来驱动。从DCS系统来的电流信号经过调节装置转换的变化使液压调节装置内部的滑阀产生位移，在液压油的作用下，油缸活塞进行移动，风机动叶的开度也随之发生变化。

送风机启动前应先确认至少一台引风机运行正常、二次风通路已打通、润滑油系统运行正常、风机相关连锁保护投入、就地检查无异常、送风机的启动许可条件已满足、另一台送风机动叶和出口挡板全开或另一台送风机运行。关闭待启动送风机动叶和出口挡板，启动送风机后，当电流回落到空载电流后，开启出口挡板，缓慢开启调节动叶或投入自动，关闭另一台停用送风机的出口挡板和调节动叶；若是第二台送风机启动，可将第一台送风机调节投入自动，然后缓慢开启第二台送风机调节动叶，当二台送风机负荷相同或相近时，投入第二台送风机调节自动。

三、烟气系统及引风机

烟气系统的作用是将炉膛中燃料燃烧生成的烟气经尾部各受热面换热、除尘器除尘、脱硫系统净化后通过烟囱排向大气。

烟气系统的主要设备有两台三分仓容克式空气预热器、两台电除尘器和两台50%容量的静叶可调轴流式引风机。两台空气预热器出口有各自独立的通道与两台电除尘器相连接，每台电除尘器的出口与对应的引风机连接。为使除尘器前后的两侧烟气压力平衡，均匀分配进入除尘器的烟气量，在两台除尘器进口烟道处设有烟气联络管。为防止烟气倒流入引风机，在引风机出口处装有严密的烟气挡板。在引风机出口挡板后，两台引风机出口烟气混合经脱硫风机（增压风机）增压后进入脱硫系统，净化后的烟气排入烟囱。脱硫系统设有一个旁路烟气挡板，脱硫系统运行时，该旁路挡板处于关闭状态，当脱硫系统故障隔离时，该旁路挡板处于开启状态，此时烟气由引风机直接排入烟囱。目前新设计的电厂也采用脱硫风机、引风机一体化设计。

引风机的进口压力与锅炉负荷、烟道通流阻力有关，其流量决定于炉内燃烧产物的容积及炉膛出口后所有漏入的空气量。风烟系统采用平衡通风方式，炉膛保持一定的负压。炉膛负压的维持是通过调节引风机入口静叶的角度，从而改变引风机的流量来实现的。炉膛负压一般维持在大约（-100 ± 50）Pa的范围内，这是因为：若炉膛负压过高，烟道、炉本体不严密处以及空气预热器的漏风加大，引风机电耗增加，使锅炉的经济性降低；若炉膛负压过低，还会使炉本体不严密处向外漏烟漏灰，影响安全和文明生产。

引风机启动前首先应检查润滑油系统运行正常，风机相关连锁保护投入，就地检查无异常；冷却风机已经启动而且运行良好，引风机启动许可条件满足，风机的进口静叶和进口挡板关闭、出口挡板开启。启动引风机后，引风机的进口挡板会自动打开。此时可缓慢开启进口静叶或投入自动，关闭另一台停用风机进口挡板和静叶。若是第二台引风机启动，可先使第一台运行风机调节投入自动，第二台引风机启动后，缓慢开启第二台引风机调节挡板，待二台引风机风量相同或相近时，投入第二台引风机调节自动。

为了在启动过程中，减小启动电流，避免带载启动，引风机在启动前必须关闭进口隔离挡板，开启出口隔离挡板，静叶关至最小位置。引风机在进口隔离挡板关闭的情况下是不允许连续运行的。所以，在引风机达到额定转速后最迟1min内使进口隔离挡板全开，否则应立即停止风机运行。

【任务描述】

锅炉风烟系统启动先投运空气预热器，然后依次启动引风机和送风机。在锅炉满足吹扫条件后，进行锅炉吹扫。对于直吹式制粉系统，制粉系统投运前启动一次风机。

风烟系统主要转动设备启动前要确认油系统设备完好，油箱温度30～40℃，油箱油位1/2～2/3，油质合格；油泵运行正常，油压正常，润滑油流量正常；冷却水通畅；驱动、传动、测量装置完好；旋转方向正确；各风门挡板开关灵活、室内外指示一致；检修工作已完成，工作票已终结，就地检查符合启动条件，电机均已送电，连锁保护投入。

机组停运时，一次风机接受MFT跳闸信号而跳闸，在完成锅炉后吹扫后，可停运引、送风机。引、送风机停运应按照先停送风机后停引风机的顺序停运。停炉后待空气预热器入口烟温降至150℃以下再停运空气预热器。风烟系统投运任务实施流程见表2-10。

【任务实施】

表2-10　风烟系统投运任务实施流程

工作任务	风烟系统投运	
工况设置	单元机组全冷态送电后，机组冷却水系统已经投运	
工作准备	1. 准确描述所操作仿真机组风烟系统流程和主要设备。 2. 说明润滑油、液压调节油系统各油泵的作用及启动顺序。 3. 说明风烟系统主要设备启动顺序和主要运行参数	
工作项目	操作步骤及标准	执行
空气预热器投运	空气预热器润滑油系统的投入 CRT手动启动空气预热器导向、支承油泵，油泵启动后，对油系统全面检查一次	
	检查确认预热器符合运转要求： （1）检查减速箱设备完整，油位正常，油质合格，无漏油； （2）满足启动条件：导向轴承温度＜70℃，支承轴承温度＜60℃； （3）CRT手动启动辅助电机，检查预热器无异常摩擦； （4）启动主电机。检查辅助电机跳闸并复位，对设备全面检查一次； （5）依次开启预热器出口热风挡板、进出口烟气挡板、出口烟气联络挡板。投辅助电机在“自动”	
	空气预热器运行技术要求： （1）预热器运转平稳，无异常声音； （2）各处保温完好，无漏风、漏烟； （3）风烟挡板位置正确，连杆销子牢固； （4）监视预热器电流及进出口参数正常； （5）定期对预热器吹灰，若发现进出口压差增大或风烟温差增大时，应增加吹灰次数，以清洁受热面； （6）为防止预热器低温腐蚀，应调整热风再循环挡板，保持预热器进口风温≥20℃； （7）预热器LCS自动漏风控制系统运行正常	

续表

工作项目	操作步骤及标准	执行
静叶调节轴流引风机启动	引风机润滑油系统的投入 检查油泵运转平稳，无异常声音，系统无漏油漏水；油泵应一台运行，一台备用，备用泵在自动位置；油站供油压力0.2MPa，供油温度30～40℃；运行中应定期切换润滑油泵	
	启动一台轴冷风机，进行全面检查；将另一台轴冷风机投“自动”	
	检查引风机符合下列启动许可条件： (1) 两台轴冷风机A或B运行； (2) 风机与电机润滑油压正常； (3) 风机轴承温度均小于90℃及电机轴承温度均小于70℃； (4) 风机入口挡板和静叶全关，出口挡板全开； (5) 预热器至少有一台在运行	
	启动引风机。启动方式有：顺控；CRT手动。引风机启动后，对设备全面检查一次	
	开启引风机入口挡板，缓慢开大静叶，将炉膛负压调整至－50～－100Pa	
动叶调节轴流式送风机启动	送风机润滑油系统的投入 分别启动一台风机油站及电机油站油泵，调整液压调节油压力＞2.5MPa，轴承润滑油压0.4～0.6MPa，电机轴承润滑油压＞0.2MPa，各轴承回油正常	
	检查送风机符合下列启动许可条件： (1) 风机与电机润滑油压正常，风机动调油压正常； (2) 风机轴承温度均小于90℃及电机轴承温度均小于70℃； (3) 风机出口挡板及动叶关闭； (4) 两台预热器均运行或一台在运行中； (5) 引风机至少有一台在运行	
	启动送风机。启动方式有：顺控；CRT手动。风机启动后，对设备全面检查一次	
	检查开启送风机出口挡板、出口联络风挡板	
	缓慢将送风机动叶开度开大，并调整引风机入口静叶，维持炉膛负压－50～－100Pa，调整炉膛风量30%～40%BMCR	
运行调整	两台引风机启动后，调节A、B引风机静叶挡板，使两台引风机出力相同，保持炉膛负压正常，将炉膛压力控制投入自动。两台送风机启动后，调节A、B送风机动叶角度，保持总风量在30%～40%，使两台送风机负荷相同	

【知识拓展】

一、回转式空气预热器的传动装置

回转式空气预热器的传动装置由主电动机、辅电动机、气马达、液力偶合器、减速箱、传动齿轮、支架等零部件组成，如图2-21所示。传动过程：由主电动机通过液力偶合器将动力传至减速箱，然后依靠减速箱低速输出轴端的大齿轮与装在转子外圆壳板上的围带销相互啮合，使转子转动。转子的转速因预热器大小而异，一般为1～4r/min，过高的转速对传热无益，相反，会因转子的旋转使带入烟气侧的空气量增加，预热器携带漏风亦增大。

2185SMRC三分仓回转式预热器的正常工作转速（主马达驱动）为1.14r/min，冲洗和盘车转速（辅马达驱动）为0.3r/min，气马达驱动时预热器的转速为0.1r/min。

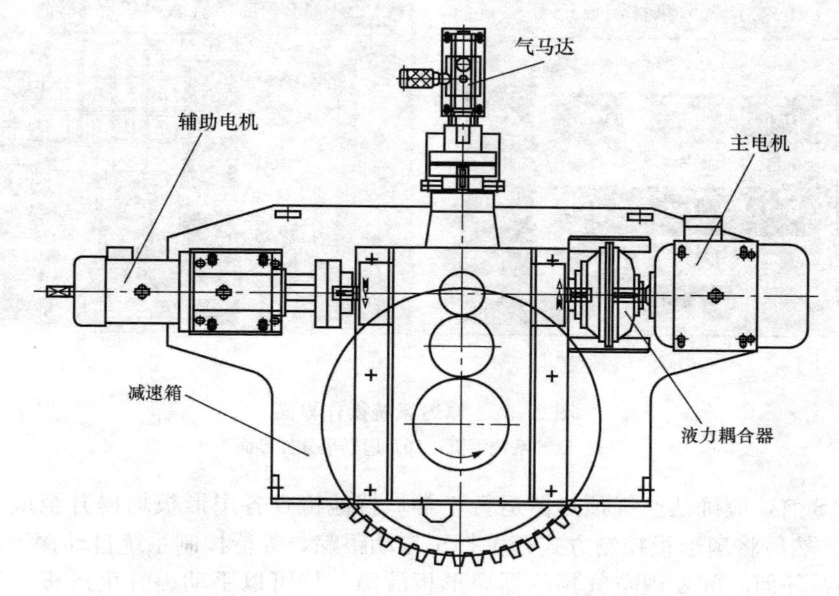

图2-21 回转式空气预热器的传动装置

正常运行时由主电机驱动转子。辅助电机有两个作用：①当主电动机出故障时，辅助电动机立即投运使预热器的转子继续维持转动；②当锅炉停用，需对预热器的传热元件进行水冲洗时，需投运辅助电机，以利于清洗。气马达用于预热器检修时和某些异常情况下盘动预热器转子，其动力是压缩空气。

二、空气预热器漏风控制系统LCS

1. 空气预热器的漏风

密封漏风：回转式预热器是转动机械，其转动部分和静止的外壳之间总存在一定的间隙。预热器内的空气侧为正压，烟气侧为负压，两侧存在的压差导致空气经动静部分的间隙漏到烟气侧中去。携带漏风：转子在转动过程中，不可避免地要携带少部分空气到烟气侧中去，称为携带漏风。回转式空气预热器设计转速很低，故携带漏风所占空气预热器总漏风比例很小，因此回转式空气预热器的漏风主要是密封漏风。预热器的漏风直接影响着锅炉机组的安全经济运行，它不仅使送、引风机的电耗增大，严重时还会影响锅炉的出力和加剧受热面的低温腐蚀。在运行中，空气预热器本身发生堵灰时，则会使风压增大，烟气负压也增加，最终使漏风量很快上升。因此，要经常保持空气预热器传热面的清洁，减少通风阻力。而减少漏风的关键在于应设法减小动静部分的间隙和采用密封性能良好的密封装置和密封系统。

2. 漏风控制系统（Leakage Control System，LCS）

LCS的原理：扇形密封板与热变形的转子紧密贴合。在各种工况下，扇形板在规定间隙内跟踪转子径向密封片。在投运时该系统使扇形板定时向下跟踪转子的热态变形，减少扇形板与转子径向密封面之间的间隙，也即减小漏风面积。

LCS系统采用触摸屏作为人机界面，如图2-22所示，通过触摸屏上的显示按钮开关可以直接控制电机，驱动扇形板完成对预热器的定时自动跟踪。

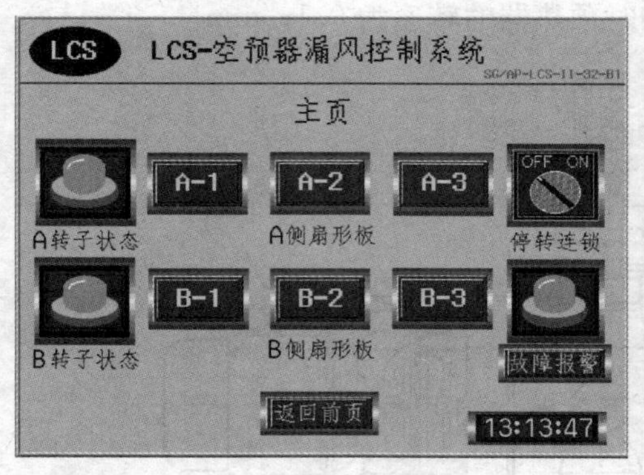

(a)

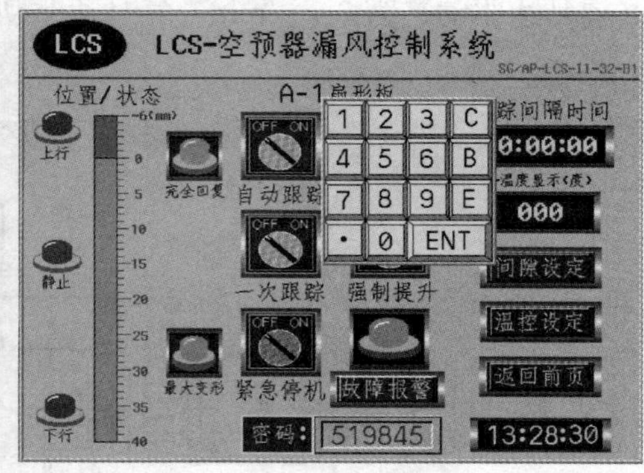

(b)

图 2-22 LCS系统操作界面

(a) LCS系统主页；(b) 扇形板分控界面

投运LCS前，应确认空气预热器运行正常，就地检查各扇形板均提升至最大位置，控制盘无报警，然后将扇形板控制方式开关打至自动跟踪，等待控制系统自动探测。每一个探测周期为6h，任何时间发现空气预热器扇形板故障，均可以手动提升扇形板；如果强制提升不执行时，应联系热工或锅炉维护处理；出现锅炉大幅度甩负荷、停炉或闷炉时，应在就地手动将扇形板提升至最大位置（通过就地位置指针确认）。

三、空气预热器的低温腐蚀

运行中空气预热器的另一个问题是防止低温腐蚀。由于燃料中含有硫元素和水分，燃烧后形成硫酸蒸气和水蒸气。当烟气进入低温受热面时，因烟温度的降低或在接触到温度较低的受热面时，只要温度低于露点温度，水蒸气或硫酸蒸气就会凝结。水蒸气在受热面上的凝结会造成金属的氧腐蚀，而硫酸蒸气在受热面凝结将使金属产生严重的酸腐蚀。

强烈的低温腐蚀通常发生在空气预热器的冷风进口端，因为此处的空气及烟气温度最低。低温腐蚀将造成空气预器受热面金属的破裂穿孔，使空气大量泄漏至烟气中，致使送风不足，炉内燃烧恶化，锅炉热效率降低。同时，液态硫酸还会黏结烟气中的飞灰，使其沉积在潮湿的受热面上，从而造成堵灰，使烟道阻力增大，严重影响锅炉的安全、经济运行。

空气预热器低温腐蚀的根本原因在于烟气中含有三氧化硫。减轻空气预热器的低温腐蚀须从两方面着手，一是采取措施降低烟气中的三氧化硫的含量，使酸露点温度降低；二是采取措施，提高空气预热器冷端金属温度，使之高于酸露点温度。为了达到这一目的，常采取燃料脱硫、低氧燃烧、增加抑制腐蚀的添加剂、采用耐腐蚀材料和提高空气预热器受热面壁温等措施。但前者都会带来一些附加的问题，使其在实际中的应用受到限制，只有提高空气预热器受热面的壁温才是防止低温腐蚀最有效的办法，也是实践中最常用的方法。

目前大容量机组为了提高空气预热器壁温，一般在送风机与空气预热器之间的风道上设置暖风器（亦称前置式空气预热器）或热风再循环，把冷空气温度适当提高后再进入空气预热器，以确保空气预热器冷端金属壁温在一定范围内。

四、空气预热器常见故障

1. 空气预热器跳闸

运行中空气预热器跳闸的原因：主电机跳闸，辅助马达不能投入；传动部分、轴承严重损坏，动静部分卡住使电机过负荷跳闸；电机与减速箱、减速箱与预热器未啮合；电气设备故障，造成失电。

一侧空气预热器跳闸后应立即降低锅炉负荷50%运行，对应的引、送风机及一次风机应跳闸，或手动停运，RB动作。检查跳闸风机相关挡板联动正常，关闭预热器进口烟气挡板、出口二次风挡板、进出口一次风挡板和送风机出口联络挡板、引风机进口联络挡板。检查辅电机自动启动或手动开启，否则应联系相关人员人工连续盘动，保持预热器转动。若短时间或运行中不能消除故障，应申请停炉处理。

2. 空气预热器着火

锅炉低负荷带油运行时间过长，煤粉过粗或燃烧调整不当，锅炉燃油期间油枪雾化不良，未按规定吹灰或吹灰效果不良等原因，都会使可燃物积存在蓄热面上，导致预热器着火。预热器着火时，火灾探测装置报警，排烟温度急剧升高且进、出口烟气压差增大，出口一、二次风温异常升高，严重时，预热器有明显热辐射；电机电流增大并大幅度摆动，轴承、外壳温度升高，严重时发生卡涩；炉膛压力波动，引风机静叶自动开大，引风机电流上升。

运行中应严密监视空气预热器进、出口风烟温度，特别是锅炉启停过程中，风烟温度不正常升高或火灾报警系统有报警时，应引起重视；排烟温度超过正常值30℃且继续上升，则可能已着火。发生着火，应立即投入空气预热器吹灰灭火，LCS强制复位；经采取措施无效时，应报告值长紧急停炉，停止风烟系统，关闭各风烟挡板使空气预热器密闭，维持空气预热器低速转动，同时开启空气预热器底部疏水门，投入消防水灭火；确认火熄灭后，退出消防水灭火，待放尽余水后关闭疏水门，打开各空气预热器进出口风烟挡板，启动引风机进行通风干燥；对空气预热器进行全面检查，做好恢复准备；若损坏严重，则由检修处理。

五、风机的运行与调节

电站中采用的风机有离心式和轴流式两种型式。随着发电机组单机容量的增大，离心式风机其容量受到叶轮材料强度的限制，因此其应用范围有限，而轴流式风机因为其容量大，且结构紧凑、体积小、重量轻、耗电低、低负荷时效率高等优点得到广泛应用。

离心式和轴流式风机工况调节均采用变角运行方式，这种调节方式通过改变入口导叶或转动叶片安装角的方法改变风机的性能曲线以变更工作点的位置。在离心风机中应用入口导流器比较普遍，通常称为导流器调节。大型机组轴流式一次风机和送风机多采用调整动叶安装角的办法，称为动叶调节。动叶片安装角可随着锅炉负荷的改变而改变，即可调节流量又可保持风机在高效区运行。而引风机由于工作环境较为恶劣，多采用入口导叶调节，称为静叶调节。

离心式风机在空转状态时，轴功率（空载功率）最小，一般为设计轴功率的30%左右，为避免启动电流过大，原动机过载，所以离心式风机要在进口挡板、静叶全关的状态下启动，待运转正常后，再打开进口挡板、开大静叶，使风机投入正常的运行。轴流式风机轴功率P在空转状态（流量为零）时最大，随流量的增加而减小，为避免原动机过载，轴流式风机要在阀门全开状态下启动。如果叶片安装角是可调的，在叶片安装角小时，轴功率也小，所以动叶可调的轴流式风机应在小安装角时启动。

六、风机的失速和喘振

轴流式风机的叶片为机翼型叶片，它是利用机翼型叶片的升力原理工作的。当气流绕流机翼型叶片时，在叶片的凸面上断面小、流速大、压强低，而在叶片的凹面断面大、流速小、压强高，在叶片的凸、凹产生一压差，这一压差作用在垂直于机翼的有效面积上，就产生一指向凸面的力，即升力，根据作用力与反作用力定律，叶片对气体产生一大小相等、方向相反的反作用力，即反升力，由于反升力的作用，气体的能量增加并沿轴向排出。在设计流量下运行时，流体是以零冲角绕流叶片叶型，其流线与叶型的形状一致，主流同叶型背面无分离现象，此时效率最高。随着流量的减小，流体的冲角增大，使升力增大，风机的风压提高，但同时会使叶型后缘附近产生旋涡，主流开始与叶型背面分离，这种现象随着流量的减小而逐渐加剧。当流量继续减小，使冲角超过某一临界值时，气流在叶片背部的流动遭到破坏，升力减小，阻力却急剧增加，这种现象称为“脱流”或“失速”。如果脱流现象发生在风机的叶道内，脱流将对叶道造成阻塞，使叶道内的阻力增大，同时风压也随之迅速降低。“失速”是叶片结构特性造成的一种流体动力学现象。

大容量风机在运行中还应避免发生喘振。具有驼峰形性能曲线的风机，当工作点进入曲线上升段，在不稳定区域内运行，而管路系统中的容量又很大时，风机与管路系统能量平衡状态容易被打破，工作点发生自振荡，气流有短暂的倒风现象，风机的流量、压头和轴功率会在瞬间内发生很大的周期性波动，引起剧烈的振动和噪声，这种现象称为喘振或飞动现象。喘振是泵与风机性能及管路系统偶合后振荡特性的一种表现形式。试验研究表明，喘振现象总是与叶道内气流的旋转脱流密切相关，而冲角的增大也与流量的减小有关。所以，在出现喘振的不稳定工况区内必定会出现旋转脱流。

若运行中风机喘振报警，应立即将风机控制置于手动模式，减小未喘振风机的流量，适当增大喘振风机的流量，同时注意调节风烟系统其他正常运行的风机，维持炉膛压力在允许范围内。若由于风烟系统的风门、挡板误关引起喘振，应立即打开。若由风门、挡板故障引起喘振，应立即降低锅炉负荷，联系检修处理。若喘振时间过长，则应停机。一台风机在运行中要启动另一台风机时，为了防止发生喘振，应先将运行中的风机负荷降低，再启动另一台。若并列操作时发生喘振，应停止并列操作并将待并列风机退出。

七、风机故障分析和处理

1. 送风机振动

(1) 现象。风机振动、噪声明显增大，严重时发出轰鸣声，机壳、风道发生振动。喘振时，风机电流、风压波动大，喘振报警。两台风机发生抢风时，一台风机电流增大，另一台电流减小，炉膛负压晃动。

(2) 原因。叶轮磨损严重，平衡破坏；轴承损坏，烟道振动；进出口流动阻力增大或堵塞；风机调整不当，造成失速喘振，或并列运行风机出力严重不平衡，发生抢风而引起喘振。

(3) 处理。如振动未超限，应加强对风机的检查，并联系检修查找振动原因。监视风机电流变化情况，检查并采取措施，降低烟道阻力。调整并列运行风机的出力，使其电流基本一致。若风机喘振，按喘振处理。如喘振不能消除，风机振动超限，应立即停止风机运行。

2. 风机轴承温度高

(1) 原因。润滑油系统故障，轴承缺油；油质不良；环境温度高，冷油器效率低，冷却水量小，或电加热器误投，造成油温高；风机振动大；轴承有缺陷或损坏。

(2) 处理。若油系统故障，则设法恢复其正常运行。若油质恶化，油位低，应联系检修换油、加油。检查恢复冷却水正常。严密监视轴承温度，当升高至极限，而风机未跳闸时，应立即停止风机运行。若轴承温度虽未到极限，但其上升速度较快时，也应停止风机运行。

3. 一次风机喘振

（1）现象。CRT 上有“一次风机喘振”报警信号，可能会发生磨煤机跳闸；喘振风机电流大幅度波动，就地检查异音严重；喘振严重时，风机跳闸。

（2）原因。一次风系统挡板误关，引起系统阻力增大，造成风机动叶开度与进入的风量不相适应，使风机进入不稳定区。操作风机动叶时，幅度过大使风机进入不稳定区。动叶调节特性变差，使并列运行的二台风机发生“抢风”或自动控制失灵使其中一台风机进入不稳定区。

（3）处理。立即将风机动叶控制置于手动方式，关小另一台未喘振风机的动叶，适当开大喘振风机的动叶。若风机并列操作中发生喘振，应停止并列，并将待并风机退出，查明原因并消除后，再进行并列操作。若因一次风系统的风门、挡板被误关引起风机喘振，应立即打开，同时调整动叶开度。若风门、挡板故障，立即降低锅炉负荷，调整制粉系统运行，联系检修处理。经上述处理喘振消失后，达到稳定运行工况，进一步查找原因并采取相应的措施后，方可逐步增加风机的负荷。经上述处理后无效或已严重威胁设备的安全时，应立即停止该风机运行。

【实践与探索】

某些电厂为节能，在低负荷时采取单风烟系统运行，请查阅相关资料，从安全性和经济性两个方面分析该运行方式的优劣。

工作任务十　锅炉吹扫点火及升温升压

【任务目标】

掌握锅炉吹扫条件和要求；掌握煤粉锅炉点火程序；熟悉点火前通风清扫；掌握油燃烧器的投入及注意事项；熟悉前后墙对冲布置旋流燃烧器锅炉投油方式；熟悉锅炉点火后的主要工作；了解直流锅炉热态清洗作用及步骤；掌握锅炉升温升压操作中各项操作及其注意事项。

【知识准备】

一、炉膛吹扫

锅炉在点火之前，炉膛要进行吹扫，以清除所有积存在炉膛内的可燃气及可燃物，防止炉膛爆燃。吹扫时通风容积流量通常为 25%～40%额定风量，通风时间应不少于 5min，以保证炉膛内吹扫的效果。对于煤粉炉的一次风管也应吹扫 3～5min。油枪应用蒸汽进行吹扫，以保证一次风管与油枪内无残留的燃料，保证点火安全。

一般规定锅炉点火前炉膛吹扫的条件：空气预热器运行；至少有一台引、送风机运行；风量大于 25%额定风量；所有燃料全部切断；所有燃烧器风门处于吹扫位置；炉膛内无火焰；锅炉无跳闸指令等。炉膛吹扫条件满足后，“吹扫准备好”灯亮，运行人员按下“吹扫启动”按钮，“正在吹扫”灯亮，吹扫启动指令发出。炉膛吹扫 5min 后，发出“吹扫完成”信号，MFT 自动复置，锅炉可以进入点火程序。当点火不成功时，再次点火前必须对炉膛进行重新吹扫。

二、煤粉锅炉燃烧设备

大型煤粉锅炉的燃烧方式主要有直流燃烧器四角布置（或四墙布置）切向燃烧和旋流燃烧器前后墙布置对冲燃烧两种方式。煤粉锅炉在启动点火和低负荷时常见的是燃用轻油或重油以稳定燃烧，多采用半导体电阻高能点火器和点火油枪组成的锅炉点火装置；目前，随着等离子点火技术的成熟，新投产的锅炉，有很多采用等离子直接点燃煤粉并在低负荷时也用等离子助燃。锅炉启停过程由点火程控、燃烧自控、炉膛安全保护等装置确保安全经济启动和正常运行。

通过燃烧器送入锅炉的空气是按对着火、燃烧有利而合理组织、分别送入的，按送入空气的作用不同，可以将送入的空气分为一次风、二次风和三次风。一次风是携带煤粉送入燃烧器的空气，二次风是煤粉着火后再送入的空气，三次风是中储式制粉系统采用热风送粉时制粉系统的乏气。

三、燃油系统

燃油对于电站锅炉的重要作用在于点火与稳燃。以某 600MW 超临界压力锅炉为例，该锅炉采用对冲燃烧、旋流式燃烧器，前后墙布置。油枪布置如图 2-23 所示。

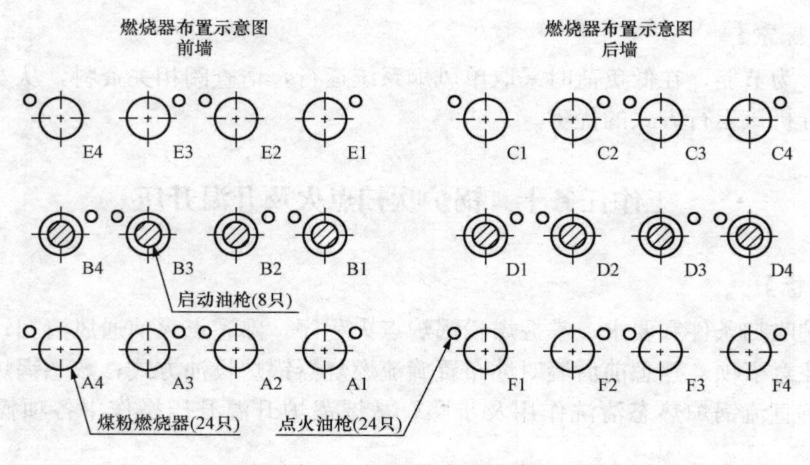

图 2-23　油枪布置示意

炉前燃油系统包括启动燃油和点火燃油，利用 0 号轻柴油做助燃油。该锅炉前、后墙各布置 3 层 HT-NR3 燃烧器，每层 4 只；同时在前、后墙各布置一层燃尽风喷口。每只煤粉燃烧器布置有一只额定流量为 250kg/h 的点火油枪，采用简单机械雾化，共设 24 只，用于启动油枪和煤粉燃烧器的点火及煤粉燃烧器的稳燃；前墙中排和后墙中排每只燃烧器中心风筒中配以额定流量为 4700kg/h 的启动油枪，油枪采用蒸汽雾化，共 8 只，用于暖炉、冲管及维持一定的锅炉负荷。

为了防止在油枪和油管道中集聚水和污油杂质，造成油管路堵塞或油枪投运后燃烧情况不良，在燃油系统中加装了吹扫装置，其主要分两部分，管路吹扫和油枪吹扫。油枪吹扫主要是油枪投运前和退出后对油枪进行吹扫，以吹扫掉油枪内杂质并防止油枪退出后残油在高温烘烤下形成碳化颗粒；油管路的吹扫主要是对管路中的油的沉淀物进行定期的吹扫，防止长期集聚造成油管路的堵塞。炉前燃油母管和启动油枪的吹扫介质采用辅助蒸汽，点火油枪的吹扫介质采用压缩空气。

为了准确监视炉膛内的燃烧情况，在每个燃烧器上均装备了两个火焰检测器，用来监视燃烧器的火焰情况，一个用于火检，一个用于煤检。为在高温环境下能安全可靠运行，采用火检冷却风系统进行不间断的冷却。

燃油系统运行时，应经常检查系统无泄漏，管道畅通，吹扫空气阀应严闭；油枪在运行过程中要经常观察油枪着火、燃烧情况，发现异常应及时处理；油系统的滤网要定期检查，发现滤网差压高时，应及时进行隔离清洗；燃油系统积油应及时清除；在油系统附近严禁明火作业，若确实需要，必须办理《动火工作票》，并做好安全措施；燃油时，应对预热器连续吹灰。

四、燃油系统泄漏试验

燃油泄漏试验的目的是检查燃油系统是否有泄漏以及各油枪角阀、进回油快关阀是否内漏。如果炉前电磁阀（油枪角阀）关闭不严，在点火之前就会有油泄漏到炉膛内，引起爆燃。因此，轻油、重油系统的泄漏检查是保证炉膛点火安全、不产生爆燃的重要措施之一。

燃油泄漏试验前对燃油系统全面检查一次：燃油进油快关阀关闭，燃油进油调节阀投自动，所有油枪角阀关闭、手动隔绝阀开启。确认泄漏试验条件满足：所有燃油角阀已关，燃油母管油压适当，燃油回油快关阀已关。

在CRT上按下燃油泄漏试验按钮，燃油泄漏试验按以下步骤进行：①打开进油快关阀、回油快关阀，母管充油排气；②进油15s后，关闭回油快关阀，母管油压升起；③5秒后，关进油快关阀，进行耐压检查，再过5s，若进油快关阀前后压差升高，则“油母管或油角阀有漏”，试验失败；④若进油快关阀前后压差不升高，过10s后，开启回油快关阀，再过10s关回油快关阀，燃油母管在低压状态，作进油快关阀泄漏试验；⑤60s内，如果进油快关阀后油压升高，则“进油快关阀泄漏”试验失败，如进油快关阀后油压不升，60s后，“燃油泄漏试验完成”。

五、油燃烧器的投入

1. 点火

大容量锅炉目前多采用二级点火方式，即高能燃烧器先点燃油枪（轻油或重油），油枪再点燃煤粉燃烧器（主燃烧器）。油枪在启动中用于暖炉和引燃煤粉，低负荷下用于稳燃。点火前须将燃油和蒸汽的压力、温度调至规定值，这是保证燃油雾化良好、燃烧正常的关键条件。

点火后30s火焰检测器扫描无火焰，则证实点火失败，点火顺控系统在自动关闭油角阀后退出油枪，处理后重新点火；炉膛熄火后重新点火，则先进行炉膛通风清扫。

点火后要注意风量的调节和油枪的雾化情况。若火焰呈红色且冒出黑烟，说明风量不足，需要提高一、二次风量；若火星太多或产生油滴，说明雾化不好应提高油压、油温和蒸汽压力，但油压太高会使着火推迟。

锅炉启动点火前必须保证规定的“点火许可条件”被满足，否则不得进行点火，一般点火许可条件包含主燃料跳闸（MFT）复归；炉前燃油母管中油压满足要求；炉膛风量满足要求；高能点火器电源及火焰检测器冷却风压正常；所有油枪控制置于“远方”位置等。

2. 点火过程配风

现代大型锅炉点火配风推荐“开风门”清扫风量点火方式。所有燃烧器风门都处于点火工况开度，通风量则为清扫风量。采用“开风门”清扫风量点火配风方式有如下好处：①初投燃料量通常都小于30%，所以炉膛处于“富风”状态，能充足提供燃烧所需氧量；②每个燃烧器的风量都是BMCR风量的25%～40%，对点火的燃烧器而言，处于“富燃料”状态，有利于燃料稳定着火；③炉膛处于清扫通风状态，能不断清除进入炉内未点燃的可燃物质，防止它们在炉内积存；④点火时的燃烧器风门开度、风量都是清扫工况的延续，使运行操作量减至最少。

炉膛吹扫时，由炉膛吹扫发出的信号使二次风门置于吹扫位；实际的吹扫位在现场确定(推荐为100%的开度)，原则是当所有的二次风门、燃尽风门及送风机在吹扫位时锅炉总风量为25%～40%BMCR所需风量。在启动点火阶段仅燃油时，风箱入口二次风门置于“手动控制”，其开度以保证油枪能稳定着火、高效燃烧为原则。在启动油枪投运时，应调整风门挡板开度使投运油枪的风量保持在1.2～1.8的过量空气系数范围内。仅当一层煤粉燃烧器全部投入正常运行后，才能将该层风门挡板至于“自动控制”。

3. 油枪投入方式

燃油在进入炉膛前，经油枪雾化喷嘴被雾化成很细小的雾状液滴群（即油雾），进入炉膛后经过受热、蒸发，成为气态燃料。当气态燃油与空气混合并达到着火条件时，便开始着火。液体燃料的着火温度比其气化温度高得多，油滴在气化后才开始着火燃烧，所以液体燃料的燃烧实际上转变为均相燃烧，其着火与燃尽比煤粉容易得多。

对切圆燃烧锅炉，投用油枪应该由下而上逐步增加，这有利于降低炉膛上部的烟温。并且每层油枪投入时都接受其下层油枪的引燃，着火较快。根据升温升压控制要求，可一次投同一层4只或一次投同层对角2只，定时切换。对角投入是两只燃烧器投入的最好方式，不仅炉温均匀，且两角互相点燃，利于着火稳定。定时切换则是为了均匀加热炉膛及水冷壁，保护受热面。切换原则一般为先投后停。

对冲布置燃烧器锅炉，点火油枪主要用于点燃煤粉燃烧器、启动油枪，当煤粉燃烧器出现燃烧恶化时，维持煤粉燃烧火焰的稳定；在切停启动油枪、煤粉燃烧器及磨煤机时，应先投入点火油枪。启动油枪用于暖炉、冲管及维持一定的锅炉负荷。每一只油枪及其高能点火器均配有控制系统，该控制系统在接到点火信号后能依照顺序自动完成各只油枪的推进、油枪吹扫、高能点火器的推进、高能点火器打火、油枪投油、高能点火器停止打火、退高能点火器等的控制。

4. 初投燃料量

启动初期，油枪逐步投入，确定初投燃料量时应考虑：点火时炉膛温度低，应有足够燃料量燃烧放热，以稳定燃烧；增大初投燃料量有利于及早建立正常水循环、缩短启动时间；初投燃料量应适应锅炉升温、升压的要求；初投燃料量应保证汽轮机冲转、升速、带初负荷所需要的蒸汽量，尽可能避免在汽轮机升速过程中追加燃料量影响汽轮机的升速控制。

⇒【任务描述】

锅炉吹扫前，火检冷却风机应运行正常、炉前燃油系统应投运而且燃油系统泄漏试验合格。锅炉吹扫完成后，可以进入点火程序。锅炉点火前，冷态冲洗应完成，水质合格，否则不得进入点火程序。点火前应检查：给水控制在自动，且维持最小给水流量（30%BMCR）；启动分离器水位控制投自动；炉膛压力控制投自动；高、低压旁路控制投自动，凝汽器真空建立，高、低旁减温水备用，凝汽器水幕喷水投入；燃油压力调节阀控制投自动；炉膛烟温探针控制投自动，保护投入。

投油时应就地检查油枪燃烧情况并及时进行调整，就地检查油管路有无泄漏。油枪连续3次点火不成功，再次投用前，应有5min以上的时间间隔。油枪投用且燃烧稳定后，应及时调整风量，避免因投油枪较多，配风不合理造成锅炉尾部空气预热器蓄热板积油垢引起二次燃烧。

启动磨煤机后注意监视燃烧情况，如磨煤机启动后煤粉进入炉内后未着火，引起炉膛负压不稳，应立即停止磨煤机运行，待查明原因，方可重新启动磨煤机。

由于直流炉在转干态之前仍然存在汽水分离，给水温度低会导致产汽量不足，从而引起分隔屏过热器超温。解决的方法仍然是尽量提高给水温度，特别是对于配置简单疏水扩容式启动系统的锅炉，要尽量提高除氧器内的工质温度。

直流锅炉在低负荷时容易在水冷壁发生水动力不稳和流体脉动现象。流体脉动常常伴随着水动力不稳。提高锅炉分离器压力和减少给水欠焓能有效防止这两种现象的发生。在机组启动过程中，在尽量提高给水温度的同时，要严密监视水冷壁壁温；要严格按启动曲线升温升压、带负荷，不能出现压力滞后负荷现象；按规定进行锅炉转态，转态不能提前进行，以保证一定负荷下的水冷壁质量流速。锅炉吹扫点火及升温升压任务实施流程见表2-11。

➩【任务实施】

表2-11　锅炉吹扫点火及升温升压任务实施流程

工作任务	锅炉吹扫点火及升温升压	
工况设置	机组冷态启动，风烟系统已投运	
工作准备	1. 准确描述所操作仿真机组吹扫、点火及升温升压系统的流程和主要设备。 2. 为什么点火前，锅炉要进行吹扫？吹扫条件有哪些	
工作项目	操作步骤及标准	执行
锅炉吹扫	火检冷却风机启动前的检查：设备完整，连接牢固，测量装置齐全良好，各个仪表投入正常；火检冷却风机摇测绝缘合格，已送电；各火检探头的软管连接完好、各个火检探头冷却风手动挡板在开启位；火检冷却风机出口换向挡板动作灵活、位置正确，火检冷却风机出口手动挡板开启并销牢；火检冷却风机进口滤网干净、无破损、保护罩完好	
	启动火检冷却风机 远方/就地检查火检冷却风系统压力正常（≥6kPa）；确认出口换向挡板位置正确，运行风机风路畅通。将另一台火检冷却风机投入备用。风机启动后对系统全面检查一次	
	燃油系统泄漏试验或旁路	
	检查锅炉炉膛吹扫的许可条件满足，炉膛吹扫	
	炉膛吹扫成功信号发出后检查MFT自动复位、锅炉各项主保护自动投入	

续表

工作项目	操作步骤及标准	执行
前后墙对冲燃烧方式锅炉油枪点火	吹扫结束，全面检查点火条件具备，开启燃油进油快关阀、回油电动门，检查燃油压力正常，燃油雾化蒸汽压力、温度自动控制正常	
	投入炉膛烟温探针，严格控制炉膛出口烟温低于540℃，当炉膛出口烟温达到580℃时，退出炉膛烟温探针	
	调整给水流量至400t/h左右、炉膛负压至－100～－50Pa、总风量调整至35%	
	联系值班员到就地检查配合，用程控方式依次启动B12-B34-D12-D34点火油枪，检查点火油枪燃烧良好，依次投入B、D层启动油枪运行	
	点火后投入空气预热器连续吹灰	
升温升压	投入高、低压旁路	
	调整燃烧，以不超过2.0℃/min、0.056MPa/min的速率升温升压	
	过热蒸汽压力达0.2MPa时，关闭启动分离器后过热器空气门和过、再热器疏水门；再热蒸汽压力达到0.2MPa时，关闭再热器系统空气门	
	投入油枪的过程中要注意观察储水罐水位，在锅炉水冷壁汽水膨胀时要停止投入油枪，待汽水膨胀结束，储水罐水位恢复正常后再投入其他油枪	
	随锅炉的升温、升压，检查高、低压旁路阀逐渐开大	
	主汽压力到8.4MPa，检查高、低压旁路控制转入定压运行，全面抄录锅炉膨胀指示一次	
热态清洗	顶棚过热器出口温度达到190℃，锅炉开始热态清洗，联系化学取样化验启动分离器储水罐水质；热态清洗期间应停止升温升压，可适当降低启动油压力，维持启动分离器水温在190±10℃范围内；热态清洗时，清洗水全部排至冷凝器。启动分离器储水罐排水Fe≤50ppb，热态清洗结束，按原速率继续升温升压	

【知识拓展】

一、锅炉炉膛安全监控（FSSS）系统

FSSS系统（Furnace Safeguard Supervisory System，FSSS)，即锅炉炉膛安全监控系统，亦称为燃烧器管理系统（Burner Management System，BMS)，是大型火电机组自动保护和自动控制系统的一个重要组成部分。国家发改委发布的《电站煤粉锅炉炉膛防爆规程》(DL/T 435—2004）中定义：FSSS系统是保证锅炉燃烧系统中各设备按规定的操作顺序和条件安全启停、投切，并能在危急工况下，迅速切断进入炉膛的全部燃料（包括点火燃料），防止发生爆燃、爆炸等破坏性事故的安全保护和顺序控制装置。根据FSSS系统的锅炉保护功能和燃烧器的控制功能，可将其视为两大部分，即锅炉炉膛安全系统（Furnace Safeguard System，FSS）和燃烧器控制系统（Burner Control System，BCS)。

FSSS系统的主要功能可以归纳为：①炉膛吹扫：锅炉点火前和停炉后对炉膛进行连续吹扫；②油枪或油枪组程控：点火前吹扫后，炉膛具备了点火条件，则运行人员可通过FSSS系统进行油枪或油枪组的程控点火或停运；③炉膛火焰检测：炉膛火焰检测可分为全

炉膛火焰检测和单个燃烧器火焰检测两种，进行火焰检测是FSSS系统的重要功能，是判断炉膛点火是否成功以及燃烧状况是否良好的重要依据；④制粉系统的控制和保护：FSSS系统对是否具备投粉条件、是否允许启动磨煤机和给煤机等相关设备以及制粉系统设备的连锁保护进行控制管理；⑤主燃料跳闸（Main Fuel Trip，MFT）：这是FSSS系统的主要组成部分，它连续监视预先确定的各种安全运行条件是否满足，一旦出现可能危及锅炉安全运行的危险情况，就快速切断进入炉膛的燃料，以避免发生设备损坏事故，或者限制事故的进一步扩大；⑥配合其他系统进行控制：当机组在运行中出现某些影响正常运行的特殊工况时，如负荷快速返回（RB），则根据预定的程序快速切除一定台数的磨煤机以快速降负荷，并投运一些油燃烧器以进行稳燃，除模拟量控制系统（MCS）以外，FSSS系统与汽轮机危急跳闸系统（ETS）、汽轮机电液调节系统（DEH）、顺序控制系统（SCS）等都有着信号的互通。

FSSS系统的组成：FSSS控制逻辑分为公用控制逻辑、燃油控制逻辑及燃煤控制逻辑三大部分。公用控制逻辑部分包含锅炉保护的全部内容，即油泄漏试验、炉膛吹扫、主燃料跳闸（MFT）及油燃料跳闸（OFT）与首出原因记忆、点火条件、点火能量判断、RB等。公用控制逻辑还包括有FSSS公用设备（如火检冷却风机、密封风机、主跳闸阀）的控制。燃油控制逻辑包括各对油燃烧器投、切控制及各层投、切控制。燃煤控制逻辑包括各制粉系统（煤层）的顺序控制及单个设备的控制。

二、高低压两级串联旁路系统的运行

600MW超临界压力机组的汽轮机旁路系统（简称BPS系统）采用高低压两级串联旁路，高压旁路容量为30%，低压旁路容量为40%。旁路系统能否正常运行，直接影响机组的运行可靠性，旁路系统的运行方式与汽轮机的运行方式密切相关。

1. 高压旁路的运行

高压旁路的运行有四种运行方式，分别为“启动模式”、“定压模式”、“跟随模式”和“停机模式”。操作员选择“启动模式”或来自DCS的“Boiler fire on”（锅炉点火）信号激活高压旁路进入“启动模式”，这是锅炉点火到汽轮机冲转前的高压旁路运行方式。最大阀位的设置与高压旁路的通流能力有关，即当主蒸汽压力达到冲转值时，高压旁路的通汽量恰能满足锅炉启动时的35%MCR的流量需要。当锅炉点火时，主蒸汽压力低于最小设定值，压力设定处于“Min pressure”（最小压力模式），高压旁路阀门被强制打开，并保持开度10%，这就保证再热器中有足够的蒸汽流量进行冷却，而不致使再热器金属过热。

高压旁路阀的开度随着锅炉燃烧量的增加而开大，直到预先设定的开度值Yramp＝30%并维持这开度；随锅炉燃烧量的继续增加，主蒸汽压力上升到大于最小设定值时进入“pressure Ramp”（升压模式），至汽轮机的冲转压力时机组旁路自动进入“定压模式”，在该方式下，高压旁路阀开度的大小受主蒸汽压力的控制。冲转升速过程中，汽轮机调门逐渐开大使进汽量增加，机前汽压下降，此时高压旁路阀相应关小开度，以维持机前的主蒸汽压力恒定，实现定压启动。随着汽轮机高压调阀的开度增大，高压旁路阀逐渐关小维持主蒸汽压力直至全关。一旦高压旁路阀全关，高压旁路系统即自动转入“跟随模式”，处于热备用状态。

高压旁路阀开度＞2%，连锁开启高压旁路减温水截止阀，投入减温水调门自动，根据高压旁路后温度的实际值与设定值的偏差调节高压旁路减温水调门开度。注意高压旁路后温度高于360℃时高压旁路强关，所以要控制好高压旁路出口温度。高压旁路减温水调门也可以手动控制。为了提高再热汽温，高压旁路出口温度设定值一般在250～300℃。

当机组负荷大于设定值、给水泵全停、高压旁路出口温度高、高压旁路减温水压力低任一条件满足时，高旁强制关闭。

2. 低压旁路的运行

在锅炉点火前应将低压旁路投入自动位置，低压旁路调节阀自动开启并维持最小开度，以保证再热器的冷却。随着燃料量的增加，低压旁路开始进入维持最小再热器压力控制方式，低压旁路调节阀开度随再热器通汽量增大而开大。锅炉点火后到汽轮机冲转期间，系统为纯旁路运行，锅炉产生的蒸汽全部经过高压旁路、再热器和低压旁路，最终排入凝汽器。在冲转和汽轮机带初负荷期间，随着进汽量的增加，高压旁路阀不断关小以便减小旁通汽量，为维持再热器压力，低压旁路阀亦随之不断关小。当中压缸负荷上升到可以接受全部再热蒸汽时，低压旁路阀即关闭。

当出现凝汽器真空低、凝汽器温度大于60℃、凝汽器液位高或者低旁喷水压力低任一条件时，低压旁路阀强关。

三、锅炉升温升压注意事项

热态冲洗完毕后，逐步增加燃料，控制炉膛出口烟气温度不大于538℃，注意监视水冷壁、过热器、再热器各部金属温度不可超过报警值。

在整个升温过程中各受热面介质升温速度应满足以下条件：温度在0～200℃时，升温速度小于8℃/min；温度在200～300℃时，升温速度小于5℃/min；温度在300～400℃时，升温速度小于3℃/min；温度在400～500℃时，升温速度小于2.5℃/min；温度在500℃以上时，升温速度小于2℃/min。

当主汽温度380℃，开启过热蒸汽二级减温水电动隔离门，二级减温水备用，注意保证给水流量，过热汽温度控制投自动，设定值为至少50℃的过热度。当再热蒸汽温度340℃，投入再热蒸汽温度自动，温度定值为至少50℃的过热度。当过热器出口压力达到8.4～8.9MPa，高压旁路在压力控制方式，调整燃烧率，使蒸汽温度与汽机相匹配。

注意监视辅汽联箱压力，调整除氧器进汽，维持给水温度符合规定。注意给水自动动作正常，调节凝汽器、除氧器及分离器储水罐水位正常。

在全部油枪或等离子退出前，空气预热器应保持连续吹灰，加强对空气预热器出口烟温的监视，发现报警应及时到现场检查，防止空气预热器再燃烧事故的发生；当炉膛烟温大于580℃时，炉膛烟温探针应自动退出。

四、等离子点火

1. 点火机理

等离子燃烧器是借助等离子发生器的电弧来点燃煤粉的煤粉燃烧器，与以往的煤粉燃烧器相比，等离子燃烧器在煤粉进入燃烧器的初始阶段就用等离子弧将煤粉点燃，并将火焰在燃烧器内逐级放大，属内燃型燃烧器，可在炉膛内无火焰状态下直接点燃煤粉，从而实现锅炉的无油启动和无油低负荷稳燃。

等离子点火技术的基本原理是以大功率电弧直接点燃煤粉。该点火装置利用直流电流（280～350A）在介质气压0.01～0.03MPa的条件下通过阴极和阳极接触引弧，并在强磁场下获得稳定功率的直流空气等离子体，其连续可调功率范围为50～150kW，该等离子体在燃烧器的一次燃烧筒中形成$T>5000$K的梯度极大的局部高温区，称为“火核”。一次风粉送入等离子点火煤粉燃烧器并经浓淡分离后，使浓相煤粉进入等离子火炬中心区，煤粉颗粒通过该等离子“火核”受到高温作用，并在 10^{-3}s 内迅速释放出挥发物，使煤粉颗粒破裂粉碎，从而迅速燃烧，并为淡相煤粉提供高温热源，使淡相煤粉也迅速着火，最终形成稳定的燃烧火炬。

等离子燃烧器采用了多级燃烧结构，如图 2-24 所示，煤粉首先在中心筒中点燃，进入中心筒的粉量根据燃烧器的不同在 500～800kg/h 之间，这部分煤粉在中心筒中稳定燃烧，并在中心筒的出口处形成稳定的二级煤粉的点火源，并依次逐级放大，可点燃最多 12t/h 的粉量。为了扩大燃烧器对一次风速的适应范围，等离子燃烧器的最后一级煤粉可不在燃烧室内燃烧而直接进入炉膛，因为煤粉燃烧后的热量使得空气体积迅速膨胀，受燃烧器内空间的限制，燃烧室内的风速会成倍提高，造成火焰扩散的速度小于煤粉的传播速度而使燃烧不稳，当采取前面所述措施后，有利于减小燃烧室内的风速，使燃烧稳定。实际的运行实践证明：采用最后一级煤粉进入炉膛内燃烧的结构，燃烧的稳定度大大提高，对风速的要求降低了 30%，煤粉的燃尽度也大大提高。

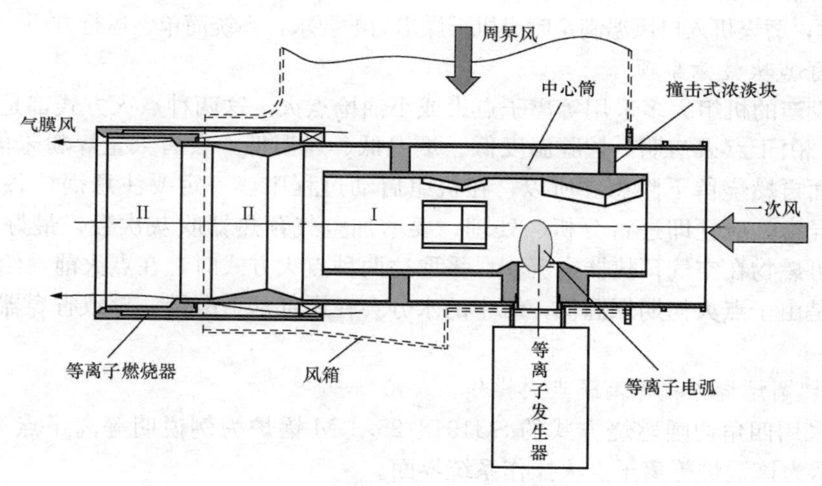

图 2-24 等离子燃烧器示意

2. 等离子点火燃烧系统组成

等离子点火燃烧系统由点火系统和辅助系统两大部分组成。点火系统由等离子发生器、等离子燃烧器、电源控制柜、隔离变压器、控制系统等组成；辅助系统由压缩空气系统、冷却水系统、图像火检系统、一次风在线测速系统等组成。

等离子发生器是用来产生电功率为 50～150kW 的高温等离子体电弧的装置，其主要由阳极组件、阴极组件、线圈组件三大部分组成。点火燃烧器与等离子发生器配套使用以燃烧煤粉。如图 2-24 所示，一级燃烧室内含浓淡块，使浓相煤粉与高温等离子电弧发生强烈的电化学反应，煤粉裂解，产生大量挥发份并被点燃。二级燃烧室内煤粉燃烧。周界二次风冷却二级燃烧室及补充二级燃烧室喷出的未燃尽固定碳在炉膛内燃烧需要的空气。由于采用内燃方式，燃烧器的壁面要承受高温，因此加入气膜冷却风，避免了火焰和壁面的直接接触，同时也避免了煤粉的贴壁流动及挂焦。锅炉冷态启动初期，等离子燃烧器的一次风速保持在 19～22m/s 为宜。热态或低负荷稳燃时，一次风速保持 24～28m/s 为宜。

等离子发生器电源系统是用来产生维持等离子电弧稳定的直流电源装置。电源经隔离变压器接至直流电源柜，输出的直流电送至就地点火装置上；运行人员通过触摸 CRT 调整控制柜输出的直流电压和电流。等离子控制系统由 PLC、CRT、通讯接口和数据总线构成。通过工业液晶触摸屏，运行人员在此可进行启弧、停弧、功率调节、参数设置等操作。

每个等离子点火燃烧器配置了一支高清晰图像火检探头，在每层燃烧器的四根一次风管道上各安装一套风速在线监测装置，方便运行人员在线监视和燃烧调整。配备压缩空气系统，压缩空气以一定的流速吹出阳极形成可利用的电弧。等离子电弧形成后，弧柱温度一般在 5000K 到 10000K 范围，因此对于形成电弧的等离子发生器的阴极和阳极，必须通过水冷的方式来进行冷却，否则很快会被烧毁。

3. 冷炉制粉

采用直吹式制粉系统的锅炉在安装等离子点火系统时，所要解决的首要问题就是冷炉时煤粉的来源。冷炉制粉的关键是解决制粉用干燥剂的来源。电厂一般采用 A 磨煤机作为点火用磨煤机，A 磨的入口热一次风母管上安装了蒸汽加热器，加热汽源来自本机的辅汽联箱，保证锅炉冷态启动时，磨煤机入口风温满足磨煤机干燥出力的要求，系统简单、运行方便。

4. 等离子点火注意事项

目前新投产的机组大多采用等离子点火或小油枪点火。这两种点火方式都是在点火初期就投入煤粉。由于点火初期，炉膛温度低、烟温低、风温低，会有大量煤粉未能完全燃烧，给尾部受热面再燃烧留下隐患。所以，在机组启动过程中，一定要注意锅炉各段烟温的变化，如发现异常，应立即进行分析、处理；要增加空气预热器吹灰次数，最好进行连续吹灰，以防止可燃物在空气预热器内沉积。采取这两种点火方式时，在点火前，给水温度要尽量提高，这是由于点火初期烟温低，煤中的水分会在尾部烟道凝结，导致省煤器灰斗积灰且难以疏通。

5. 四角切圆燃烧方式等离子点火操作

下面以采用四角切圆燃烧方式的 SG1918/25.4-M 锅炉为例说明等离子点火操作过程。图 2-25 所示为该锅炉等离子点火操作系统界面。

当锅炉吹扫完成、压缩空气压力满足、冷却水压力满足时等离子点火器允许启动。若发生下列任一情况时，等离子点火系统保护动作于停止：锅炉 MFT、A 磨煤机停、压缩空气压力不足、冷却水压力不足。

等离子点火器需按以下步骤启动。

（1）锅炉具备点火启动条件，任一台一次风机、密封风机投入。将 A 磨煤机启动方式切至“等离子运行模式”。

（2）检查 A 磨煤机具备启动条件，开启 A 磨煤机出口门、密封风门、进口截止门。

（3）投运 A 磨煤机暖风器，调节 A 磨煤机出口温度≥70℃，一次风量 70～80t/h，等离子燃烧器一次风速在 18～22m/s（热态启动时 24～28m/s）。

（4）逐个启动 A 层等离子点火器，检查等离子拉弧成功。

（5）调节二次风挡板至点火位（关小下层二次风挡板至 15%，开大上层二次风挡板），启动 A 磨煤机运行。继续调整暖风器进汽量，维持磨后温度 65℃以上。

（6）等离子系统燃烧稳定，炉膛温度有所升高后，逐步调整下层二次风挡板开度以助燃并防止燃烧器超温。

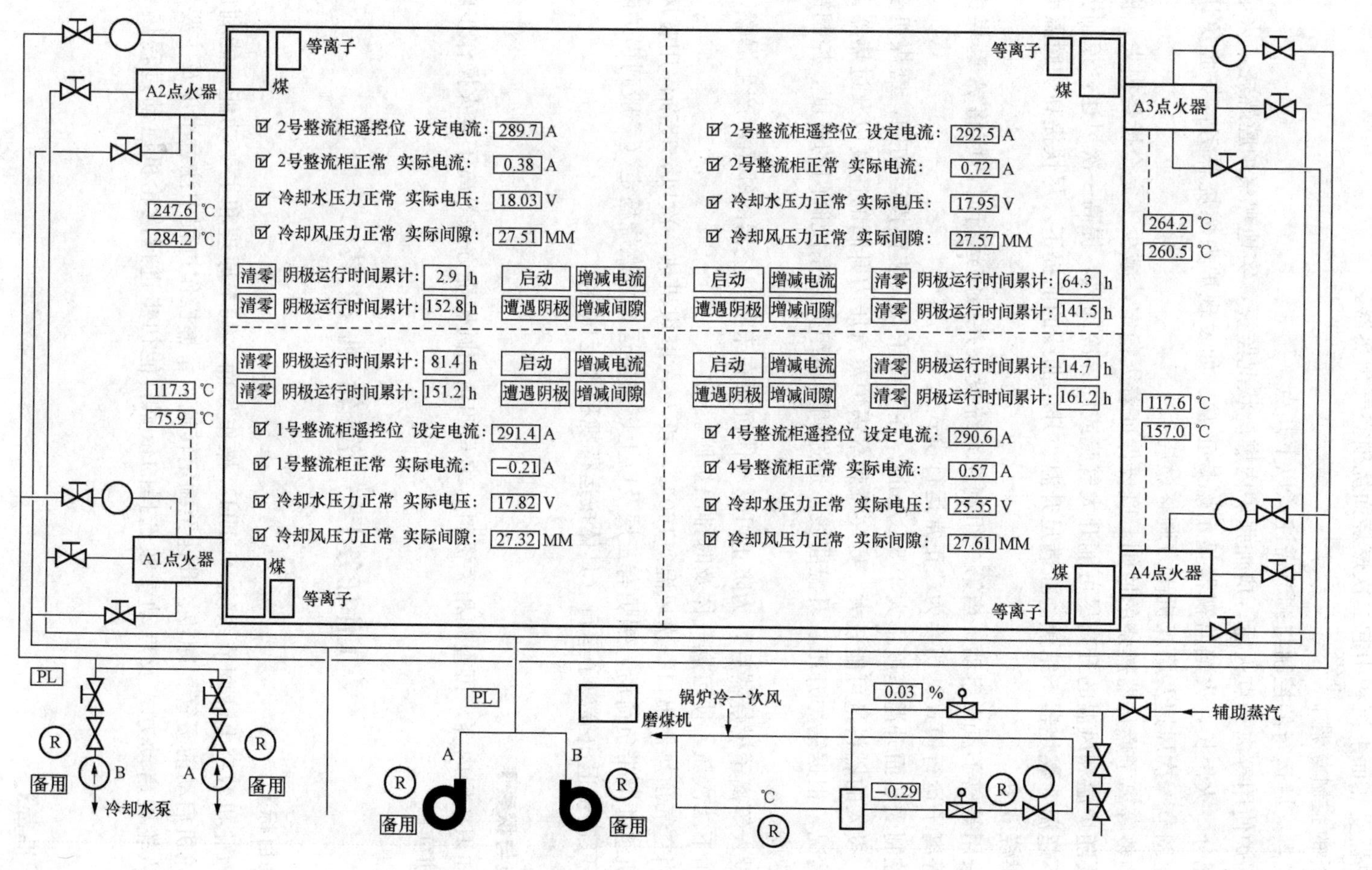

图 2-25　SG1918/25.4-M 锅炉等离子点火操作系统

(7) 锅炉点火后，要用辅汽对空气预热器进行连续吹灰，以防止燃料燃烧不完全，燃料在空气预热器受热面上沉积引起二次燃烧而烧损空气预热器。

6. 运行的控制与调节

等离子点火后运行的控制与调节需注意以下几点。

(1) 锅炉使用等离子点火后，应加强炉内燃烧状况监视，实地观察炉膛燃烧，火焰应明亮，燃烧充分，火炬长，火焰监视器显示燃烧正常。如发现炉内燃烧恶劣，炉膛负压波动大，应迅速调节一次风速及磨煤机出力调整燃烧。

(2) 调整等离子燃烧器燃烧的原则：既要保证着火稳定，减少不完全燃烧损失，提高燃尽率，又要随炉温和风温的升高尽可能开大气膜或周界冷却风，提高一次风速，控制燃烧器壁温测点不超温，燃烧器不结焦。在满足升温、升压曲线的前提下，尽快提高炉膛温度，有利于提高燃烧效率。

(3) 采用等离子点火启动，当第二组制粉系统投入并稳定运行时，应将A磨煤机启动方式由“等离子运行模式”切换为“正常运行模式”。

(4) 控制受热面升温速度不大于5℃/min，在等离子点火装置投运初期，磨煤机受最低煤量限制，投入的燃料量可能较大，要注意观察锅炉蒸汽压力升高的速度以及过热器、再热器的温升情况，根据锅炉升压、升温曲线，通过调整机组旁路系统阀门的开度，控制锅炉升压、升温速度。

(5) 投入等离子燃烧器后，为防止可燃气体沉积在未投燃烧器的邻角，产生爆燃，应适当开启邻角下二次风，使可燃气体及时排出炉膛。

(6) 当空气预热器出口一次风温>160℃，投入A磨煤机热一次风，逐渐停用暖风器。

(7) 机组并网带负荷后，锅炉有三层及以上燃烧器运行、燃烧稳定（一般到锅炉断油负荷以上），可逐步退出等离子运行（具体按运行规程规定执行）。

➩【实践与探索】

根据知识拓展内容，再查阅相关资料，编写四角切圆燃烧方式等离子点火操作步骤，并利用仿真机实践。

工作任务十一　汽 轮 机 冲 转

➩【任务目标】

熟悉汽轮机数字电液调节系统（DEH）操作界面、基本原理和主要功能；能利用仿真机进行汽轮机启动前暖管、冲转、升速至额定转速，掌握操作过程中注意事项及主要参数指标；熟悉汽轮机启动方式及启动参数选择的依据；能初步进行汽轮机启动过程热力特性分析。

➩【知识准备】

一、汽轮机数字电液控制系统

汽轮机数字电液控制系统是由电子控制器、操作系统、执行机构、保护系统和供油系统组成，总体功能有四个方面：DEH 调节系统的运行方式选择；汽轮机的自动调节；汽轮机的监控；汽轮机的保护。

1. 运行方式的选择

为了确保控制的可靠，DEH 控制系统有四种运行方式，机组可在其中任一方式下运行，其顺序和关系：二级手动←→一级手动←→操作员自动←→汽轮机自动 ATC，紧邻两种运行方式相互跟踪，并可做到无扰切换。二级手动运行方式是控制系统中最低级的运行方式，可作为备用运行方式。一级手动是一种开环运行方式，运行人员在操作盘上按键就可以控制各阀门开度，各按钮之间是逻辑互锁，同时具有操作超速保护控制器（OPC）、主汽压力控制器（TPC）、外部触点返回 RUNBACK 和脱扣等保护功能。该方式作为汽轮机自动运行方式的备用。操作员自动是 DEH 调节系统最基本的运行方式，用这种方式实现汽轮机转速和负荷的闭环控制，并具有各种保护功能。在该方式下，转速和目标负荷及其速率，均由操作员给定。汽轮机自动（ATC）是最高一级运行方式，此时包括转速和目标负荷及其速率，均不来自操作员，而是利用由计算机程序或外部设备，通过感受汽轮机调节汽室温度的变化速度来控制热应力，并在热应力的许可范围内，使机组启动和升减负荷所需的时间最少。

2. 汽轮机自动调节

DEH 调节功率和转速，控制调节功能主要包括升速控制、功率—频率控制、调节级压力控制、阀门管理、ATC 等。机组并网前的升速控制，采用高中压联合启动的机组，当转速小于 2900r/min 时，通过调节主汽门开度来控制进汽量，调节阀门处于全开状态。当汽轮机转速升至 2900r/min 后，DEH 系统将进行主汽门与调门的切换，由调门开度变化控制转速，主汽门全开。机组并网带负荷后采用功率—频率三回路调节，即无论是新蒸汽压力发生波动或者功率产生变化，都能保证转速偏差与功率变化之间的固定比例关系，即保证一次调频能力不变。

3. 汽轮机监控系统

监控系统在机组启停和运行中，对机组和 DEH 装置两部分的运行状态均进行监控，其内容包括操作状态按钮指示、状态指示和 CRT 画面。其中对 DEH 装置监控的内容包括重要通道、电源、内部程序运行情况等；CRT 画面包括机组和系统的重要参数、运行曲线、变化趋势和故障显示等。

4. 汽轮机保护系统的功能

汽轮机的主保护一般有远方手动停机、汽轮机超速保护、润滑油压低保护、抗燃油压低保护、真空低保护、轴向位移保护、胀差保护、振动保护、背压保护、支持轴承或推力轴承温度高保护、汽轮机排汽缸高温保护、发电机故障保护、油开关断开保护等。

二、启动前的暖管

机组冷态启动前，主蒸汽管道、再热蒸汽管道、主汽门至调节门间的导汽管、主汽门、调节门的温度接近于环境温度。锅炉点火后利用所产生的低温蒸汽对上述阀门和管道进行预热的过程，称为暖管。不进行暖管或暖管不充分，蒸汽进入冷管路时，必然会急剧凝结成水。如果凝结水不能及时地从疏水管排出，便会发生水击，引起管道振动，如果这些水由蒸汽带入汽机，将会发生水冲击，使轴向推力增大，可能引起轴瓦烧坏，产生动静部分摩擦。暖管的目的就是减少启动时温差产生的热应力；避免管道水击和汽轮机水冲击；同时充分排放疏水，提高蒸汽温度，保证冲转参数的要求。

暖管和疏水与锅炉点火、升压同时进行。暖管过程中的疏水通过旁路装置经疏水扩容器送往凝汽器，因此必须保证循环水泵、凝结水泵和抽气设备的可靠运行。如果这些设备发生故障而影响真空时，应立即停止旁路设备，关闭送往凝汽器的所有疏水阀门，开启排大气疏水。当排汽温度超过60℃时，投入排汽缸喷水装置。暖管疏水过程中还应严密监视汽轮机上、下缸温差。

三、汽轮机冲转前保护投入和检查

检查投入主机下列各项主保护：润滑油压低、EH油压低、凝汽器真空低、轴向位移大、电超速保护、胀差保护、振动保护、调节级压力/高排压力比保护、左右侧高排温度高保护、DEH故障保护。

检查盘面下列显示正常：各主汽阀、高压缸调节阀、中压缸调节阀开度在0，中压缸主汽阀全关；汽机实际转速在盘车转速；发电机实际功率为零；汽机处于脱扣、盘车运行状态；阀门方式为单阀控制，DEH控制方式为操作员方式OA，ETS系统无跳闸信号等。

确认OPC静态功能试验合格；汽机连续盘车运行正常且已连续运行4h以上，机组各部分声音正常；汽机本体系统所有疏水手动门及调节门开启；机组所有辅助设备系统运行正常，无异常报警信号。

四、汽轮机冲转方式及冲转参数的选择

1. 冲转方式

启动时，蒸汽同时进入高压缸和中压缸，并冲动转子方式称为高、中压缸联合启动。此种启动方式虽然简单，但是冲转前再热蒸汽参数低于主蒸汽参数，中压缸及转子的温升速度减慢，汽缸膨胀迟缓，从而延长启动时间。

冲转时，高压缸不进汽，只用向中压缸进汽，这种冲动转子的方式称为中压缸启动。即冲转时，高压缸不进汽冲动转子，处于暖缸状态，主蒸汽经高压旁路进入再热器，当再热蒸汽参数达到机组冲转要求的数值后，开中压主汽门，用中调门控制进汽冲转，待转速升至2500～2600r/min或并网带一定负荷后，再切换为高、中压缸同时进汽。

2. 冲转参数的选择

冲转参数的选择要从便于维持启动参数稳定出发，锅炉所产生的蒸汽流量能满足冲转、升速，并能顺利通过临界转速，且有一定的裕度，因此要求主蒸汽压力较高，为使金属各部件加热均匀，增大蒸汽的容积流量，进汽压力又不能太高。机组冷态启动前，汽轮机各零部件的温度比较低，为了减小热冲击，在选择冲转参数时，主蒸汽温度的选择要保证与调节级处高压内缸内壁温度合理匹配。一般规定主汽阀前蒸汽温度比调节级处金属温度高50～100℃。同时主蒸汽的过热度至少要在50℃，这是为了防止汽轮机前几级蒸汽落入湿蒸汽区，也为了防止启动时因锅炉操作不当，使蒸汽进入饱和区，引起凝结放热而使放热系数增大，造成对汽轮机的热冲击，甚至使蒸汽带水而造成汽轮机水冲击。

凝汽式汽轮机启动时，都要求建立必要的真空。因为凝汽器的真空对启动过程有很大影响。启动中维持一定的真空，可使汽缸内气体密度减小，转子转动时与气体摩擦鼓风损失也减小，另一方面汽缸内保持一定的真空，可增大进汽做功的能力，减少汽耗量，并使低压缸排汽温度降低。此外，冲动转子有瞬间大量的蒸汽进入汽轮机内（蒸汽量比低速暖机时还多），真空将有不同程度的降低。如果启动时真空太低（排汽压力升高），冲转时可能使凝汽器内产生正压，甚至可能引起排大气安全门动作（大气安全薄膜损坏）或排汽室温度过高，

使凝汽器铜管急剧膨胀，造成胀口松弛，导致凝汽器漏水。启动时，真空度不需要太高，在其他冲转条件都具备时，若真空度过高，则为等待形成真空而延长启动时间。一般要求冲转前的真空为70kPa左右。

此外，还应注意检查汽轮机抗燃油和润滑油油压正常，保持冷油器出口油温在40～45℃，以保证有一定的黏度，使轴承中能形成良好的油膜。对大轴晃动度，不仅要监视其绝对值，而且还要注意其相对值，即以大修后冷态测得的值为基数，以便进行比较。当机组其大轴弯曲大于规定值时，就禁止汽轮机启动。大轴弯曲指示晃动值不大于冷态原始值0.02mm。

五、机组冲转过程中的注意事项及主要控制参数

锅炉点火后，汽机冲转前，要注意检查汽机主汽门前、再热主汽门前疏水畅通，以避免主、再热蒸汽管道内积水发生水击，同时对主、再热蒸汽管道进行暖管。汽机冲转前，主、再热蒸汽管道的金属温度要接近锅炉蒸汽温度，两者之间的温差不大于50℃。汽机冲转时，蒸汽应该至少有50℃的过热度，且蒸汽品质合格。注意凝汽器、除氧器及各加热器水位，及时调整油、水、氢温，检查DEH、TSI、CRT参数正常。在升速过程中，如振动过大，应与历史数据对比，判断是否为动静碰磨引起的振动。如振动超限，应立即手动停机或保护跳机，不允许硬闯临界或降速暖机。因振动大停机后，必须盘车消除热弯曲，再连续盘车4h后，方可再冲转。在启动过程中，应注意监视汽缸的绝对膨胀与缸温值相适应，变化均匀、对称，无卡涩与突跳现象，防止滑销系统失常引起胀差和振动的变化。采用高中压缸联合冲转时再热蒸汽压力维持稳定。机组并网前冷再压力控制在≤0.828MPa，以防高排温度过高。冲转过程中密切监视高压缸排汽温度，正常≤404℃，超过427℃跳机，任何时候不得超过450℃。转速升至3000r/min后稳定运行，对机组进行全面检查，确信一切正常，方可进行并列前的各项试验。600MW超临界压力汽轮机启动过程中主要控制参数指标见表2-12。

表2-12　600MW超临界压力汽轮机启动过程中主要控制参数指标

项　　目	报警值	跳闸或打闸值
润滑油压低（MPa）		0.07
EH油压低（MPa）		9.3
转速（r/min）		3300
调节级压力/高排压力（MPa）		低于1.7
左、右侧高排温度（℃）		427
轴振动（低于临界转速时）（mm）		0.076
轴振动（通过临界转速时）（mm）		0.254
轴振动（正常运行时）	0.127	0.254
高压胀差（mm）	9.52/－3.8	10.28/－4.56
低压胀差（mm）	15.24/－0.26	16/－1.02
汽缸内外壁温差（℃）	42	83
轴向位移（mm）	±0.9	±1.0
汽缸上、下温差（℃）	42	56
低压缸排汽温度（℃）	79	121

续表

项　　目	报 警 值	跳闸或打闸值
凝汽器绝对压力（kPa）	24.7	31.3
汽轮机轴承金属温度（℃）	107	113
推力轴承金属温度（℃）	99	107
轴承回油温度（℃）	70	82
主再热汽两侧汽温偏差（℃）	14	42（不得超过 15min）
主汽门内、外壁温差（℃）		83
主再热蒸汽温差（℃）	83	

【任务描述】

锅炉点火后，汽机冲转前，先进行暖管和充分疏水，当冲转参数达到要求后，汽机才能冲转进汽。汽机冲转时，一般采用操作员自动方式，在 DEH 画面设定转速变化率和目标转速。启动过程中，禁止在临界转速区域停留。汽机冲转后，应对机组振动进行严密监视（特别是升速到临界转速区域），当汽轮发电机组任一轴振动值达到跳闸值时，应紧急停机。汽机启动过程中，如发现程序执行不正确，应立即切换至手动方式进行处理。发电机开始转动后，即认为发电机及相关设备均已带电，未经许可不得进行任何工作。汽轮机冲转任务实施流程见表 2-13。

【任务实施】

表 2-13　　汽轮机冲转任务实施流程

工作任务	汽 轮 机 冲 转	
工况设置	单元机组全冷态送电后，相关系统投运正常，主机盘车投运	
工作准备	1. 准确解释所操作仿真机组 DEH 操作及监控画面。 2. 说明大型单元机组 DEH 系统主要功能。 3. 你所操作的火电仿真机组采用的冲转方式是什么，冲转参数是多少	
工作项目	操 作 步 骤 及 标 准	执行
汽轮机冲转前检查和确认	确认汽轮机各保护已投入运行	
	确认汽轮机盘车已连续运行 2～4h	
	确认已满足汽轮机冲转参数：主汽压力 8.4～8.9MPa，主蒸汽温度 380℃。再热汽压力 0.6～0.65MPa，再热蒸汽温度 335℃；主蒸汽品质合格；凝汽器真空大于－85kPa；润滑油温 30～35℃，润滑油压 0.1～0.15MPa，各轴承回油正常；EH 油压≥14MPa，温度 40～45℃，EH 油系统运行正常；低缸喷水投入“自动”；上下缸温差<42℃；大轴偏心不大于 0.076mm 或小于原始偏心率±0.02mm；确认汽机隔膜阀上腔油压为 0.5～0.8MPa	
汽机冲转（高、中压缸联合冲转）	检查旁路系统运行正常，压力调节正常；在 DEH 控制盘面上，选择“操作员自动”方式；按“挂闸”按钮，DEH 画面“挂闸”指示正常	

续表

工作项目	操作步骤及标准	执行
汽机冲转（高、中压缸联合冲转）	汽机挂闸，确认高压调门GV、中压主汽门RV全开，高压主汽门TV、中压调门IV全关，确认高排止回阀关闭，高压缸排汽通风阀开启。注意汽轮机不能冲转，如汽机转速急剧上升，盘车脱开，必须立即手动脱扣汽机，不允许再次复置。如发现汽机转速缓慢上升，维持在20r/min以下，盘车脱开，可以手动脱扣一次，重新投入盘车后，再次复置	
	设定升速率100r/min，目标转速600r/min，由中压调门IV控制汽机升速，当汽机转速大于盘车转速时，检查盘车应自动退出，否则应打闸停机，检查原因，待故障消除后，方可重新冲转	
	盘车退出后，当转速达600r/min机组打闸，进行摩擦检查。一切正常后，机组重新挂闸，设定目标转速600r/min，速率100r/min	
	升速至600r/min时，汽机转速在600r/min稳定2min，控制方式由中压调门IV控制切换为主汽门和中压调门联合控制（TV—IV）方式，TV与IV按1∶1比例开启一起控制转速，检查顶轴油泵自动停止，高压缸进汽导管排汽阀关闭。当一切检查正常后，机组可继续升速	
	冲转过程中检查机组振动、胀差、串轴、瓦温、回油温度等参数正常	
	设定目标转速2000r/min，升速率150r/min，当汽机转速在2000r/min，根据机组胀差、汽门内外壁温差、高、中压缸上、下缸温差等参数进行高速暖机，暖机约30min后，确认各参数及主机汽门、缸体温差满足规定可继续升速	
	设定目标转速2900r/min，升速率100r/min，机组升速。当汽机转速升至2600r/min时，检查低压缸喷水自动投入，汽机转速在2900r/min进行TV/GV阀切换，主汽门全开，由高压调节汽门控制进汽	
	设定目标转速3000r/min，升速率50r/min，升速到3000r/min。检查各轴承温度，回油温度、真空、振动、胀差、轴向位移等参数正常	
	停运交流润滑油泵和高压备用密封油泵，检查主油泵工作正常	

⇨【知识拓展】

一、汽机发电机组并列前的试验及检查项目

（1）汽机手动脱扣试验。

在就地或远方手动打闸（仅适用大、小修后第一次启动）；就地确认高中压主汽门、调门、各抽汽止回阀迅速关闭，无卡涩现象；控制室CRT报警，机组转速下降；确认后汽机重新挂闸，设置目标转速2900r/min，升速率200～300r/min，转速达2900r/min进行阀切换，然后设置目标转速3000r/min，升速率50r/min，升速至3000r/min。

检查主油泵出口油压2.1MPa，入口油压0.26MPa；停止交流润滑油泵及高压备用密封油泵，注意润滑油压是否有变化，投入连锁；调整润滑油温在40～45℃之间，轴承回油温度＜70℃。确认轴瓦温度及振动正常。

（2）进行充油试验，根据需要做主汽门、调门严密性试验。

（3）汽机试验结束，汇报值长移交电气做试验。

整个冲转及试验期间，凝汽器排汽室温度不大于80℃，当温度达121℃时，连续运行不能超过15分钟。

二、汽轮机超速保护

为避免机组超速，DEH调节系统设置了三种保护功能。①甩全负荷超速保护：机组运行中若发生发电机油开关跳闸，保护系统检测到这种情况后，迅速关闭调节汽阀，以避免大量蒸汽进入汽轮机而引起严重超速事故，在延迟一段时间后，如不出现升速，再开调节汽阀使机组保持空负荷运行，这样做的目的是为了减少机组的再启动损失，使机组能迅速重新并网。②甩部分负荷保护：当电网发生瞬间短路或某一相发生接地等故障，引起发电机功率突降时，为了维持电网的稳定性，保护系统将迅速地把中压调门关闭一下，然后再开启，以维持机组的正常运行。③103％OPC和110％电超速保护：OPC是指当汽轮机转速超过3090r/min时，迅速将高调门和中调门同时关闭数秒钟；电超速保护是指汽轮机转速超过3300r/min时，将所有汽门同时关闭，进行紧急停机，与此同时，旁路系统也将协同动作，以保证再热器的冷却并减少工质损失。DEH的保护系统还能够在运行中作103％超速试验、110％超速试验和AST电磁阀的定期试验等，以保证系统始终处于良好的备用等待状态。

三、汽轮机启动过程中的热力特性分析

启动时蒸汽进入汽轮机，由于金属部件的传热有一定速度，所以蒸汽温升速度大于金属部件的温升速度，使金属部件产生内外温差，如汽缸壁内外温差，转子表面与中心孔温差等等。这种温差的存在，使金属部件产生很复杂的现象，如热应力、热膨胀和热变形等等。

在启停和工况变化时，汽轮机中最大应力发生的部位通常是高压缸的调节级处、再热机组中压缸的进汽区、高压转子在调节级前后的汽封处、中压转子的前汽封处等。这些部位工作温度高，启停和工况变化时温度变化大，引起的温差大，热应力亦大。此外，在部件结构有突变的地方，如叶轮根部、轴肩处的过渡圆角及轴封槽处都有热应力集中现象，上述部位的热应力是光滑表面的2～4倍。故当汽轮机启动及负荷变动时，必须严格控制调节级汽室蒸汽温度的变化率。

汽缸的热膨胀，除了与长度尺寸和金属材料的线膨胀系数的大小有关外，主要取决于汽轮机通流部分的热力过程和各段金属温度的变化值。一般选择调节级区段的法兰内壁金属温度作为汽缸轴向膨胀的监视点，只要控制监视点温度在适当的范围内，就能保证汽缸膨胀符合启动和正常运行的要求。汽轮机启动过程中，出现汽缸膨胀的原因主要有主蒸汽参数、凝汽器真空选择控制不当；汽缸、法兰螺栓加热装置使用不当或操作错误；滑销系统卡涩；增负荷速度快，暖机不充分；本体及有关抽汽管道的疏水门未开。

由于汽缸与转子的钢材有所不同，一般转子的线膨胀系数大于汽缸的线膨胀系数，加上转子质量小受热面大，机组在正常运行时，胀差均为正值。当负荷快速下降或甩负荷时，主蒸汽温度与再热蒸汽温度下降，或汽轮机发生水冲击，或机组启动与停机时加热装置使用不恰当，均有可能使胀差出现负值。转子和汽缸的胀差主要取决于蒸汽的温度变化率，所以在汽轮机运行中，通过控制蒸汽温度的变化速度可以将胀差控制在允许范围内。

汽轮机在启动、停机过程中，上、下汽缸往往出现温差，即上缸温度高于下缸温度，造成上缸膨胀大于下缸，而使上缸向上拱起，最大的拱起是在调节级附近。其主要原因如下：①上下汽缸具有不同的散热面积，下缸布置有回热抽汽管道和疏水管道，散热面积大，因而在同样保温条件下，上缸温度比下缸温度高；②在汽缸内，温度较高的蒸汽上升，而经汽缸

金属壁冷却后的凝结水流至下缸，在下缸形成较厚的水膜，使下缸受热条件恶化，如果疏水不及时或疏水不畅，上、下缸温差更大；③停机后汽缸内形成空气对流，温度较高的空气聚集在上缸，下缸内的空气温度较低，使上、下汽缸的冷却条件产生差异，从而增大了上、下汽缸的温差；④一般情况下，下汽缸的保温不如上缸，运行时，由于振动，下缸保温材料容易脱落，而且下缸是置于温度较低的运行平台以下并造成空气对流，使上、下汽缸冷却条件不同，增大了温差；⑤滑参数启动或停机时，汽加热装置使用不当；⑥机组停运后，由于各级抽汽门、新蒸汽门关不严，汽水漏至汽缸内。

在启动过程中，为了控制上、下汽缸温差在允许范围之内，必须严格控制温升速度，同时要尽可能使高压加热器随汽轮机一起启动。在启动过程中还要保证汽缸疏水畅通，不要有积水；在维修方面，下汽缸应采用较好的保温结构和选用优质保温材料，并可适当加厚保温层或者加装挡风板，以减少空气对流。

当上、下汽缸产生温差时，如果在汽缸内的转子是处于静止状态，那么在转子的径向也会出现温差，产生热变形，当转子径向温差过大，其热应力超过材料的屈服极限时，将造成转子的永久变形，这种弯曲称为塑性弯曲。

引起转子弯曲的原因：①动静部分摩擦、装配间隙不当、启动时上、下缸温差大、汽缸热变形以及热态启动大轴存在热弯曲等，引起转子局部过热而弯曲；②处于热状态的机组，汽缸进冷汽、冷水，使转子上、下部分出现过大温差，转子热应力超过材料的屈服极限，造成大轴弯曲；③转子原材料存在过大的内应力，在高温下工作一段时间后，内应力逐渐释放而造成大轴弯曲；④套装转子上套装件偏斜、卡涩和产生相对位移，有时叶片断落、转子产生过大的弯矩以及强烈振动也会使套装件和大轴产生位移，造成大轴弯曲；⑤运行管理不严格，如不具备启动条件而启动，转子未盘动时就向轴封送气，出现振动及异常时处理不当，停机后汽缸进水等等。

➡【实践与探索】

（1）查阅相关资料，了解单元机组中压缸启动方法及步骤，编写操作卡。

（2）查阅有关600MW超临界压力汽轮机启动过程中上、下缸温差、胀差、振动等主要参数控制方法的技术论文，就某一方面撰写读书报告一篇。

工作任务十二　高、低压加热器投运

➡【任务目标】

掌握高、低压加热器系统流程和主要设备作用；能利用仿真机进行高、低压加热器系统投运操作，掌握操作过程注意事项；熟悉高、低压加热器系统常见故障及处理原则。

➡【知识准备】

一、抽汽回热系统及设备

抽汽回热系统是原则性热力系统最基本的组成部分。从汽轮机数个中间级抽出一部分蒸汽，送到高、低压加热器中用于锅炉给水的加热。一定抽汽量的蒸汽做了部分功后不再至凝汽器中向冷却水放热，减少冷源损失，热耗率下降；同时提高了给水温度，减少了锅炉受热面的传热温差，从而减少了给水加热过程的不可逆损失，在锅炉中的吸热量也相应减少。因此抽汽回热系统提高了机组循环热效率。

工程上习惯以除氧器为分界，把除氧器范围内的输入输出系统称为除氧器系统；除氧器以后，至进入锅炉省煤器的给水加热系统称为高压回热加热系统；凝泵输出至除氧器的凝结水系统称为低压回热加热系统。

600MW机组的加热级数一般为7～8级，如图2-26所示，机组汽轮机共设八段非调整抽汽。第一段抽汽引自高压缸，供1号高压加热器；第二段抽汽引自高压缸排汽（再热蒸汽冷段），供给2号高压加热器、给水泵汽轮机及辅汽系统的备用汽源；第三段抽汽引自中压缸，供给3号高压加热器；第四段抽汽引自中压缸排汽，供给除氧器、给水泵汽轮机、辅汽系统；第五至第八段抽汽均引自低压缸A和低压缸B，分别供给5号至8号低压加热器。

除第七、八段抽汽外，各抽汽管道均装设有气动止回阀和电动截止阀，前者作为防止汽轮机超速的一级保护，同时也作为防止汽轮机进水的辅助保护措施；后者是作为防止汽轮机进水的隔离措施。由于四抽连接到辅汽联箱、除氧器和给水泵汽轮机等，用户多且管道容积大，管道上设置两道止回阀。四段抽汽各用汽点的管道上亦设置了一个气动止回阀和电动截止阀。

对于加热器的性能要求，可归结为尽可能地缩小进入加热器的蒸汽饱和温度与加热器出口给水温度之间的差值，我们称之为加热器端差。为实现这一目的，目前主要通过两种途径。一种途径是采用混合式加热器，如除氧器；另一种途径是采用表面式加热器，在结构上采取必要措施，尽量提高加热器的效果，如高压加热器和低压加热器。

抽汽在表面式加热器中放热后的疏水采用逐级自流方式。1号高压加热器疏水借压力差自动流入2号高压加热器，2号高压加热器的疏水自动流入3号高压加热器，3号高压加热器的疏水流向除氧器。低压加热器逐级自流后，最后由8号低压加热器流向凝汽器。由于各级加热器均设有疏水冷却段，可将抽汽的凝结水在疏水冷却段内进一步冷却，使疏水的温度低于其饱和温度，故可以防止疏水的汽化对下级加热器抽汽的排挤。每个加热器均设置事故疏水管路，在事故情况或低负荷工况时，疏水可直接进入凝汽器。

为防止因加热器故障引起事故扩大，每一加热器均设有保护系统，其基本功能是防止因加热器原因引起的汽轮机进水、加热器爆破和锅炉断水事故，具有异常水位保护、超压保护和给水旁路联动操作的功能。加热器的保护装置一般有如下几个：水位计，事故疏水门，给水自动旁路，抽汽电动截止阀、抽汽止回阀联动关闭装置，汽侧及水侧安全门等。对于7号、8号低压加热器，蒸汽入口处设置防闪蒸的挡板。

二、加热器投停及运行

高、低压加热器启动前必须先投入加热器水位保护，放尽加热器内积水，各抽汽管道上各疏水阀处于开启状态。启动时先投水侧，再投汽侧。加热器汽侧的投入一般采用随机启动的方式，在投入初期应注意预暖加热器，控制出口水的温升速度。若因故不能随机启动，而是在机组达到某负荷后逐个投入，应按由低到高的顺序依次投入，抽汽管道应预先进行疏水暖管。

投入加热器运行时应先对水侧注水，待给水缓慢地充满加热器以后，将所有放气门关闭，然后缓慢投入蒸汽，同时开启连续排气阀，疏水品质经检验合格后可排回凝汽器（除氧

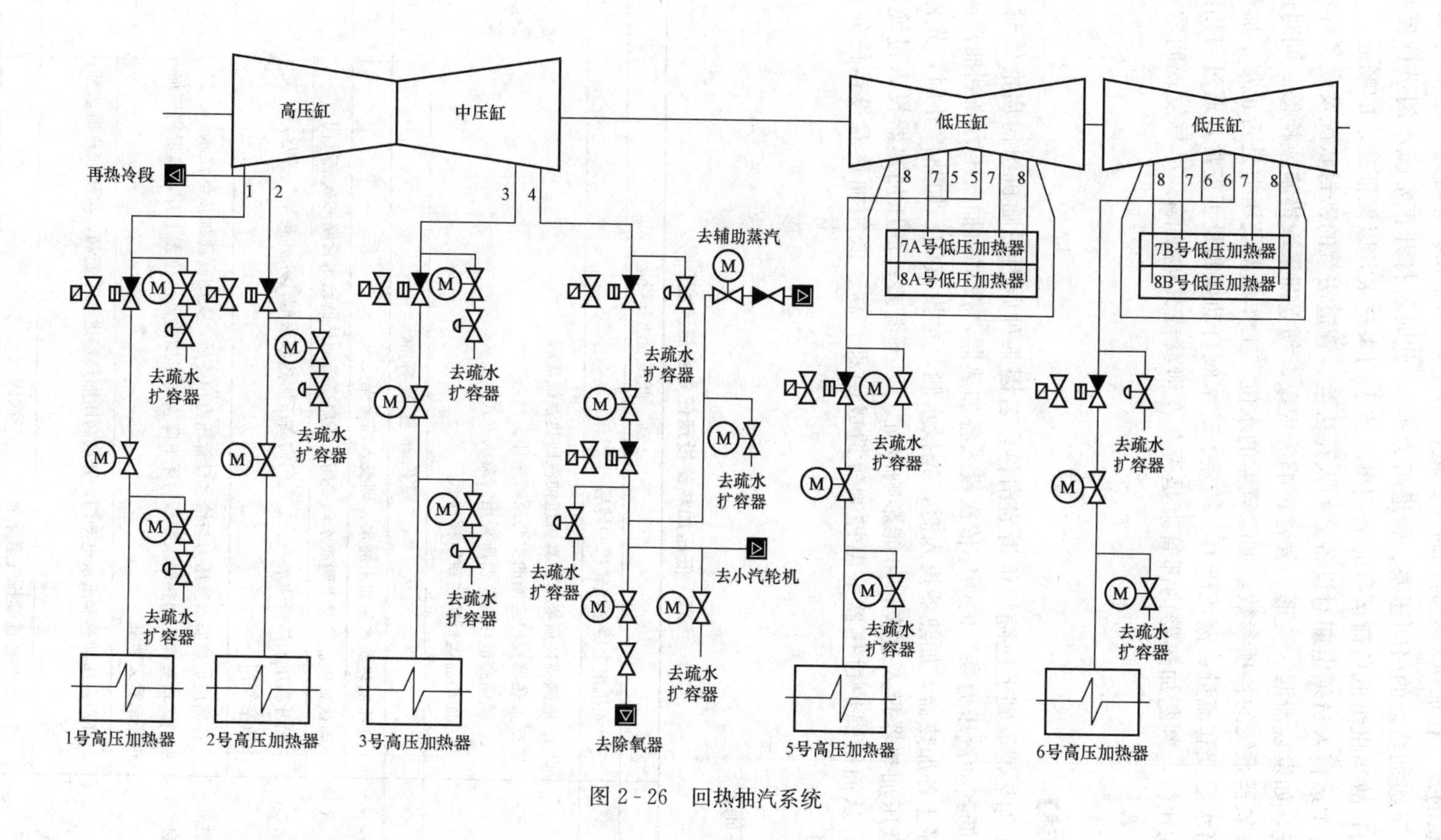
高压缸
中压缸
低压缸
低压缸
再热冷段
1
2
3
4
8 7 5 5 7 8
8 7 6 6 7 8
7A号低压加热器
8A号低压加热器
7B号低压加热器
8B号低压加热器
去辅助蒸汽
去小汽轮机
去除氧器
去疏水扩容器
M
1号高压加热器
2号高压加热器
3号高压加热器
5号高压加热器
6号高压加热器

图 2-26 回热抽汽系统

器）。应该注意的是，在加热器刚启动时参数低，不能克服疏水系统阻力（包括疏水冷却段的阻力、上、下级加热器的级间压差、管道阻力等），此时若打开正常疏水门进行疏水逐级自流是困难的，故当机组低负荷运行时需用事故疏水门来疏水，以保证疏水的畅通。

正常运行中运行人员须定期对设备上的人孔法兰、管道法兰的密封状况及设备外观和阀门等进行检查，如发现泄漏、变形、异常声响等现象，须立即采取措施或检修。同时还应监视加热器、除氧器系统的各项参数，如除氧器的水位、工作水温及压力是否正常；加热器的水位、进、出水温度和流量、蒸汽压力、端差、疏水阀自动控制是否正常，通过与相同负荷下运行工况的比较，判断加热器内部管束是否存在泄漏或其他缺陷，尽早发现问题，及时处理。

【任务描述】

高、低压加热器原则上应随机组滑启滑停，若因某种原因不随机组滑启滑停时，应按“由抽汽压力低到抽汽压力高”的顺序依次投入各加热器，按“由抽汽压力高到抽汽压力低”的顺序依次停止各加热器。加热器投入时，先投水侧，再投汽侧。加热停止时，先停汽侧，后停水侧。低压加热器投入过晚，可能影响汽缸上、下温差；高压加热器投入过晚，会影响给水温度，从而给锅炉过热器壁温控制等造成困难。高、低压加热器投运任务实施流程见表 2-14。

【任务实施】

表 2-14　　高、低压加热器投运任务实施流程

工作任务	高、低压加热器投运	
工况设置	单元机组全冷态汽轮机冲转后	
工作准备	1. 准确描述所操作仿真机组抽汽回热系统流程。 2. 加热器投停遵循的主要原则是什么？ 3. 说明高低压加热器所采用的疏水方式。 4. 加热器运行要注意监视什么	
工作项目	操 作 步 骤 及 标 准	执行
高压加热器随机组滑启	高压加热器水侧如未通水，则投入前需先注水	
	确认高压加热器水侧放水阀关闭，开启高压加热器给水管路的放空气门	
	稍开高压加热器注水一、二次门向高压加热器水侧注水，待空气放尽后，关闭放空气门	
	待高压加热器水侧压力与给水母管压力相等后，关闭高压加热器注水一、二次门，检查高压加热器水侧压力无下降，高压加热器水位无上升，确定高压加热器钢管无泄漏	
	开启高压加热器出水电动门，开启高压加热器进水三通阀，高压加热器切至主路	
	开启加热器连续排气至除氧器一、二次阀	

续表

工作项目	操作步骤及标准	执行
高压加热器随机组滑启	机组挂闸后，全开抽汽电动隔离阀，检查相应抽汽止回阀联动开启，加热器疏水调整到逐级自流方式，事故疏水电动阀开启，将1、2号高压加热器正常疏水、事故疏水调节门按规定水位投“自动”，3号高压加热器正常疏水门关闭，事故疏水调节门投“自动”	
	随负荷升高，当3号高压加热器进汽压力大于除氧器压力0.2MPa后，将3号高压加热器疏水回收至除氧器	
低压加热器随机组滑启	检查凝结水系统运行正常，8～5号低压加热器注水完毕，凝结水流经主路，各低压加热器旁路电动截止阀关闭。各低压加热器水位无异常升高现象	
	机组挂闸后，全开抽汽电动隔离阀，检查相应抽汽止回阀联动开启，加热器疏水调整到逐级自流方式，正常疏水调节阀、事故疏水调节阀投“自动”	
	开完加热器连续排气一、二次阀	
	注意凝汽器真空变化情况	

【知识拓展】

加热器水位应维持在正常水位运行，当机组工况发生变化时，抽汽的压力和流量也会发生变化，加热器水位就会上升或下降，水位太高或太低都不利于正常运行。加热器水位太低，会使疏水冷却段的吸水口露出水面，蒸汽进入该段，这将破坏该段的虹吸作用，造成疏水端差变化和蒸汽热量损失，而且蒸汽还会冲击该冷却段的U形管束，发生振动。加热器水位太高，将使部分管子浸在水中，从而减小换热面积，导致加热器性能下降；其次，加热器在过高水位下运行，一旦操作稍有失误或处理不及时，就有可能造成蒸汽管道发生水击，甚至汽轮机进水。水位的调节通过正常疏水阀和事故疏水阀实现。

当某加热器水位升高到高水位时，在控制室内报警；水位升高到高一高水位时，报警并开启加热器事故疏水阀；到高Ⅲ水位时，高Ⅲ水位开关动作，自动关闭该抽汽管道上电动隔离阀和气动止回阀，水侧走旁路（对于高压加热器，任何一台出现高Ⅲ水位时，自动关闭1～3段抽汽管道上的电动隔离阀和气动止回阀，大旁路阀动作，高压加热器全部解列），同时联开管道上的气动疏水阀，以排除抽汽管道内的积水。

当发生下列情况之一时，需要紧急停止高压加热器运行：高压加热器汽水管道破裂，危及人身及设备安全时；高压加热器水位升高，“高压加热器水位高Ⅱ值”报警，处理无效，水位计满水时；高压加热器水位调节装置失灵，无法控制水位时；高压加热器水位计破裂，无法切断时。

紧急停止高压加热器运行时应关闭高压加热器进汽阀，关闭连续排气至除氧器一、二次阀；解列水路，给水走旁路；关闭疏水至除氧器隔绝阀，待水位降低后关闭事故疏水隔绝阀；打开本体水侧放空气及放水阀。

【实践与探索】

（1）查阅相关资料，编写运行中高压加热器投入操作卡并在火电仿真机上实践。

(2) 查阅相关资料，讨论：当运行中高压加热器突然解列，汽轮机的轴向推力如何变化?

(3) 机组运行中，低压加热器全部解列，对机组运行有什么影响?

工作任务十三 发电机并列

【任务目标】

掌握单元机组并列操作条件、操作过程和注意事项；熟悉自动并网的功能；掌握同步发电机并列条件、励磁系统操作与调整。

【知识准备】

一、电气主接线

发电厂电气主接线是指多种电气设备通过连接线，按其功能要求组成的接受和分配电能的电路，也称一次接线或电气主系统。将电气一次系统中的电气一次设备按规定的图形符号和文字符号以单线图的形式绘制成电路图，称为电气主接线图。

某电厂电气主接线如图 2-27 所示。发电机经离相式封闭母线与主变压器相连，以单元方式接入 500kV 升压站。发电机和主变压器之间装设断路器和隔离开关，作为发电机解、并列使用。每台机组设两台高压厂用变压器，经封闭母线从主变压器低压侧引接。高压厂用变压器低压侧经共箱母线和分支断路器接入三段工作母线供给本机组高压厂用负荷。发电机中性点经消弧线圈接地，在发电机定子线圈单相接地故障期间尽可能减小接地故障电流，防止定子铁芯被烧损。发电机出口装设 3 组电压互感器（TV），2 组电压互感器分别供测量和保护用，另一组电压互感器供发电机匝间保护专用。

500kV 系统采用 3/2 断路器接线，两串设置联络开关，避免一条出线故障造成机组被迫停运及厂用电源中断，运行方式灵活。

二、机端自并励励磁系统

大型发电机组励磁系统采用机端自并励方式，如图 2-28 所示。发电机的励磁电源取自并联接在发电机机端的励磁变压器（EXT），经静止的可控硅整流装置（SCR）供给发电机转子绕组励磁。

励磁电源取自发电机机端，一般情况下，发电机的起励能量来自发电机残压。当可控硅的输入电压升到 10～20V 时，可控硅整流桥和励磁调节器（AVR）就能够投入正常工作，由 AVR 控制完成软起励过程。如果因长期停机等原因造成发电机的残压不能满足起励要求时，则可以采用 220V DC 电源（取自厂用 220V DC 动力直流母线）或 380V AC（取自厂用交流保安电源）供给的备用起励回路，用它励方式建立这一电压，当发电机电压上升到规定值时，备用起励回路自动脱开。然后可控硅整流桥和励磁调节器投入正常工作，由 AVR 控制完成起励过程。

三、发电机保护

依据发电机容量大小、类型及特点，应装设下列发电机保护，以便及时反映发电机各类故障及不正常工作状态。

(1) 纵差动保护。用于反映发电机线圈及其引出线的相间短路故障。

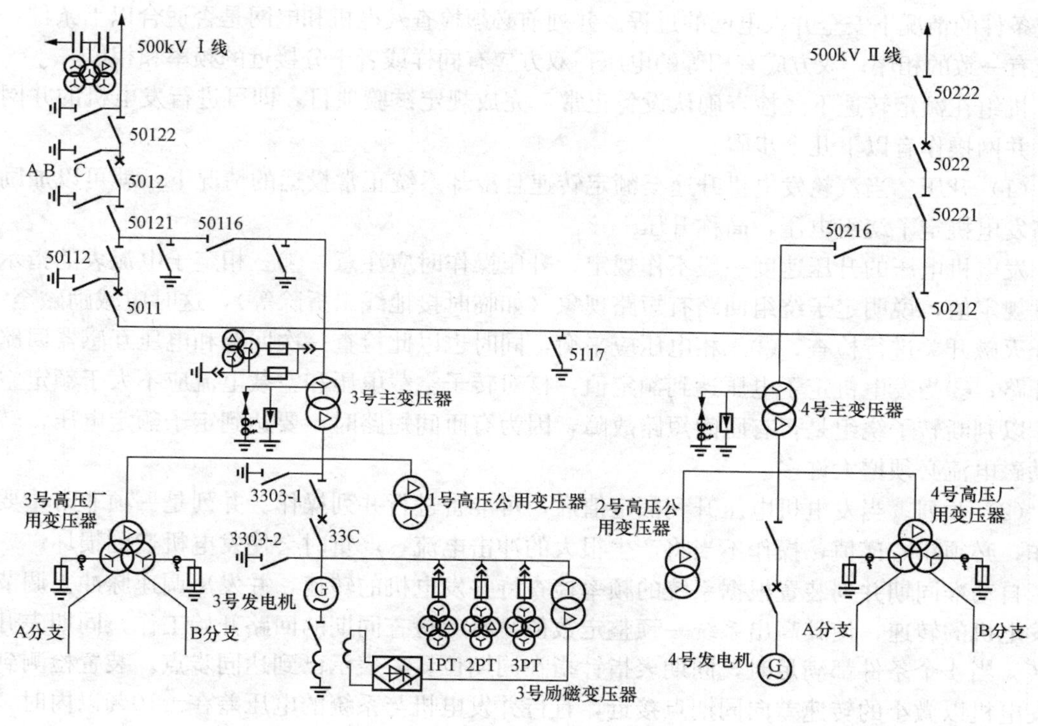

图 2-27 电气主接线

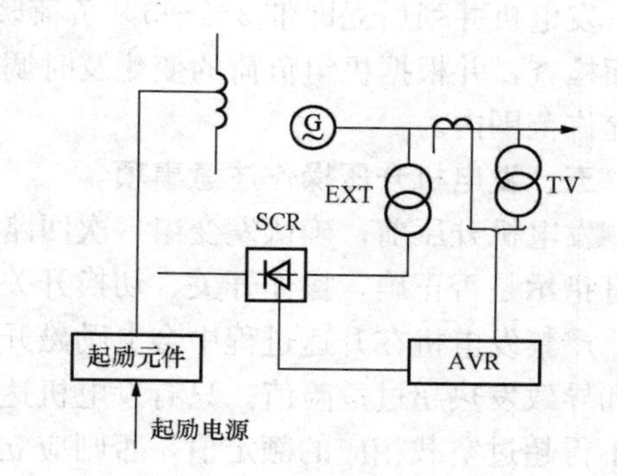

图 2-28 机端自并励励磁系统原理接线示意

（2）横差动保护。用于反映发电机定子绕组的一相的一个分支匝间或二个分支间短路故障。

（3）过电流保护。用于切除发电机外部短路引起的过电流，并作为发电机内部故障的后备保护。

（4）单相接地保护。反映发电机定子绕组单相接地故障。

（5）不对称过负荷保护。反映不对称负荷引起的过电流。

（6）对称过负荷保护。反映对称负荷引起的过电流。一般动作于信号。

（7）过电压保护。反映发电机各种情况下引起的定子绕组过电压。

（8）励磁回路接地保护。用于反映发电机励磁回路的绝缘状况。分转子一点接地保护和转子二点接地保护。

（9）失磁保护。反映发电机由于励磁系统故障造成发电机失去励磁，并根据失磁严重程度令发电机减负荷或跳闸。

（10）发电机断水保护。装设在水冷发电机组上，反映发电机冷却水流量减少或中断。

四、单元机组并列操作

单元机组并列操作是指将汽轮发电机组并入电网的操作过程。一般大型汽轮发电机组并列均采用自动准同期并列，所谓准同期并列就是将已经达到同步转速并加上励磁的发电机在满足一定条件的情况下安全并入电网的过程。并列前必须检查发电机和电网是否适合以下条件：双方应有一致的相序；双方应有相等的电压；双方应有同样或者十分接近的频率和相位。

机组在额定转速下经检查确认设备正常，完成规定试验项目，即可进行发电机的并网操作。并网操作有以下几个步骤。

(1) 升压。当汽轮发电机升速至额定转速且冷却系统正常投运的情况下，就可以加励磁升高发电机定子绕组电压，简称升压。

发电机电压的升压速度一般不作规定，升压操作时应注意：①三相定子电流表的指示若超过规定值，说明定子绕组回路有短路现象（如临时接地线未拆除等），这时应减励磁至零，拉开灭磁开关进行检查；②三相电压应平衡，同时也以此检查一次回路和电压互感器回路有无开路；③当发电机定子电压达到额定值，核对转子空载电压和空载电流应不大于额定空载值，以判断转子绕组是否有匝间短路故障，因为有匝间短路时，要达到定子额定电压，转子的励磁电流必须增大许多。

(2) 并列。当发电机电压升到额定值后，可准备进行并列操作。并列是一项非常重要的操作，必须小心谨慎，操作不当将产生很大的冲击电流，严重时会使发电机遭到损坏。

自动准同期并列装置根据系统的频率检查待并发电机的转速，并发出调速脉冲去调节待并发电机的转速，使其高出系统一预整定数值。然后检查同期的回路开始工作，同期表开始旋转。当4个条件都满足时，同期表指针指在同期位置，表示已到达同步点。装置检测到待并发电机以微小的转速差向同期点接近，且待并发电机与系统的电压差在±10%以内时，它就提前按一个预先整定好的时间发出合闸脉冲，合上主断路器，实现与系统的并列。

发电机并列后立即带3%～5%负荷暖机，以防止逆功率保护动作，此时对机组要进行全面检查，并根据机组负荷的变化及时调整润滑油温、密封油温、发电机冷却水温、氢温等在允许范围内。

五、发电机升压操作注意事项

发电机升压前，确认发变组一次回路各刀闸、开关的状态正确，并核对操作盘面有关信号灯指示是否正确，操作开关、切换开关及同期开关位置是否正确。

严禁发电机在升速过程中合上励磁开关对发电机励磁，以防止发电机铁芯中磁通密度过饱和导致发热超过危险值。只有发电机达到额定转速方可加入磁场，发电机的电压和励磁电流不得超过空载相应的额定值，否则应立即降压待查明原因并消除后，重新进行升压操作。发电机在未通水充氢前，任何情况下都不得对发电机加励磁并使之带负荷。

发电机升压操作可用励磁调节器（AVR）自动方式或手动方式进行，正常采用自动方式，检修后的发电机第一次升压应采用手动方式缓慢进行。发电机升压操作完成后，应检查发电机三相电压平衡，对于机端自并励发电机，发电机三相电流指示应小于70A；对于三机励磁发电机，发电机三相电流指示应为0A。AVR运行方式或工作通道切换时应注意检查发电机电压和励磁电流，以免发生扰动。

⇨【任务描述】

机组在额定转速下，经过检查确认设备正常，完成规定试验项目，即可进行发电机的并网。发电机准同期并列时应满足的条件：发电机电压与系统电压相等，最大误差在10%以内；如果电压不等，其后果是并列后发电机与系统间出现无功性质的冲击电流。发电机频率与系统频率相同；如频率不等，则会产生拍振电压和拍振电流，将在发电机轴上产生力矩，从而发生机械振动。发电机电压相位与系统电压相位相同；如果电压相位不一致，则可以产生很大的冲击电流，使发电机烧毁或使发电机端部受到巨大电动力作用而损坏。发电机相序与系统相序相同。

大型发电机并列一般采用远方自动方式自动准同期并列。其优点是在并网时发电机没有冲击电流，对电力系统也没有影响。发电机并列操作过程中，任何情况下不允许解除同期闭锁回路，若同期装置出现闭锁、报警或其他异常信号，未查明原因前严禁发电机并列。发电机并列任务实施流程见表 2 - 15。

【任务实施】

表 2 - 15　**发电机并列任务实施流程**

工作任务	发电机并列操作	
工况设置	汽轮机 3000r/min 定速	
工作准备	1. 准确描述所操作仿真机组励磁系统投入操作与调整的步骤和主要设备。 2. 说明单元机组并列操作技术要求及注意事项。 3. 说明有关发电机保护的作用	
工作项目	操作步骤及标准	执行
发电机并网前准备工作	检查发电机保护已按照要求投运	
	将发电机一次回路恢复“热备用”状态：合上发电机中性点消弧线圈闸刀；检查发电机出口 TV1、TV2、TV3 高压侧熔丝完好，将 TV 小车推至“工作”位置，合上 TV 二次侧空开	
	检查发电机出口开关在断路，合上发电机开关出口刀闸	
	送上发电机出口开关操作电源，发电机出口开关选择远控方式	
	合上 AVR 柜及各功率柜内空气开关，将发电机励磁回路恢复“热备用”状态	
	合上发电机“起励电源”开关	
	检查励磁手操盘各参数在正确状态，无报警及故障信息	
发电机升压	确认汽机转速在 3000r/min 并稳定	
	检查发电机并网启动允许条件满足	
	检查 AVR 在自动方式位置，合励磁系统各开关，发电机进行启励升压	
	检查发电机电压自动升至额定值。检查发电机空载励磁电流、电压正常，检查发电机三相电压平衡	
	检查发电机定子三相电流小于 70A	
	检查发电机定子及转子回路绝缘情况，无接地现象	
发电机并列	检查同期表装置同期闭锁开关切至“TJJ 投入”位；合上同期表盘上的同期表电源	
	在“DEH”中的“自动控制”画面，确认“自动同期请求”信号发出后，点击左下角的“自动同期”按钮，投入自动同期	
	检查发电机同期表指示压差、频差符合并列条件，同期表旋转正常	

续表

工作项目	操作步骤及标准	执行
发电机并列	当发电机与系统之间符合并列条件时，同期装置发出合闸命令，发电机开关自动合闸，发电机三相电流有指示且均衡，确认已并列	
	汇报值长，发电机已并网	
发电机并网后准备工作	检查发电机出口断路器自动合闸良好，复位同期，1min后检查同期装置自动断电，记录并列时间	
	确认发电机初负荷为30MW；跟踪发电机有功功率相应调节无功功率，将其升至50Mvar以上	
	依据运行规程规定投退相关保护压板	
	随发电机负荷的变化，调整氢油水系统各温度在规定范围内	

【知识拓展】

一、励磁系统

供给同步发电机励磁电流的电源及其附属设备统称为励磁系统。励磁系统主要是由励磁功率单元和励磁调节器两大部分组成。励磁功率单元向同步发电机转子提供直流励磁电流；而励磁调节器则根据控制要求的输入信号和给定的调节准则控制励磁功率单元输出。自动励磁调节器的作用在于按发电机端电压和电网工况，能自动地连续平滑地调节发电机的励磁，它对提高电力系统并联机组的稳定性具有相当大的作用。尤其是现代电力系统的发展导致机组稳定极限降低的趋势，也促使励磁技术不断发展。由励磁系统（包括励磁调节器、励磁功率单元）及其控制对象——发电机本身共同组成的整个闭环反馈控制系统称为励磁控制系统。发电机基本励磁系统框图如图2-29所示。

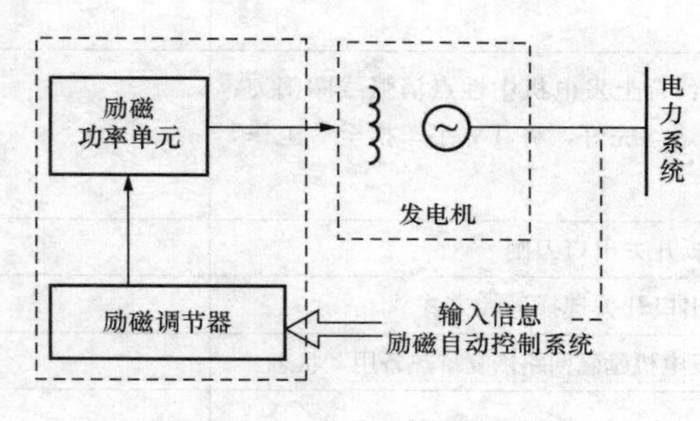

图2-29　励磁系统原理示意

发电机的励磁方式按照励磁电源的不同可以划分为他励式和自励式两大类。而如果按照励磁功率单元的种类不同，主要又可以分为三种方式，一是直流励磁机励磁方式，多用于中、小型发电机；二是交流励磁机励磁方式，其中按功率整流单元是静止还是旋转的不同又分为交流励磁机静止整流硅励磁方式（有刷）和交流励磁机旋转整流硅励磁方式（无刷）两种；三是静止励磁方式，其中最具有代表性并最常见的是自并励励磁方式，后两种励磁方式多用于大型（容量在200MW及以上）发电机组。

励磁系统是发电机的重要组成部分，它对电力系统及发电机本身的安全稳定运行有很大的影响。励磁系统的主要作用有：①根据发电机负荷的变化相应的调节励磁电流，以维持发电机端电压为给定值；②控制并列运行各发电机间无功功率分配；③提高发电机并列运行的静态稳定性；④提高发电机并列运行的暂态稳定性，在电力系统发生短路故障造成发电机机端电压严重下降时，自动强行励磁，将励磁电压迅速增升到足够的顶值，向发生故障的系统瞬间提供无功功率，支持系统电压，以提高电力系统的暂态稳定性并避免本机失步；⑤在发电机内部出现故障时，进行快速灭磁，以减小故障损失程度；⑥在不同运行工况下，根据要求对发电机实行过励磁、欠励磁等限制功能，以确保发电机组的安全稳定运行。

二、发电机出口装设断路器后的运行特点

（1）提高厂用电源供电可靠性、灵活性。发电机并网或解列通过发电机出口断路器进行操作，机组厂用电由系统经主变压器、高压厂用变压器倒送，因而机组在正常启、停时不需切换厂用电，操作简单。机组在发生故障引起停机时，只需断开发电机出口断路器，厂用电源将由系统连续提供，不会中断。

（2）提高主变压器和高压厂用变压器运行安全性。当主变压器或高压厂用变压器内部故障时，能迅速断开高压侧和发电机出口断路器，切断各侧供电电源，对保护主变压器或高压厂用变压器有利。发电机出口未装设断路器的情况下，仅能切除主变压器高压侧断路器，由于发电机励磁电流的衰减要经过一定的时间，发电机在这一段时间内仍将继续向故障点提供电流，从而加大了变压器的损坏程度。

（3）有利电网安全运行。装设发电机出口断路器的，机组故障只需跳开发电机出口断路器，而不需跳开高压侧断路器，不会改变高压系统接线方式，尤其是3/2断路器接线，当串数不多时，不会导致系统开环运行。

（4）简化厂用电系统接线。装设发电机出口设断路器后，机组启动时不需经启动变压器，而直接由高压系统经主变压器、高压厂用变压器提供机组启动厂用电源，减少高压启动备用厂用变压器台数和容量。

（5）发电机出口装设的断路器价格昂贵，一次投资较大。常规电厂主要从减少一次投资角度考虑，往往未予选用。

三、气体绝缘金属封闭开关装置（GIS）

GIS（GAS INSULATED METAL-ENCLOSED SWITCHGEAR）从字面上理解即是气体绝缘金属封闭开关装置。它是以SF_6气体作为绝缘和灭弧介质、以优质环氧树脂绝缘子作隔离和支撑的一种金属封闭的组合型成套高压配电装置。GIS将组成高压配电装置的各电器元件如母线（BUS）、断路器（CB）、隔离开关（DS）、电流互感器（TA）、电压互感器（TV）、接地开关（ES）、氧化锌避雷器（LA）、终端元件（SF_6套管或电缆终端）等电气设备，按用户所确定的电气主接线的方式予以连接，用金属铠装封闭组成成套组合件，密封于充有高于大气压的SF_6绝缘气体的气室内，构成全封闭组合式配电装置，其金属外壳直接接地，就地控制柜（LCP）设在近旁。

与常规配电装置比较，GIS具有占地面积小、运行安全可靠性高、维护工作量小、检修周期长、安装周期短等优点。但因一次性投资较大，也限制了它的使用范围。

四、发电机非同期并列的危害

汽轮发电机组非同期并列时，将产生较大的冲击电流和电磁转矩。冲击电流对发电机及与之串联的主变压器、断路器等电气设备破坏极大，严重时将烧损发电机绕组；冲击电流将对发电机定子端部绕组产生强大的电动力，使端部变形。冲击电流在合闸角为180°时达到最大。电磁转矩则对机组轴系统产生强大的扭应力，轴系扭振形成疲劳损耗，缩短有效使用寿命，严重时大轴即时断裂。已有资料指出，在合闸角为120°左右时并列，电磁转矩最大，因而轴系扭振最为严重。

一台大型发电机发生非同期并列事故，发电机与系统间将引起功率振荡，影响系统的稳定运行。

⇨【实践与探索】

查阅相关资料，指出电气操作的“五防”内容是什么？了解防误闭锁装置在防止电气设备误操作中的应用，撰写技术报告。

工作任务十四 制 粉 系 统 投 运

⇨【任务目标】

掌握冷一次风机正压直吹式制粉系统流程；熟悉中速磨煤机、双进双出筒式钢球磨煤机性能。能熟练利用火电仿真机组进行直吹式制粉系统及设备的投运操作和运行调整，掌握操作过程注意事项；了解制粉系统故障与处理原则。

⇨【知识准备】

制粉系统的作用是将原煤经干燥和碾磨后制成细度合格的煤粉送到锅炉燃烧，以满足锅炉负荷的需求。制粉系统分为两大类：中间储仓式和直吹式制粉系统。

直吹式制粉系统简单、设备少、输粉管道短、阻力小，因而制粉电耗低，同时因系统简单产生爆燃的可能性也随之减少。但要求磨煤机出力与锅炉负荷相平衡，同时也必须与给煤机出力相平衡，使得磨煤机有时不能运行于经济出力区。直吹式制粉系统采用的磨煤机一般有 MPS 磨、HP 磨、MBF 磨以及双进双出钢球磨煤机。下面分别介绍冷一次风机正压直吹式制粉系统，配置中速磨煤机以及配双进双出筒式钢球磨煤机系统流程。

一、双进双出钢球磨冷一次风机正压直吹式制粉系统

该系统由两个相互独立的回路组成，如图 2-30 所示：原煤由煤仓经给煤机送入混料箱进行预干燥，与进入混料箱的高温旁路风混合后到达磨煤机进煤管的螺旋输煤器，从两端进入筒体破碎。空气由一次风机流经空气预热器，加热后热风经中心管进入磨煤机筒体，在充满煤粉的筒体中对冲后返回，携带煤粉从中心管的环形通道流出筒体，进入粗粉分离器，分离出来的粗粉经返料管与原煤混合，返回磨煤机重新磨制。圆锥形粗粉分离器上部装有导向叶片，改变导向叶片的倾角可以调节煤粉细度。磨煤一次风（为磨煤风、旁路风、密封风之和）携带细煤粉离开分离器，通过煤粉管送往锅炉燃烧器。锅炉在低负荷运行时，磨煤机的容量风比较低且保持不变，而旁路风的风量比较高，可以使管路中的风量和风速较高，避免了煤粉的沉积。

系统中，轴承密封风作用是防止煤粉漏出，由于磨煤机处于正压下工作，密封风机产生高压空气，送往磨煤机转动部件的轴承，防止煤粉漏出。齿轮密封风风源取自室内风，用来防止杂物进入磨煤机驱动齿轮而产生振动。慢传电机可使磨煤机在停机期间和维修操作时以额定速度的 1%进行旋转，可实现任意位置停机。钢球在工作一段时间后会变小，变小的钢球会改变磨煤机的出力和煤粉细度，每台磨煤机均配有加球系统，加球系统可以在不停磨煤机的情况下加入钢球。当有火警信号时，灭火系统可向磨煤机内喷水。清扫风风源取自冷一次风，在启、停磨煤机时对风管进行清扫，防止风管堵塞。冷却风风源取自二次风，在风管停止运行时，用来冷却一次风燃烧器，防止烧坏燃烧器。在磨煤机停机时，惰化系统向磨煤机内注入水蒸气进行惰化，以防自燃。

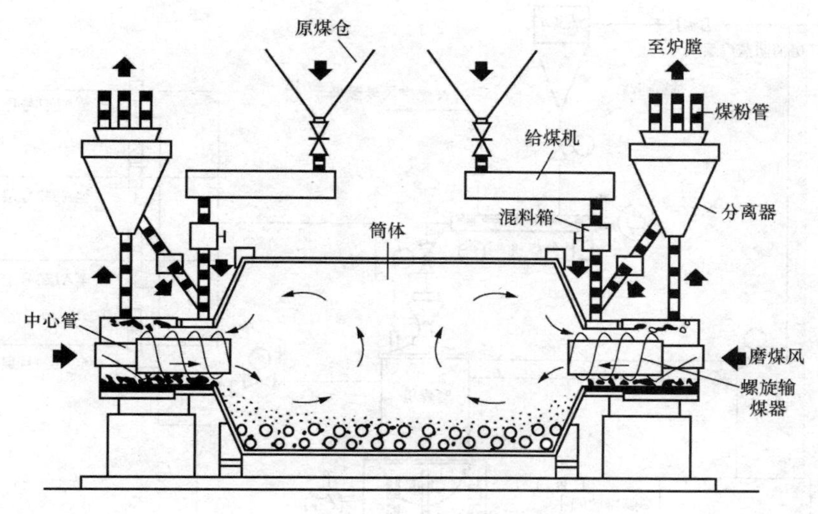

图 2-30 双进双出钢球磨制粉系统

磨煤机润滑油系统是由两台低压润滑油泵、两台高压油泵、冷油器及相关驱动设备与连接管道所组成。两台低压润滑油泵从上部向轴瓦提供连续油流进行润滑，两台高压油泵油管从轴瓦底部接入，用于磨煤机启、停或盘车过程中及其他异常情况下建立油膜；大小齿轮啮合部位采用喷射润滑装置周期喷射油脂进行润滑、减振。磨煤机启动前先启动一台低压油泵，压力正常后，再启动高压油泵。待磨煤机运行一段时间后，高压油泵自动停止。当润滑油压低时自动联启另一台低压油泵运行。

二、中速磨煤机冷一次风机正压直吹式制粉系统

中速磨煤机冷一次风机正压直吹式制粉系统由原煤斗、给煤机、磨煤机、煤粉管道、一次风和密封风等组成，如图 2-31 所示。

原煤由原煤斗经给煤机、落煤管进入磨煤机，并与热风混合干燥，在转动的磨碗与磨辊之间受到挤压和碾磨而被粉碎成煤粉。煤粉由热风携带至磨煤机上部煤粉分离器，经分离合格的煤粉由一次风携带，经磨煤机出粉管、煤粉管道送至锅煤粉燃烧器，供炉膛燃烧。不合格的煤粉返回到磨碗上再次碾磨。

空气经一次风机升压后一路为冷一次风，另一路去空气预热器一分风仓，经空气预热器加热后成为热一次风。冷、热一次风在磨煤机进口处按一定比例混合，以控制进入磨煤机的一次风温。进入磨煤机的一次风温可以由冷、热一次风管道上的风门挡板调节。

由于磨煤机处于正压运行，为防止煤粉外逸，采用高压空气进行密封。从冷一次风管引出一路冷风，经滤网过滤后送往密封风机，再经密封风机升压后用作磨煤机磨辊、磨煤机轴承、热一次风风门、磨煤机出粉管阀门及给煤机的密封风。另外从冷一次风管引出一路密封风作为给煤机的密封风。

中速磨煤机的油系统包括液压油系统和润滑油系统。液压油系统用于为加载装置和排渣门油缸提供操作动力，实施对磨辊的加载、启停磨时抬起或下降磨辊，以及排渣门的开闭。润滑油系统专供减速机循环冷却润滑用油。每台磨各有一个液压油站和一个润滑油站。

中速磨煤机冷一次风机正压直吹式制粉系统启动条件：给煤机出口快速关断挡板关闭、磨煤机热风挡板及冷风挡板关闭、磨出口隔绝门打开、给煤机入口闸门打开、一次风压建立

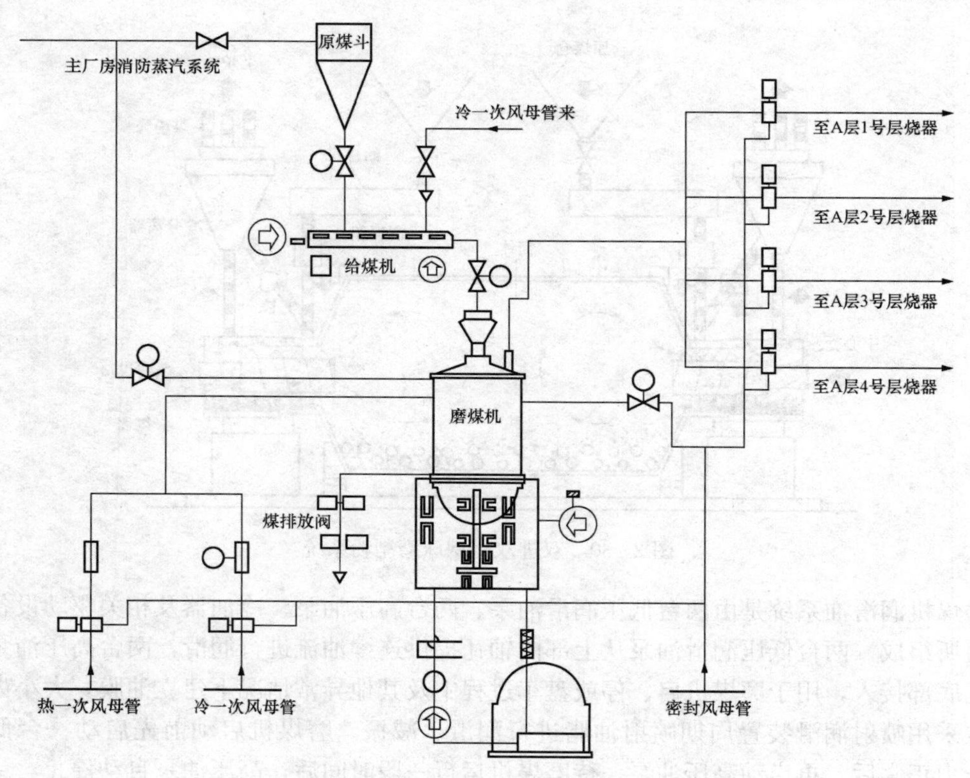

图 2-31　中速磨煤机冷一次风机正压直吹式制粉系统

(9～11kPa)、密封风/一次风母管差压正常、三只磨辊轴承油温均≤90℃。条件全部满足后，可启动磨煤机顺控启动程序：按磨煤机启动按钮→启磨煤机润滑油泵/液压油泵→开磨煤机出口阀密封风门、磨密封风门→开磨煤机出口阀→开磨煤机冷、热风截止门及石子煤箱落渣门→磨辊提升→磨煤机冷、热风调门投自动→启动磨煤机→开给煤机出口快关门、给煤机转速置最小→启动给煤机→开原煤仓出口门→降磨辊。

⇨【任务描述】

启动第一套直吹式制粉系统前，先启动一次风机和密封风机，调整好风压，投运该套制粉对应的点火油枪、磨煤机润滑油系统，等磨煤机启动条件满足，启动磨煤机，打开相应的进煤闸板，调节给煤量。双进双出钢球磨冷一次风机正压直吹式制粉系统投运任务实施流程见表 2-16。

⇨【任务实施】

表 2-16　双进双出钢球磨冷一次风机正压直吹式制粉系统投运任务实施流程

工作任务	双进双出钢球磨冷一次风机正压直吹式制粉系统投运
工况设置	单元机组冷态启动并网后带一定负荷
工作准备	1. 准确描述所操作仿真机组制粉系统流程和主要设备的作用。 2. 说明双进双出筒式钢球磨煤机润滑油系统流程和油泵启动顺序

续表

工作项目	操作步骤及标准	执行
一次风机投运	两台一次风机润滑油系统投入	
	检查一次风机启动条件满足，启动一次风机，热一次风出口门联动打开，打开一次风机出口电动门，调整一次风机动叶开度，一次风压8～9kPa。由于此时一次风量比较小，应该等至少一台磨煤机已经启动后将一次风机投入自动	
	一次风机运行技术要求： (1) 风机运行中应监视电流、风压正常；每小时检查风机、各油站运转平稳，无异常声音； (2) 并列运行的两台风机出力应保持平衡； (3) 风机轴承温度<80℃，电机轴承温度<85℃，电机线圈温度<110℃。当发现轴承温度超过正常温度，应及早联系检修人员进行检查处理。当电机轴承温度超过95℃，风机轴承温度超过90℃保护未动作应手动停止风机运行； (4) 一次风机及电机运行中轴承振动在6.3mm/s以下，当振动超过10mm/s应立即停止风机运行	
密封风机投运	确认密封风机轴承油位正常，油质良好，冷却水正常	
	风机电源送上，出口挡板打开。确认至少有一台一次风机已投入运行	
	检查密封风机具备启动条件，启动密封风机，电流在短时间内返回，检查出口门联动开启正常，调整入口挡板，保证密封风压力与磨煤机一次风压差大于2kPa，投入密封风压自动。将另一台密封风机按启动前检查要求列入备用状态，投入连锁自动位置	
制粉系统投运	磨煤机润滑油系统投运	
	检查对应侧燃烧器两侧二次风调节挡板60%左右，二次风与炉膛差压在1.0～1.5kPa；检查三次风门已开至燃煤位置	
	检查制粉系统所有风、煤闸门均关闭，慢传电机停运	
	启动减速机润滑油泵；启动煤粉管道吹扫程控；开分离器出口挡板；检查磨煤机高压油泵组已启动，顶轴油压建立	
	启动大齿轮喷油装置，启动大齿轮罩密封风机。全开磨煤机密封风入口电动门，调节入口调节门，维持密封风/一次风差压2～4kPa	
	暖磨：打开磨煤机入口一次风电动总门和调节总门，两侧旁路风门各开30%，两侧容量风门开10%左右，通过调节热一次风门和冷一次风门开度，控制磨煤机进口一次风温在180～280℃之间	
	待煤粉分离器出口温度高于65℃时暖磨结束，检查磨煤机满足下列启动许可条件：对应点火油层投运；密封风/一次风差压正常；润滑油系统正常；磨出口门和密封风门均开启；磨分离器出口温度正常；任一密封风机已启动60s	
	启动磨煤机	
	依次开启给煤机下煤闸板、给煤机和给煤机进煤闸板；增加给煤机转速，给煤量控制在12t/h左右，观察磨煤机料位缓慢上升，差压料位在400～500mm。给煤机开始给煤之后可以开大容量风至30%左右，并逐步关小旁路风门至0	

【知识拓展】

一、双进双出钢球磨煤机直吹式制粉系统的运行调节

1. 磨煤机出力调节

双进双出钢球磨运行中的磨煤出力是借助磨煤机一次风量的调节来控制的。由于筒体内存有大量煤粉，因此当加大一次风后，风的流量和其携带的煤粉流量同时增加，粉在风中的浓度几乎不变。由于出粉量增加，故筒体内的料位下降。料位自控装置根据料位下降信号自动增加给煤机转速，以维持恒定的料位，从而使给煤量与出粉量相等，磨煤出力提高。

一次风量的调节，可以调节磨煤机进口管路上的一次风调节总挡板，也可以调节磨煤机的热风挡板和冷风挡板。在投自动的情况下，热风挡板和冷风挡板能够做同向联动调节，在调节磨煤机出口温度的同时，改变磨煤机通风量，即磨煤出力。在只需要调节磨煤机出口温度的情况下，热风挡板和冷风挡板能够做反向联动调节，保持一次风量不变。在调节磨煤机的通风量时，不应使通风量增加到超过最佳通风量；也不应使通风量降低到不能保证足够一次风速的限度以下，或者由于通风速度低而降低分离器的效率。但若在特殊情况下，如追求最大磨煤出力，也允许在最大通风量下运行。

2. 煤粉管一次风速的调节

煤粉管一次风速和风温监视与调节对煤粉输送的安全和燃烧稳定是十分必要的，最低允许值一般为 18m/s。由于双进双出钢球磨煤机出口的风煤比不随负荷变化而变化，当在低负荷运行时，磨煤机筒体内的通风量减少，导致磨煤机出口及一次风管内的气粉混合物流速降低，过低的流速将引起管内煤粉沉积。在低负荷时通过加大旁路风风量，补充一次风量的减少，使分离器和一次风管道内始终保持最佳风速，保证煤粉分离效果并防止煤粉管堵塞。

3. 料位监督与控制

双进双出钢球磨煤机的料位（存煤量）是影响磨煤机安全经济工作的重要监控参数。运行中的磨煤机存煤量不随负荷变化，筒内的存煤量约为钢球重量的 15%，相当于磨煤机额定出力的 1/4。在一定的通风量下，存煤量越多，磨煤出力越大。在维持小存煤量（低料位）运行时，必须增大风量，使煤粉变粗，才能达到与较高煤位时相同的磨煤出力，这不仅增加了通风电耗，也使未完全燃烧损失增加，运行不经济。因此维持一个较高的料位是保证双进双出磨煤机经济运行的必要前提，但过分提高煤位则会影响磨煤机的运行安全性。磨煤机的料位控制由料位控制系统完成。当实际煤位高于设定煤位时，输出正的煤位差信号，使给煤机转速减小，给煤量降低；当实际煤位低于设定煤位时，输出负的煤位差信号，使给煤机转速增大，给煤量增加。

本教材所示例的 600MW 超临界压力仿真机组，双进双出钢球磨煤机直吹式制粉系统采用前后墙对冲燃烧方式，料位控制通过两侧的给煤机控制指令，对于 F 磨的给煤机来讲，左侧面板中 PV 值为两侧指令值的平均值，SP 值为该侧给煤机指令相对于平均值的偏置；右侧面板的 PV 值为磨煤机内料位值，SP 为料位设定值（手动情况下跟踪实际值）。与 F 磨对应的 A 磨，其料位的设定和指令偏置的设置刚好相反。等料位大约上升到 300 之后，先将两侧给煤机投入自动，再将料位设定值设定到 400～450，偏置设定为 0。观察料位能维持在设定值附近即可。

4. 煤粉细度调整

影响双进双出钢球磨煤机直吹式制粉系统运行中煤粉细度的因素主要有三个方面：①煤

粉分离器转速，当风量和煤位不变时，增加分离器转速可以使煤粉变细，降低分离器转速则使煤粉变粗；②磨煤机通风量，当分离器转速和煤位不变时，随着通风量的增加，携带粗粉的能力增加，分离器的循环倍率减小，煤粉变粗，而磨煤机通风量又是与锅炉负荷成正比的，故高负荷时煤粉变粗，低负荷时煤粉变细；③磨煤机内煤位，在一定的通风量和给煤量下，高料位运行可延长煤在磨内的停留时间，使煤反复磨制，煤粉变细；而低料位运行情况正好相反，煤粉变粗。如果运行中的实际煤粉细度达不到设计煤粉细度，可以通过适当增加装球量（或更换新球），筛除碎球等办法使煤粉细度达到要求。

二、双进双出钢球磨煤机直吹式制粉系统的停运

正常停运磨煤机时，先关小热风门及两侧旁路风门，开大冷风门维持粉管风速在 21～25m/s 范围内，根据燃烧情况投入对应的点火油枪稳燃。然后手动缓慢降低给煤机转速至最低值，关闭给煤机进口煤闸门，走空给煤机后停运，关闭给煤机出口煤闸门。待磨煤机料位到零后，启动高压润滑油泵，逐渐关小磨煤机进口热风门，开大冷风门，控制分离器出口温度正常，停止磨煤机主电机。检查关闭冷风门、热风门、容量风门、磨煤机进口一次风隔离总门、各粉管关断门，关闭各密封风门。开启各粉管清扫风门，吹扫 2min 后关闭。检查大齿轮密封风机和润滑油站，应分别延时 30s 和 3min 后自停，否则手动停运。

需紧急停运磨煤机时，在锅炉 DCS 控制画面上直接将磨煤机“打闸”。磨煤机主电机停止后，联跳给煤机，联启高压油泵。同时连锁关闭该制粉系统除密封风系统的所有风挡板和煤闸门，运行人员手动关闭各密封风门。非 MFT 工况，吹扫粉管 2min。检查大齿轮密封风机和润滑油站，应分别延时 30s 和 3min 后自停，否则手动停运。紧急停运后，投入慢传电机，开启惰化蒸汽电动门 10min 后关闭。

三、中速磨直吹式制粉系统的运行调节

1. 制粉系统出力调节

中速磨直吹式制粉系统出力调节是根据锅炉负荷信号调节给煤机转速，从而改变给煤量。热一次风挡板的开度按照预先设定风煤比根据给煤量调节。一次风量的调节信号取一次风量测量装置测得的数据并经过温度修正。冷一次风量是根据磨出口温度与设定温度的偏差量来调节，维持磨煤机出口温度在规定范围内。

磨煤机出力调节通常采用液压变加载方式，变加载调节方式是由给煤量信号来控制磨煤机液压油系统的比例溢流阀的开度，从而改变变加载油压，调节磨辊的加载油压。变加载油压为 4～15MPa，对应的加载力为 25%～100%，对应的磨煤机出力为额定出力的 25%～100%。单台磨的额定出力为 63.6t/h，最小出力为设计出力 25%。运行的磨煤机平均出力超过 80%时应增加一台磨煤机，平均出力低于 40%时应切除一台磨煤机运行。

2. 风煤比的控制

磨煤机在运行时，其风煤比设定为制粉出力的函数。不同制粉出力下维持一定的风煤比，即磨煤机的通风量（一次风量）与给煤量之比，是中速磨负荷调节的重要特点。额定出力下的风煤比是根据锅炉燃烧一次风率的要求、一次风管道气力输送的可靠性以及制粉系统的经济性来确定的。不同型式的中速磨其设计风煤比的数值在 1.2～2.2 之间，都能保证必需的风环风速和干燥出力。较高的风煤比适用于燃用挥发分较高的煤种，较低的风煤比则适用于燃用挥发份较低的煤种。

在一定给煤量下，随着风煤比的增大，通风电耗增加而磨煤电耗稍减，磨煤机内的煤粉再循环量增大，制粉经济性往往变差。因此，运行中宜维持合适的风煤比，以提高经济性。从安全角度考虑，煤层增厚时发生堵磨的可能性变大，因此又需适当增大风煤比。在磨煤机运行初期，一次风量自动调节尚未投入，由运行人员手动调节磨煤机出力时，应做到增加磨出力时先加风量后加煤量，降低出力时先减煤量后减风量，以防止一次风量调节过快或风量过小造成石子煤量过多，甚至堵煤。

3. 磨煤机出口温度

以烟煤为例，磨煤机出口温度设定值为75℃，出口温度≥85℃或≤65℃时报警，改变风煤比或干燥剂进口温度都可调节磨煤机出口温度，但为维持风煤比曲线并使制粉经济，在煤质允许的条件下，应尽量使用改变干燥剂入口温度的方法调节磨煤机出口温度。当必须改变风煤比时，应注意一次风量必须保证最低风环风速的限制和防止一次风管堵粉。否则，应调整磨煤机的负荷。在安全允许的条件下，推荐维持磨煤机出口温度在上限运行，这样可提高磨的入口温度，增加磨煤机的磨制能力，使制粉电耗降低。

4. 磨煤机电流（功率）、一次风机电流

在直吹式系统中，当气粉混合物流量增加时，将使一次风机负荷增加，并导致一次风机电流增加；给煤量增加将使煤层和碾磨压力增加，磨煤机电流随之增加。反之，则均减少。当系统中的磨煤机电流和一次风机电流均增大时，说明制粉出力增加。当磨煤机电流和一次风机电流同时减小时，说明制粉出力降低。若一次风机电流增大而磨煤机电流减小，说明磨煤机内存煤少或者断煤。此时给煤机转速可能较高而实际进煤不多，但一次风量则接受给煤机转速信号而增大。相反，若磨煤机电流增加而一次风机电流减小，说明磨煤机内煤多或满煤。满煤时，一次风量很小，而一次风机电流正比于一次风量的平方，故一次风机电流减小。

一次风机电流在一定程度上可反映磨煤机出力的情况。若一次风机电流波动过大，说明给煤量太多，此时煤粉变粗，严重时也可能产生磨煤机堵塞。此时应立即减少该磨的给煤量，相应增加其他各磨的负荷，直至电流稳定为止。一次风机电流若明显下降，表明磨煤机已堵煤，应减小给煤量或暂停给煤直至电流恢复正常。一次风机电流若明显上升，说明磨煤机给煤不足（或者断煤）。这时磨煤机的运行十分不经济，风煤比大，且锅炉燃烧不稳或者脱火，应增大给煤量或者检查断煤原因。

5. 石子煤量监督

石子煤是指从磨煤机排出的石块、矸石及其他杂质。其正常成分中一般灰分不大于70%，热值不大于4800kJ/kg。中速磨排放石子煤的特性是一个优点，这对提高出粉质量、降低磨煤功耗、改善磨损条件都有好处。但是石子煤排量过大或热值过高，会造成燃料损失，因此运行中需要对石子煤量进行监督，防止排量失调。

影响石子煤量的因素：煤质（可磨性系数和杂质含量）、碾磨压力、磨煤面间隙、通风量、磨煤出力等。运行中主要是煤质变化、出力变化和通风量影响石子煤排量。随着磨煤出力的增加，石子煤排量增大，但由于原煤在石子煤中所占比例降低，石子煤的热值减小。石子煤排量与其热值的乘积与出力有较稳定的对应，可整理成曲线指导运行。若运行中发现该乘积严重偏离曲线，则可大致证明石子煤的排量失调或煤质剧烈变化，应引起运行人员注意，或者降低制粉出力。随着通风量的增加，风环风速变大，石子煤量减小。但风量调节受风煤比的制约，其调节范围是十分有限的。

应该指出，当煤中含有大量石子、矸石等杂质时，也可出现石子煤排量增大的现象，但这种增大正是中速磨排除煤中杂质能力的表现，而非磨煤机失控的结果，这种情况也可通过测定石子煤中的热值进行判断。

如果有煤排入石子煤箱，则可能表明：给煤量过多；碾磨压力过小；一次风量太小；磨煤机出口温度过低等。磨煤机部件磨损过多或调整不当也会造成煤的排出，煤的过量溢出表明磨煤机运行不正常，应立即采取措施，加以调整。

排渣是通过控制排渣箱进出口液压关断门的开与关，由人工定时清理排渣箱内的石子煤（或自动排渣）来实现的。清理的间隔时间应根据运行情况来决定：运行初期应间隔半小时检查一次排渣箱，正常运行时应 1～2h 检查一次排渣箱，每次启磨和停磨时必须检查或清理排渣箱。

正常运行时石子煤很少，石子煤较多主要出现在下面情况：磨煤机启动后；紧急停磨；煤质较差；运行后期磨辊、衬瓦、喷嘴磨损严重；运行时磨出力增加过快，一次风量偏少（即风煤比失调）等。其中启动磨煤机和紧急停磨引起的石子煤增多属正常现象，对于由于喷嘴喉口磨损引起的石子煤增多，应更换喷嘴。

6. 密封风压差监督与调节

以 ZGM－113N 中速磨煤机为例，其密封点有磨辊、机座、拉杆、一次风入口插板式检修隔绝门、磨煤机出口快关门，各个密封点的要求：①机座密封，为防止一次风从转动的传动盘处泄漏，密封风室的密封风压必须大于一次风室内的一次风压力，密封风量约占总密封风量的 45%。②磨辊密封，磨辊密封风除保证运行的正常风量外，当停磨以后应保持一定时间的密封风，以防止停磨后飞扬的煤粉对磨辊油封产生不良影响。密封风保持时间见停磨程序要求。密封风量约占总密封风量的 50%。③拉杆密封，主要是防止关节轴承和密封环之间积粉，密封风量约占总密封风量的 5%。④磨一次风入口插板式检修隔绝门密封，检修隔绝门磨停运时用于隔绝一次风，其作用是保证磨煤机定期维护、检修及事故停磨后的检修安全，并防止漏风污染磨辊油封和漏风量大使磨内温度升高产生不利影响。一次风入口隔绝门和磨出口快关门的密封风量很小。

中速磨的密封风量还会影响煤粉细度。当密封风量过大时，会形成一股从分离器内锥下口短路的回流，把本已分离下来的粗粉再带走，使煤粉变粗。密封风压差越大，则煤粉中的较大颗粒越多，因此运行中必须控制好密封风压差。

密封风要求数值如下：①密封风量 1.5kg/s，对应的密封风母管压力高于一次风母管压力 9kPa；②启动磨煤机时密封风（分管）与一次风的压差值必须大于 2kPa；③运行时密封风（分管）与一次风的压差值不得低于 1.5kPa。

7. 煤粉细度的调整

多数中速磨制粉系统煤粉细度的调整主要通过改变静态分离器的折向挡板开度来完成的。静态分离器的折向挡板的开度由大到小则煤粉细度由粗变细。若折向门的开度达到最小时，煤粉仍很粗，说明碾磨能力低，合格的煤粉磨不出来，则需要加大磨辊弹簧压力（或提高加载力），以增加磨辊对煤层的压紧力；反之，若折向门的开度已开至最大时，煤粉仍很细，则需要减小磨辊弹簧压力（或降低加载力），这样可以在相同磨煤出力下，使磨煤机电流降低。用挡板调节减小煤粉细度时，应注意磨煤机功率增加的幅度，以较大的磨煤电耗来取得较小的煤粉细度改善是不经济的。

煤粉细度特性包括三个方面：①各运行因素对煤粉细度的影响；②煤粉细度与挡板开度的关系；③煤粉细度对制粉系统工作的影响（如对最大出力、制粉电耗的影响等）。

煤粉细度随磨煤机磨制能力的提高和通风携带能力的减小而降低。因此所有降低磨能力的因素都会使煤粉变粗，而通风量的减小也都会使煤粉变细。在不改变煤粉分离器挡板开度的情况下，煤粉细度与碾磨压力、磨煤出力的关系，以及煤粉细度与煤可磨性的关系见图 2-32。

由图可见，当磨煤机负荷不变时，随着碾磨压力的提高，煤粉变细；当碾磨压力不变时，随着负荷的增大，煤粉变粗。碾磨压力对煤粉细度的影响随着锅炉负荷的降低而越来越小，因此当磨煤机处于低负荷运行时，可适当降低施加的碾磨压力，这既有利于减少磨煤机的振动，又不至于对煤粉细度造成明显影响。煤粉细度和制粉单耗与分离器挡板开度的关系见图 2-33。由图可见，在某一给煤量下，随着分离器挡板开度的关小，煤粉逐渐变细，越过一定开度后煤粉重又变粗。图中 20%～55%为分离器挡板的有效调节区。在该区内煤粉细度与挡板开度近于直线关系。随着煤粉细度的减小，煤层增厚，磨煤机电流增大，磨煤单耗和制粉单耗均升高。在分离器挡板的有效调节区以外（图中 55%开度之后的区间），关小挡板对煤粉细度的改善作用不大，甚至相反，不仅陡然增大了通风电耗，而且使煤粉的均匀性变差，粉中大颗粒增多。运行中应避免分离器挡板开度设定在这一区间。

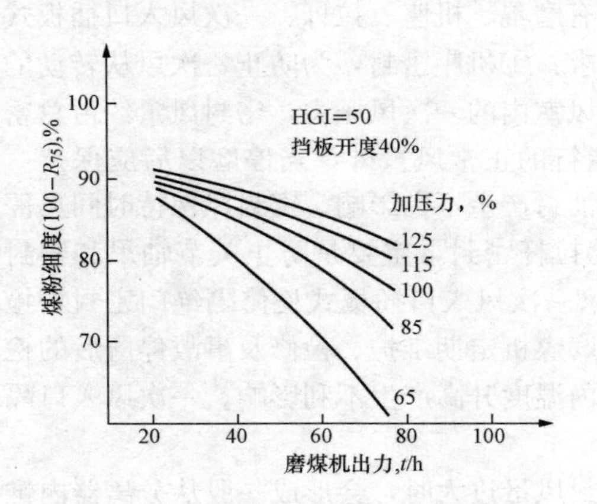

图 2-32　磨煤机碾磨压力和工作负荷对煤粉细度的影响

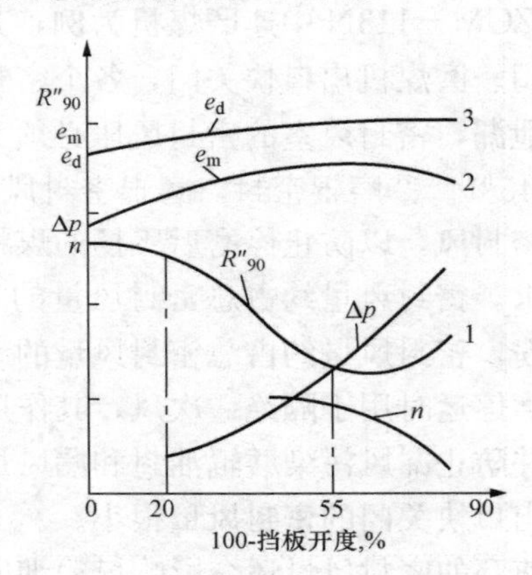

图 2-33　中速磨的分离器挡板特性

1—煤粉细度；2—磨煤单耗；3—制粉单耗

目前有一种安装在磨煤机上部的动态旋风分离器替代原有的磨煤机出口静态分离器，动态分离器上装有旋转叶片装置，通过变频电机带动齿轮减速箱对分离器的空心轴和叶片进行传动，转子按逆时针方向，用于颗粒分离。动态分离器的转速取决于给煤速度，当给煤机速度加快时，分离器转速也加快，具有根据锅炉运行情况实时调整煤粉细度的能力，适用于研磨低挥发分煤或磨煤机的研磨能力下降时，使系统能够处于常规状态，完成出力调节。

四、中速磨直吹式制粉系统的停运

1. 正常停磨煤机

停磨之前，将给煤量逐渐调到最小给煤量，同时降低分离器出口温度，按磨煤机启停保护逻辑的"正常停磨煤机"完成停磨程序。冷风门逐渐"开大"，热风门逐渐"关闭"，待分离器出口温度降到≤60℃时，关闭原煤仓出口门，给煤机走空后停止给煤机，提升磨辊，磨煤机空转 60～120s，停磨，磨辊下降复位。

2. 紧急停磨煤机

下列情况采取紧急停磨：机组发生故障应自动切除磨煤机而未切除；磨煤机启动电流持续时间超过规定值或正常运行电流达到最大而不返回；电动机冒烟或着火；磨煤机剧烈振动危及设备安全。

在锅炉DCS“锅炉制粉总貌”界面上直接将磨煤机“打闸”。磨煤机主电机停止后，联跳给煤机，同时连锁自动关闭该制粉系统除密封风系统的所有风挡板和煤闸门。监视磨煤机出口温度是否异常升高，必要时投入灭火蒸汽。如果紧急停磨后，短时间内无法排除故障，则应联系检修维护人员打开磨煤机人孔门，将磨煤机内清理干净，避免积煤自燃着火。如果紧急停磨后，故障已排除，磨煤机可以再启动，应进行以下准备工作：检查一下磨煤机及辅助设备；排渣；按“正常启动”程序启动磨煤机。

五、直吹式制粉系统的运行方式

直吹式制粉系统的最大特点是制粉系统出力必须随时保持与锅炉负荷一致。为使燃烧均匀和制粉经济，各磨煤机一般应保持等出力运行，且尽可能使磨煤机在额定负荷附近运行，因为磨煤机在高出力下运行是最经济的（制粉单耗最低）。

当负荷变化较小时可改变给煤机转速来调整燃烧，当负荷变化较大时，就需要启动或停止一台磨煤机及相应的制粉系统。考虑到燃烧的稳定及合理的风、粉比例，一般是按如下方式调节的：当运行着的各台磨煤机都减小到其额定出力的40%时，就应停止其中的一台磨煤机，将其负荷转移到其他磨煤机上去；当所有运行着的磨煤机的出力都大于其额定出力的80%时，就应增投一台磨煤机。

随着出力的下降，单位制粉电耗上升。对于直吹式制粉系统，当负荷降至很低时，经济性的下降加速。这主要是因为当低于某一较低负荷后，一次风量不再降低，风粉比亦增大的缘故。此外，由于磨制吨煤的运转时间延长，磨煤机的单位磨损率增高。因此，各磨煤机都规定了最低允许出力的数值。最低出力的规定，同时也是考虑了燃烧的需要，因为在最低允许负荷以下，不仅制粉经济性下降很多，而且煤粉浓度低，燃烧不稳，易造成燃烧器灭火。因此，在设备数量和机组运行工况允许的条件下，应通过投、停磨煤机的方式避开这一最低出力。

六、磨煤机典型故障

1. 中速磨煤机着火

现象：磨煤机出口煤粉管和磨煤机本体外壳油漆剥落，严重时变红、冒烟；出口温度迅速升高报警，甚至跳磨；外部辐射热增大；磨煤机差压指示大幅度晃动；磨煤机内爆燃并可能有巨响，不严密处有火星喷出。

原因：磨煤机温度调节系统失灵，磨煤机出口温度高未及时调整；磨煤机内部进入易燃、易爆物品；磨内有死角长期积煤，或石子煤长期不排放，积煤自燃；停磨后，磨盘上大量积煤，停留时间过长；停磨吹扫不净，或磨煤机运行风量偏小，出口管积粉；炉膛正压回火。

处理：磨煤机出口温度异常升高时，立即关小热风调节挡板，开大冷风调节挡板；手动增加给煤量，但应防止堵磨；及时彻底排渣；以上措施无效，磨出口温度110℃时按紧急停磨处理，必要时投入灭火蒸汽；联系检修设法清理积煤、积粉。

2. 双出双进磨煤机断煤

现象：断煤的给煤机电流异常增大或减小。磨煤机煤位降低，电流下降。磨内钢球撞击声增大，断煤信号动作。输粉管温度升高，自动状态下冷风门开大，热风门关小。

原因：煤斗堵煤或煤位低。给煤机进、出口煤闸门误关。给煤机联轴器销子断脱、断链。

处理：煤斗堵煤时，派人就地敲煤，无效则停止给煤机，关闭给煤机出口闸板和给煤机密封风门，进行人工疏通。当煤斗煤位指示低时，应及时联系燃运上煤。煤斗因故未及时上煤，造成煤斗空仓时，应及时停运给煤机，关闭给煤机下煤闸板，避免热风反吹烧毁给煤机皮带。磨煤机单进双出方式下运行，应控制好分离器出口温度和温差，可适当增大停运给煤机密封风压力。煤闸门误关时，应手动开启，查明原因作相应处理。销子断脱或断链时，应停止给煤机，联系检修处理。在给煤机停运期间，应维持密封风压力始终高于一次风压2～4kPa，如停运时间较长，磨煤机煤位难以维持，应关闭停运侧除密封风外的各风门挡板，维持半磨运行，直至故障消除后再恢复运行。

3. 磨煤机堵煤

磨煤机堵煤的现象、原因及处理见表2-17。

表2-17 磨煤机堵煤的现象、原因及处理

	双进双出钢球磨	中速磨
现象	磨煤机声音沉闷，差压增大，料位显示偏高，出口温度降低；磨电流增大，严重堵塞时电流异常减小；磨进、出口冒粉；分离器堵塞时，其前设备及管道会出现较大正压，进出口压差大；一次风管风速、温度降低；机组负荷下降，自动状态下的各制粉系统指令明显增大	磨煤机电流增大，且摆动；通风量及出口温度降低；进出口压差增大；锅炉汽温、汽压下降；磨煤机出力下降，燃烧投自动时其他制粉系统出力增大；就地检查磨煤机运行振动大，石子煤量异常增加
原因	料位（差压）信号失灵，造成给煤自动失灵；煤太湿堵塞磨煤机入口；分离器长期未清理，被木块木屑堵塞，或因回粉管锁气器动作不正常造成分离器堵塞；制粉系统出力过高；风门挡板自动失灵，造成风压、风速、风量不够；监视不力，手动调节失当	调整不当或自动失灵，磨通风量过小。给煤量太多。磨煤机内部故障。未及时排放石子煤。加载装置故障，磨煤机出力下降。密封环间隙过大或喷嘴环堵塞。磨煤机出口门位置不正确，或一次风调速孔板堵塞
处理	加强制粉系统监视，从各种表计的综合表现判断是否存在异常和表计的准确性；表计故障应解除相关自动、手动调节维持制粉系统及机组稳定运行，联系热控处理；如果分离器堵塞，应停止该制粉系统进行分离器清理、疏通；如确认磨煤机堵煤，应立即降低给煤机转速，关小旁路风门，开大容量风门疏通，必要时停止两侧给煤机运行；如堵塞严重经上述处理无效，应采用间停间开磨煤机的方法加强抽粉，仍无效则停止该制粉系统，进行人工疏通、抽粉	满煤不严重时立即降低给煤机转速减小给煤量。满煤严重时立即停止给煤机运行。适量关小冷风调节挡板，开大热风调节挡板，保持磨出口温度正常，增大通风量。检查磨煤机出口门正常开启。根据情况调整其他磨煤机出力。处理无效时停止磨煤机运行，联系检修清理

⇨【实践与探索】

编写中速磨煤机冷一次风机正压直吹式制粉系统启动操作卡，并利用仿真机组操作实践。

工作任务十五 单元机组升负荷

➩【任务目标】

掌握单元机组并网后升负荷主要操作步骤及注意事项；能利用仿真机进行主要运行参数监视调整；除氧器汽源、轴封汽源切换；超临界压力直流锅炉汽水从循环态转为直流态监视与调整。了解汽轮发电机组并网后DEH调节控制回路；了解除氧器异常和事故处理原则。

➩【知识准备】

机组启动在整个升负荷过程中负荷变化率应≤6MW/min，负荷变化率手动设定需兼顾到锅炉燃料控制、蒸汽参数稳定性与汽机不出现较大热应力。例如：调节级金属温度升高过快，需采用较小的负荷变化率。注意加强对锅炉各受热面（尤其是水冷壁）金属温度的监视，防止超温；严格控制汽、水品质；注意监视凝汽器、除氧器、加热器的水位变化，及时调整，维持水位在正常范围之内；严格监视机组各项参数，尤其是差胀、绝对膨胀、振动、瓦温、轴向位移等运行参数，出现异常时，应及时分析原因，停止升负荷，按照相关事故处理规程采取措施，并汇报有关领导。

机组启动初期及低负荷阶段，燃烧率的增加应平稳缓慢，尽量避免使用过、再热器减温水，防止喷水过早、过多造成水塞甚至汽轮机水冲击；启动过程中、后期，根据沿程汽水、管壁温度上升情况及时投用减温水。机组正常运行后应检查关闭机组有关疏水。

升负荷期间，每一阶段的辅机启动，应按辅机规程规定执行，每一阶段的停留时间，除应保证满足该阶段的主、再热汽参数外，还应检查机组各部分正常后方可继续升负荷。

发电机有功负荷增加速度取决于汽轮机，发电机定、转子电流的增加速度应均匀；应监视发电机密封油、内冷水、氢气的压力、温度自动控制正常，冷却介质温度及温升、铁芯温度、绕组温度及出水温度在正常范围内，无漏水、漏氢现象；应及时检查励磁系统运行正常并及时调整发电机的无功负荷，使功率因数及发电机电压在规定范围内运行。

➩【任务描述】

汽轮发电机组并网后带上初负荷，并在初负荷下暖机一段时间，进一步提高转子金属温度，防止转子、汽缸热应力过大。初负荷暖机后，在“DEH”操作界面设定目标值和升负荷率进行升负荷的操作，逐渐增加燃料量，即增加磨煤机运行台数，并相应停用油枪；逐渐关闭各级疏水。发电机负荷大于100MW时进行厂用电切换。当锅炉负荷大于30%BMCR时，除氧器加热汽源由辅汽切换至四抽汽，除氧器转为滑压运行，分离器由湿态转为干态方式运行，如采用电泵启动，此时需并入第一台汽泵，如采用汽泵启动，则并入第二台汽泵。当锅炉负荷大于50%BMCR时，两台汽泵并列运行，机组运行稳定后投入CCS方式运行，在CCS主画面设定目标负荷和升负荷率，以协调方式继续增负荷至额定值。机组并网后升负荷任务实施流程见表2-18。

【任务实施】

表 2-18 机组并网后升负荷任务实施流程

工作任务	机组并网后升负荷	
工况设置	机组并网后 工况描述：相关热力系统及辅助设备工作正常；一台电泵运行	
工作准备	1. 熟悉你所操作火电仿真机组蒸汽流量与锅炉负荷之间的对应关系。 2. 掌握机组负荷、给水、汽温、燃烧调整的基本知识	
工作项目	操作步骤及标准	执行
升负荷至120MW	机组并网后带30MW暖机15～30min	
	检查低压缸喷水减温投入，控制低压缸排汽温度<80℃	
	确认DEH在“操作员自动”方式。在DEH操作画面上，设定负荷变化率4MW/min，目标负荷120MW	
	逐渐增加机组负荷，投运制粉系统，控制主、再蒸汽升温率不超过2℃/min，检查高低压旁路控制主汽压力8.4MPa运行	
	负荷至60MW后，检查汽机高压段疏水全部关闭	
	负荷至90MW左右，检查高旁逐渐关小直至全关；检查低压缸喷水自动停用，低压缸排汽温度正常	
	负荷升到120MW稳定，进行厂用电切换（发电机出口装设断路器接线方式除外）。检查汽机中、低压段疏水全部关闭	
升负荷至180MW	在DEH操作画面上，设定负荷变化率4MW/min，目标负荷180MW	
	检查层二次风调节挡板自动动作正常，各燃烧器二次风和三次风挡板位置正确，检查各油枪和煤粉火检强度充足、稳定；逐渐增加燃煤量，减少燃油量	
	四抽压力达0.147MPa，除氧器汽源切换至四抽，注意除氧器压力、温度、水位的变化	
	检查3号高压加热器汽侧压力与除氧器压力之差大于0.25MPa，高压加热器疏水切至除氧器	
	机组负荷在150MW左右，检查启动分离器储水罐水位降至11.3m，检查361阀自动关闭，锅炉汽水从循环态转为直流态（湿/干态），投入361阀暖管系统运行	
	检查给水流量自动调节正常，当给水旁路调节门开度大于80%且给水泵转速达5500r/min，将给水管道切换至给水主路运行	
	启动第一台汽泵，并泵操作完成后，投入给水自动调节	
	烟温538℃，退出烟温探针运行	
	负荷至180MW检查低旁逐渐关闭，高压调门开度增大至90%左右，机组转入滑压运行阶段	
升负荷至600MW	增加锅炉燃煤量，逐渐减少油的燃烧率。所有油枪停止运行后，电除尘全部投入运行	

续表

工作项目	操作步骤及标准	执行
升负荷至 600MW	负荷至 350MW 稳定后，检查第二台小机低速暖机已经结束，升速至 3000r/min，并入第二台汽泵，停电泵备用	
	当高中压缸轴端漏汽满足低压缸轴封供汽需求，轴封系统进入自密封状态，轴封辅汽供汽调节门应已自动全关，退出辅汽汽源，调整轴封进汽门开度，检查投入低压轴封减温水自动控制正常	
	检查 DEH 遥控投入条件是否满足，DEH 投遥控	
	如送风自动控制经调试确认正常，投入送风自动控制	
	汽机、锅炉主控投自动，确认机组在滑压运行方式，投入机炉协调控制	
	全面检查机组稳定运行后，对锅炉受热面全面吹灰一次，抄录锅炉膨胀指示，确认锅炉各部膨胀正常	
	在 CCS 主画面设定目标负荷 600MW，继续增负荷	
	负荷至 540MW，检查机组转入定压运行方式	
	负荷至 600MW，全面检查机组各参数正常	

【知识拓展】

一、汽轮机 DEH 并网带负荷后的三回路调节

汽轮机 DEH 调节控制回路主要功能包括升速控制、功率一频率控制、调节级压力控制、阀门管理、ATC 等。功频调节用于机组并网运行工况下的功率调节。图 2-34 所示为 DEH 功频调节回路示意。系统采用了三个主调节回路：外环一次调频主回路，中环功率调节主回路，内环调节级压力调节主回路。

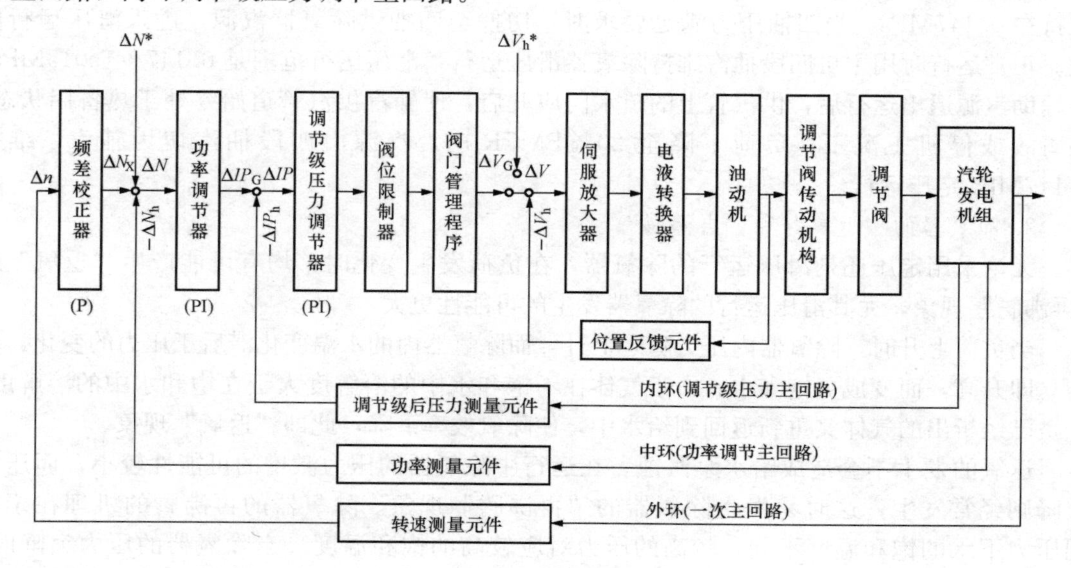

图 2-34　DEH 功频调节回路示意

外环回路是一次调频回路（速度反馈回路），接受来自电网的、能反映电网一次调频能

量需求的频率变化信号的控制，在机组并网运行时是自动投入的，一旦投入，运行人员无法将其切除，除非油断路器跳闸或速度通道故障，否则该回路不会自切除。

中环功率调节主回路的控制策略：将功率反馈信号与综合功率指令信号相比较，根据其差值进行调节，差值越大，调节幅度越大，速度也越快，因此，可减小动态调节过程中的动静功率偏差，从而改善了功率调节的动态特性。增设内环调节级压力调节主回路的控制策略：将调节级压力反馈信号与调节级压力指令信号相比较，根据其差值进行功率调节。由汽轮机变工况理论可知，将定压运行的凝汽式汽轮机所有非调节级取作一个级组时，调节级后汽室压力的变化与主汽流量的变化近似成正比，而主汽流量的变化又与汽轮机功率变化近似成正比，可用调节级后汽室压力的变化来超前反应调节汽阀开度变化、蒸汽参数变化等引起的功率变化。它比电功率变化信号快得多，所以内环调节级压力回路是一快速内回路，不但能消除蒸汽参数波动引起的内扰，而且起快速粗调机组功率的作用。功率的细调是通过中环功率调节主回路的进一步调整来完成的。

综上所述，中环与内环本质上都是用于功率调节的。发电机功率反馈信号、汽轮机调节级压力反馈信号是在不同位置上反映机组实际功率的变化。

二、除氧器运行

除氧器运行中应监视除氧器的压力、温度、水位及进水流量等正常，运行工况与机组负荷相适应，除氧器无明显的振动，维持除氧器水位正常，若除氧器水位自动调节失灵，立即切至手动调节。若除氧器压力大 1.54MPa 时，应检查除氧器安全门动作。AVT（加联胺、氨）运行工况时，监视除氧器出水含氧量小于 7μg/L。CWT（加氧）运行工况时，应逐渐关闭除氧器排气门。

1. 除氧器的汽源切换

在机组启停过程中负荷小于 15%BMCR 时，除氧器定压运行，借助辅汽将除氧器压力维持在 0.147MPa。当四抽压力满足要求时，切换至四抽供除氧器汽源，进入滑压运行阶段。正常运行时用主机四段抽汽维持除氧器滑压运行，滑压运行范围是 0.147～1.015MPa。在辅助汽源退出运行后，供汽管上的疏水门应开启，使辅汽供汽管道始终处于热备用状态。在事故或停机工况下，负荷下降至 20%BMCR 时，汽源由四段抽汽切为辅汽，维持 0.147MPa 定压运行。

2. 除氧器的“返氧”和“再沸腾”

无论采用定压还是滑压运行的除氧器，在负荷发生变化时，均有可能产生“返氧”或“再沸腾”现象，尤其滑压运行的除氧器发生的可能性更大。

当负荷上升时，除氧器内压力随之上升，而除氧器内的水温变化滞后于压力的变化，不能立即升高，而变成欠饱和水。由于气体在不饱和水中的溶解度大于在饱和水中的溶解度，于是已经析出的气体又重新返回到给水中，使除氧效率下降，此即“返氧”现象。

返氧的发生不会造成给水泵汽蚀。在运行中除氧器的压力激增的可能性较小，而压力突降则经常发生，这时易发生除氧器的“再沸腾”现象。除氧器的再沸腾的机理在于不同压力下水的饱和温度不同，较高的压力对应较高的饱和温度。当除氧器的压力突降时，给水的饱和温度降低，而此时给水的温度几乎不发生变化，即给水的焓值较此压力下饱和水的焓值高，使给水发生汽化，即“再沸腾”。根据热力除氧原理，给水发生再沸腾时，其除氧效果更好，但此时给水泵发生汽蚀的可能性增大，故滑压运行的除氧器应特别注意避免压力突降。

3. 除氧器的压力调节与保护

正常运行时，除氧器的加热蒸汽由汽机第四段抽汽供应，除氧器采用滑压运行，加热蒸汽进口管道不设调节阀，为防止除氧器满水时向汽轮机进水，以及甩负荷引起汽机超速，在加热蒸汽管道上设置了止回阀和电动隔离阀。在机组启动或甩负荷时，为保证除氧器的除氧效果，以及机组在调峰运行时或机组停运期间不使除氧器的凝结水与大气接触，加热蒸汽改由辅助蒸汽提供。汽机跳闸，当除氧器压力降至0.147MPa时，辅助蒸汽调节阀自动开启，辅助蒸汽投入。

4. 除氧器停运

正常停机时，随着机组负荷的降低，除氧器的压力、温度和进水量逐渐下降，当负荷降到20%时，除氧器汽源切至辅汽，维持除氧器定压0.147MPa运行，并监视除氧器水位、压力和温度与机组负荷相适应，根据需要减少除氧器的上水量至零，并退出除氧器加热装置。

三、除氧器的异常和事故处理

1. 除氧器水位异常处理

除氧器水位的调节主要通过两路除氧器上水调阀（并有电动旁路）来完成，并设有水位连锁和保护装置。水位异常变化主要是由进、出水失去平衡和除氧器内部压力突变引起的，这时应找出主要因素并针对处理，不可盲目调节，防止除氧器满水。

当发生水位高Ⅰ值时，应立即核对除氧器水箱实际水位，检查水位调节阀动作情况，若自动调节有问题，将自动调节切为“手动”，调整水位至正常，及时联系检修处理。

当发生水位高Ⅱ值时，检查除氧器溢流阀应自动打开，3号高压加热器至除氧器疏水调节阀关闭，若未动作则人为强制动作，降低水箱水位至正常。

当发生水位高Ⅲ值时，检查除氧器四抽电动阀及止回阀应自动关闭，否则人为强制关闭。检查3号高压加热器正常疏水阀、除氧器水位调阀关闭。

当发生水位低Ⅰ值报警时，应立即核对除氧器水箱实际水位，检查水位调节阀动作情况，若自动调节有问题，将自动调节切为“手动”，调整水位至正常，及时联系检修处理。

当发生水位低Ⅱ值报警时，给水泵应跳闸，按紧急停机处理。

2. 除氧器压力异常处理

除氧器压力异常表现为压力的突升和突降。

除氧器压力突升，主要在以下三个方面进行检查与处理：一是检查辅汽至除氧器进汽调节阀应关闭；二是高压加热器水位过低或无水，导致高压蒸汽进入除氧器使压力升高，及时检查调整高压加热器水位至正常；三是凝结水流量突然降低使除氧器压力升高，此时应注意安全阀动作情况，并检查凝水流量降低原因，若安全阀因除氧器水位自动调节失灵突然关闭，应及时开大调节阀和旁路阀，并联系消除缺陷。

除氧器压力突降，主要在以下三个方面进行检查与处理：一是若除氧器压力与四抽压力差不正常，则可能是四抽电动阀或汽轮机卡涩或没全开，应及时处理打开；二是由于除氧器进水流量过大，而使压力降低，应检查自动调节是否正常，否则应切为手动调节；三是若因为凝结水温度过低，造成除氧器压力降低时，应检查低压加热器运行是否正常。

四、361 阀暖管管路的启闭时间

361 阀暖管管路指省煤器出口连接管→361 阀→储水罐→过热器二级减温水的管路，主要目的是对 361 阀及储水罐至 361 阀管道进行暖管，防止启动回路突然投运时，361 阀及储水罐至 361 阀管道出现热冲击对阀门和管道产生疲劳伤害。在锅炉启动过程中，361 阀暖管管路必须在锅炉实现直流转换、361 阀完全关闭后才允许启用，此管路流量约为 1.2t/h。建议在锅炉正常运行过程中应确保 361 阀暖管管路正常投入使用。在锅炉停运过程中，361 阀暖管管路建议在 361 阀开启后关闭。

五、6kV 厂用电切换装置

厂用电切换指的是厂用电系统进行工作电源与备用电源之间的互相切换。在 20 世纪末期，国内广泛采用的备用电源自投装置，一般都是用工作电源开关的辅助接点直接（或经低压继电器、延时继电器）启动备用电源，这种方式缺乏相频检测，若在合闸瞬间厂用母线反馈电压与备用电源电压间相角差较大，甚至可能接近 180°，将对电动机造成很大的合闸冲击。随着真空开关和 SF_6 开关的广泛应用，现代机组厂用电源普遍采用新一代快速切换装置。

1. 快速切换的定义及优点

假定事故前工作电源与备用电源同相，且从事故发生时到厂用工作断路器跳开瞬间两电源仍同相，当在厂用工作电源失电极短（一般 0.1～0.25s）的时间内，即母线残压与备用电源的相角差角度拉开还不大时（通常指工作电源失电后所出现的第一次 $\theta<30°\sim60°$）实现的厂用电切换称之为“快速切换”，这是最理想的备用电源投入时间。此时反馈电压 U 的数值和频率下降都不多，相角差 θ 也不大，差拍电压不高，电动机转速下降又不太多，冲击电流和自启动电流均很小，对于电动机群的自启动极为有利。既能保证电动机安全，又对厂用电动机自启动十分有利。

2. 快速切换功能

正常切换由手动启动，在集控室或装置面板上均可进行。正常切换是双向的，可以由工作电源切向备用电源，也可以由备用电源切向工作电源。正常切换有以下几种方式。

（1）并联自动：手动启动，若并联切换条件满足，装置将先合备用（工作）开关，经一定延时后再自动跳开工作（备用）开关，如在这段延时内，刚合上的备用（工作）开关被跳开，则装置不再自动跳工作（备用）开关。若起动后并联切换条件不满足，装置将闭锁发信，并进入等待复归状态。

（2）并联半自动：手动启动，若并联切换条件满足，合上备用（工作）开关，而跳开工作（备用）开关的操作由人工完成。若在规定的时间内，操作人员仍未跳开工作（备用）开关，装置将发出告警信号。若起动后并联切换条件不满足，装置将闭锁发信，并进入等待复归状态。

（3）手动同时切换：手动起动，先发跳工作（备用）开关命令，在切换条件满足时，发合备用（工作）开关命令。若要保证先分后合，可在合闸命令前加一定延时。

事故切换由保护出口启动，单向，只能由工作电源切向备用电源。事故切换有两种方式。

（1）事故串联切换：保护启动，先跳工作电源开关，在确认工作开关已跳开且切换条件满足时，合上备用电源。串联切换有三种切换条件：快速、同期捕捉、残压。

（2）事故同时切换：保护启动，先发跳工作电源开关命令，在切换条件满足时即（或经用户延时）发合备用电源开关命令。事故同时切换也有三种切换条件：快速、同期捕捉、残压。

【实践与探索】

根据本书图 2-9 所示电气系统图，查阅相关机组规程资料，编写机组启动过程中切换厂用电的操作卡。

工作任务十六 汽动给水泵运行

【任务目标】

掌握驱动给水泵小汽轮机油系统、汽源及轴封、疏水系统流程和主要设备作用；能用仿真机进行小汽轮机启动冲转、汽动给水泵并列操作；掌握操作过程中主要操作步骤及注意事项；汽泵并列过程中能保持给水流量的稳定；熟悉 MEH 控制系统操作界面及主要功能。

【知识准备】

一、驱动给水泵汽轮机系统

驱动给水泵汽轮机也称小汽轮机，一般为单缸，轴流，反动式。

1. 给水泵汽轮机油系统

小汽轮机配备独立的集中供油系统。如图 2-35 所示，供油系统配备有带排油烟机和加热设备的油箱，一套双联冷油器，两台型号相同的交流主油泵（一台工作，一台备用），一台直流事故油泵，一台盘车用顶轴油泵。

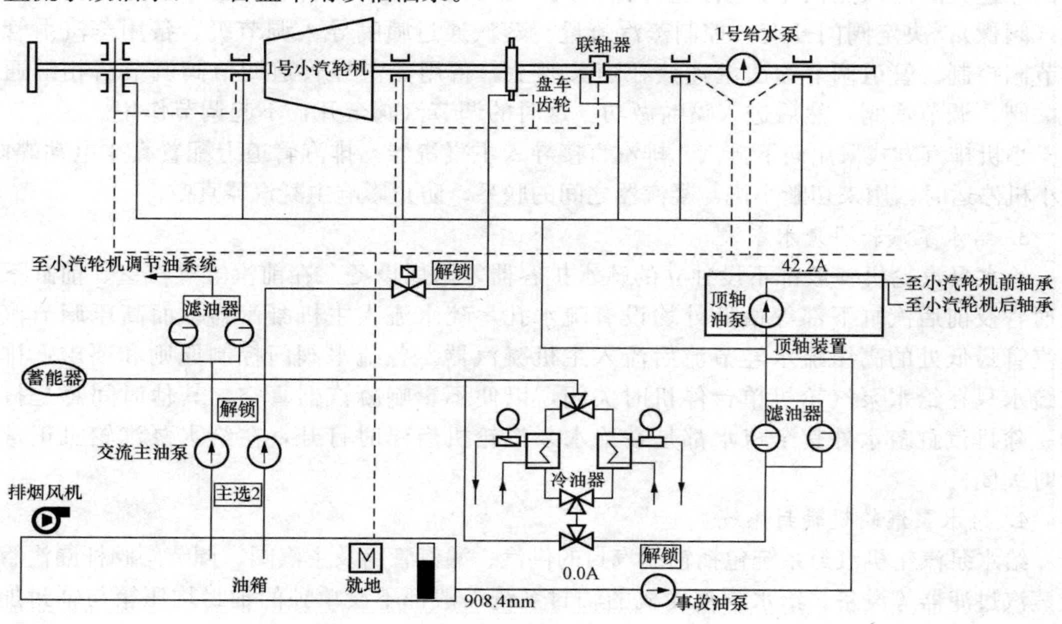

图 2-35 给水泵汽轮机油系统

2. 给水泵汽轮机进、排汽系统

如图 2-36 所示，小汽轮机工作汽源为主机四段抽汽，蒸汽压力较低；主机再热蒸汽冷段作为备用汽源，蒸汽压力较高；调试及启动汽源由辅助蒸汽系统提供。

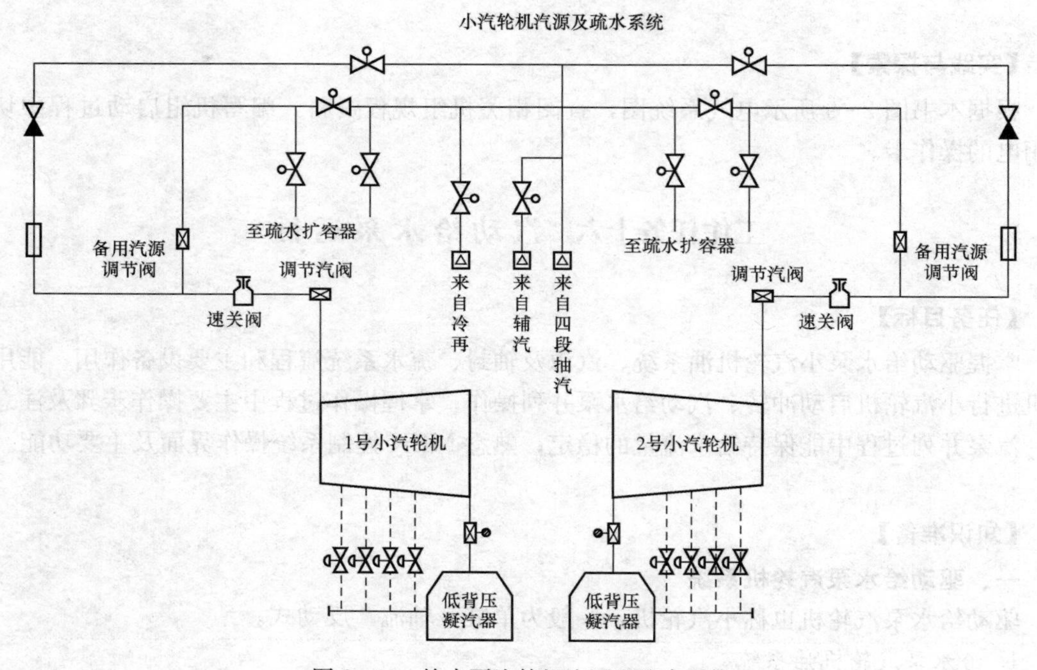

图 2-36 给水泵汽轮机汽源及疏水系统

无论工作汽源或备用汽源均由调节器控制，汽源的切换由调节器自动控制完成。工作蒸汽经速关阀进入蒸汽室，蒸汽室内装有提板式调节汽阀，油动机通过杠杆机构操纵提板（阀梁），决定阀门开度，控制蒸汽流量。蒸汽通过喷嘴导入调节级。备用蒸汽由管道调节阀控制。管道调节阀法兰连接在速关阀上。备用蒸汽经管道调节阀调节后相继通过速关阀，调节汽阀，然后进入喷嘴做功。这时的调节汽阀全开，不起调节作用。

小机排汽方式采用向下排汽，排汽直接导入主凝汽器。排汽管道上配置真空电动蝶阀，在小机停运时，用来切断小机与凝汽器之间的联系，防止影响主凝汽器真空。

3. 给水泵汽轮机疏水系统

给水泵汽轮机一般都不设独立的疏水扩容器等附属设备。在前汽缸蒸汽室、前缸下部连通管及前后汽缸下部等最低处均设有疏水孔，疏水流入主机凝汽器；而高压调节汽阀等汽管最低处的高压疏水经节流后流入主机凝汽器。各疏水阀门控制原则和要求：排汽缸疏水只在给水泵汽轮机单台停机时关闭，以便不影响凝汽器真空，其他时间总是打开的；除排汽缸疏水外其余疏水都是在给水泵汽轮机启停时打开，在给水泵汽轮机正常运行时关闭。

4. 给水泵汽轮机轴封系统

给水泵汽轮机汽封系统包括轴端汽封的供汽、漏汽管路及主汽阀、调节阀阀杆漏汽管路及蒸汽过滤器等设备。给水泵汽轮机的轴封系统一般都不设单独的轴封均压箱与轴封加热器，而与主汽轮机轴封系统相连。经减温装置后的母管蒸汽流向给水泵汽轮机前后轴封进大气端的第二腔室。供汽压力一般维持在0.117～0.138MPa（绝对压力）；供汽温度也应与汽轮机转子温度相匹配，要求在121～177℃，正常值149℃。

二、小汽轮机数字电液调节系统（MEH）

小汽轮机MEH系统主要任务是通过控制小汽轮机的转速来控制锅炉的给水流量，其控制方式有以下三种。

（1）锅炉自动控制方式。通过把从锅炉协调控制系统CCS来的给水流量信号，转换成转速定值信号，输入转速控制回路控制小汽轮机的转速。转速控制范围是3000～6000r/min。

（2）转速自动控制方式。运行人员给定目标转速，由转速闭环回路控制汽轮机的转速随给定值变化。转速控制范围是0～6600r/min。

（3）手动控制方式。这是一种备用方式。当发生异常情况时，操作员通过MEH操作员站转速增、减按钮控制HP（高压）和LP（低压）调速阀的位置。手动控制方式为开环控制方式。其转速控制在600r/min以下，需要时，0～110%额定转速范围都可用。

当给水泵汽轮机满足启动条件时，选择转速自动方式，操作人员在MEH控制面板上设定升速率和目标值，MEH自动地将小汽轮机转速自盘车转速一直提升到目标转速。转速大于等于3000r/min时，可将控制方式切换为锅炉自动方式，MEH系统能接受来自锅炉闭环控制系统CCS的给水流量需求信号，实现给水泵汽轮机转速的自动控制。在锅炉自动控制方式下，若转速控制范围超出3000～6000r/min，或CCS来的给水流量信号消失，通过软件自动的从锅炉自动控制方式切换到转速自动控制方式。

【任务描述】

启动一台汽动给水泵与电动给水泵并列运行

新建600MW机组降低造价，选用30%容量的电泵作为启动和备用，电泵和单台汽泵并列运行最多只能带90%额定负荷。因此若启动初期采用电泵给水，在180MW前，必须并入一台汽泵才能继续升负荷。也有的电厂只选用15%容量的电泵，仅作为机组启动用，电泵不能作为备用，在机组启动过程中，90MW前，必须并入一台汽泵才能继续升负荷。在汽泵启动2h前投入小汽轮机盘车，启动时，检查满足小汽轮机冲转条件，在MEH控制界面上进行小汽轮机冲转升速。转速到3000r/min，MEH接受CCS遥控指令，此时汽泵转速由DCS界面上给水全程控制调节系统来控制。启动一台汽动给水泵与电动给水泵并列运行任务实施流程见表2-19。

【任务实施】

表2-19 启动一台汽动给水泵与电动给水泵并列运行任务实施流程

工作任务	启动一台汽动给水泵与电动给水泵并列运行
工况设置	机组并网后，相关热力系统及辅助设备工作正常；一台电泵运行
工作准备	1. 准确描述所操作仿真机组小汽轮机油系统、汽源及轴封、疏水系统流程和主要设备作用。 2. 说明MEH有哪几种控制方式。 3. 你所操作的火电仿真机组小汽轮机冲转条件有哪些

续表

工作项目	操作步骤及标准	执行
汽动给水泵启动前检查准备	检查所有仪表、自动装置、热工保护投入正常	
	按小机启动前检查卡检查小汽轮机油系统、轴封系统、供汽系统、疏水系统、汽泵本体、给水管路的相关阀门符合启动前要求	
	检查汽泵转速控制在手动位置，手动脱扣手柄在“脱扣”位置，速关阀、调节汽阀、排汽蝶阀在关闭位置	
	主机EH油系统已投运正常	
	投入前置泵及主泵冷却水，投入前置泵及汽泵密封水	
汽泵组盘车暖管	启动小汽轮机油系统，检查交流油泵、顶轴油泵振动、声音、润滑油压力、温度、各轴承回油、油箱油位及排烟风机运转应正常，油系统无漏油现象。油泵连锁试验应正常	
	确认系统内所有放水阀关闭，稍开汽泵前置泵入口电动阀，打开放气阀，排完空气后关闭放气阀，全开汽泵前置泵入口电动阀，开启汽泵组再循环调阀前后电动隔离阀，调阀投自动	
	小汽轮机冲转前2h应投入盘车，检查盘车转速正常，机内及泵内无杂音	
	送轴封汽，检查轴封压力正常	
	抽真空，打开小汽轮机排汽蝶阀，小汽轮机真空应逐渐上升，注意主机真空变化情况不应有大幅度下降	
	投入小汽轮机本体疏水阀“自动”，开启高低压供汽管道及速关阀、调节汽阀前疏水阀，对小汽轮机本体及供汽系统暖管疏水	
	检查前置泵轴承油位机械密封及轴承冷却水投入正常，启动前置泵，注意启动电流及电流返回时间，检查泵组振动、轴承温度、泵内声音、进出口压力、最小流量均正常	
小汽轮机冲转	检查小汽轮机已满足冲转条件：小汽轮机排汽压力＜40kPa；EH油压力＞14MPa；润滑油压力＞0.15MPa、油温＞35℃；安全油压力正常；汽源蒸汽压力正常，蒸汽过热度至少50℃；盘车运行正常且至少连续运行2h	
	在MEH操作界面上复位小汽轮机跳闸，点击“开主汽门”按钮	
	设置小汽轮机目标转速800r/min，升速率≤300r/min	
	转速达600r/min时，盘车喷油电磁阀自动关闭；停顶轴油泵；转速达800r/min时冷态启动时暖机40min（冷态启动）	
	暖机结束，继续提升转速至3000r/min，升速率≤300r/min	
	转速到3000r/min，检查本体各疏水阀关闭，将小机转速控制投到锅炉自动	
	开启汽泵中间抽头隔离阀、汽泵出口电动阀、前置泵进口加药阀、取样阀	
第一台汽泵与电泵并列运行	在给水系统DCS界面上通过汽泵转速控制器缓慢增加汽泵转速，提高泵出口压力	
	当汽泵出口压力接近给水母管压力时开泵出口门	
	注意调整两台并列运行泵出口压力一致，控制并泵后给水流量基本不变化	
	当汽泵的给水流量＞480t/h，检查汽泵再循环阀自动关闭	

➩【知识拓展】

一、电泵已运行，并第一台汽泵

当小汽轮机转速达3000r/min以上，控制投遥控后，MEH接受CCS遥控指令，此时在给水系统DCS界面上通过汽泵转速控制器缓慢增加汽泵转速，提高泵出口压力，当泵出口压力接近给水母管压力时开泵出口门，注意已运行泵转速的变化，控制给水流量基本不变化，必要时改变已运行电泵的转速来控制给水流量，注意调整两台泵出力一致。当电泵出力非50%容量时，电泵与汽泵流量特性存在很大差异，投入自动时，调节不稳定。所以，对于这样的机组，汽泵和电泵并列运行时，一般手动调节。当汽泵出力大于480t/h时，注意检查汽泵再循环逐渐关闭。在此过程中，注意保持锅炉给水总流量不变。给水泵并列过程中，要注意保持燃料量稳定，注意控制水煤比及锅炉中间点温度稳定。

二、电泵与一台汽泵并列运行，并第二台汽泵

并列第二台汽泵的操作原则与电泵启动，并列第一台汽泵的过程基本相同。按汽泵组启动操作卡，完成第二台汽泵组启动、暖机、投遥控。确认电泵、第一台汽泵运行正常，机组负荷保持稳定，燃料量及给水流量等参数平稳。

将电泵、第一台汽泵转速控制调节器（给水系统DCS界面）切“手动”。缓慢增加第二台汽泵转速，注意运行泵转速的变化，控制给水流量基本不变化。当第二台汽泵出口压力接近第一台汽泵出口压力时，开启第二台汽泵出口电动阀，控制给水总流量基本不变化。降低电泵出力，缓慢增加第二台汽泵转速，当第二台汽泵出水后，略微降低第一台汽泵出力，控制给水总流量基本不变化。两台汽泵出口压力相等后投入汽泵“自动”。

继续降低电泵转速，注意汽泵转速变化，控制给水总流量基本不变化。第二台汽泵出力大于480t/h时，注意检查汽泵再循环逐渐关闭。在此过程中，注意保持锅炉给水总流量不变。电泵流量降低至190t/h时，注意检查电泵再循环应自动开启。缓慢关闭电泵勺管至零位。关闭电泵出口电动阀、中间抽头阀。按电泵“停止”按钮，检查电泵电流到零。电泵转速到零后，开启电泵出口电动阀，注意检查电泵不倒转。

三、汽泵组运行监视调整

检查汽泵前置泵电流、电机振动、声音、轴承温度应正常。检查汽泵泵组各参数正常；各设备轴承振动、温度、回油油流正常；机械密封水温正常，各格兰冷却水正常，泵入口滤网压差<0.06MPa。检查小汽轮机调节系统工作正常。检查小汽轮机润滑油系统：工作油压力、油温、各轴承油流、油滤网前后压差应正常；油箱油位、油质正常，油管路无漏油。

四、给水泵小汽轮机汽源切换注意事项

机组负荷稳定，第二台小汽轮机使用四抽汽冲转且已并列运行。将第一台小汽轮机控制方式切至“转速自动”，逐渐降低辅汽母管压力，使其略高于四抽压力，注意第一台小汽轮机调门开度不能超过另一台小汽轮机调门开度，且转速、流量稳定，就地缓慢关小本台小汽轮机辅汽汽源手动门，同时就地缓慢开启本台小汽轮机四抽汽源电动门，把小汽轮机用辅汽汽源缓慢切至本机四抽汽。汽源切换后，把小汽轮机重新切至“锅炉自动”。在切换汽源时，如果小汽轮机转速晃动太大，则停止切换，把小汽轮机退出后转速降至3000r/min再切换或打闸后切换汽源。

五、汽泵组正常停运

（1）汽动给水泵停止前应试转备用工作油泵、直流油泵及顶轴油泵正常。

（2）机组负荷降至210MW时，按电泵启动步骤启动电泵运行正常（为节约厂用电，也可以停机时不启动电泵，这时，应该将一台汽泵的汽源切换到辅汽，并先停用本机汽源的汽泵）。

（3）将需停的第一台小汽轮机转速控制切到“手动”，逐步降低该汽泵转速，注意电泵（或另一台汽泵）转速应相应提高。当该汽泵流量达260t/h时，再循环阀应自动开启。当该汽泵负荷全部转移到电泵（或另一台汽泵）时，将该汽泵转速降至3000r/min以下，开小汽轮机本体各疏水阀。

（4）在MEH控制盘上或就地打闸停小汽轮机，检查速关阀、调节汽阀关闭，小汽轮机转速下降。当小汽轮机转速降至600r/min，顶轴油泵应自启动正常。当小汽轮机转速降至300r/min，应自动开启另一台工作油泵及盘车喷油电磁阀。

（5）关闭汽泵前置泵进口加药阀、取样阀。

（6）若汽泵作热备用，则轴封汽、盘车应连续运行，排汽蝶阀开启，保持小汽轮机暖管状态。

六、汽泵组紧急停运

1. 汽泵组紧急停运的条件

满足下列条件之一时，紧急停运汽泵组：汽泵组保护达动作值而保护拒动时；汽泵组发生强烈振动或清楚听到小汽轮机内或泵内有金属摩擦声或撞击声；汽泵组任何一道轴承金属温度或回油温度超限，或轴承断油冒烟；汽泵前置泵电动机冒烟着火；汽泵前置泵电动机电流超限又无法降低时；小汽轮机发生水冲击；小汽轮机油系统着火不能及时扑灭，严重威胁机组安全运行；小汽轮机油箱油位降至低限或油系统漏油，无法维持运行时；小汽轮机调速系统大幅度晃动，无法维持运行时；汽泵发生严重汽化时；供汽管道或给水管道破裂，汽水大量喷出，威胁人身及泵组安全时。

2. 汽泵组紧急停运步骤

汽泵组紧急停运，应拍小汽轮机“停机”按钮或就地拍小汽轮机危急遮断器手柄或手动停机阀，检查小汽轮机速关阀、调节阀关闭，转速下降。如需破坏真空应先关闭排汽蝶阀及小汽轮机本体有关疏水后，再停止轴封送气。完成小汽轮机停机的其他正常操作。

【实践与探索】

写出2台汽泵运行时，一台汽泵停运检修，并30%容量电泵的操作卡，并用仿真机实践。

工作任务十七　单元机组热态启动

【任务目标】

掌握热态启动的主要操作步骤及注意事项；热态启动与冷态启动的主要区别；热态启动中容易出现的问题及处理原则。

【知识准备】

启动前汽轮机高压转子温度若高于350℃时，或停机时间大约在8h，都可称为热态启动。一般日启夜停机组的启动，都属于热态启动。此时机组停运时间不久，机组部件金属温度还处于较高温度水平，在升速过程中就不必暖机，只要检查和操作能跟上，应尽快地达到对应于该温度水平的启动工况。因此单元机组热态启动的特点是启动前机组金属温度高，汽轮机冲转参数高，启动时间短。

由于汽轮机停机后各金属部件的冷却速度不同，所以金属部件之间存在着一定的温差，从而造成动静间隙的变化，给启动带来一定困难，汽轮机组的一些大事故，如大轴弯曲、动静摩擦等，往往是在热态启动中操作不当而引起的。掌握热态启动的一般规律，严格按照规程进行操作和检查，就可使汽轮机在任何状态下都能顺利而迅速地启动。

一、单元机组热态启动操作要点

1. 掌握好锅炉出口的主蒸汽和再热蒸汽温度

热态启动时，一般规定进入汽轮机的主蒸汽温度，应比高压汽缸内缸金属最高温度高50～100℃，并具有56℃以上的过热度，但不高于额定温度。进入汽轮机再热蒸汽温度，应比中压汽缸金属最高温度高50℃以上，并具有56℃以上的过热度，但不高于额定温度。

新蒸汽温度高于调节级金属温度50℃以上，蒸汽在经过调节级喷嘴膨胀后，温度仍不低于调节级金属温度。这是因为如果新蒸汽温度太低，会使金属产生过大的热应力，并使转子突然受冷却而急剧收缩，造成通流部分轴向动静间隙减小，使得设备受损。

若冲转时蒸汽温度低于汽轮机最热部位金属温度的启动为负温差启动。负温差启动时，转子与汽缸先被冷却，而后又被加热，经历一次热交变循环，从而增加了机组疲劳寿命损耗。如果蒸汽温度过低，则将在转子与汽缸内壁产生过大的拉应力，而拉应力较压应力更容易引起金属裂纹，并会引起汽缸变形，使动静间隙改变，严重时会发生动静摩擦事故，此外，热态、极热态汽轮机负温差启动，使汽轮机金属温度下降，加负荷时间必须相应延长，因此对于停机时间很短后启动的机组，在额定汽温内要尽量提高汽温，以避免采取负温差启动；如果必须采取负温差启动，在启动过程中要密切监视机组的膨胀、胀差、振动等变化，加快升速及带负荷速度。

2. 掌握好启动速度

热态启动的原则是尽快升速、并网、带负荷至额定值，以防止汽轮机冷却，所以速度比冷态启动快得多。锅炉点火后，可用旁路系统尽可能加大过热器、再热器的排汽量，迅速增加燃料量，在保证安全的前提下尽快提高汽压汽温并增加升负荷的速度。对于直流锅炉，热态启动汽轮机冲转在工质膨胀后进行，汽轮机启动后要防止进水，蒸汽管道上的疏水门要打开。

3. 热态启动先向轴封供汽后抽真空

热态启动前盘车装置连续运行，先向轴端汽封供汽，然后抽真空，再锅炉点火。因为这时高压转子前后汽封和中压转子前汽封的金属温度都较高，如果抽真空不投汽封供汽，将会有大量冷却空气通过汽封段吸入汽缸，结果使汽封段转子收缩，引起前几级进汽侧轴向间隙缩小，使负胀差超过允许值。当汽缸温度在350℃以上时，即使先投轴端供汽，但供汽温度较低时，也会导致高、中压转子出现负胀差，这就要求使用高温汽源给轴封供汽。热态启动时，轴封供汽温度应根据转子表面和汽缸水平及差胀确定。当汽缸金属温度为150～300℃时，轴封用低温汽源；汽缸金属温度为300℃以上时应投入高温汽源，这对防止转子收缩起到良好作用。

热态启动真空度应高一些，因为主蒸汽和再热蒸汽管道疏水通过扩容器排至凝汽器，真空度高可使疏水迅速排出，有利于提高蒸汽温度。特别是在炉内余压较高时，凝汽器真空度应维持较高，这样旁路投入后，不致使凝汽器真空下降过多，但真空度也不能太高，以防主汽门、调速汽门密封性较差时，可能因漏汽使汽缸冷却。

4. 控制好热态启动时胀差

汽轮机热态启动时，机组的胀差先向正的方向变化，然后向负的方向变化。原因是汽轮机启动冲转初期，做功主要靠调节级，由于进汽量少，流速慢，通流截面大，鼓风损失大，排汽温度高，汽轮机胀差向正的方向变化。随着进汽量增加，汽轮机金属被冷却，转子被冷却相对缩短，随着转速升高，在离心力的作用下，转子相对收缩加剧，胀差向负的方向增大。此时可以增加主蒸汽温度或加快升速、升负荷，加大蒸汽温度和进汽量，使进入汽轮机的蒸汽温度高于转子温度，这样转子由冷却转为加热状态，负胀差就会消失。

5. 转子热弯曲

如果静止的转子上下出现温差时，与汽缸的热翘曲一样，转子也会上拱。大轴晃动度是监视转子弯曲的一个指标，通常是将百分表插在外伸的轴颈、对轮、或串轴表、胀差发送器处轴的圆盘上进行测量。若转子的弹性弯曲使转子重心偏离了转子的回转中心线，如果偏心度达到 0.1mm，在 3000r/min 时产生的离心力大小约等于转子的质量大小。所以转子若在弯曲下启动，中速以下就可能发生振动，造成动静摩擦。如果处理不当，就会造成大轴永久性弯曲。因此，对大轴晃动度要给予足够的重视。在停机后，连续盘车过程中要定期测量，特别是热态启动前，必须仔细检查。

若检查出晃动值超过了允许值，可以通过连续盘车来消除。如果大轴晃动度有增大的趋势，并有金属摩擦声，应采用手动盘车 180℃的方法检查。其方法是先手动盘车 360℃，测量并记录大轴晃动值及晃动最大值的部位，然后把转子停放在晃动表指示最大的位置，即转子温度较高的一侧处于下缸，而温度较低的一侧处于上缸，在上下缸温差和空气对流的影响下，缩小转子两侧径向温差使转子暂时性弯曲得以消除。当晃动值减小到初始最大晃动值的一半时，马上投入连续盘车，继续检查，如果晃动值还大于允许值，则重复以上手动盘车过程，再次消除暂时弯曲。

6. 关于上下缸温差

汽轮机冷态启动过程中，上下缸温差一般都在允许范围之内。而热态启动时，上下汽缸温差可能出现较大的情况。这是因为汽轮机从高温状态中快速减负荷停止以后，下汽缸冷却的速度快于上汽缸，上下缸将产生较大温差，汽缸产生变形，使调节级处动静部分的径向间隙减小甚至消失。在转子的径向也容易产生温差，使转子上凸弯曲，弯曲最大部位在调节级的范围内，并且转子弯曲最大的时刻也几乎是上下汽缸温差最大和汽缸拱背变形最大的时刻，如果出现这种情况，会使大轴旋转时与汽封摩擦造成大轴弯曲。因此，热态启动时对上下汽缸温差作出明确规定，为了防止汽缸有过大的变形，一般规定调节级处上下汽缸温差不得超过 50℃。如果采用双层汽缸，要求内缸上下缸温差不得超过 35℃。

二、热态启动操作技术要求

热态启动操作步骤与冷态启动基本相同，启动的关键是不能让处于热态的汽轮机转子和汽缸冷却，启动时应根据汽轮机汽缸、转子的金属温度来决定冲转的参数、升速率、带负荷速度。可利用机组的启动曲线来确定上述控制指标。在起始负荷之前的升速和升负荷过程应尽可能快，以避免汽轮机金属的冷却。

热态启动前的准备工作及启动的有关规定与冷态启动相同。但应注意以下事项：对已运行的设备系统进行全面检查确认无异常；对已投入的系统或已承压的电动阀、调节阀均不进行开、关试验；锅炉上水时，凝汽器应建立压力在10kPa以下，除氧器水温应大于120℃，上水流量应严格控制，一般不大于150t/h，以保证启动分离器前受热面金属温降速率及启动分离器内介质温降速度≤2℃/min，水冷壁范围内受热面金属温度偏差不超过50℃。将旁路系统切为自动，设定值为8.4MPa，检查旁路跟踪情况。

如启动前锅炉主蒸汽系统没有压力，锅炉上水时需开启省煤器出口放空气门并进行冷态冲洗。如启动前锅炉主蒸汽系统仍保持有压力，启动时可不进行锅炉冷态冲洗，但在系统运行后必须加强水质监督，锅炉的热态冲洗要正常进行。如启动分离器入口温度在260℃以上，可不进行锅炉热态冲洗。锅炉启动升温升压过程以点火后锅炉最低压力为起始点。

机组热态启动前，主机应在连续盘车状态，如中间因故停止盘车，再次投入需重新连续盘车4h。应先投轴封后抽真空，以免汽轮机转子受到骤冷，高中压缸轴封供汽温度与高中压缸转子金属温差不大于110℃。

热态启动时根据汽缸温度并按制造厂提供的启动曲线，确定冲转参数。尽量采用正温差启动，应保证主汽温度高于调节级金属温度50～100℃并至少有56℃的过热度，但不大于额定主汽温度；再热汽温度高于中压缸持环金属温度50℃并至少有56℃的过热度，但不大于额定再热汽温度；凝汽器绝对压力≤10kPa。其他冲转参数与冷态启动相同。如必须采用负温差启动，第一级室蒸汽温度与第一级金属温度不匹配度最大不超过－56℃。

汽轮机冲转时，转速目标值直接设定至2900r/min，升速率250～300r/min。升速至2900r/min，切换为GV控制，以50r/min的速率升3000r/min，并快速并网带5%负荷。热态启动无需进行暖机，按启动曲线以11～12MW/min速度接带负荷，避免缸温下降和出现负胀差。如果启动过程中出现负胀差，则应加快温升率和升负荷率，以保证胀差在规定的范围内。在汽轮机同步或蒸汽流量达到10%BMCR前，应保证炉膛烟温探针显示的温度必须小于538℃。

锅炉在升温升压过程中，要严格控制升温升压速率；机组并网后，在不超温的前提下尽量提高锅炉燃烧强度，快速提升机组负荷以适应汽缸温度变化。在启动期间严密监视过热器和再热器管壁温度应小于报警值；监视预热器进、出口烟温，防止二次燃烧。当锅炉燃油及煤油混烧或机组负荷小于180MW时，预热器应连续吹灰。

⇨【任务描述】

经过本项目第一到第十六工作任务的学习与实践，你所在的工作班组利用火电仿真机组进行热态启动操作。查阅所操作火电仿真机组集控运行规程，经小组认真讨论后，制作热态启动任务实施操作票，按照项目一的职业岗位素质要求，分工协作完成任务，并进行班组研讨。

项目三 单元机组运行调整

项目目标

单元机组运行状态的监视和调整是日常运行的重要内容。通过本项目的学习和实践，掌握单元机组正常运行中主要参数的监视和调节手段，熟悉引起主要参数变化的原因，并能根据机组运行状况分析判断参数异常；能熟练地利用仿真机进行负荷控制、燃烧调整和运行方式的选择；掌握单元机组主要经济指标和提高经济性的主要措施，了解单元机组几种调峰运行方式和负荷经济调度的方法。

工作任务

工作任务一 负荷控制及运行方式

【任务目标】

掌握单元机组负荷控制系统的组成和负荷控制方式；能熟练利用火电仿真机组进行单元机组负荷调节；了解负荷控制原理、局部故障处理逻辑。

【知识准备】

一、单元机组负荷调节的特点

单元机组由炉、机、电组成，并满足电网运行要求（电压、频率等），由于电力系统的频率和负荷经常变化，单元机组需要进行负荷调节。负荷调节通常有以下几种情况：①当电网频率变化时，汽轮机调节系统动作，汽轮机调门开大或关小，改变汽轮机进汽量从而改变主蒸汽压力。这时锅炉侧要相应地进行主蒸汽压力、燃烧、给水的调节，以维持能量的平衡，维持蒸汽温度的稳定；②按照电网调节指令调整负荷，锅炉改变燃料进行燃烧调节，同时进行给水量调节，汽轮机调整调门开度，改变进汽量，改变机组输出功率；③电网事故或机组内发生事故而引起的强制减负荷，锅炉要迅速减少燃烧量，降低蒸发量，汽轮机调门也应迅速关小，以控制汽轮机转速或主蒸汽压力。强制减负荷时要注意燃烧工况和机组参数的稳定及机组的安全。

负荷调节是单元机组运行中的一项重要工作。作为负荷调节的对象，炉、机、电的调节特性有很大差别：锅炉蓄热大，惰性比较大，调节反应慢、缓冲能力强；汽轮机通过改变调门开度参与调节，反应快、惯性小；发电机主要的调节是并网后通过励磁电流的增减来调节无功的大小。

根据上述对机组的要求和机组本身的特点，在提高机组负荷适应能力与保持机前压力稳定之间出现了矛盾。为解决这一矛盾，单元机组采用协调控制系统 CCS 实现机组安全经济运行。该系统把自动调节、逻辑控制、安全保护、监督管理融为一体，具有功能完善、技术先进、可靠性高等优点，满足大型单元机组负荷控制的需要。

采用协调控制系统CCS，当外界负荷（机组值班员负荷指令或电网中心调度指令）改变时，锅炉、汽轮机协调动作，尽量利用锅炉的蓄热能力，使机组能以最快的速度满足负荷要求的变化，并维持主蒸汽压力处于安全运行期间所允许的范围内。在机组主要辅机故障时，协调系统应自动降负荷到机组实际运行水平，即具有快速减负荷功能。当主要辅机设备工作到极限状态或机组主要参数偏差超过允许值时，对机组实际负荷指令实现增/减闭锁或迫升/迫降，以防事故的发生。

二、单元机组负荷控制系统的构成及原理

单元机组负荷控制系统包括机炉局部控制子系统和处于上位协调级的单元机组主控系统。主控系统是整个控制系统的核心，可分为负荷指令管理中心、机炉主控制器以及相应的逻辑控制系统，三者共同构成一个统一的整体，满足单元机组不同工况下运行的需要，保证机组的安全经济运行。图3-1所示为负荷控制系统的组成原理示意。

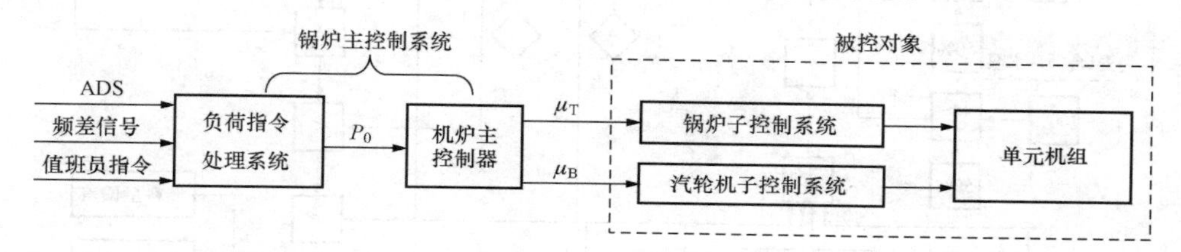

图3-1　负荷控制系统的组成原理

1. 负荷指令处理装置

图3-2所示为一种典型的单元机组负荷指令管理中心原理。单元机组负荷的给定信号来自两个方面，机组运行人员的“手动负荷给定”和“中调指令（ADS）”。中调指令的介入与退出可由运行人员进行选择。

目标负荷指令与机组可能出力计算回路分别计算出的机组最大可能出力信号中，取小值作为机组的负荷指令，送至负荷指令中心的下一部分继续进行处理。

当锅炉和汽轮发电机组本体运行正常时，机组的最大可能出力将取决于各种辅机的运行状态，如给水泵、送风机、引风机、循环水泵以及直吹式燃煤锅炉磨煤机的投入状态等。例如两台给水泵同时运行时最大可能出力为100%负荷，如果失去一台给水泵，则限定机组最大可能出力只能为50%负荷。又比如有四台磨煤机，满负荷时三台运行，一台备用，这样每台磨煤机承担33%的机组负荷。三台磨煤机同时投入时，最大可能出力为100%，停一台磨煤机而备用磨煤机又不能启动时，将失掉负荷33%。同理，也分别把送风机、引风机、循环水泵等辅机的最大可能出力进行运算，然后把这些信号送至一个小值选择器综合，最后形成机组的最大可能出力信号。

目标负荷与机组最大可能出力信号取小值作为机组的负荷指令，再与机组的最小负荷给定取大值，然后与机组最大负荷给定取小值，使机组的负荷指令限定在给定的最小、最大负荷之间。

负荷指令的变化速率可由运行人员手动给定，但不得超过机组应力计算器根据机组的热应力计算出来的允许速率限制值，两者取小值。当机组由于局部故障或某种原因进行迫升/迫降（Runup/Rundown）或甩负荷（Runback）时，往往要求较快的负荷变化速率，在此

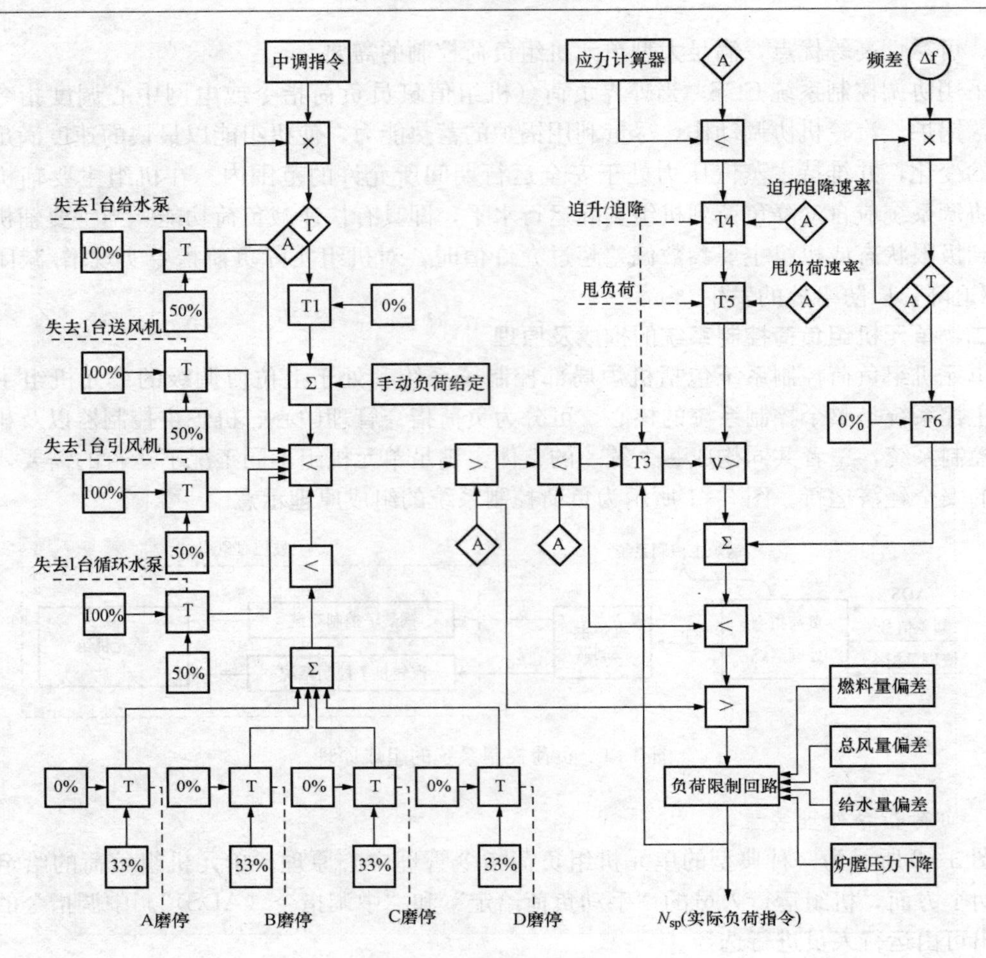

图 3-2　单元机组负荷指令管理中心原理

情况下，通过逻辑回路给出迫升/迫降或甩负荷时所设定的负荷变化速率。

负荷限制回路的作用是根据机组实际运行工况限制负荷指令。虽然在机组最大可能出力回路中已经将主要辅机设备对机组负荷的影响进行了考虑，但是，某台设备虽然投入运行，并不能说就一定能够达到预定的出力。另外，还有许多复杂的因素都会影响到机组的出力。比如，受热面的积灰、管道破损、风机水泵达不到额定负荷等原因，不可能事先得到全面的考虑。这些因素最终会造成机组某些重要参数的偏差，比如燃料量偏差—实际燃料量达不到负荷指令所要求的燃料量。除此以外，还有总风量偏差、给水量偏差、炉膛压力偏差等。

消除上述偏差的办法只能是修正负荷指令，使之与机组的可能出力相适应。这种修正负荷指令的办法称之为迫升、迫降，或闭锁负荷指令增或减（Block Load Increase or Decrease），使这些偏差回复至允许范围内。负荷指令限制回路的作用实质上是机组出现异常或故障时，为保证机组安全而采取的措施。经过负荷限制回路的限制之后，最后给出了机组的实际负荷指令 p_{sp} 作为机炉协调控制系统的功率定值信号。

2. 机组局部故障处理逻辑

当机组发生局部故障时，应对机组的负荷指令进行必要的处理，防止局部故障扩大甚至引起停机事故。局部故障的处理方法主要有甩负荷（RB）、闭锁机组负荷（增或减）、机组负荷迫升/迫降以及快速甩负荷（FCB）等。

（1）甩负荷（RB）。机组运行过程中，如发现机组重要辅机发生了局部故障，譬如出现一台风机跳闸等局部故障时，应把负荷指令降低至50%。甩负荷的原因是明确的，降低负荷的数量也是明确的。减少这一部分负荷之后，机组仍能维持正常运行。甩负荷在逻辑上也相对简单。一旦某台辅机故障，将通过机组最大可能出力运算回路，使机组的负荷指令降低相应的数量。与此同时，甩负荷信号出现，给出甩负荷条件下相应的负荷变化速率。

（2）迫升/迫降（Runup/Rundown）。当机组由于某种原因造成运行参数与负荷指令要求出现过大偏差时，应通过调整负荷指令使参数偏差回复至允许范围之内，这称之为负荷指令的迫升/迫降。迫升/迫降是一种出现参数偏差的情况下，为保证机组安全，自动地通过改变负荷指令，消除参数偏差的方式。当迫升/迫降完成后，机组的负荷指令将重新回复至负荷指令中心给出的负荷指令，相应地会出现重新升降负荷，如再次出现参数偏差，则再次进行迫升/迫降。如果参数偏差的原因不能很快消除，则运行人员应当主动增减负荷，或者改变机组运行方式，切至手动方式，并进行故障原因查找与处理，而不能单纯依赖系统的迫升/迫降功能。

例如，当给水泵因某种故障使给水流量降低，达不到负荷指令所要求的给水流量，出现汽水偏差过大。负荷限制回路将根据偏差的大小，进行迫降操作，减小负荷指令，直至汽水偏差回复至允许的范围内，反之亦然。

（3）闭锁负荷指令增或减（Block Load Increase or Decrease）。在机组运行过程中，当发现主系统或子系统指令已达到高、低限值，或出现参数偏差（燃料量、风量、给水量），但还未达到迫升/迫降的程度，此时应闭锁机组负荷指令的增或闭锁负荷指令的减。闭锁负荷指令可避免因负荷指令的进一步变化，使参数偏差扩大，有利于运行人员检查机组故障所在，并采取进一步的措施。

闭锁负荷指令增/减的条件可以根据需要设定，例如功率指令达高/低限、汽轮机阀位达高/低限、燃料指令达高/低限、送风量指令达高/低限、引风量指令达高/低限、给水量指令达高/低限等。

在发生负荷指令闭锁增减时，手动负荷指令的增或减操作被禁止；中调指令也被单方向禁止；闭锁增或减指示灯点亮，只允许负荷指令向相反的方向变化。

（4）快速甩负荷。机组自动快速降低负荷（FCB）是使机组具备维持空转、锅炉处于最低负荷或只带厂用电运行的功能。当电网出现故障或其他原因要求机组快速地将负荷降至最低限时，需要快速甩负荷。快速甩负荷的实现对机组的可控性要求很高，所有控制子系统必须处于正常工作状态，并应配备完备的旁路系统。目前绝大多数单元机组未设置快速甩负荷功能，故不再详细讨论。

3. 机炉主控制器

机炉主控制器接受负荷指令处理装置的给定功率指令、机组实发功率指令、给定主蒸汽压力和实际主蒸汽压力等指令，发出汽轮机调节阀开度及锅炉燃烧率指令，对单元机组进行调节，以适应外界负荷变化及保证机组运行的稳定性。机炉主控制器能根据机组运行工况，对不同的运行控制方式进行切换，实现单元机组协调控制、锅炉跟随、汽轮机跟随及手动等运行方式的切换。

三、单元机组的负荷控制方式

机炉负荷控制部分通常能够实现多种负荷控制方式，以适应不同运行条件及要求。负荷控制方式的选择或切换可通过手动或自动来实现。负荷控制方式可分为三类：机炉分别控制方式、机炉协调控制方式和手动控制方式。

1. 机炉分别控制方式

（1）机跟炉方式。锅炉主控手动，汽轮机主控自动。如图 3-3 所示，外界负荷需求变化时，首先改变锅炉负荷。当主蒸汽压力产生额定值偏差时，调整汽轮机调节汽门开度，维持汽轮机机前压力恒定。这种方式也称为锅炉基本、汽轮机跟随方式。该运行方式下，机组对外界负荷响应较慢，但主蒸汽压力稳定性好。另外，当锅炉侧产生内部扰动时，导致机前压力 p_T 的变化和输出功率 P 的变化，这将引起主汽门开度 μ 和燃料量 B 的同时动作。因而，机跟炉控制方式既不适用于带变动负荷的运行工况，也缺乏有效地抑制锅炉侧内部扰动的能力。目前这种控制方式主要是用于当锅炉侧辅机设备局部故障时使用，由锅炉给出最大负荷、汽轮机跟随，保持压力。

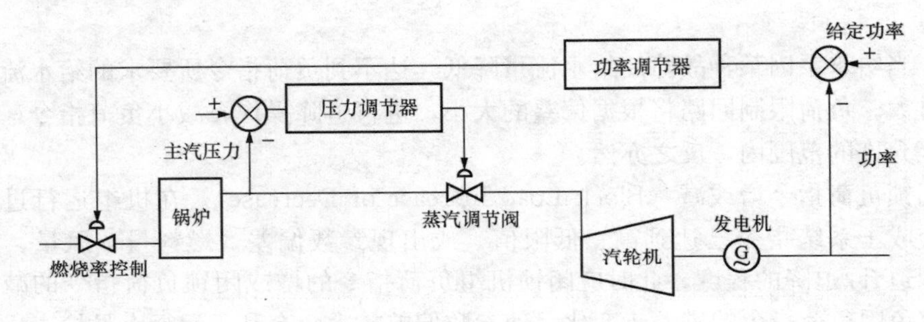

图 3-3　机跟炉控制方式示意

（2）炉跟机方式。汽轮机主控手动，锅炉主控自动。如图 3-4 所示，外界负荷需求变化时，首先改变汽轮机调节汽门的开度，改变进汽量，使机组输出功率与外界负荷需求相适应。此时势必造成机前压力偏离额定值。锅炉依据机前压力偏差调整燃烧率和给水流量，消除主蒸汽压力偏差，达到新的能量平衡。这种方式也称为汽轮机基本、锅炉跟随方式。这种运行方式的特点是机组响应外界负荷的速度快，但机前压力的波动性大。其实质是利用了机组内部的蓄热能量，满足外部负荷的需求。然而，维持机炉能量的平衡，最终要由锅炉输入量的改变、保持机前压力实现。由于这种方式没有考虑机炉对象的偶合特性，系统品质就不会很理想。如果调节器参数整定不当，可能引起系统的振荡和不稳定。炉跟机方式一般在汽轮机侧局部故障时使用。

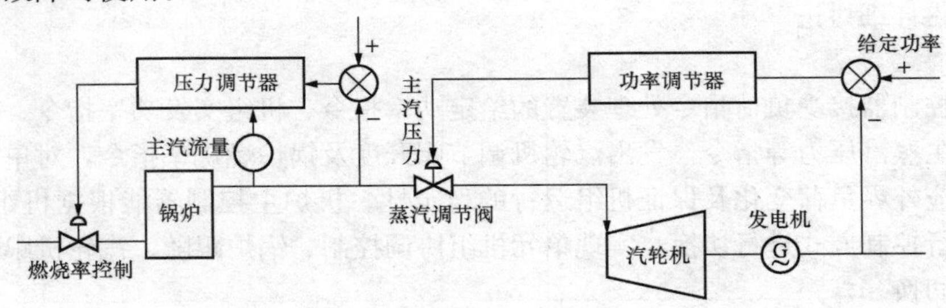

图 3-4　炉跟机控制方式示意

2. 机炉协调控制方式

当外界负荷需求变化时，同时改变机炉的负荷，既考虑到机组响应外界负荷的快速性，又不致造成机前压力的过分波动，使机炉之间出现的能量不平衡程度尽可能小，时间尽可能短，这样的运行方式则称之为机炉协调运行方式。如图 3-5 所示，此时锅炉主控、汽轮机主控都正常并在自动状态。正常运行情况下，协调控制系统采用以锅炉跟踪为基础的协调控制方式，汽轮机调门以控制负荷为主，用锅炉燃烧率控制主汽压力，当主汽压力偏差过大时，汽轮机侧协助锅炉调压。

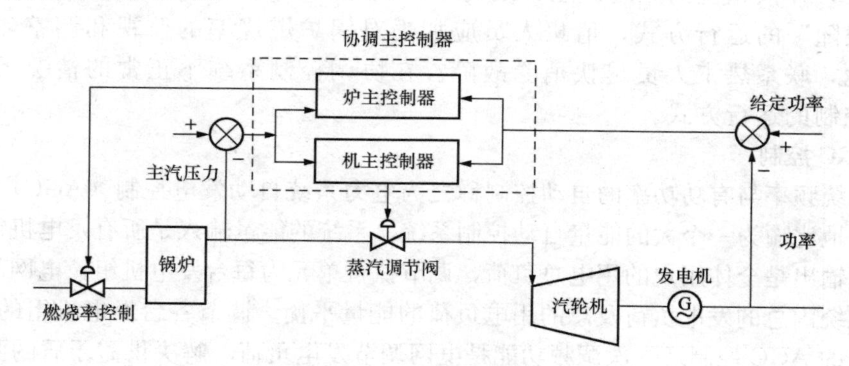

图 3-5 机炉协调控制方式示意

直接能量平衡（DEB）协调控制系统是一种以汽轮机能量需求信号直接对锅炉输入能量进行控制的协调控制系统。这种协调方式的基本出发点是在任何工况下均保证锅炉能量的输入与汽轮机能量的需求相平衡。这类控制系统的主要特点有以下两条。

（1）机组的功率由汽轮机调节汽门进行控制，具有炉跟机控制方式的特点，即机组对外界负荷的响应性好。汽轮机调节级后压力 p_1 与机前压力 p_T 的比值可以很好地代表汽轮机调节汽门的开度。

（2）采用了一个代表汽轮机组能量需求的信号作为机炉之间的协调信号，或称为能量平衡信号，控制锅炉的输入能量，保证任何工况下机组内部能量供需的平衡。汽轮机能量需求信号可以由机前压力定值 p_{sp}，与代表汽轮机进汽阀门开度的 p_1/p_T 乘积来给出，即（p_1/p_T）p_{sp}。

3. 机炉手动方式

汽轮机主控和锅炉主控均在手动的条件下运行。锅炉主控在自动时，若发生下列情况之一，则锅炉主控自动切换为手动方式：汽轮机主汽压力信号故障；CCS 方式下发电机功率信号故障；BF 方式下调节级压力信号故障；给水泵手动；煤主控不在自动；发生 RB；引、送风机在手动。汽轮机主控在自动时，若发生下列情况之一时，则汽轮机主控自动切换为手动方式：DEH 不在“遥控”状态；汽轮机主汽压力故障；CCS 方式下发电机功率信号故障。在任何情况下，运行人员都可将汽轮机主控和锅炉主控切为手动。

4. 机组运行方式的选择

机组正常运行的运行方式应采用机组协调的最高形式，即“CCS”方式，此时机组适于电网调峰、调频。若运行工况发生变化或有关设备、装置故障，也可采用“锅炉跟随”或“汽轮机跟随”的运行方式。机组在启动过程中，负荷在 20%以下，一般采用机、炉手动调节方式。当负荷大于 20%时，若锅炉主控在自动，汽轮机“DEH”不在遥控，一般应采用“锅炉跟随”方式；若汽轮机“DEH”在遥控，且汽轮机主控在自动，可投入“CCS”方式，机组压力可投“滑压”方式。机组在停止过程中，应尽可能选择“锅炉跟随”方式，当机组负荷降至20%时，应采用机炉独立控制。正常运行中，当主要辅机发生故障限制机组负荷时，CCS立即以设定的降负荷率降低机组负荷至预先设定值，同时将机组运行方式自动切至“汽轮机跟随”。在发生运行方式自动切换时，应确认发生自动切换的原因，并对机组设备及装置作全面的检查，发现问题立即汇报值长，并做相应的处理。正常运行中，当DEH切除遥控方式时，CCS应迅速切至“锅炉跟随”的运行方式，值班人员应加强对锅炉燃烧率的监视和调整，注意主汽压力的变化，联系热工人员尽快消除故障。在协调控制系统不正常的情况下，应采用机炉单独控制的运行方式。

四、AGC控制

电力系统频率与有功功率的自动控制称之为电力系统自动发电控制（AGC)。电网可以形象、简单地比喻为一个大的能量自动控制系统，系统的能量输入是所有发电机组的发电总负荷，能量输出是全体用户的用电总负荷，调节执行单元为每台发电机组，电网的全部工作就是调节系统内总的发电负荷及总的用电负荷的能量平衡。调节各台发电机组的发电负荷，即发电机组的AGC控制及一次调频功能是电网调节发电负荷、解决供需矛盾的两个主要手段，也是发电机组热工控制系统中唯一与电网有关联的两个控制系统。

电力系统的频率取决于系统的有功功率的平衡情况。当电力系统的总出力和总负荷（包括线损）平衡时，系统频率维持不变。

发电机组的功率—频率静态特性 $P_G(f)$ 与负荷—频率静态特性曲线 $P_L(f)$ 的交点 a 是电力系统频率的稳定运行点，f_N 为标称值。如图3-6所示。

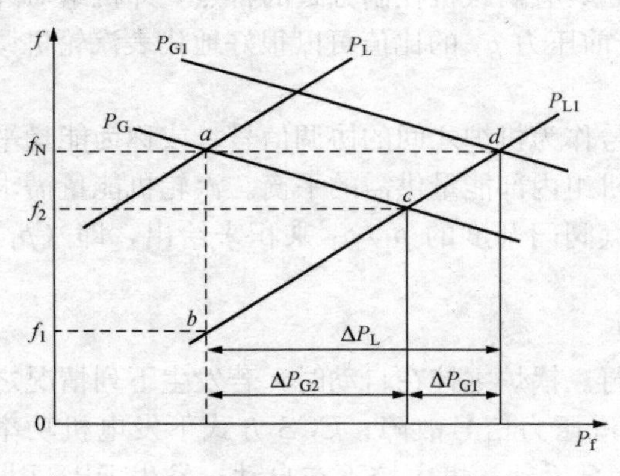

图3-6 发电机组功率频率与负荷频率静态特性曲线

当系统用电负荷突然增加 ΔP_L 时，若此时系统内所有发电机组的调速系统均不动作，将促使系统内各发电机组的转速突然下降，相应地系统频率也下降到 f_1（b 点）。此时，如果系统的频率超出DCS或DEH系统一次调频功能的控制死区（一般为2r/min）时，控制系统的一次调频功能将迅速动作，将汽轮机的调门开大，使发电机的出力增加 ΔP_{G2}，系统频率回升至 f_2（c 点），这个调节过程通常称为汽轮机组的一次调频，一般在秒级时间内完成。

但此时系统的频率仍然没有恢复到 f_N，还需要继续增加发电机出力 ΔP_{G1}，这时调节手段有两种方式，一是按照调度分配的指令，机组值班员手动操作控制，使发电机出力增加 ΔP_{G1}，系统频率由 f_2 恢复到 f_N，这就是通常所说的二次调频；二是参与调频机组的协调控制系统CCS接受AGC发来的负荷分配遥控指令，通过DEH使汽轮机的调门自动开大，增加发电机出力 ΔP_{G1}，使系统频率恢复至 f_N 的原始水平，无需人为干预，自动地实现二次调频。

五、负荷调节

CCS方式下，在负荷控制画面上进行变负荷速率和目标负荷的设置，确认机组负荷按设定速率改变，直至实际负荷与目标负荷一致。在AGC投入的情况下，机组在接收到调度来的负荷指令后按照设定的升降负荷速率在机组设定的负荷上、下限内自动进行负荷调整。调节过程中和结束后，应密切监视主汽压力、温度和中间点温度的变化，出现异常情况，应立即停止负荷变动，查明原因后才能继续进行。若出现闭锁增/闭锁减现象，应检查CCS上主要运行参数的指令与实际值是否出现偏差，查明原因后，进行相关处理。

当DEH处于操作员自动（OA）方式时，锅炉主控处于自动方式下的负荷调节在DEH界面上操作，按下"调节级压力投入"和"功率投入"按钮，灯亮，在DEH界面上设定负荷变化率和目标负荷值；按下"进行"键，确认机组以一定的速率增加或减少负荷，待实际负荷与目标值一致时，"进行"灯灭，负荷调节结束。

机组"汽轮机跟随"方式下，锅炉主控制器手动，汽轮机主控制器自动。此时需确认燃料控制器的控制方式：如燃料控制器处于手动方式，则手动操作燃料控制器，使机组负荷以允许的速率变化，同时应注意主蒸汽压力的变化；如处于自动方式，则手动操作锅炉主控制器，使机组负荷以允许的速率变化，同时注意主蒸汽压力的变化。

机炉处于单独控制方式下时，在DEH盘上设定负荷变化率及目标负荷值。在机组协调解除的情况下调整机组负荷应注意风、煤、水的加减幅度不要过大，如果加减负荷的幅度超过50MW应分次进行操作，正常运行调整的升降负荷的速率不超过10MW/min。

如果加负荷时磨煤机裕量不足，应及时增启制粉系统；若减负荷后运行磨煤机平均煤量可能低到25t/h以下时，要根据机组带低负荷时间的长短选择停止一套制粉系统运行或启动点火油枪、等离子助燃。锅炉升负荷前要先加风后加煤，减负荷要先减煤后减风；负荷调整结束后要根据省煤器后的氧量细调风量，将氧量控制在负荷对应的值。在负荷调整过程中要注意炉膛负压自动的跟踪情况，或随着风、煤的变化手动调整炉膛负压；在升负荷前如果受热面沿程温度较高或减温水调门开度较大，可先适当加水后加风、加煤，在减负荷前如果受热面沿程温度较低或减温水调门开度较小，可先适当减水后减煤、减风，具体调节应根据当时的情况。在调整负荷的过程中要注意启动分离器出口工质过热度的监视和分析，并以此作为燃水比调节的超前信号。

【实践与探索】

（1）利用600MW火电机组仿真机，调取350MW机炉分别手动控制方式的运行工况，根据表3-1完成负荷控制任务并自评。

表3-1　机组协调控制方式投运评价表

任务名称	机组协调控制方式投运		
工况要求	工况350MW稳定运行，机炉分别手动控制方式		
	操作要点及技术要求	配分	自评得分
检查及汇报	对机组进行全面检查，能准确判断并汇报值长下列内容：机组目前运行方式、主要运行参数是否正常、主要辅机运行状态	10	

续表

	操作要点及技术要求	配分	自评得分
顺序投入各自动调节控制系统（每一个系统投入“自动”后，应先稳定，然后再投下一个系统）	检查引风机是否在自动，否则切至“自动”控制	5	
	将送风机由手动切至“自动”控制，“氧量校正”投自动或手动	5	
	将各台运行磨煤机入口冷、热风调整阀由手动切至“自动”控制	5	
	将各台给煤机转速投入“自动”控制	5	
	将给水控制由手动投入“自动”控制	5	
	将煤主控投入“自动”控制	5	
	将 DEH 运行方式切至“遥控”方式	5	
检查及汇报	全面检查各自动控制调节系统动作正常，炉膛负压、氧量、分离器出口温度、分离器出口压力、过热蒸汽温度、过热蒸汽压力、再热蒸汽温度均能维持在规定范围内，两台引、送风机两侧电流基本一致，各运行工况保持稳定	10	
投运汽轮机主控自动	投入汽轮机主控在“自动”位置，检查此时运行方式为汽轮机跟随（TF）	5	
投运锅炉主控自动	投入锅炉主控在“自动”位置，只有当汽轮机、锅炉主控均投入“自动”时，检查“CCS”协调控制投入	10	
升负荷	在协调控制 DCS 界面上设定机组负荷上限 600MW，负荷下限 300MW；设定目标负荷 600MW 和升负荷率 4MW/min，注意维持主要参数运行稳定。根据需要增设制粉系统运行	10	
职业素质	损坏元件、工具扣 2 分，造成人身及设备伤害事故扣该项总分，即本项总分为零分	10	
	文明操作，小组成员分工合理、团结协作	10	
合　计		100	

（2）单元机组运行控制方式有哪几种？运行中接受哪些负荷变化指令？试用火电仿真机进行模拟操作说明。

工作任务二　蒸汽参数调整

➩【任务目标】

掌握汽包炉蒸汽压力和温度变化原因和调节方法；熟悉超临界直流锅炉汽温和汽压的静态特性；掌握影响汽温变化的主要因素；了解蒸汽参数调节的原理；熟悉蒸汽参数异常及原因；能熟练利用火电仿真机组进行汽温汽压调节。

【知识准备】

一、亚临界压力汽包锅炉蒸汽参数调整

（一）蒸汽压力的变化与调节

蒸汽压力是单元机组运行过程中重要的监控参数之一。蒸汽压力过低会降低蒸汽在汽轮机中的作功能力，使汽耗增大，机组的循环热效率下降，甚至限制汽轮机的出力。蒸汽压力过高引起安全阀门动作时，不仅造成大量的排汽损失，还会引起汽包水位的波动。因此，运行时应严格监视机组的主蒸汽压力并维持其稳定。

1. 汽压变化的原因

汽压实质上反映了锅炉蒸发量和外界负荷之间的平衡关系。当锅炉蒸发量与外界负荷保持平衡时，汽压维持稳定。当锅炉蒸发量大于外界负荷时，汽压升高；反之，汽压降低。影响汽压变化的原因主要有两个方面：一是外部因素的影响，即非锅炉本身的设备或运行原因所造成的扰动，称为“外扰”；一是内部因素的影响，即由于锅炉本身设备或运行工况变化引起的扰动，称为“内扰”。

外部因素主要是指机组外界负荷的正常增减及事故情况下的甩负荷，它反映在进入汽轮机的蒸汽量的变化上。当机组负荷突然增加，汽轮机调门开大，蒸汽量瞬时增加，如果燃料量未能及时增加，再加上锅炉本身的热惯性，将使锅炉的蒸发量适应不了机组负荷的需要，汽压就要下降。相反，当机组负荷突减，汽压将要上升。此外，运行中高压加热器运行工况的变化也会影响汽压的变化。如高压加热器因故障退出运行时，将引起给水温度大幅下降，使锅炉蒸发量减少，当锅炉蒸发量的降低与汽轮机抽汽量的减少不平衡时，也会引起汽压变化。

内部因素是指在外界负荷不变的情况下，锅炉燃烧工况的变化引起的汽压变化，如煤质、煤量的变化，炉内结渣、配风不当、漏风等。此时，汽压的稳定主要取决于炉内的燃烧工况。当燃烧工况稳定时，汽压的变化不大。当燃烧工况不稳定或失常时，引起炉内换热量和蒸发受热面吸热量变化，从而引起汽压的变化。燃烧加强时，汽压升高；反之，则汽压下降。当炉内水冷壁结渣或积灰严重时，受热面内工质的吸热量也会发生变化，引起汽压下降。

机组运行中，汽压发生变化时，除了通过发电机功率来判断负荷是否变化外，还可以根据蒸汽压力和蒸汽量的变化关系来判断汽压变化的原因是内扰还是外扰的影响。

（1）若发现运行中汽压与蒸汽流量的变化方向相反，即蒸汽流量增大，而汽压降低，或蒸汽流量减少，汽压升高，则汽压的变化是由于外扰引起的。

（2）若发现运行中汽压与蒸汽流量的变化方向相同，则一般是由于内扰的影响所致。应该指出，对单元机组来说，这一判断方法仅适用于工况变动的初期，即调节汽门未动之前，因为调节汽门动作以后，汽压与蒸汽流量的变化方向是相反的。

汽压的变化速度反映了锅炉机组保持或恢复汽压的能力。汽压的变化速度主要取决于机组负荷的变化速度、锅炉的蓄热能力以及燃烧设备的惯性，此外，汽压的变化速度还取决于运行人员的控制调节。

2. 汽压的调节

汽压的控制和调节是以改变锅炉的蒸发量作为基本的调节手段。只有当锅炉蒸发量超限或锅炉出力受限时，才采用改变机组负荷的方法来调压。锅炉蒸发量的大小取决于燃料燃烧

的放热，因此，汽压的控制主要是通过燃烧调节来实现，当汽压降低时，应增加燃料量和风量，强化燃烧，反之则减弱燃烧。因此在一般情况下，引起汽压变化的原因无论是外扰或内扰，均可用调整燃烧的办法进行调整。

在某些异常情况下，如负荷骤减、自动控制系统失灵、燃烧率过高或汽轮机调速系统失灵等，主蒸汽压力会急剧升高，汽包压力指示升高，当压力高到一定值时，汽轮机旁路、过热器出口电磁释放阀以及汽包安全阀会分别自动动作，降低锅炉压力，否则应立即手动开启；将锅炉主控器切至“手动”，确认机组运行方式切至“TF”方式，降低机组负荷，视燃烧情况可投油助燃；严密监视汽包水位及汽温汽压。当安全门动作时，汽包水位先上升后下降。待锅炉压力恢复正常后，关闭汽轮机旁路及电磁释放阀。若汽包压力超过安全阀动作值而安全阀拒动时，应立即手动停炉，同时采取相应的措施进行降压。

（二）过热蒸汽温度的变化与调节

在机组运行中，对过热蒸汽温度的要求十分严格，一般不允许偏离额定汽温±5℃，即使在特殊情况下，其负偏差一般也不允许超过－10℃。过热汽温过高，会引起过热器、蒸汽管道及汽轮机金属蠕变速度加快，缩短设备的使用寿命，严重超温时，还会造成受热面爆管。过热汽温过低则会降低机组的循环热效率，并增大汽轮机的排汽湿度而影响汽轮机的安全运行，严重时还会造成汽轮机水冲击。因此，运行中应严格控制过热蒸汽温度。

1. 汽温变化的原因

实际运行中引起过热汽温变化的具体原因较多，归纳起来，基本原因有两个方面，即烟气侧传热工况的改变和蒸汽侧吸热工况的变化。

（1）烟气侧传热工况的改变

1）炉内燃烧工况的变化。运行中炉内燃烧工况的变化，如燃料性质、炉内过量空气和配风以及燃烧器运行方式的变化等，均会影响炉内的传热工况，从而导致过热汽温发生变化。如燃料的挥发分降低、煤粉过粗、灰分增加等，将使燃料在炉内燃尽的时间延长，使炉内火焰中心升高，炉膛出口烟温上升，过热汽温升高。运行中当送风或漏风过大使炉内过量空气增加时，由于低温空气的吸热，将使炉膛温度降低、炉内辐射传热减少，炉膛出口烟温升高。过量空气的增加还将使流经过热器的烟气流量和烟气流速增大，对流换热增强，从而引起对流过热器的汽温升高。

在进入锅炉的总风量保持不变的情况下，炉内配风工况的变化，也会引起炉膛火焰中心的变化，从而影响过热汽温。如四角布置的燃烧器，加大上二次风、减小下二次风，将使火焰中心降低，过热汽温降低。此外，当燃烧器运行工况发生变化时，也会引起炉膛火焰中心的变化，而导致过热汽温发生变化。如切下层投上层燃烧器，可使火焰中心上移，过热汽温升高。

2）给水温度的变化。锅炉负荷不变，给水温度发生变化时，必须相应调整燃料量，以适应加热给水所需热量的变化。而燃料的改变必然会引起流经对流过热器的烟气流量和烟气流速的变化，从而引起过热汽温的变化。如运行中当高压加热器故障停用时，给水温度下降，加热给水所需的热量增加，为维持锅炉负荷，必须增加燃料量，这必然造成过热器烟气侧的传热量大于蒸汽侧所需的热量，导致过热汽温升高。

3）受热面的清洁程度。运行中受热面积灰、结渣和管内结垢，都会使过热器的换热量变化，从而引起过热汽温发生变化。水冷壁受热面积灰、结渣或管内结垢时，将会使水冷壁吸热减少，过热器进口烟温升高，过热汽温升高。过热器本身结渣、积灰或管内结垢时，将引起过热汽温降低。

（2）蒸汽侧吸热工况的变化

1）锅炉负荷的变化。锅炉负荷发生变化时，炉内辐射传热量和对流传热量的分配比例将发生变化。辐射式过热器的汽温随锅炉的负荷增加而降低，对流过热器的汽温随锅炉负荷的增加而升高，半辐射过热器，在锅炉负荷增加时，辐射换热量减少而对流换热量增加，因而总的传热量变化不大，即半辐射过热器的汽温变化比较平缓。过热器的布置大多采用联合式过热器，若布置合理，则可在较大负荷变化范围内得到较平稳的汽温变化特性。但在实际布置时，由于受结渣等条件的限制，进入过热器的烟气温度不允许太高，因此，联合式过热器的汽温特性一般趋向对流特性。

2）饱和蒸汽湿度和减温水的变化。从锅炉汽包引出的饱和蒸汽中均含有少量的水分。锅炉正常运行时，饱和蒸汽的湿度一般变化很小。但在一些特殊工况下，如锅炉汽包水位过高、锅炉升负荷太快引起炉水共腾、炉水含盐过多等，将会使蒸汽含水增多，由于水分在过热器中吸收热量，因此在燃烧工况不变的情况下，将引起过热汽温降低。若蒸汽大量含水，将引起汽温急剧下降。采用喷水减温器调温的过热器系统中，在烟气侧工况不变的情况下，减温水温度和减温水流量变化时，将引起过热器蒸汽侧需热量的变化，汽温也相应发生变化。如减温水温度降低时，汽温下降；烟气侧传热量不变而减温水量增大时，汽温降低。

2. 过热蒸汽温度调节

电站锅炉过热汽温的调节一般以蒸汽侧调节为主，同时配合烟气侧的调节。

喷水减温是蒸汽侧最常用的调温方法，也是电站锅炉过热汽温的主要调节方法。它的原理是将洁净的给水直接喷进蒸汽，水吸收蒸汽的汽化潜热，从而改变过热蒸汽温度。汽温的变化通过减温器喷水量的调节加以控制。

喷水减温在热经济性上有一定损失，部分给水用去作减温水，使进入省煤器的水量减少，出口水温升高，因而增大了排烟损失；若减温水引自给水泵出口，则当减温水量增大时会使流经高压加热器的给水量减少，排挤部分高压加热器抽汽量，降低回热循环的热效率，因此目前有些机组过热蒸汽减温水引自省煤器出口。电站锅炉的过热器一般都设有二级或三级减温。采用二级减温时，第一级布置在分隔屏入口联箱处，作为主蒸汽温度的粗调，其任务是控制分隔屏汽温，保护其后的屏式过热器；第二级布置在末级过热器入口，调节时滞较小，调节灵敏度高，是对过热汽温进行细调，并最终维持汽温稳定。

当通过蒸汽侧不能满足调温需要时，应配合烟气侧进行调整。烟气侧的主要调温方法是改变火焰中心位置，也可用改变烟气量的方法进行。

对具有摆动式燃烧器的锅炉，可通过改变燃烧器的倾角来调节火焰中心位置。也可采用改变燃烧器组合方式或运行燃烧器的位置（如上、下层燃烧器切换）、增大或减少上、下层燃烧器的二次风量等来实现汽温调节。当汽温偏低时，可适当提高火焰中心位置；反之，则适当降低火焰中心位置。在采用改变燃烧器倾角调节火焰中心时，应注意燃烧器倾角的调节范围不可过大（一般为±20°），若向下倾角过大，可能会造成水冷壁下部或冷灰斗结渣；若向上倾角过大，则会增大不完全燃烧损失并造成炉膛出口的屏式过热器或凝渣管结渣。低负荷时，若向上倾角过大，还可能造成锅炉灭火。

改变烟气量的常用方法有烟气再循环和烟气旁路法（该方法是调节再热汽温的重要手

段）。即通过改变流经过热器的烟气量，从而改变烟气对过热器的放热量。增大烟气量时，烟气流速增大，对流换热系数增大，烟气对过热器的放热量增加，过热汽温升高；反之，过热汽温降低。

此外，在调节汽温时，还应配合受热面的吹灰。当汽温偏低时，应加强对过热器的吹灰；汽温偏高时，则应加强对水冷壁和省煤器的吹灰，并在确保燃烧完全的前提下尽量减少风量。

二、超临界直流锅炉主蒸汽参数调整

（一）直流锅炉状态参数特性

1. 汽温静态特性

由于直流锅炉各级受热面串联连接，水的加热与汽化、蒸汽的过热，这三个阶段的分界点在受热面中的位置不固定而随工况变化。因此，直流锅炉汽温的静态特性不同于汽包锅炉。

对无再热器的直流锅炉，建立热平衡式：给水流量 G=蒸汽流量 D

$$G(h_{gr}-h_{gs})=BQ_{ar,net}\eta_{gl} \tag{3-1}$$

整理后可得

$$h_{gr}=\frac{B}{G}Q_{ar,net}\eta_{gl}+h_{gs} \tag{3-2}$$

式中 h_{gr}——过热蒸汽焓，kJ/kg；

h_{gs}——给水焓，kJ/kg；

B——燃料量，kg/s；

$Q_{ar,net}$——燃料收到基低位发热量，kJ/kg；

η_{gl}——锅炉热效率，%。

假设新工况的燃料发热量、锅炉热效率、给水焓都和原工况相同，而负荷不同。只要原工况和新工况的燃料量和给水量保持一定比例（也就是说燃水比保持不变），主蒸汽温度保持不变。所以，直流锅炉负荷变化时，在锅炉燃料发热量、锅炉热效率、给水焓不变的条件下，保持适当的燃水比，主汽温度可保持稳定。这也是直流锅炉运行特性与汽包锅炉的运行特性不同之一。

对于有再热器的直流锅炉，不同工况下，锅炉辐射吸热量与对流吸热量的份额会发生改变。因此为维持主蒸汽温度不变，不同负荷下的燃水比比值应进行适当修正。

2. 汽压静态特性

直流锅炉压力由系统的质量平衡、热量平衡以及工质流动压力降等因素决定。

若燃料量增加 ΔB，汽轮机调速阀开度不变，则：①给水量随燃料量增加，保持燃水比不变，那么此时由于蒸汽流量增大使汽压上升；②给水流量保持不变，燃水比增加，为维持汽温必须增加减温水量，同样由于蒸汽流量增大使汽压上升；③给水流量和减温水量保持不变，则汽温升高，蒸汽容积增大，汽压也有些上升，如果汽温升高在许可的范围内，则汽压无明显变化。

若给水流量增加 ΔG，汽轮机调速汽阀开度不变，则：①燃料量随给水流量增加，保持燃水比不变，由于蒸汽流量增大使汽压上升；②燃料量不变，减小减温水量来保持汽温，则汽压不变；③燃料量和减温水量都不变，如汽温下降在许可范围内，则汽压上升。

3. 动态过程锅内工质储存量的变化

将直流锅炉受热面简化为省煤器、水冷壁、过热器三个受热管段串联（见图3-7）。水通过省煤器进行加热，水冷壁进口为未饱和水，在水冷壁中进行加热、汽化和蒸汽微过热，然后，蒸汽通过过热器过热。

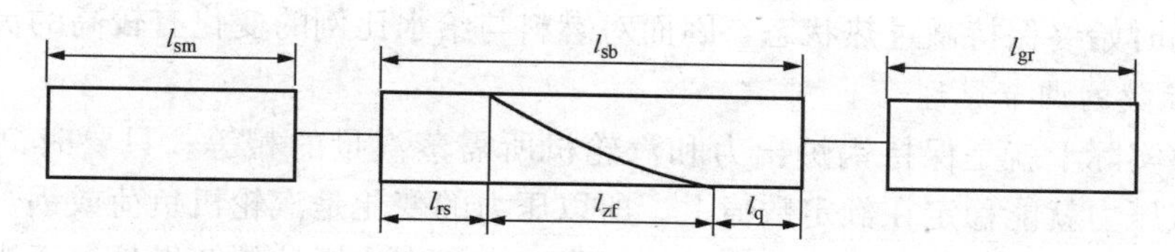

图3-7　直流锅炉受热面管段

l_{sm}—省煤器受热管段长度；l_{sb}—水冷壁受热管段长度；l_{gr}—过热器受热管段长度；l_{rs}—热水段长度；l_{zf}—蒸发段长度；l_q—蒸汽微过热段长度

燃料量或给水量的扰动，会使水冷壁热水段、蒸发段和微过热段长度发生变化，从而使锅内工质储存量发生变化。例如，燃料量增加使受热面热负荷增大，l_{rs}缩短，l_{zf}缩短，l_q增长，部分空间的贮水转变成蒸汽，短时间内蒸汽质量流量大于给水质量流量。又如，给水流量增大，使l_{rs}增长，l_{zf}增长，l_q缩短，部分蒸汽空间转变成水空间，储存水量增大，短时间内蒸汽质量流量小于给水质量流量。由于锅内储存水量发生变化而使蒸汽质量流量增加或减少的部分称为附加蒸发量。

当直流锅炉的热负荷与给水量不相适应时，出口汽温会显著地变动。因此，在运行中热负荷与给水量应很好地配合，也就是要保持精确的燃水比。另一方面，只要保持适当的燃水比，直流锅炉就可以在任何负荷与任何工况下维持一定的过热汽温。这种情况与自然循环锅炉有较大的区别。

（二）直流锅炉主蒸汽参数调节的原理

1. 主调节信号的选择

直流锅炉蒸汽参数调节的主要任务是使燃料输入的热量与蒸汽输出的热量相匹配，也即控制燃水比。燃水比与蒸汽温度之间是累积关系，每一工况的扰动要经过一段时间之后才显现出来，即扰动后被调参数（蒸汽温度）总有一段延迟时间才开始变化。若仅仅把锅炉出口的汽温和汽压作为主调节信号，会使得调节质量很差。为了提高调节质量和便于操作人员分析判断，除了把汽压和汽温作为主信号外，还必须选择一些必要的辅助信号，这些信号是过热器后的烟温、蒸发量和各级过热器出口压力。

利用过热器出口的烟温和蒸发量，可以迅速判断出燃料发热量的变化情况。但是，蒸发量的变化并不一定是由于燃料量变化所引起的。在汽轮机功率变化时，同样也会引起锅炉蒸发量的暂时增大或减小。因此，要正确判断是燃料扰动引起的还是外界负荷变化引起的，就必须再加入过热器出口压力这一主调信号。由此可见，过热器出口的烟温、锅炉的蒸发量和过热器出口压力三个主调信号，在锅炉带不同负荷时可以用来调整燃料量；当锅炉负荷变动时可以用来调节给水量。

直流锅炉调节的另一个特点是锅炉出口和汽水管路所有中间截面的工质焓值的变化是相互关联的。例如，当给水与燃料的比例发生变化时，引起了汽水分界面的移动，因而首先反映的是蒸发区过热段开始截面处的汽温变化，最后导致过热器出口蒸汽温度的变化。因此，直流锅炉的调节质量不仅在于准确地保持给定的蒸发量及额定的汽压和汽温，同时还应该保持住中间工质的截面温度，这样才能稳定锅炉出口温度。所以，在直流锅炉调节中还必须选择适当的中间点温度作为主调节信号。大容量机组配套的直流锅炉大多采用分离器出口温度（中间点温度）作为过热汽温调节的超前信号，因为分离器出口温度微过热约20℃，能基本保证工况扰动时始终保持微过热状态，因而对燃料与给水比例的变化有较高的灵敏度。

2. 蒸汽参数的调节原理

压力调整实际上就是保持锅炉出力和汽轮机所需蒸汽量的相等。只要时刻保持这个平衡，过热蒸汽压力就能稳定在额定数值上。所以压力的变化是汽轮机负荷或锅炉出力的变动引起的，压力的变化反映了这两者之间的不平衡。由于直流锅炉的蒸发量等于进入锅炉的给水量，因而只有当锅炉给水量改变时才会引起锅炉负荷的变化。因此，直流锅炉的出力首先应由给水量来保证，然后相应调整燃料量以保持其他参数稳定。在带基本负荷的直流锅炉上，如采用自动调节，往往还可采用调节汽轮机阀门的方法来稳定汽压。

直流锅炉蒸汽温度的调节主要是调整燃料量与给水量。但是在实际运行中，由于锅炉效率、燃料发热量和给水焓（取决于给水温度）等也会发生变化，因此，在实际锅炉运行中要保证燃水比的精确值是非常不容易的。燃煤锅炉还由于燃料量会发生波动而引起蒸汽温度的变化。因此，这就迫使直流锅炉除了采用燃水比作为粗调的调节手段外，还必须采用喷水减温的方法作为细调的调节手段。有些锅炉也有采用烟气再循环、烟道挡板和摆动火焰中心的方法作为辅助调节手段，但国内常用这些方法来调节再热汽温。在运行中，为维持锅炉出口汽温的稳定，还需控制中间点温度固定在相应的数值上。我国运行人员总结出一条直流锅炉的操作经验：给水调压，燃料配合给水调温，抓住中间点温度，喷水微调。

（三）影响直流锅炉过热汽温的因素

直流锅炉运行中，影响过热汽温的因素很多，主要有给水量与燃料量配比、给水温度的变化、燃料发热量的变化、火焰中心的移动、过剩空气量的变化、辐射受热面的结焦、积灰或对流受热面的积灰而引起各受热面传热系数不同程度的降低等等。下面将对这些因素的变化情况分别加以讨论。

1. 给水量变化的影响

在锅炉热负荷和其他条件都不变时，如减少给水量，则给水只需吸收较少的热量就可使水达到沸点，故加热区段的长度缩短。由于流量减少，蒸发过程提前完成，蒸发区段的长度也相应缩短。但锅炉受热面的总长度是不变的，所以过热区段的长度必然增加，使过热汽温升高。反之，给水流量增加时，过热汽温将下降。同样可分析，在给水流量和其他条件都不变时，增加燃料量过热汽温上升，减少燃料量则过热汽温下降。如图3-8所示。

图3-8所示为给水流量1＞给水流量2＞给水流量3。

2. 风量变化的影响

锅炉在正常运行中，为了保证燃料在炉膛内完全燃烧，必须保持一定的过量空气系数，即保持一定的氧量。风量变化对过热汽温变化的影响速度既快且幅度又较大。直流锅炉过热汽温的这一变化特性与汽包锅炉是截然不同的。汽包锅炉当风量在一定范围内增大时，由于炉膛温度降低，水冷壁辐射吸热量减少，使产汽量下降；另一方面由于风量增大造成烟气量增多，烟气流速加快，使过热器对流吸热量增加。由于流经过热器的流量减少且过热器的吸热量增加，造成了汽包锅炉过热汽温的升高，而且升高后不会出现下降现象。对于直流锅炉

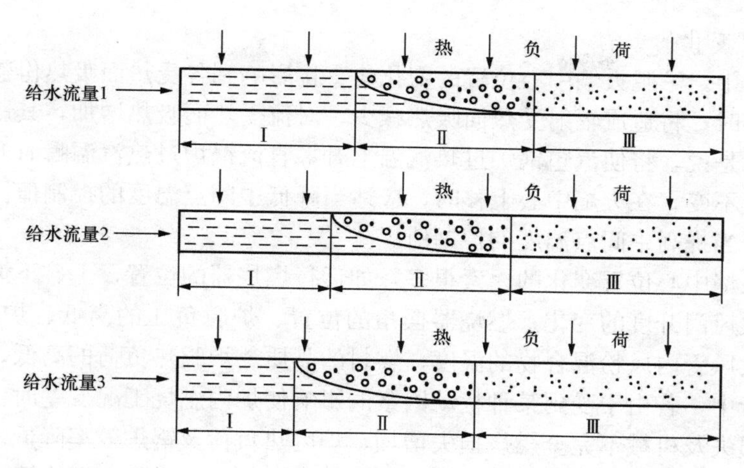

图 3-8 给水流量变化时直流锅炉各区段的长度变化

Ⅰ—加热区段长度；Ⅱ—蒸发区段长度；Ⅲ—过热区段长度

而言，在风量增加的开始阶段，由于炉膛具有一定的热容量，所以炉膛的火焰温度无明显变化，烟温几乎不变，由于风量增加使烟气流速增加，造成高温过热器吸热量增加，过热汽温升高。但是由于燃料量未变，增加风量后经过一段迟滞时间，必然造成炉膛温度下降、使锅炉辐射受热面吸热量减少，引起加热段和蒸发段增长，亦即蒸发点后移、过热段缩短，此时对流传热虽有所增强，但最终还将造成过热汽温的下降。由于风量增加，烟气流量、流速均比扰动前增大，造成再热器的吸热量增加和被烟气带走的热量即排烟热损失也增加。从热量平衡的观点来看，很显然，一次汽系统的吸热量将减少，即过热汽温最终的稳态值将比扰动前要低。

如果在炉内燃烧工况不良的情况下适当增加风量，由于克服了缺氧燃烧，使化学不完全燃烧及机械不完全燃烧损失大大降低，增强了炉内辐射传热和对流传热，最终必将造成过热汽温的升高。

当风量偏大，即炉膛的过量空气系数偏大时，由于锅炉辐射传热比例减少，对流传热比例增加，在其他工况不变的情况下，为维持过热汽温不变，中间点温度的控制值就应相应降低。

3. 燃料品质变化的影响

锅炉运行中，经常会碰到燃料品质发生变化的情况。当燃料品质发生改变时，燃料的发热量、挥发分、灰分、水分和灰渣特性等都会发生变动，因而对锅炉工况的影响比较复杂，这里不予细述。下面仅就发热量、灰分、水分变动时对直流锅炉过热汽温的影响进行讨论。

在燃料量不变的情况下当灰分或水分增大时，由于燃料的发热量降低，将使燃料在炉内总放热量下降，其后果相当于总燃料量减少，在其他参数不变的情况下，必将造成过热汽温的下降。如需保持过热汽温和锅炉出力不变，必须增加燃料量以保持炉膛出口氧量不变。

燃料中的水分增大时，如通过增加燃料量保持炉膛出口氧量不变，则炉膛温度、辐射受热面的吸热量可保持不变，但由于烟气的容积和重度是随水分相应增加的，所以烟气的对流放热将增大。也就是说，在这种情况下要维持过热汽温不变，中间点温度的合理控制值应比原来要偏低一些。此外，由于水分的比热比空气大得多，因此从某种意义上来讲，燃料中水分增加时使锅炉辐射吸热比例减少、对流吸热比例增加的影响程度远比风量增大时要严重得多。

4. 燃烧工况变化的影响

在锅炉运行中，炉膛火焰中心位置的变化将直接影响到各受热面吸热份额的变化。当火焰中心向上偏移时，将造成辐射受热面吸热减少、对流受热面吸热增加，其影响结果和风量增大相似，也就是说，将使汽包锅炉过热汽温上升，直流锅炉过热汽温瞬时升高。要保持直流锅炉过热汽温不变，在火焰中心上移时，应适当降低中间点温度的控制值。反之，火焰中心下移时，应适当提高中间点温度的控制值。

影响炉膛火焰中心位置变化的因素很多，如运行燃烧器的位置、上、下燃烧器负荷的分配、上、下二次风门开度的变化、燃烧器摆角的位置、炉膛负压的高低、炉底漏风的大小、煤粉细度、一次风管内风粉混合物的温度、燃料的品质、炉膛热负荷的高低、燃烧情况的好坏等。锅炉运行中，若由于受到某种扰动因素的影响使炉内燃烧工况变差时，将使锅炉的化学不完全燃烧损失及机械不完全燃烧损失增加，炉内热负荷及锅炉效率降低。此时，若给水流量、减温水流量和主蒸汽压力等参数保持不变，则主蒸汽温度及各段汽温必然下降。

5. 受热面积灰或结渣的影响

受热面积灰或结渣是燃煤锅炉最为常见的现象，由于灰、渣的导热性差，将造成积灰或结渣部位工质吸热量的减小和各段烟温的变化，使锅炉各受热面的吸热份额发生变化。直流锅炉由于工质在受热面内一次流过，完成加热、蒸发、过热等过程，只要给水流量和减温水流量保持不变，锅炉出力便将保持不变，因而在燃料量不变的情况下，一次汽系统任何受热面处积灰或结渣，均将造成一次汽系统内工质吸热量的减少，而使过热汽温下降。

直流锅炉运行中，当发生水冷壁积灰或结渣时，由于锅炉辐射吸热减少、对流吸热增加，为了保证过热汽温的稳定，则应适当降低中间点温度的控制值；当发生过热器处积灰或结渣时，则由于对流吸热减少而应适当提高中间点温度的控制值。

一般来说，锅炉受热面的积灰或结渣是一个比较缓慢的过程，因此不会增加过热汽温的控制和调整的复杂程度。但运行中如发生大块焦渣塌落，则有可能造成汽温突升或两侧偏差剧增等突发性事件。此外，进行受热面吹灰工作时，也应作好汽温突变的事故预想。

6. 给水温度变化的影响

给水温度的变化对锅炉过热汽温将产生较大的影响，尤其对直流锅炉影响更大。在汽包锅炉中，给水温度升高，过热汽温将下降。这是因为当其他参数不变而给水温度升高时，汽包锅炉的蒸发量将会增加，过热器内工质流量上升。但对直流锅炉来讲，给水温度的升高，将使加热和蒸发区段的长度缩短，过热区段增长，亦即在炉膛热负荷不变的情况下使蒸发点前移，最终必将造成过热汽温的升高。反之，给水温度降低，在其他工况不变时将造成直流锅炉过热汽温的下降。

从式（3-1）可知，当燃料量、燃料的低位发热量、锅炉效率、一次汽系统的吸热份额及给水流量均不变时，给水焓的变化决定了过热蒸汽焓的变化，因此给水温度的变化，对直流锅炉过热汽温的影响是相当大的。造成给水温度大幅度变化的主要原因是高压加热器投入或退出运行，高压加热器投、停时给水温度的变化值，将随机组负荷的不同而不同。

在维持过热汽温不变的情况下，给水温度的大幅度变化，还将引起直流锅炉汽水流程各点温度的变化，见表3-2。熟悉并掌握这一规律，对于直流锅炉过热汽温的控制与调整是十分必要的。

表 3-2 高压加热器投停时1918t/h直流锅炉各点温度的变化

工 况	机组功率	给水温度	分离器出口温度	低温过热器出口温度	二级减温前温度	二级减温后温度	主蒸汽温度
高压加热器停用	600MW	183℃	404℃	414℃	449℃	496℃	571℃
高压加热器投入	600MW	279℃	423℃	434℃	468℃	508℃	571℃

7. 汽压变化的影响

汽温、汽压是锅炉运行中两个极为重要的参数，它们之间有着非常密切的联系，汽压的每一个变化，都将对汽温产生直接的影响。锅炉在某一稳定工况下运行时，如果由于某种扰动使主蒸汽压力有较大幅度的降低，若保持燃料、给水、减温水、风量等参数不变，则过热汽温及各段温度都将在不同程度上有所降低。这是因为在上述情况下，工质在锅内各区段中得到的焓增可以认为基本不变，亦即过热蒸汽出口及各点焓值基本不变，但工质在相同的焓值下，压力越低则温度越低，因而造成了汽压下降，各段汽温也相应下降的现象。此外，主蒸汽压力降低后，由于附加蒸发量的产生，使过热区段蒸汽通流量瞬时增加，也导致了过热汽温的下降。从理论上讲，汽压的变化将同时伴随着汽温的变化，但是由于过热区段降压时金属蓄热的释放，一般汽温的下降有一定的延时且幅度需视扰动量的大小而异。如果汽压的扰动时间较短，则过热汽温可以基本保持不变，如果汽压的扰动时间较长，则过热汽温将发生较明显的变化。因此在运行中，应始终保持主蒸汽压力的稳定。

另外，当主蒸汽压力有一较大幅度的变动时，若给水压力未能同步调节，则由于给水、减温水和锅内工质的压差发生变化而将造成给水流量和减温水量的变化。此时，若不及时调整，必将加剧过热汽温的变化。

8. 低温过热器侧烟气挡板开度变化的影响

有些锅炉的再热汽温，采用烟气调温挡板来进行调节。为了保证必须的烟气通流截面，在关小或开大再热器侧的烟气调温挡板的同时，应相应开大或关小低温过热器侧的烟气挡板，保持同侧的再热器及低温过热器烟气挡板开度之和为100%。当再热器侧调温挡板因再热汽温调节的需要开大时，低温过热器侧烟气挡板便将相应关小，使流经低温过热器的烟气量减少，造成低温过热器后各段汽温降低。反之，当再热器侧调温挡板开度变小时，便将造成低温过热器吸热量增加，低温过热器后各段汽温上升。

用烟气调温挡板调节再热汽温时，一般来说，主要影响流经低温再热器和低温过热器的烟气量的分配，对其他运行工况影响较小。

（四）主蒸汽温度异常及处理

1. 主蒸汽温度高

主蒸汽温度高的现象主要有CRT指示主汽温度高、严重时，汽轮机正胀差增加；主汽温达到报警值时CRT报警，达到保护动作值时MFT动作；汽温调节系统无故障时，一、二级减温水调门开度大或全开。

主蒸汽温度高的原因主要有调节系统故障，或手动调节不当，造成燃水比失调，中间点温度过高；升负荷速度过快；给水系统有故障，造成锅炉给水流量下降；减温水控制失灵或阀门故障，使减温水流量不正常地减小或丧失；炉膛结焦或严重积灰；煤种变化、制粉系统或燃油系统异常，造成进入炉内的热量不正常地增加；过热器进口安全门启座或过热器管道严重泄漏，使过热器通流量减小；烟道发生二次燃烧；炉膛通风量不正常或炉膛配风不合理；主蒸汽压力大幅度升高。

主要处理步骤如下：

(1) 调节系统质量不良或故障造成燃水比失调时，应立即进行手动调节，根据当前需求负荷来决定调整燃料量或给水量。为防止加剧系统扰动，当燃水比失调后应尽量避免煤和水同时调整。当燃水比调整相对稳定后再进一步调整负荷。

(2) 炉膛燃烧工况发生大幅度扰动而调节系统工作正常时，值班员应密切注意调节系统的工作状况和各参数的变化趋势，尽量不要手动干预。当调节系统工作不正常时，值班员应果断的将调节系统切为手动进行调整。

(3) 当给水系统、制粉系统等有故障，以及炉膛结焦或严重积灰、烟道二次燃烧、减温水控制失灵或阀门故障等工况出现时，除控制汽温正常外，应根据相应的措施对故障系统或设备进行处理，尽快恢复其正常运行。

(4) 当煤质发生变化时，应提前通知集控值班人员，集控值班人员应根据情况制定相应措施和对燃烧情况进行调整。

(5) 主汽系统受热面或管道严重泄漏应及时停炉处理，在维持运行期间，根据情况可适当降低主汽温度和主汽压力运行。

(6) 在汽温调节过程中，必要时可对中间点温度的设定值进行修正或将给水控制切为手动控制。

(7) 如处理无效，为避免主汽温度或受热面金属温度严重超温以及减小对汽轮机的伤害，可手动开启过热器出口电磁释放阀。若仍无法控制，应立即停止锅炉运行。

2. 主蒸汽温度低

主蒸汽温度低的主要现象：CRT 指示主汽温度低，主汽温达到报警值时 CRT 报警；汽温调节系统无故障时，一、二级减温水调门全关；主汽温过低，汽轮机负胀差增加，末级叶片水冲击，汽轮机振动明显加剧；严重时，主蒸汽管道发生水冲击。

主蒸汽温度低的主要原因：调节系统故障，或手动调节不当，造成燃水比失调；降负荷速度过快；给水泵控制系统有故障，或并泵操作不当，造成锅炉给水流量非正常增大；高压加热器解列，造成锅炉给水温度下降；减温水控制失灵或阀门故障；过热器结焦或严重积灰；煤种变化、制粉系统或燃油系统异常，造成进入炉内的热量不正常地减小；炉膛通风量不正常；主蒸汽压力大幅度降低；炉膛结焦和积灰严重情况下进行吹灰。

主要处理步骤如下。

(1) 调节系统质量不良或故障造成燃水比失调时，应立即进行手动调节，根据当前需求负荷来决定调整燃料量或给水量。为防止加剧系统扰动，当燃水比失调后应尽量避免煤和水同时调整。当燃水比调整相对稳定后再进一步调整负荷。

(2) 炉膛燃烧工况发生大幅度扰动而调节系统工作正常时，值班员应密切注意调节系统的工作状况和各参数的变化趋势，尽量不要手动干预。当调节系统工作不正常时，值班员应果断的将调节系统切为手动进行调整。

(3) 当给水系统、制粉系统等有故障，以及高压加热器解列、过热器结焦或严重积灰、减温水控制失灵或阀门故障等等，除控制汽温正常外，应根据相应的措施对故障系统或设备进行处理，尽快恢复其正常运行。

(4) 当煤质发生变化时，应提前通知集控值班人员，集控值班人员应根据情况制定相应措施和对燃烧情况进行调整。

(5) 若过热器严重积灰或结焦，应加强对过热器吹灰。若炉膛吹灰引起汽温低，可暂停吹灰程序，待汽温恢复后再继续吹灰。

(6) 在汽温调节过程中，必要时可对中间点温度的设定值进行修正或将给水控制切为手动控制。

(7) 如处理无效，主汽温度过低威胁汽轮机运行安全或10min内主汽温下降达50℃时，应立即停止锅炉运行。

三、再热蒸汽温度调整

(一) 影响再热汽温变化的因素

1. 高压缸排汽温度变化的影响

在其他工况不变的情况下，高压缸排汽温度越高，则再热器出口温度将越高。机组在定压力方式下运行时，汽轮机高压缸排汽温度将随着机组负荷的增加而升高，过热汽温的升高，也将造成高压缸排汽温度的升高。另外，主蒸汽压力越高，蒸汽在汽轮机中做功的能力就越大，则热焓降亦越大，高压缸排汽温度则相应降低。此外，汽轮机高压缸的效率，一、二级抽汽量的大小等，均将对高压缸的排汽温度产生影响。

2. 再热器吸热量变化的影响

锅炉运行时，再热器吸热量越多，工质焓增越大，汽温将越高。影响再热器吸热量变化的因素较多，通常有以下几个因素影响再热器吸热量变化。

(1) 锅炉燃料量或燃料低位发热量的变化，燃料量越多或燃料的低位发热量越高，热负荷及烟气温度越高，则再热器的吸热量就越多。

(2) 流经再热器的烟气量的变化，对于再热器呈对流特性的锅炉而言，当流经再热器的烟气量越大时，再热器处烟气流速越高，则再热器的吸热量就越大。

(3) 锅炉负荷变化时再热器吸热份额的影响。因为二次蒸汽汽压低、重量流速小、传热系数小，所以再热器一般都置于后烟井或水平烟道中，属于对流受热面。对流受热面里单位重量工质的吸热量随着负荷下降而降低，高压缸排汽温度也随着负荷降低而降低。图3-9所示为再热器进、出口蒸汽温度、焓增与负荷的静态关系。从图3-9可以看出，再热汽温受负荷影响较大。要保持再热器出口汽温为常数，在负荷变化时必须对它进行调节。

(4) 燃烧工况变化的影响。在锅炉运行中，如炉膛火焰中心偏移，将造成尾部烟气温度升高，对流式再热器的吸热量将增加。

(5) 锅炉受热面积灰或结渣的影响。当再热器前受热面积灰或结渣时，将造成再热器处烟温升高，使再热器吸热量增加。当再热器受热面本身积灰或结渣时，将使再热器吸热量减少。

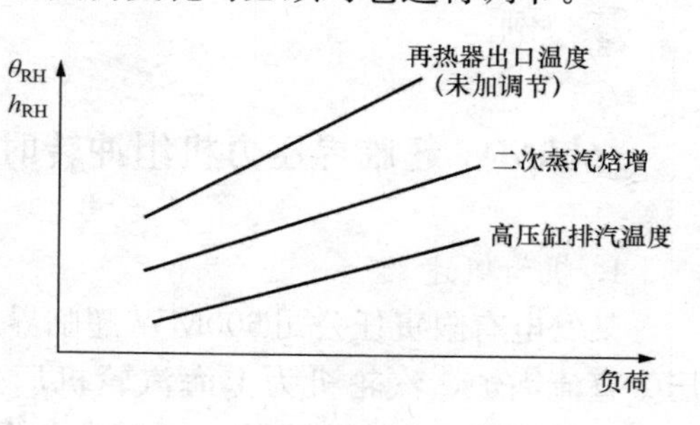

图3-9　再热器进、出口蒸汽温度、焓增与负荷的静态关系

3. 再热蒸汽流量变化的影响

在其他工况不变时，再热蒸汽流量越大，则再热器出口温度将越低。机组正常运行时，再热蒸汽流量将随着机组负荷、汽轮机一级抽汽或二级抽汽量的大小、安全门、汽轮机旁路或对

空排汽门状态等情况的变化而变化。

（二）再热汽温的调节方法

再热汽温的调节，通常采用烟气再循环调节、烟气挡板调节、改变炉膛火焰中心高度等方法。除上述烟气调节方法外，还有蒸汽调节的方法。蒸汽调节法有汽汽热交换器法、烟气汽交换法、旁路蒸汽法和喷水减温法。目前较多采用烟气挡板调节或改变炉膛火焰中心的高度，并用喷水减温法作为事故性的调节手段。

改变炉膛火焰中心高度是通过改变辐射和对流受热面的吸热比例，从而达到调节再热汽温的目的的。影响炉膛火焰中心高度变化的因素很多，如需降低炉膛火焰中心高度时，可降低上层燃烧器的负荷和增加下层燃烧器的负荷、适当降低炉膛负压、燃烧器摆角下调、检查并恢复炉底水封正常、增大上层的二次风并减少下层的二次风等，对于呈对流特性的再热器，炉膛火焰中心降低时，再热汽温将降低。反之，炉膛火焰中心抬高，则将使再热汽温升高。

要采用改变炉膛火焰中心高度来进行再热汽温的调节时，最常用的是改变燃烧器的倾角，即采用摆动式燃烧器进行调温。

烟气调温挡板一般布置在尾部对流烟道省煤器之前的竖井中，通过对烟气调温挡板的调节，可改变流经再热器的烟气量，从而达到调节再热汽温的目的。在双烟道同步调节的系统中，为了保证足够的烟气流通截面和较好的调温效果，正常运行中，同一侧的再热器和过热器烟气挡板作反向调节，即再热器烟气挡板关小或开大时，同一侧的过热器烟气挡板应同时开大或关小相等的开度，使两者开度之和始终保持100%。

供事故情况下保护再热器用的喷水减温器结构简单，调节方便，调温幅度大，惰性小，但是使用喷水减温，将使中、低压缸工质流量增加，这些蒸汽仅在中、低压缸做功，就整个回热系统而言，当机组负荷不变时，减少了高压缸的出力，将使机组的热力循环效率降低。

【实践与探索】

阅读案例，结合600MW超临界压力火电机组仿真机运行实践进行主蒸汽温度控制分析。

600MW超临界压力机组冲转时主蒸汽温度偏高的原因分析及改进措施

1. 机组概述

某发电有限责任公司600MW超临界压力燃煤机组，锅炉为DG1900/25.4-Ⅱ1型超临界压力直流锅炉，汽轮机为上海汽轮机厂生产的N600-24.2/566/566型超临界压力、单轴、三缸四排汽、一次中间再热、凝汽式汽轮机，发电机为上海电机厂生产的Q13N-600-2水氢氢汽轮发电机。

2. 冲转时蒸汽温度偏高情况

整套启动调试中，先后进行了冷态、温态、热态下汽轮机冲转，出现主汽温度偏高的问题。第1次冲转前，主蒸汽温度达到470℃，冲转过程中，主蒸汽温度仍在上升，达到510℃。全开过热器一、二级减温器调节阀，没有明显的减温效果。在第5次热态开机中，冲转前主汽温度为515℃。冲转到3000r/min后，升至570℃。

3. 冲转时蒸汽温度偏高的原因分析

（1）启动方式。锅炉启动蒸汽流量至少为350t/h以上，饱和水通过361阀排至凝汽器或定排，热损失大、蒸发量低，这是造成过热蒸汽温度高的主要原因。

（2）受热面的吸热量过大。汽轮机冲转时，锅炉全烧油运行，水冷壁的辐射吸热低，过热受热面尤其是屏式过热器吸热量过大，从而使主蒸汽温度高。

（3）二次风量偏小或偏大。理论上讲，降低二次风总风量对降低汽温有一定作用。但实践证明：如果降得太低，会造成炉膛温度高，屏过吸热量大而超温。如二次风总风量超过30%～40%的总风量，则会增加烟气量，抬高炉膛火焰中心，减少了火焰在炉膛的停留时间，使水冷壁的辐射吸热降低，蒸发量降低；而过热受热面的吸热量增加，蒸汽冷却不足，使主汽温度升高。

（4）不按要求控制炉膛负压。锅炉点火后，没有按要求控制炉膛负压为－600Pa，而是习惯按亚临界压力锅炉调试控制炉膛负压为－100Pa。而该型锅炉启动油枪燃油用的根部风与炉膛负压有关，炉膛负压小，则燃油用的根部风不足，会造成燃烧效果差。

（5）燃油量小、给水流量相对偏大。制造厂说明锅炉在冲转时需燃油量12～13t/h，但从其他电厂同类型锅炉的运行情况看，至少需16～18t/h油量才能满足冲转的最基本需要，否则转速难以维持。因此，采取减少燃油量的方法来降低汽温不现实。制造厂规定：启动初期给水流量至少为350t/h，在出现主汽温度偏高现象后，本希望通过提高给水流量来加大减温水量、达到降低主汽温度的目的。实际上相对于16～18t/h的燃油量，350t/h及以上的给水流量偏大，在相同的燃烧加热条件下，产生的蒸汽量较少，大部分热量都由进入分离器储水罐的水带入了凝汽器，达不到预期效果，这与亚临界锅炉调试不同。

（6）给水温度低。由于进入省煤器的给水温度低，只有70℃，使得进入水冷壁的水温低，欠焓大，从而降低了水冷壁的产汽量，进入过热器的（冷却）蒸汽量减少，从而使过热器出口主蒸汽温度上升。

（7）减温水与主蒸汽压差小。由于过热器一、二级减温水取自省煤器出口，喷水与蒸汽的压差比传统系统的压差小。当主蒸汽流量小时，其压差更小，喷水减温无效果，从而使主蒸汽温度难以控制。

4. 采取的措施

（1）适当增加燃油量。控制燃油从16～18t/h提高至18～24t/h。将启动油枪压力由原2.5MPa调低到1.9～2.0MPa，降低单支油枪出力，增加投运的启动油枪数量，一方面改善雾化效果，另一方面使沿炉膛宽度热负荷均匀。这样对增加水冷壁吸热、降低火焰中心有好处。通过控制油压来控制燃油量，使炉水温升率为2℃/min，当炉水温度达到190℃时，停止升温、升压，进行锅炉热态清洗，锅炉热态清洗结束后，通过提高启动油压来增加启动油流量，使主蒸汽参数达到汽轮机冲转要求。

（2）控制锅炉总风量。将二次风量控制在550～570km^3/h，若汽温还是偏高，可适当降低总风量，但风量低限应为490km^3/h，并适当开大燃尽风，以保证燃烧充分。

（3）控制炉膛负压。在启动油枪投运时，炉膛负压控制为－600Pa，确保投用启动油枪的燃烧器冷却风挡板完全开启，以补充启动油枪的根部风。若油枪着火困难，可适当降低炉膛负压至－450Pa，以提高二次风流量。

（4）提高给水温度。提高辅汽压力，全开除氧器辅汽加热调门，提高给水温度至90℃以上。

（5）控制给水流量。给水流量由350t/h提高到410～450t/h，这时与燃油量18～24t/h相匹配。给水流量不能超过450t/h。

（6）提高蒸汽流量。通过调整高、低压旁路的开度，从而控制满足参数需要的蒸汽流量。当燃油量达到21～24t/h，将高旁路开至60%，将低压旁路投入自动，压力设定值为0.4MPa。

（7）减温水控制。燃油量18～24t/h，通过调整过热器一、二级减温水，确保主汽温度达到冲转要求。汽轮机开始冲转后，高压旁路可根据主蒸汽压力进行调节，同时投入低旁压力自动。再热汽温由高压旁路减温水和事故喷水控制，高压旁路减温后温度宜控制在250～280℃。

600MW超临界压力机组冲转时，主蒸汽温度偏高的原因除了锅炉本身的特性外，主要是燃烧热负荷小、蒸汽流量小，燃料和给水不匹配造成的。

利用火电机组仿真机，调取80%额定工况，根据表3-3完成再热蒸汽温度控制任务并进行分析与自评。

表3-3　再热蒸汽温度调节评分表

任务名称	再热蒸汽温度调节		
适用系统	超临界、超高压、亚临界、控制循环、自然循环火力发电机组		
工况要求	机组80%额定工况		
故障设置	再热器减温水调门故障（误开、误动、误关、内漏、阀芯脱落、卡涩）		
操作要点及技术要求	分值	操作情况说明	自评得分
根据再热器减温水流量、调节机构开度、再热汽温变化等判断调节机构故障	10		
解除自动，调整调节机构无效，立即采取正确措施，控制汽温变化幅度，判断汇报	10		
必要时进行燃烧调整，达到辅助调整汽温的目的	10		
注意对各段受热面壁温的监视，不允许超温	10		
就地检查并试用手摇，汇报机组长、值长	10		
若汽温过低、汽温在10min内下降50℃或汽温过高依据本厂规程规定停机	10		
做好安全措施，联系检修处理	5		
职业素质： 损坏元件、工具扣2分，造成人身及设备伤害事故扣该项总分，即本操作总分为零分	5		
团队协调配合分数	10		
分析：引起再热蒸汽温度升高或降低的因素有哪些	20		
合　计	100		

工作任务三　给　水　调　整

➩【任务目标】

掌握直流锅炉和汽包锅炉给水调节的特点，影响水位变化的主要因素；能熟练利用火电仿真机组进行给水全程控制操作。

➩【知识准备】

一、直流锅炉给水调节

1. 直流炉给水系统特点

直流炉的汽水流程中没有汽包，为保证工质在水冷壁中稳定流动，直流锅炉依靠给水泵的压力来推动工质在水冷壁稳定流动。超临界直流锅炉在不同的运行阶段给水系统的动态特性差异很大。当锅炉在冷态启动阶段时，该动态特性类似于汽包锅炉，给水流量的变化主要影响的是汽水分离器的水位，存在着汽水两相区；随着锅炉压力的升高达到临界压力时，水在22.12MPa压力下加热到374.15℃时全部汽化为蒸汽即为变相点；当工作压力大于临界压力时，即在超临界压力下，水的汽化潜热变为零，水变成蒸汽，不再存在汽水两相区。给水泵强制一定流量的给水进入炉内，一次性流过加热段、蒸发段和过热段，然后去汽轮机。它的循环倍率始终为1，与负荷无关。给水泵出口水压通过上述三段受热面，直接影响出口汽压，所以直流炉的汽压是由给水压力、燃料量和汽轮机调节汽门共同决定的。

当给水流量的变化破坏了原来的平衡状态时，例如给水流量减小了，则蒸发段向锅炉汽水流程入口方向移动，汽水流程中各点工质的焓值都有所提高。工质焓值上升是由两个因素引起的：一是因为受热面吸热量不变，而工质流量减少，引起流经本区的工质焓值上升；另一个原因是工质焓值随工质流过的受热面面积增加而增加。所以离锅炉出口越近，工质的焓增越大，汽温变化也越大。燃水比失调1%，出口汽温变化就可达8～10℃。因此，直流锅炉给水控制主要任务是维持中间点温度有一定的过热度，同时保证炉膛受热面能得到与热负荷相适应的冷却水量，即保持一定的燃水比。用保持燃水比的方法直接控制过热器出口汽温是直流锅炉重要的控制任务。

2. 给水全程控制

给水全程控制分为3个阶段，满足多重控制任务：保证燃水比、实现过热汽温的粗调、满足负荷的响应。

（1）锅炉启动阶段，从锅炉上水到点火前，采用给水流量定值控制。省煤器进口给水流量自动控制在最小设定值（35%BMCR），开始时通过给水旁路调节阀控制锅炉给水流量，给水泵维持调节阀前后差压。当旁路调节阀开度>80%时，给水旁路换为主路运行，给水流量由给水泵转速控制。

（2）带部分负荷阶段，分离器湿态运行，控制分离器水位。分离器水位由给水流量、分离器至凝汽器（除氧器）或者至扩容器的控制阀进行调节。

（3）纯直流阶段，带中间点温差修正的直流炉给水控制。当锅炉负荷升至35%BMCR时，运行方式从湿态转入干态运行，给水在锅内一次性变成蒸汽。

图 3 - 10 是燃水比控制逻辑，从图中可看出，给水指令的一个最重要部分是锅炉主控输出指令，经 $f(x)$ 的信号代表不同负荷（燃料量）下对给水流量的要求，即燃水比函数，这是给水指令的主导部分，由总燃料量折算出给水指令，即稳态的燃水比。另外，给水设定值用中间点温度修正系数来微调。

中间点温度的设定是根据分离器出口压力，计算对应状况下的饱和蒸汽温度。在饱和温度计算出来后，根据锅炉运行要求，加上一个过热度后作为中间点温度的给定值。运行人员可以在操作员站上对该过热度进行偏差修正，修正范围是±40℃。

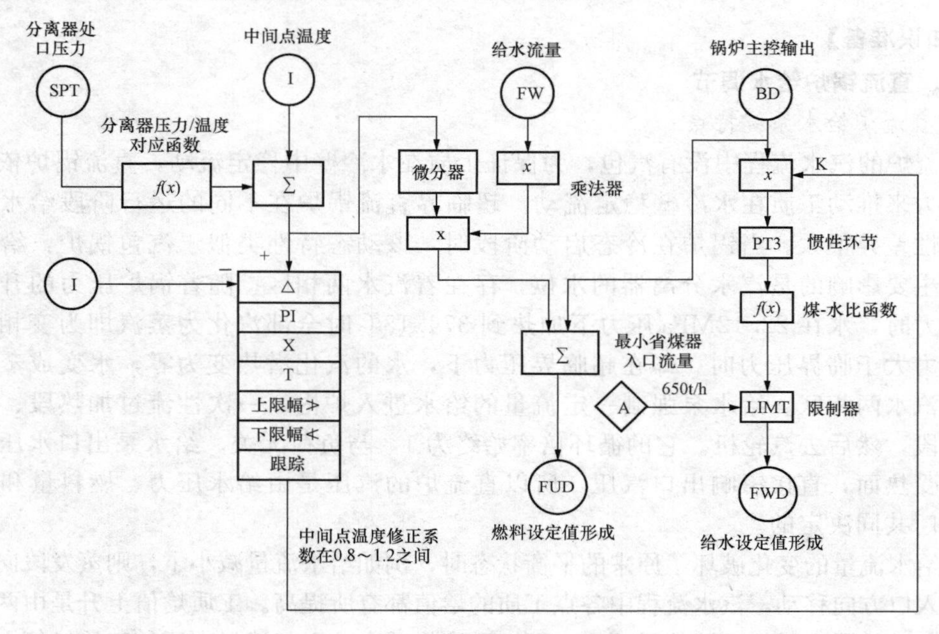

图 3 - 10 燃水比控制逻辑

二、汽包锅炉水位调节

1. 汽包炉给水系统特点

在汽包锅炉中，汽包把整个锅炉的汽水流程分隔成三部分，即加热段（省煤器）、蒸发段（水冷壁）和过热段（过热器）。这三段受热面面积的大小是固定不变的。汽包除作为汽水的分离装置外，其中的存水和空间容积还作为燃水比失调的缓冲器。例如，增加给水流量，给水量的变化就破坏了原来的平衡状态，汽包水位升高了。在汽包锅炉中，水位是燃水比是否失调的标志。用给水流量调节水位，实质上起到了间接保持燃水比不变的作用。

在汽包炉运行中，汽包水位是一个重要的监视参数。汽包水位的过高、过低都将危及锅炉和汽轮机的安全运行。汽包水位过高，会使蒸汽中水分增加，蒸汽品质恶化，易造成过热器管内积盐、超温和汽轮机通流部分结垢；汽包严重满水时，还会造成蒸汽大量带水，引起主蒸汽温度急剧下降，甚至造成管道和汽轮机水冲击。汽包水位过低，易引起下降管带汽，破坏水循环，造成水冷壁超温爆管；严重缺水时，还会引起大面积爆管事故发生。汽包水位过低还会使强制循环锅炉的炉水循环泵进口汽化，引起泵组剧烈振动。

2. 影响水位变化的主要因素

锅炉运行中，引起汽包水位变化的根本原因是蒸发设备中的物质平衡被破坏，即给水量与蒸发量不一致；或是蒸汽压力变化引起工质比体积及水容积中含汽量的变化。具体原因：负荷增减幅度过大；安全阀动作；燃料增减过快；启动和停止给水泵时，给水自动失灵；承压部件泄漏；汽轮机调节门、旁路门、过热器及主蒸汽管疏水门开关失效。归纳起来，主要在三个方面：锅炉负荷、燃烧工况、给水压力。

正常情况下，机组负荷正常变化时，锅炉燃烧和给水若能及时调整，锅炉汽包水位一般不会发生很大变化。但当负荷骤变时，若汽压有较大幅度的变化，就会引起汽包水位迅速波动。例如，当单元机组负荷骤增时，蒸汽压力将迅速下降，这一方面使汽包内汽水混合物的比容增大；另一方面使汽包内工质的饱和温度降低，蒸发设备中的水和金属放出储热，产生附加蒸发量，使汽包水容积中的含汽量增加，炉水体积膨胀，促使水位上升，形成虚假水位。虚假水位是暂时的，因为随机组负荷的增大，炉水消耗量增加，炉水中汽泡逸出水面后，汽水混合物的体积收缩，且随着燃烧的加强，汽压逐渐恢复，若此时给水量未及时调整，则汽包水位将迅速下降。机组负荷骤降时，水位的变化情况与此相反。运行中应注意虚假水位，当机组负荷大幅变化时，应首先调节燃料和风量，恢复汽压，以满足机组对蒸发量的需求。如虚假水位严重，不加限制会造成锅炉满水或缺水时，则应先适当减小或增加给水量，同时调节燃烧，恢复汽压，当水位停止变化时，再适当加大或减小给水，维持汽包正常水位。

单元制机组，在外界负荷和给水量不变的情况下，燃烧工况的变动也会导致汽包内物质平衡的破坏和工质状态的变化，从而对水位产生显著的影响。燃烧工况的变动多是由于煤质变化、给煤给粉不均、炉内结焦等因素造成的。当燃烧加强时，炉内放热量增加，蒸发设备中含汽量增大，炉水体积膨胀，水位上升；但蒸发量的增加又使汽压上升，提高了蒸发设备中工质的饱和温度，水位又会逐渐下降。当汽压升高时，若保持外界负荷不变，则必须关小调节汽门，此时若不及时调节燃烧，则汽压会进一步升高，水位继续下降。燃烧减弱时对水位的影响与上述情况相反。燃烧工况变动时，水位变化的程度取决于燃烧工况变化的程度和运行调节的及时性。

其他条件不变，给水系统压力变化时，将引起给水量变化，破坏物质平衡，引起水位变化。如给水压力增加时，给水量增加，水位上升；给水压力降低时，给水量减少，水位下降。此外，运行中若发生高压加热器、水冷壁、省煤器等设备泄漏，也会破坏物质平衡，使汽包水位下降。运行中应及时注意给水压力的变化，并及时调整，以维持汽包水位。汽包正常水位在水位标准线的±50mm以内为水位允许波动范围。

3. 汽包水位的监视与调节

电站锅炉通过在汽包上装有的一次水位计、在中央集控室装有二次水位计和水位电视进行水位的监视，以一次水位计的指示为准。运行中应及时核对一、二次水位计的指示情况。一次水位计指示的汽包水位比实际的水位偏低，这是由于散热使水位计中的水的密度大于汽包中水的密度。此外，当一次水位计的汽、水连通管结垢，汽侧门、水侧门、放水门泄漏时，会引起水位计指示不准确，因此，应定期对水位计进行检修和清洗，并注意保温。

大容量单元机组均采用全程给水自动调节系统。机组启动时，由于汽、水流量不平衡，故采用单冲量调节，仅接受汽包水位为被调量，通过给水旁路阀开度控制或给水泵转速控制实现对汽包水位的自动调节。锅炉负荷>30%MCR时，给水自动调节系统自动切换到三冲量控制方式，蒸汽流量作为前馈信号，借以消除虚假水位的影响；给水流量作为反馈信号，避免过调，或用以消除因给水压力变化等引起的给水扰动；汽包水位信号是主信号，它也起校正作用，最后使水位维持在规定值。

300MW及以上大型机组正常运行时，两台汽动给水泵运行并投入自动调节，电动给水泵处于备用状态。同时可根据实际情况设置偏置量改变每台泵的流量分配。给水调节过程中，若发现自动失灵，应立即切至手动方式调节，控制汽包水位在正常范围并迅速联系处理。在进行手/自动切换时，应将汽包水位调至正常，然后投入自动，防止调节系统发生大的扰动。

运行中应注意监视锅炉给水、除氧器上水、凝汽器补水的连续、均匀，保持好三大水位的正常稳定。就地水位计和控制室水位指示应一致。在负荷增减过快、主汽压力变化过大或安全阀启座时应注意汽包水位的变化，考虑好虚假水位的影响，并协调控制好三大水位。

在启停给水泵、补给水系统自动失灵、锅炉泄漏、高压加热器危急疏水动作时，应加强水位的监视和调整。当汽包水位高时，应及时减少给水量并通过开大连排和事故放水来协调处理。出现汽包水位低需大量上水时，应注意高、低压加热器的运行，防止加热器因过负荷疏水不及时而解列。

⇨【实践与探索】

（1）利用超临界压力直流锅炉火电机组仿真机或汽包炉仿真机组，调取80%额定工况，根据表3-4完成给水流量控制任务并自评。

表3-4 给水流量调节任务评分表

任务名称	给水流量调节		
适用系统	超临界、超高压、亚临界、控制循环、自然循环火力发电机组		
工况要求	机组80%额定工况		
故障设置	某台运行给水泵调节机构故障		
操作要点及技术要求	**分值**	**操作情况说明**	**自评得分**
根据给水流量、汽包水位、调节机构开度、转速变化等判断调节机构故障	10		
立即解除给水自动，并手动调整调节机构无效，判断汇报	10		
根据负荷情况，启动备用给水泵，立即停运故障给水泵	20		
如启动备用泵无法满足负荷要求，则根据给水流量、主汽流量偏差，立即采取调整机组负荷等手段，使给水流量与主汽流量平衡，汽包炉控制汽包水位正常	10		
控制炉膛负压、汽压、汽温正常；若负荷过低燃烧不稳时投油稳燃	20		
汇报值长，联系检修处理	5		
若单是给水自动故障，只需解除自动，维持机组负荷稳定，联系热工处理	5		
手动调节给水流量、汽包水位时，应防止过调，避免MFT	5		
职业素质： 损坏元件、工具扣2分，造成人身及设备伤害事故扣该项总分，即本操作总分为零分	5		
团队协调配合分数	10		
合　计	100		

（2）早期的单元机组启动过程采用电动给水泵完成启动前期的锅炉给水工作，但由于电泵是耗电大户，增加了厂用电率，因此目前很多单元机组采用汽动给水泵代替电动给水泵完成机组启动全过程锅炉给水的工作，有效地降低了机组启停阶段的厂用电耗，从而达到节能的目的。试通过查阅相关资料、现场调研、仿真机实践等方法了解汽泵全过程给水调节，并撰写技术报告。

工作任务四　燃　烧　调　整

【任务目标】

掌握影响炉内燃烧的因素；能熟练利用火电仿真机组进行燃烧调节，掌握操作过程中的注意事项和一般原则；了解煤质变化时燃烧调整方法，以及低负荷稳燃技术和低 NO_x 燃烧技术。

【知识准备】

机组运行过程中应对进入炉膛的燃料量、风量进行调节，以使锅炉产生满足外界电负荷需要的蒸汽量，且品质合格，同时应保证锅炉运行的安全性和经济性。燃烧调节主要任务：①维持锅炉侧主要运行参数如汽压、汽温、蒸发量、送风量、炉膛负压等在规定的范围内；②着火稳定、燃烧完全，火焰均匀充满炉膛，不结渣，不烧损燃烧器和水冷壁、过热器不超温；③保证最佳过量空气系数、减少不完全燃烧损失等，提高锅炉效率，保证机组运行经济性；④减少 NO_x 等燃烧污染物排放。

一、影响炉内燃烧的因素

1. 燃料性质

煤的成分中，对燃烧影响最大的是挥发分。可燃基挥发分越高的煤，着火温度越低，火焰传播速度也越快。因此挥发分高的煤不仅容易着火，而且着火稳定性也好。但烧挥发分高的煤，往往使炉膛结焦和燃烧器出口结焦现象较严重。挥发分的燃烧，对焦炭起加热作用，从而为焦炭的着火燃烧创造了有利条件，一般而言，挥发分高的煤也易于燃尽。然而近年来国内的许多研究表明，可燃基挥发分相同的煤，其燃尽时间有时差别很大，其原因是一部分煤具有烧结性，使氧气与炭表面的反应变差，因而影响燃尽。同时还需考虑挥发分的发热量，例如无烟煤，贫煤的挥发分含量虽然很小，但挥发分的发热量很高，实际燃烧发现，有些无烟煤甚至比挥发分高的劣质烟煤容易着火。

煤中灰分含量增加时，煤的发热量就会下降很多，导致燃料使用量增加。而着火热又与燃煤量成正比。因此灰分高的煤，着火也比较困难，而且着火稳定性变差。对直吹式制粉系统的锅炉，灰分增加会迫使磨煤量加大，一次风量增加，煤粉变粗，飞灰含碳量增大。

水分对燃烧过程的影响主要表现在水分多时，加热煤粉气流的一部分热量用于水分的蒸发和过热，使着火热增加，着火推迟，水分多的煤，排烟量也大。但煤粉的内部水分蒸发后可使煤粉颗粒内部的反应表面积增加，从而提高着火能力和燃烧速度。

煤粉越细，单位质量的煤粉表面积越大，加热升温、挥发分的析出着火及燃烧反应速度越快，因而着火越迅速，燃尽所需时间越短，飞灰可燃物含量越小，燃烧越彻底。

一次风中的煤粉浓度（煤粉与空气的质量之比）对着火稳定性有很大影响。高的煤粉浓度不仅使单位体积容积内辐射粒子数量增加，导致风粉气流的黑度增大，可迅速吸收炉膛辐射热量，使着火提前。此外，随着煤粉浓度的增大，煤中挥发分逸出后其浓度增加，也促进了可燃混合物的着火。因此，不论何种煤，在煤粉浓度的一定范围内，着火稳定性都是随着煤粉浓度的增加而加强的。

2. 燃烧器设备因素

(1) 直流燃烧器。四角切圆燃烧方式的锅炉，采用直流燃烧器，运行中容易发生气流偏斜而导致火焰贴墙，引起结渣以及燃烧不稳定现象。邻角气流的撞击是气流偏斜的主要原因，射流自燃烧器喷口射出后，受到上游邻角气流的直接撞击，撞击点愈接近喷口，射流偏斜就愈大；撞击动量愈大，气流偏斜就愈严重。

切圆直径对着火稳定、燃烧安全、受热面汽温偏差等具有综合性影响，因此切圆直径的调整十分重要。较大的切圆直径可改善炉内火焰的充满程度，上游邻角火焰向下游煤粉气流的根部靠近，火球边缘可以扫到各角喷口的附近，有利于点燃煤粉和煤粉的燃尽；但切圆直径过大，火焰容易贴墙，引起结渣；着火过于靠近喷口，容易烧坏喷口；火焰旋转强烈时，产生的旋转动量矩大，同时因为高温火焰的黏度很大，到达炉膛出口处，残余旋转较大，这将使炉膛出口烟温分布不均匀程度加大，因而既容易引起较大的热偏差，也可能导致过热器结渣，还可能引起过热器超温。当燃用低挥发分的煤时，在不产生结焦的情况下，应使切圆直径适当增大，以稳定着火和保证燃烧经济；当燃用高挥发分的煤时，可适当减小切圆，以确保燃烧安全和受热面安全，同时由于偏斜减小，对燃烧经济性也是有利的。

切圆的位置和形状取决于设计方面的因素，如假想切圆直径、炉膛宽深比、燃烧器结构特性等，运行中也可通过风量、粉量控制进行一定调整。

直流煤粉燃烧器的一、二次风喷口的布置方式大致上有两种类型：一类燃烧器的一、二次风喷口通常交替间隔排列，相邻两个喷口的中心间距较小，适用于燃烧容易着火的煤，如烟煤、挥发分较高的贫煤以及褐煤。还有一种是一次风集中布置的分级配风直流式燃烧器，适用于燃烧着火比较困难的煤，如贫煤、无烟煤或劣质煤。这种燃烧器的特点是几个一次风喷口集中布置在一起，一、二次风喷口中心间距较大。

分级配风的目的：在燃烧不同时期的各个阶段，按需要送入适量空气，保证煤粉既能稳定着火、又能完全燃烧。一次风集中布置使着火区保持比较高的煤粉浓度，以减少着火热；燃烧放热比较集中，使着火区保持高温燃烧状态，适用于难燃煤；煤粉气流刚性增强，不易偏斜贴墙。同时，卷吸高温烟气的能力加强。但着火区煤粉高度集中，可能造成着火区供氧不足，延缓燃烧进程；一次风喷嘴附近为高温区，喷嘴易变形，使喷嘴出口附近气流速度分布不均，容易出现空气、煤粉分层现象。为了消除这种现象，有时将一次风分割成多股小射流，使气流扰动增强，提高着火的稳定性。为了冷却一次风喷口，可在一次风喷口上加装夹心风或周界风。

(2) 旋流燃烧器。相对于四角切圆燃烧方式，采用旋流燃烧器的锅炉可以减轻四角切圆直流燃烧方式所产生的炉膛出口扭转残余导致过热器区热偏差的现象。燃烧器均匀布置于炉内，入炉热量比较均匀，可避免炉膛中部因温度过高而引起的结渣。各燃烧器单独组织燃烧，可通过调整旋流燃烧器的旋转强度，达到调节回流区大小的目的。燃烧器出口气流的旋流强度取决于燃烧器中旋流燃烧器的结构以及从喷口射出的旋流风与直流风的动量比，此外还与燃烧器的阻力和烟气的黏度等因素有关。

当旋转气流由燃烧器出口喷出后，气流在炉膛内就形成了旋流射流（扩锥形）。在燃烧器出口附近形成和主气流流动方向相反的回流运动，因而在旋流射流的内部形成了中心内回流区，它极大地改善了煤粉气流的加热着火条件，这是旋流射流的主要特点。回流区的大小对煤粉气流的着火和火焰的稳定有着极为重要的作用。宽而长的回流区，不仅回流量大而且回流烟气的温度高，对煤的着火极为有利。通过不同的结构（包括调节装置），对回流区的大小和位置进行不同的调节，增强了旋流燃烧器对煤种的适应性。旋转强度太大时，使火焰贴墙的流动状态形成"全扩散气流"，常称作"飞边"，飞边使火焰贴墙而局部温度过高，因而容易造成炉墙或水冷壁结渣。由于二次风旋转过强，在一定距离上即与一次风脱离。这时回流区直径虽大，但回流区长度不大，回流速度和回流量甚小，造成"脱火"。"脱火"往往是造成旋流燃烧器燃烧不稳或灭火的重要原因。对于易燃煤，出现全扩散气流还会使水冷壁和燃烧器结焦，影响燃烧安全。

3. 一二次风特性

在锅炉燃烧设备和煤质一定的条件下，一次风与二次风的调节就成为决定着火和燃尽过程的关键。一次风与二次风的工作参数用风量、风速和风温来表示。

一次风量主要取决于煤质条件。一次风量愈大，为达到煤粉气流着火所需吸收的热量越大，达到着火所需的时间也越长。同时，煤粉浓度也因一次风率的增大而降低，这对于挥发分含量低或难以燃烧的煤是很不利的。这时炉膛出口烟温也会升高，不但可能使炉膛出口的受热面结焦，还会引起过热器或再热器超温、排烟温度高等一系列问题，严重影响锅炉安全经济运行。对于不同的燃料，由于它们的着火特性的差别较大，所需的一次风量也就不同。应在保证煤粉管道不沉积煤粉的前提下，尽可能减小一次风量。

一次风量需满足煤粉中挥发分着火燃烧所需的氧量且满足输送煤粉的需要。如果不能同时满足这两个条件，则应首先考虑输送煤粉的需要，再通过其他措施来加强快速与稳定着火。一次风量通常用一次风量占总风量的比值表示，称为一次风率。

在燃烧器结构和燃用煤种一定时，确定了一次风量就等于确定了一次风速。一次风速不但决定着火燃烧的稳定性，而且还影响着一次风气流的刚度。一次风速过高，着火距离拖长，燃烧器出口附近烟温低，着火困难，引起燃烧不稳定，甚至灭火。一次风速过低，气流偏弱而无刚性，很易偏转和贴墙，对稳定燃烧和防止结渣也是不利的。此外，风速过低时煤粉管容易堵塞。

一次风温对煤粉气流的着火、燃烧速度影响较大。提高一次风温，可降低着火热，使着火位置提前。运行实践表明，提高一次风温对煤粉着火十分有利，还能在低负荷时稳定燃烧。我国电厂在燃用无烟煤时，为了使煤粉气流的初温尽可能接近300℃，热空气温度提高到350～420℃。当然，一次风温超过煤粉输送的安全规定时，就可能发生爆炸或自燃。

煤粉气流着火后，二次风的投入方式对着火稳定性和燃尽过程起着重要作用。二次风主要起扰动混合和煤粉着火后补充氧气的作用。对于已经运行的锅炉，由于燃烧器喷口结构未变，故二次风速只随二次风量变化。

二次风是在煤粉气流着火后混入的。由于高温火焰的黏度很大，二次风必须以很高的速度才能穿透火焰，以增强空气与焦炭粒子表面的接触和混合，故通常二次风速比一次风速高一倍以上。从燃烧角度看，二次风温愈高，愈能强化燃烧，并能在低负荷运行时增强着火的稳定性。但是二次风温的提高受到空气预热器传热面积的限制，传热面积愈大，金属耗量就愈多，不但增加投资，而且将使预热器结构庞大，不便布置。

4. 锅炉负荷

锅炉低负荷运行时煤粉的着火稳定性将变差。尤其是那些挥发分低或灰分高的煤，或颗粒度粗的煤粉，容易在低温烟气中逐渐扩散以至熄灭。这样不但着火变得困难，同时不完全燃烧损失增大。锅炉负荷低至一定程度时，煤粉气流自点燃特性和燃烧稳定性变差，需要投入易燃的燃料（如投油），协助煤粉着火和稳定燃烧，否则容易灭火。目前，国内外都采用了新的燃烧技术，实现低负荷下不投油或少投油稳定燃烧。

高负荷运行时，由于炉膛温度高，着火与混合条件也好，所以燃烧一般是稳定的，但易产生炉膛和燃烧器结焦、过热器、再热器局部超温等问题。

二、燃烧调节

1. 燃料量的调节

不同的燃烧设备和制粉系统，燃料量的调节方法也不相同。

对中间储仓式制粉系统，当锅炉负荷变化不大时，一般只改变运行给粉机的转速，从而改变进入一次风管的煤粉量；当锅炉负荷变化较大、已超出给粉机的转速调节范围时，可以通过改变投停燃烧器的数目和运行给粉机的台数来较大幅度的改变煤粉量。在调节给粉机的转速时，给粉量的增减要缓慢，且调节范围不要太大。若转速过高，则有可能因煤粉浓度过大而堵塞一次风管并引起不完全燃烧损失增大；若转速过低，则在低负荷时会因煤粉浓度太低而影响着火。调节给粉机转速时，应力求使各给粉机转速均匀，降低给粉机转速时，应先降低转速高的给粉机转速。

600MW及以上机组都采用直吹式制粉系统。对直吹式制粉系统，制粉系统的出力将直接影响锅炉蒸发量的大小。当锅炉负荷变化不大时，一般只改变运行给煤机的转速，即改变给煤量。当锅炉负荷变化较大，已超出给煤机的转速调节范围时，必须通过改变运行制粉系统的套数来较大幅度的改变燃煤量。在调节给煤机转速时，也应注意调节均匀且调节范围不要太大。在调节燃煤量的同时，还要注意调节风量。

2. 氧量和送风量的调节

在调节锅炉燃料量的同时，锅炉的风量也应作相应的调整。风量的调节包括送风量和引风量的调节。送入锅炉中的风主要是一次风、二次风、三次风及少量的漏风，送风量的调节依据主要是炉膛氧量，要保持在最佳过量空气系数α下运行。

在一台确定的锅炉中，过量空气系数α值的大小与锅炉负荷、燃料性质、配风工况等有关。锅炉负荷越高，所需α值越小。当负荷很低时，由于形成炉内旋转切圆有最低风量的要求，故α升高；煤质差时，着火、燃尽困难，需要较大的α值；若燃烧器不能做到均匀分配风、粉，则锅炉效率降低，但其α值要大一些。通过燃烧调整试验可以确定锅炉在不同负荷、燃用不同煤质时的最佳过量空气系数。

过量空气系数的大小可以根据烟气中的氧含量来衡量。在相同数量的炉内送风情况下，氧量的值沿烟气流动方向是变化的。通常认为煤粉的燃烧过程在炉膛出口就已经结束，因此，真正需要控制的氧量位于炉膛出口。但由于那里的烟温太高，氧化锆氧量计无法正常工作，故大型锅炉的氧量测点一般安装于低温过热器出口或省煤器出口的烟道内。由于漏风，这里的氧量与炉膛出口的氧量有一个偏差，应做出修正。锅炉氧量定值是锅炉负荷的函数，运行人员通过氧量偏置对其进行修正，氧量加偏置后，送风机自动增、减风量以维持新的氧量值。

锅炉运行中，除了用氧量监视供风情况外，还要注意分析飞灰、灰渣中的可燃物含量，排烟中的CO含量，观察炉内火焰的颜色、位置、形状等，据此来分析判断送风量的调节是否适宜以及炉内工况是否正常。

锅炉负荷增加时，一般是先增加送风量。只有在炉内有一定过量空气，而负荷增加较快时，为维持汽压，可先增加燃料，再增加送风量。锅炉负荷降低时，一般是先减燃料后减风量。

3. 炉膛负压和引风量的调节

电站锅炉大多采用送引风平衡的通风方式。炉膛负压是根据送、引风的平衡来进行调节的，它是锅炉燃烧是否正常的重要运行参数。正常运行时炉膛负压一般维持在－50～－150Pa。如果炉膛负压过大，将会增大炉膛和烟道的漏风。若冷风从炉膛底部进入，会影响着火稳定性并抬高火焰中心，尤其是低负荷运行时极易造成锅炉灭火。若冷风从炉膛上部或氧量测点之前的烟道漏入，会使炉膛的主燃烧区相对缺风，使燃烧损失增加，同时汽温降低。反之，炉膛负压偏正，炉内的高温烟火就要外冒，这不但会影响环境、烧毁设备，还会威胁人身安全。

炉膛负压除影响漏风之外，还可直接指示炉内燃烧的状况。运行实践表明，当锅炉燃烧工况变化或不正常时，最先反映出的现象是炉膛负压的变化。如果锅炉发生灭火，首先反映出的是炉膛负压剧烈波动并向负方向到最大负压，然后才是汽压、汽温、水位、蒸汽流量等的变化。因此运行中加强对炉膛负压的监视是十分重要的。

确定炉膛负压的控制值时应考虑负压测点的位置。大容量锅炉的负压测点通常装在炉膛上部的大屏下方。在炉膛的不同高度上的负压是不相同的。运行人员应了解不同负荷下各受热面进、出口烟道负压的正常范围，在运行中一旦发现烟道某处负压或受热面进、出口的烟气压差产生较大变化，则可判断故障发生。最常见的是受热面发生了严重积灰、结渣、局部堵塞或泄漏等情况。此时应综合分析各参数的变化情况，找出原因及时进行处理。

当锅炉负荷变化需要进行风量调节时，为避免炉膛出现正压，在增加负荷时应先增加引风量，然后再增加送风量和燃料量；减少负荷时则应先减少燃料量和送风量，然后再减少引风量。

4. 燃烧器的运行方式

所谓燃烧器的运行方式是指燃烧器负荷分配及其投停方式。锅炉在运行中，为保证火焰中心位置，防止火焰偏斜，一般应使各运行燃烧器承担均匀的负荷，即各燃烧器的给粉量和风量应保持一致。但在有些特殊情况下允许改变上述原则。例如，为解决汽温偏低的问题，满负荷时可适当增加上层粉量，减少下层粉量，提高火焰中心位置。对四角布置的直流燃烧器，为防止火焰偏斜和结焦，当四角气流不对称时，可适当将一侧或相对两侧的风粉降低，也可以通过改变上、下排燃烧器的给粉量或二次风量来调节火焰中心的位置，以满足燃烧和汽温调节的需要。

高负荷时，一般是多投燃烧器，采用较低的煤粉浓度，以保持炉内均匀的热负荷和稳定燃烧。正常运行时，应尽可能将最大数量的燃烧器投入运行。低负荷时，一般是少投燃烧器，采用较高的煤粉浓度，以保持稳定燃烧和防止灭火。当负荷降低不太多时，可采取各燃烧器均匀减风、减粉的方式，这样做有利于保持好的切圆形状及有效的邻角点燃。当负荷进一步降低时，就应按照从上至下的顺序依次停掉燃烧器。根据运行经验，低负荷运行，保留下层燃烧器可以稳定燃烧。这是因为，低负荷时，停用的燃烧器较多，为冷却喷口仍有一些空气从燃烧器喷向炉内，若这部分较“冷”的风是在运行喷嘴的上面，就不会冲淡煤粉或局部降低炉温。

运行中当需投入备用燃烧器时，应先开启一次风门至所需开度，对一次风管进行吹扫，待风压正常后，再进粉。当需停用燃烧器时，应先停用其相应的给粉机及二次风，一次风吹扫数分钟后再关闭。燃烧器停用后，有时需保持其一、二次风有适当的开度，以冷却其喷口。

此外，运行中投停燃烧器可参考下列一般原则：只有在保证稳燃和锅炉运行参数的情况下，才停用燃烧器；投下排、停上排燃烧器，可降低火焰中心位置，有利于燃尽；投上排、停下排燃烧器，可提高火焰中心，有利于保证额定汽温；四角布置的燃烧器，宜分层或对角或交错投停，并定时切换，不允许缺角运行；燃烧器切换时，应先投备用燃烧器，以防减弱和中断燃烧；投停或切换燃烧器，应全面考虑对各方面的影响，不宜随意进行。

总之，良好燃烧工况是风煤配合恰当，煤粉细度适宜。此时火焰明亮稳定，高负荷时火色可以偏白些，低负荷时火色可以偏黄些，火焰中心应在炉膛中部，火焰均匀地充满炉膛，但不触及四周水冷壁。着火点位于离燃烧器不远处。火焰中没有明显的星点（有星点可能是煤粉分离现象、煤粉太粗或炉膛温度过低），从烟囱排出的烟气颜色呈浅灰色。如果火焰白亮刺眼，表明风量偏大或负荷过高，也有可能是炉膛结渣。一、二次风动量配合不当会造成煤粉的离析。如果火色暗红闪动则有几种可能：其一是风量偏小；其二是冷灰斗漏风量大，致使炉温太低；此外还可能是煤质方面的原因，例如煤粉太粗或不均匀。煤水分高或挥发分低时，火焰发黄无力，煤的灰分高致使火焰闪动等。

低负荷燃油时，油火焰应呈白橙光亮而不模糊。若火焰暗红或不稳，说明风量不足，或油压偏低，油的雾化不良；若有黑烟缕，通常表明根部风不足或喷嘴堵塞；火焰紊乱说明油枪位置不当或角度不当，均应及时调整。

三、燃烧中的问题

1. 煤质变化

无烟煤、贫煤的挥发分较低，燃烧时的最大问题是着火。燃烧配风的原则是采取较小的一次风率和风速，以增大煤粉浓度、减小着火热并使着火点提前；二次风速可以高些，这样可增加其穿透能力，使实际燃烧切圆的直径变大些，同时也有利于避免二次风过早混入一次风粉气流。燃烧差煤时也要求将煤粉磨得更细些，以强化着火和燃尽；也要求较大的过量空气系数，以减少燃烧损失。挥发分高的烟煤，可适当减小二次风率，采用多喷嘴分散热负荷，以防止结焦。为提高燃烧效率，一、二次风的混合应早些进行。煤质好时，应降低空气过量系数运行。

2. 低负荷稳燃技术

在低负荷运行时，由于燃烧减弱，投入的燃烧器数量少，故炉温较低，火焰充满度较差，使燃烧不稳定，经济性亦较差。为稳定着火，常采用下列措施。

（1）提高一次风气流中的煤粉浓度。提高一次风气流中的煤粉浓度，减少一次风量，可减少着火热；同时又提高了煤粉气流中挥发分的浓度，使火焰传播速度提高；再加上燃烧放热相对集中，使着火区保持高温状态。这三个条件集中在一起，强化了着火条件，使着火稳定性提高。煤粉浓度并不是越高越好。煤粉浓度过高时，由于着火区严重缺氧，而影响挥发分的充分燃烧，造成大量煤烟的产生，此时还因挥发分中的热量没有充分释放出来，影响颗粒温度的升高，延缓着火。或者因挥发分燃烧缺氧，使火焰不能正常传播，而引起着火不稳定。可见，存在一个有利于稳定着火的最佳煤粉浓度。最佳煤粉浓度与煤种有关，挥发分大的烟煤，其最佳煤粉浓度低于挥发分小的贫煤。

(2) 提高煤粉气流初温。提高煤粉气流初温，可减少煤粉气流的着火热，并提高炉内温度水平，使着火提前。提高煤粉气流初温的直接办法是提高热风温度。

(3) 提高煤粉颗粒细度。煤粉的燃烧反应主要是在颗粒表面上进行的，煤粉颗粒越细，单位质量的煤粉表面积越大，燃烧速度就越高，火焰传播速度越快，煤粉颗粒就越容易被加热，因而也越容易稳定燃烧。试验研究发现，煤粉燃尽时间与颗粒直径的平方成正比，当锅炉燃用一定煤质的煤粉时，提高煤粉细度能显著提高煤粉气流着火的稳定性。不过煤粉颗粒细度受磨煤出力与磨煤电耗的限制，不可能任意提高。

(4) 在难燃煤中加入易燃燃料。当锅炉负荷很低或煤质很差时，可投入助燃用雾化燃油或气体燃料，混入燃烧器出口的煤粉气流中，来改善煤粉的燃烧特性，维持着火的稳定性。有时为了节省燃油，也可混入挥发分较大的煤粉，以提高着火的稳定性。

3. 低 NO_x 燃烧技术

NO_x 是一种大气污染物，也是形成酸雨的来源之一。NO_x 的形成与煤在锅炉中的燃烧条件密切相关，最重要的因素是炉膛燃烧中心温度水平及煤在高温下的停留时间，同时还与过量空气系数有关。NO_x 的浓度随燃烧中心温度的升高而迅速增大，当炉内达 1750℃时，NO_x 的浓度可达到很高的数值。大型锅炉内燃烧非常强烈，促成了氧与煤中的氮的化合作用。目前控制 NO_x 生成的燃烧方面的主要措施是采用空气分级燃烧技术，该技术是美国在 20 世纪 50 年代首先发展起来的。

空气分级燃烧的基本原理：将燃烧所需的空气量分成两级送入，第一级燃烧区送入需要空气量的 80%～85%，燃料先在缺氧的富燃料条件下燃烧，使得燃烧速度和温度降低，因而抑制了热力型 NO_x 的生成，同时燃烧生成的 CO 与 NO 进行还原反应，以及燃料 N 分解成中间产物相互作用或与 NO 进行还原反应，抑制了燃料型 NO_x 的生成；在第二级燃烧区内，将燃烧用空气的剩余部分以二次空气输入，成为富氧燃烧区。此时空气量虽多，一些中间产物被氧化生成 NO_x，但因火焰温度低，其生成量不大，从而最终空气分级燃烧可使 NO_x 生成量降低 30%～40%。空气分级燃烧可以分成两类：一类是炉内空气分级燃烧，另一类是燃烧器空气分级燃烧。炉内空气分级燃烧又可以分为采用紧凑式燃尽风（CCOFA）喷口和分离式燃尽风（SOFA）喷口技术。

哈锅和东锅采用由前后墙对冲布置的低 NO_x 旋流燃烧器和分离式燃尽风喷口组成的燃烧系统，而上锅采用四角切圆的低 NO_x 直流燃烧器和紧凑式及分离式燃尽风喷口组成的燃烧系统。

上海锅炉厂采用美国阿尔斯通能源公司生产的四角切圆低 NO_x 同轴燃烧系统（LNCF-STM）。主要组件有紧凑燃尽风（CCOFA）、可水平摆动的分离燃尽风（SOFA）、预置水平偏角的辅助风喷嘴（CFS）、强化着火（EI）煤粉喷嘴。在炉膛的不同高度布置 OFA，将炉膛分成三个相对独立的部分：初始燃烧区，NO_x 还原区和燃料燃尽区，参见图 3-11。在主燃烧器上布置 CCOFA，能及时补充氧量，提高焦炭燃尽率，同时通过控制 CCOFA 份额，可以降低 NO_x 生成量增幅，然后再通过 SOFA，进一步提高焦炭燃尽率，控制炉膛温度水平，再次降低 NO_x 生成量增幅，从而达到提高锅炉燃烧效率和降低 NO_x 排放浓度的双重目

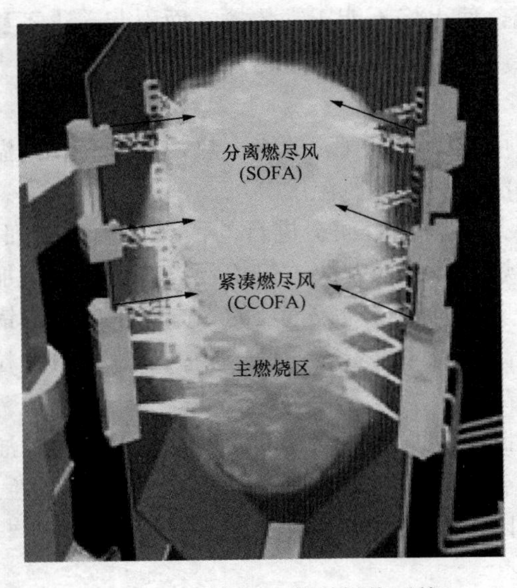

图 3-11　低 NO_x 同轴燃烧系统

的。可水平摆动调节的 SOFA 喷嘴还能起到控制炉膛出口烟温偏差的作用。

东方锅炉燃烧器采用日本巴布科克一日立公司的 HT-NR3 型旋流煤粉燃烧器。燃烧器采用前后墙布置方式，对冲燃烧。HT-NR3 型旋流煤粉燃烧器采用煤粉浓缩器、火焰稳焰环和稳焰齿。煤粉浓淡分离靠安装于一次风管中的煤粉浓缩器来实现，利用稳焰环实现快速点火和高火焰温度，同时在稳焰环中安装了阻隔环，可使二次风、三次风向外扩展，因此火焰还原区扩大，火焰长度被缩短，提高了"焰内还原 NO_x"的能力。加上燃烧器上部布置 6 个中心燃尽风（AAP）喷口和 2 个侧燃尽风（SAP）喷口，使整个炉膛分为燃烧器区、还原区、燃尽区。从而使燃烧器区形成高温还原火焰，在还原区促进焦炭粒子与空气扰动混合以及使焦炭粒子在燃尽区有足够停留时间，从而有利于煤粉着火、NO_x 的进一步降低和促进焦炭完全燃尽。

【实践与探索】

阅读案例，查阅相关资料，摘写一篇关于燃烧调整的读书笔记。

案　例

600MW 超临界压力锅炉燃烧调整实例 I

1. 锅炉概述

某电厂锅炉是由哈尔滨锅炉厂引进三井巴布科克能源公司技术生产的超临界参数变压运行直流锅炉，前后墙对冲燃烧方式，前后墙各布置 4 层低 NO_x 轴向旋流燃烧器，每层各有 4 只，共 32 只。在最上层煤粉燃烧器上方，前后墙各布置 1 层燃尽风口，每层布置 7 只，共 14 只燃尽风口。每只燃烧器配有一只油枪，用于点火和助燃。锅炉配 4 套双进双出钢球磨正压直吹制粉系统，B-MCR 工况时 4 台磨全部投运，无备用。每台磨煤机供布置于前、后墙同一层的燃烧器。

2. 燃烧调整中的主要问题

该厂来煤结构复杂，市场煤掺烧比例较大，煤质变化大。市场煤热质在 3800～4000kcal/kg，灰分在 35%～40%，硫分在 0.8%～2.5%。机组负荷以调峰为主，日负荷区间变化较大，制粉系统启停频繁。一方面，机组负荷处于中间区间时，三套制粉系统出力难以满足负荷要求，需开启第四套制粉系统，制粉电耗增加。另一方面，制粉系统启、停过程中炉内扰动较大，产生不完全燃烧。投产三年中机组启停助燃油耗较大。

3. 燃烧调节措施

(1) 磨煤机出口温度控制。

运行规程中对磨煤机出口温度控制要求按设计锅炉磨煤机出口温度为65～75℃，但是在实际运行中不同煤种磨煤机出口温度都设为75℃，显然不经济不科学。鉴于该厂近年来入炉煤质下降，挥发分中等，灰分增高，远远达不到设计煤种的要求，同时考虑磨煤机正压制粉，抗爆能力强，因此将磨煤机出口设计温度由70℃提高到80～90℃。国内同类型电厂的运行经验证明，将燃烧器入口一次风粉混合物温度提高10℃，锅炉的排烟温度可以下降5℃，锅炉效率提高近0.3%，煤耗降低近1g/(kW·h)。

(2) 锅炉配风及风量控制。

锅炉配风是锅炉燃烧运行调节的一个重要手段，直接影响锅炉热效率和火焰着火距离、汽温等。该厂采用正宝塔型配风原则，一般要求A层二次风门开100%，B层二次风门开90%，C层二次风门开80%，D层二次风门开70%，燃尽风门开度5%～10%。D制粉系统一般作为调峰时段用，机组负荷低时做备用。风量控制中一个重要的参数是过量空气系数。但由于氧量测量存在误差，难以达到设计要求的氧量控制曲线，故通过电科院进行锅炉燃烧性能测试，根据试验结果，在不同的负荷段，氧量按不同的数值控制。

(3) 锅炉市场煤掺烧和合理的节能调度。

随着电煤市场的日趋紧张，燃煤掺烧已经成为常用手段，在保证燃烧稳定的情况下追求低煤耗与低制粉电耗的有机结合。该厂采用每台磨掺烧一个仓的二类煤，1、2、3、5号仓上挥发分相对较高（30%～40%）、热值在4500～5000kcal/kg煤种。4、6、7号仓上二类煤种，热值一般在（4000±200）kcal/kg，挥发分在15%左右的煤种。8号仓根据日负荷曲线有选择地上高热值煤种以满足高峰段负荷需要。这种上煤方式既保证底层燃烧稳定，又能适应机组变工况需要。缺点就是在掺烧过程中单台磨两侧出力不一致，使磨煤机两端衬板受力不均而产生磨损。为消除这一问题，采用了定期调换掺烧方式的办法，同时控制磨煤机两台给煤机最低给煤量来解决。在机组负荷升降时，若三台制粉系统通过改变一、二类煤种量能满足负荷需求时，则保持三台制粉系统运行，仅在高峰负荷段启动第四套制粉系统，尽可能使机组在经济出力状态下运行。

4. 设备治理

(1) 强化对制粉系统的重点治理，达到彻底解决煤粉均匀性的问题。定期根据煤粉细度调节磨煤机分离器折向挡板至合理位置，保证磨煤机的经济煤粉细度；利用机组负荷低谷期逐台次对磨煤机衬板进行改造，提高磨煤机效率，磨煤机电流由160A下降至140A左右，降低制粉电耗，定期对磨分离器及回粉管进行检查清理，防止分离器或回粉管堵杂物导致煤粉颗粒变粗。

(2) 完善燃烧器的结构，防止锅炉产生黑色的焦炭和油枪雾化喷嘴堵塞、卡涩的问题。定期对油枪进行吹扫，保持正常备用。进行A层油枪微油改造，原A层单台油燃烧器出力为12t/h，改为微油燃烧器后单台油燃烧器出力在50～80kg/h，微油改造后机组冷态启动油耗由60～80t降至8～10t。锅炉实现烧空原煤仓滑停用油由原来的20t左右降至2.5t左右。大大节约机组启动、停机油耗。

600MW超临界压力锅炉燃烧调整实例Ⅱ

1. 锅炉概述

某电厂锅炉是由上海锅炉厂制造的单炉膛、一次中间再热、四角切圆燃烧方式超临界直流锅炉，型号为SG1913/25.4-M967。本锅炉设计和校核煤种均为淮南烟煤，燃烧方式采用从美国阿尔斯通能源公司引进的摆动式四角切圆燃烧技术。采用中速磨煤机、冷一次风机、正压直吹式制粉系统。燃烧器共设置六层煤粉喷嘴，锅炉配置6台HP1003型中速磨煤机，每台磨的出口由四根煤粉管接至炉膛四角的同一层煤粉喷嘴，燃烧器设六层煤粉喷嘴自下而上A、B、C、D、E、F层，燃烧方式采用最新引进的低NO_x同轴燃烧系统（LNCFS），锅炉MCR和ECR负荷时均投五层，另一层备用。在A层煤粉喷嘴上分别装了四台等离子点火器。在燃烧器二次风室中配置了三层共12支轻油枪，燃油容量按30%MCR负荷设计。

2. 锅炉启动初期的燃烧调整

锅炉点火通常直接采用等离子点火，容易造成燃烧不完全及分隔屏过热器的管壁超温现象，因此锅炉启动初期湿态运行时的安全稳定尤为重要，燃烧调整上采取了以下措施。

（1）降低一次风速（保持在25m/s），适当增加对应层（特别是燃料风挡的开度）和上层二次风速，一方面一次风可尽快着火，另一方面又能在炉膛内充分燃烧。

（2）提高一次风温在允许的高限。用暖风器对一次风进行加热，提高等离子燃烧器对应的A磨煤机出口风粉混合物的温度，维持73～75℃运行，使一次风的着火点提前，提高煤粉燃烧的稳定性和燃尽率。

（3）提高给水温度。在锅炉点火前提高给水温度至120℃，一方面增加了炉内温度，保证燃烧稳定，另一方面提高了分离器产汽量，保证分隔屏过热器的管壁不超温。

（4）加大紧凑燃尽风（CCOFA）及上几层辅助风风门的开度，降低火焰中心，适时开启分离燃尽风（SOFA），消除炉膛出口气流的残余旋转，减小两侧烟温差。当投入第二台磨煤机（B磨煤机）后逐渐开大一层CCOFA风至70%以上，有必要时可适当增开第二层CCOFA风。

3. 锅炉正常运行的燃烧调整

锅炉正常运行时主要是调整燃烧器各层的燃料分配，调整一、二次风的分配，以达到炉膛热负荷均匀、炉膛受热面不结渣、火焰不冲刷水冷壁和低NO_x排放。

（1）制粉系统的投运方式。锅炉正常运行时，磨煤机的出力是通过“燃料主控”接受锅炉主控指令，用调节给煤机的转速来控制锅炉的总燃料量。在增加负荷时，已运行的磨煤机的单台出力均在80%时，应再启动未投运的磨煤机，直到五台磨煤机运行锅炉带额定负荷。通过试验显示该锅炉带额定负荷时，投运A、B、C、D、E磨煤机比投运B、C、D、E、F磨煤机和投运六台磨燃烧要好，飞灰含碳、排烟损失相对较小，炉效较高，同时锅炉烟温、汽温两侧差也较小。

（2）风量及一、二次风的调整。

锅炉运行时一次风量的比例变化不大，控制炉膛出口过量空气系数主要靠调整二次风量。燃烧调整时，调整二次风量，观察炉膛火焰，测量飞灰和炉渣的含碳量，确定合理的过量空气系数。根据本炉的运行经验，额定负荷时，当炉膛出口过量空气系数为1.2（氧量在3.5%左右）时，500MW负荷时炉膛出口过量空气系数为1.24（氧量在4%左右）时，400MW负荷时炉膛出口过量空气系数为1.31（氧量在5%左右）时，飞灰和炉渣中未燃尽成分可达到较低的值，运行比较经济。运行的磨煤机单台出力一般在80%左右，保持磨煤机出口一次风速在25～27m/s。A层、B层、C层、D层、E层、F层燃料风挡板运行时开度是本层给煤机转速的函数，以调节一次风气流着火点，停运时开度是锅炉总空气流量的函数。另外AA层二次风挡板也是给煤机A转速的函数，当炉渣含碳量高时可适当开大。SOFA、CCOFA二次风挡板是锅炉总空气流量的函数，主要用于控制锅炉NO_x的排放；AI层、BI层、BC层、CI层、DI层、DE层、EI层、FI层二次风挡板是用来控制燃烧器大风箱与炉膛出口压差，该压差是总空气测量流量的函数。

（3）燃烧器摆动角的调整

四角切圆布置的燃烧器（除A层外）具有燃烧器上、下摆动的功能，其主要目的是调整再热汽温。一般情况下，高负荷时燃烧器在水平位置；负荷降低时，根据再热汽温调节燃烧器的摆角。通过各段负荷的燃烧调整，了解燃烧器摆动时对过热、再热汽温及锅炉效率的影响。根据磨煤机的使用方式，合理调节燃烧器摆角，以保持再热汽温在较大的负荷变化范围内达到额定值。值得重视的是：燃烧器向下摆动应只作为短期调整，不能在高负荷时长时间下摆，以防止灰斗处因热负荷过高而引起结渣等。可水平摆动调节（－15°～＋15°）的SOFA喷嘴用来控制炉膛出口烟温偏差。

（4）炉膛负压调整及吹灰

运行时，注意保持炉膛负压的稳定，防止负压过大而引起漏风量过大；防止负压过小，造成炉膛上部向外冒烟、喷火。每班对空气预热器吹灰2次，每班至少对炉膛、水平及尾部受热面吹灰1次，以将过热汽温、再热汽温偏差控制在10℃以内。并根据过热器、再热器减温水量的变化增加对炉膛的吹灰。

工作任务五 汽轮机运行调节

【任务目标】

掌握汽轮机运行主要参数变化对汽轮机的影响；能熟练利用火电仿真机组进行汽轮机运行监视和调整。

【知识准备】

汽轮机运行中要充分利用和发挥自动控制系统的作用，确保设备运行工况的稳定和运行参数的调节质量。在控制系统自动运行时，运行人员要加强画面参数的巡视和运行参数的分析。只有在自动控制系统或测量元件发生故障、机组发生异常使设备的参数超出自动系统的调整范围、设备非正常方式运行超出自动控制系统设计能力时，才需要解除，自动进行手动调整。汽轮机运行期间要密切注意监视画面上参数的变化，发现参数偏离正常或报警要认真进行检查、核实、分析并积极进行调整，必要时要联系巡检人员到就地进行核实、检查，禁止不加分析盲目复置报警。

在正常运行维护过程中，应根据机组特点选择对机组安全运行至关重要的参数作为经常性监视项目，例如负荷、真空、主蒸汽压力、再热蒸汽压力和温度及高压缸排汽温度；振动、轴向位移及高、中压胀差；轴承油温、轴承金属温度；汽轮机各监视段压力；凝汽器和除氧器水位等。对其他一些参数及辅机阀门的启停开关情况作定期或不定期检查。

一、汽轮机运行主要监视参数

1. 主蒸汽压力的监视

当主蒸汽温度不变的情况下，在运行规程规定范围之内，进入汽轮机的主蒸汽压力升高可提高机组的经济性。因为压力升高可使蒸汽焓降增大，在同样的负荷下进汽流量就会减少，提高循环热效率。但是，如果主蒸汽压力升高超过规定范围时，将会直接威胁机组的安全。最危险的是引起调速级叶片过负荷，尤其当喷嘴调节的机组第一个调速汽门全开，而第二个调速汽门将要开启时。主蒸汽压力过高还会引起主蒸汽管道、自动主汽门、调速汽门、汽缸法兰盘及螺栓等处的内应力增高，缩短使用寿命，造成部件的损坏、变形或松弛。

当主蒸汽温度不变而压力降低时，汽轮机内焓降减少，使汽耗量增加，经济性降低。若调速汽门开度不变，进汽量将成比例地减少，如汽压降低过多则带不到满负荷。

如果初压降低后仍要保证汽轮机带额定功率，则汽轮机的进汽流量将大于额定流量，此时会引起各压力级前压力升高，并且使末几级焓降增大。因此各压力级的负荷都有所增加，并以末几级过负荷升高最为严重，同时全机的轴向推力增大。此时能否安全运行，必须经过专门的计算来决定。一般在运行中，当初压降低时需要限制汽轮机的出力。

2. 再热蒸汽压力的监视

蒸汽从高压缸排出后，经过再热器管道进入中压缸，压力将会有不同程度的降低，这个压力损失，通常称为再热器压力损失。在正常运行中，再热蒸汽压力是随蒸汽流量的变化而变化的。再热器压损的大小，对汽轮机的经济性有着显著的影响。如果发现再热蒸汽压力不正常地升高，说明进入中压缸的蒸汽阻力增加，应及时查明原因并采取相应的措施。如果再热蒸汽压力升高达到安全门动作的程度，一般是由调节和保护系统方面的故障引起的。遇到这种情况，要首先检查中压自动主汽门和调速汽门是否关闭，并迅速采取处理措施，使之恢复正常。

3. 主蒸汽温度的监视

主蒸汽温度升高，汽轮机的焓降和功率会稍有升高，热耗降低，汽温每升高 5℃，热耗大约可降低 0.12%～0.14%，有利于汽轮机效率的提高。当主蒸汽温度的升高超过允许范围时，会使金属材料的机械强度降低，蠕变速度加快，导致设备损坏或缩短部件的使用寿命；各部件受热变形和受热膨胀加大，如膨胀受阻有可能使机组的振动加剧；随着在高温下工作时间的增加，汽缸、汽门、高压轴封等套装部件的紧固件将发生松弛现象。因此，在运行规程中严格地规定了主蒸汽温度允许升高的极限数值。如某台 600MW 超临界压力机组规程要求主汽温应维持在（566±14）℃范围内。

主蒸汽温度降低不但影响机组的经济性，降温速度过快，还会威胁设备的安全。主蒸汽温度下降缓慢时，若要保持电负荷不变就要增加进汽量，使机组经济性降低。一般地说，主蒸汽温度每降 10℃，汽耗将增加 1.3%～1.5%，而热耗约增加 0.3%。主蒸汽温度降低而汽压不变时，末几级叶片的蒸汽湿度将增大，缩短叶片的使用寿命。当主蒸汽温度急剧下降时，将使轴封等套装部件的温度迅速降低，产生很大的热应力，汽缸等高温部件会产生不均匀变形，使轴向推力增大。汽温急剧下降往往是发生水冲击事故的征兆。

4. 再热蒸汽温度的监视

再热蒸汽温度通常随着主蒸汽温度和汽轮机负荷的改变而变化。同主蒸汽温度一样，再热蒸汽温度的变化也直接影响着设备的安全和经济性。再热蒸汽温度超过额定值时，会造成汽轮机和锅炉部件损坏或缩短使用寿命。当再热蒸汽温度升高时，最好不使用喷水减温装置。因为此时向再热器喷水，将直接增加中、低压加热器缸的蒸汽量，一方面会引起中、低压加热器缸各级前的压力升高，造成隔板和动叶片的应力增加和轴向推力的增加，另一方面对经济性也很不利。再热蒸汽温度低于额定值时，不仅会使末级叶片应力增大，还会引起末几级叶片的湿度增加，若长期在低温下运行，将加剧叶片的侵蚀。在运行中，如果发现再热蒸汽汽温下降情况与负荷的变化不相适应，要检查锅炉再热器减温水门是否关闭严密。

5. 凝汽器真空的监视

凝汽器真空的变化，对汽轮机的安全与经济运行有很大的影响。凝汽器真空高即汽轮机排汽压力低，可以使汽轮机减小耗汽量，提高经济性。一般情况下真空降低1%，汽轮机的热耗将增加0.7%～0.8%。

汽轮机的真空下降时，会使汽轮机排汽温度升高，将产生如下危害：①使低压缸及轴承座等部件受热膨胀，引起机组中心变化，使汽轮机产生振动；②由于热膨胀和热变形，可能使端部轴封径向间隙减小乃至消失；③如果排汽温度过分升高，可能引起凝汽器管板上的铜管胀口松弛，破坏了凝汽器的严密性，引起凝汽器铜管泄漏；④由于排汽压力升高，汽轮机的可用焓降减小，将限制机组的出力，同时机组效率降低。若要维持额定功率，则汽轮机的进汽量就要增加，将使机组的轴向推力增大。

在实际运行中，真空下降的原因很多，但经常造成真空下降的原因是真空系统的严密性受到破坏。为保证真空系统的严密性，汽轮机在大小修前后，正常运行时每月进行一次真空严密性试验，发现问题及时消除。

6. 监视段压力

在汽轮机运行中，将调节级汽室压力和各抽汽段压力通称为“监视段压力”。通过对这些部位压力变化的监视，可以判断汽轮机通流部分的运行状况是否正常。

在负荷大于30%额定负荷时，凝汽式汽轮机除最末一、二级外，各监视段压力均与主蒸流量成正比例变化。根据这个原理，可通过监视各监视段的压力来有效地监督汽轮机负荷的变化和通流部分的运行工况。每台机组都有额定负荷下对应的各段抽汽压力，且在机组安装或大修后，应在正常工况下通过试验得出负荷、主蒸汽流量及各段监视压力的对应关系，以作为平时运行监督的标准。在正常运行中及某一负荷下，如果监视段压力升高，则说明该段以后通流部分有可能结垢，或其他金属部件脱落堵塞；如果调节级和高压缸各段抽汽压力同时升高时，则可能是中压调速汽门开度受阻或中压缸某级抽汽停运，或者高压缸排汽止回阀失灵。此外，当某台加热器停用后，若汽轮机的进汽量保持不变，则相应汽段的压力将升高。

机组在运行中不仅要看监视段压力变化的绝对值，还要看监视各段之间的压差是否增加。如果某个级的压差超过了规定值，表明该段内隔板和动叶片过负荷，严重时会使动静部件的轴向间隙消失而产生摩擦，导致叶片等设备损坏事故。

7. 轴向位移的监视

汽轮机转子的轴向位移，现场习惯上称为窜轴，是指汽轮机转子在轴向推力作用下，承受轴向推力的推力盘、推力瓦块、推力轴承等部件的弹性变形和油膜厚度变化的总和。监视轴向位移的变化可以监视轴向推力的变化情况、推力轴承的工作情况，以及通流部分动静部件间隙的变化情况。

引起轴向推力变化的原因很多。一般情况下，轴向推力是随蒸汽流量的增加而增大的。当新蒸汽压力、温度降低或凝汽器真空降低而又要维持负荷不变时，就要增加进汽量，使轴向推力增大。当通流部分结垢时，轴向推力也会增大。特别是当通流部分发生水冲击时，将会产生很大的轴向推力。轴向推力过大时，会使油膜破裂、推力瓦烧损，轴向位移就会急剧增加。

大型汽轮机均装有轴向位移保护和推力瓦块金属温度指示表计。为保证汽轮机动、静部件不发生摩擦，必须保证轴向位移不超过允许值。此允许值是根据各个机组动、静部分的最小轴向间隙而定的，其允许值小于±0.9mm左右。推力瓦块金属温度的最高允许值一般为90～95℃，推力轴承回油温度最高允许值一般为70℃。当轴向位移超过允许值时，保护装置将动作，使机组停机。当温度超过规定的范围时，即使轴向位移指示值不大，也应减负荷运行，并使温度下降到规定的范围内。

8. 胀差

汽轮机在启停和负荷变动过程中，由于转子和汽缸产生的相对胀差变化会引起通流部分的动静间隙发生变化。当某一区段的胀差值超过了在这个方向的动静部件轴向间隙时，就会发生动静部件的摩擦或碰撞，造成启动时间的延误或引起机组振动、大轴弯曲等严重事故。因此在机组的启停和运行中，必须严格监视和控制胀差的变化，使之不超出最大的允许值。

汽轮机胀差变化主要与以下因素有关：有汽缸加热装置的机组，启动机组时，汽缸与法兰加热装置投用不当，加热汽量过大或过小；暖机过程中，升速率太快或暖机时间过短；增负荷速度太快；正常运行过程中蒸汽参数变化速度过快；正常停机或滑参数停机时，汽温下降太快；甩负荷后，空负荷或低负荷运行时间过长；汽轮机发生水冲击等。

9. 轴瓦温度

汽轮机的主轴在轴瓦内高速旋转时，会引起润滑油温和轴瓦温度的升高。轴瓦温度过高，将威胁轴承的安全运行。运行中通常采用监视润滑油温升的方法间接监视轴瓦温度。一般控制轴承进油温度为38～49℃，轴承进出口油温差应在10～15℃之间。由于油温滞后于金属温度，不能及时反应轴瓦温度的变化，因而只能作为辅助监视。

为保证轴瓦的润滑和冷却，运行中还要经常检查润滑油油箱的油位、油质和冷油器的运行情况，当发现下列情况之一时应打闸停机：任一轴承回油度超过75℃，或突然升高到70℃时；主轴瓦乌金温度超过85℃；回油温度升高，轴承内冒烟时；润滑油泵启动后，油压仍低于允许规定值；油箱油位持续下降无法解决时。

二、机组振动的监视

1. 机组振动的原因

汽轮发电机组产生异常振动是运行中最常见的故障之一。能引起汽轮发电机组振动的原因很多，这些原因不仅与制造、安装、检修和运行管理的水平有关，而且它们之间又互相影响。因此，要找出产生振动的主要原因并非易事，必须经仔细调查研究、适当的试验分析后才能确定。振动本身可分为强迫振动和自激振动。引起机组振动的原因主要有以下几方面。

(1) 机械激振力。因转子质量不平衡、转子弯曲以及转子连接和校中心缺陷引起的振动。

（2）轴承座松动。轴承座松动使转子支撑系统刚性降低，引起振动。

（3）电磁激振力。发电机转子匝间短路而使转子磁通量发生变化，产生电磁激振力，引起振动；发电机转子与定子相互作用力在圆周上作周期性变化，引起定子铁芯强迫振动；发电机转子与定子径向空气间隙不均匀引起振动。

（4）由于运行工况变动引起振动。

1）摩擦振动。若运行调整不当，蒸汽参数变化过快以及汽轮机进水或冷蒸汽，造成机组膨胀或收缩不均，胀差急剧变化，引起动静部分间隙消失，以至产生摩擦振动。此外，如果轴向位移过大，也会引起动静部件之间产生摩擦振动。

2）油膜自激振荡。油膜自激振荡是由半速涡动产生的，涡动转速在较大范围内不随转子转速上升而变化，其幅度也维持在共振状态时急剧增大的数值上。所以不能用升速的方法来消除油膜自激振荡，一般均要通过改进轴承结构和油温、油压等运行参数方能解决。

3）蒸汽自激振荡。在运行中，汽轮机转子由于弯曲而和隔板套（静叶持环）中心不一致，造成叶片与隔板套之间的径向间隙不均匀，在叶轮上产生一个不平衡的圆周切向力，其方向与转子弯曲方向垂直，并有使转子沿旋转方向涡动的趋势。另一方面，转子由于弯曲在不停地甩转，当阻尼作用不足以消耗由于激振力作用所具有的激振能量，并且激振力的频率与转子的临界转速相一致时，就会发生共振，这就是蒸汽自激振荡。蒸汽自激振荡最显著特征是与机组功率有关，当在某一负荷发生蒸汽自激振荡时，把负荷减少到一定数值后，振荡会突然消失。机组出现蒸汽自激振荡后，只能减负荷运行，无法带满负荷。

4）临界转速共振。大容量机组转子直径由于受到锻造技术的限制，不能随单机容量的增加而成比例的增加，只有增加转子的长度，因此大容量机组转子的固有频率都比中小型机组低，相应的临界转速也低。另外，大容量机组转子数量多，由高中压转子、低压加热器转子、发电机转子、励磁机转子等组成，使得轴系临界转速分布复杂。所以，机组在升、降速过程中要越过多个转子临界转速和轴承座、基础框架等构件的共振转速。在起动过程中要尽量避开各临界转速，找到一个合适的定速暖机的转速。在出现故障需要保持转速时，注意不要停留在临界转速附近。

2. 机组振动的监视

汽轮机运行中发生振动，不仅会影响机组的经济性，而且会直接威胁机组的安全运行。因此，在汽轮机启停和运行中，对轴承和大轴的振动必须严格进行监视。一般都采用测振仪分别测量汽轮机轴承的振动和转子相对于基座的振动，从垂直、横向和轴向三个方向进行测量。如振动超过允许值，应及时采取相应措施，以免造成事故。为此，一般汽轮机都装设轴承振动测量装置和非接触式大轴振动测量装置，用于监视机组振动情况。当振动超过允许极限时，就发出声光报警信号，以提醒运行人员注意，达到跳机值时同时发生脉冲信号去驱动保护控制电路，自动关闭主汽门等，实行紧急停机，以保护机组的安全。

【实践与探索】

阅读案例，利用仿真机设置汽轮机振动事故，观察机组振动时有关参数变化并做记录。

600MW超临界压力机组汽流激振

2月9日13：07，某电厂600MW超临界压力机组带负荷600MW由单阀切为顺序阀控制，检查振动等参数无异常。21：50负荷开始由600MW减至580MW，22：00：15负荷达580MW时，1号轴振突然由正常的77μm急增至253μm，轴振保护动作，机组跳闸。后查看历史趋势，1号轴承X向振动在21：59：41前正常77μm，于21：59：59突升至95μm，随即轴振达到253μm跳机。经分析为高调门开启顺序与设计不符，发生了蒸汽激振。后经汽轮机厂家建议，首先开启3、4号高调门从上缸汽室进汽，然后再顺次开启2、1号高调门，1号轴承振动恢复正常值。

原因分析和防范措施：

（1）汽轮机进汽后蒸汽对每级叶片都有一个径向的力，叶片又将力传递给转子，这种现象叫汽流激振；只要汽轮机进汽均有汽流激振现象，只是影响大小不同而已，对于高参数、大容量汽轮机其影响特别大。

（2）当汽轮机的调门控制方式由单阀改为顺序阀后，下缸汽室进汽多、上缸汽室进汽少，转子向上拱起，使作用在转子上的力减小，即油膜对转子的阻尼作用降低，转子的转动呈不规律特性，当汽流对转子径向力的频率与转子自振频率、倍频或二分之一频率重合，汽轮机转子与轴承发生较为强烈的振动，产生明显的冲击。汽流激振有可能使油膜损坏而引起轴承损坏甚至轴系的损坏等严重事故。

（3）按厂家建议：首先开启3、4号高调门从上缸汽室进汽，然后再顺次开启2、1号高调门，转子有一个向下的力，油膜对转子的阻尼作用增加，转子受力均匀，转子中心在轴承中处于一个稳定的平衡位置，基本上不会出现汽流激振现象，不会发生强烈的振动。

利用火电机组仿真机做真空严密性试验，做好试验结果的分析和记录。

试验方法（正常运行定期试验时负荷应大于80%额定负荷）：

（1）记录试验前负荷，高、低压凝汽器真空，排汽温度及大气压力。

（2）解除凝汽器真空泵连锁，开启备用真空泵，检查入口蝶阀应联动开启。

（3）停止备用真空泵运行，注意入口蝶阀随泵联关，真空变化不大。

（4）停止原运行真空泵运行，注意入口蝶阀随泵联关，密切监视真空逐渐下降。

（5）30s后，开始每隔半分钟记录一次凝汽器真空值。

（6）停止真空泵8min后，恢复真空泵运行，观察入口蝶阀随泵联开。

（7）取后5min真空下降值，求得真空下降平均值，与评价标准比较。

（8）试验期间，凝汽器压力应小于24.7kPa（绝对压力），低压缸排汽温度小于55℃，高低压凝汽器压力偏差小于6.9kPa，排汽温度偏差小于11℃。

（9）若停止真空泵后，任一凝汽器真空迅速下降应立即开启真空泵运行，停止试验，并在运行中或停机后，进行真空系统找漏工作。

（10）试验结束，汇报值长，做好凝汽器真空严密性试验结果的分析和记录。

真空严密性的评价标准：小于0.27kPa/min合格。

工作任务六　发电机系统的运行监视与维护

➩【任务目标】

掌握发电机运行主要参数变化对汽轮机的影响；能熟练利用火电仿真机组进行发电机运行监视和调整；了解600MW超临界机组发电机特殊运行方式。

➩【知识准备】

汽轮发电机根据设计和制造所规定的条件长期连续工作，称为额定工况。这一工况下的状态特征：电压、电流、出力、功率因数、冷却介质温度和压力等，称为发电机的额定参数。发电机在额定工作状态下能长期连续运行。

发电机长期连续运行的允许出力，主要受到机组的允许发热条件限制。发电机带负荷运行时，其绕组和铁芯中都会有能量损耗，引起各部分发热。负荷电流越大，损耗就越大，所产生的热量也越多。发电机的额定容量，是在一定的冷却介质（空气、氢气和水）的温度和氢压下，定子绕组、转子绕组和定子铁芯长期允许发热温度的范围确定的。

发电机绝缘在运行过程中会逐渐老化。对绝缘有重大影响的是温度。温度越高，延续时间越长，绝缘老化越快，使用期限就越短。例如，B级绝缘允许的最高温度为130℃，若持续运行在高于允许温度10～12℃时，其绝缘寿命约缩短一半。因此，发电机运行时必须遵守制造厂家的规定，各部最高温度均不得超过允许限值，以保证正常使用寿命。

变压器运行时，其绕组和铁芯中的电能损耗也都转变为热能。在油浸式变压器中，这些热量先传递给油，受热的油又将热量传至油箱及散热器，再散入外部介质。变压器绝缘的老化，主要是由于温度、湿度、氧气以及油中劣化产物所引起的化学反应造成的，绝缘老化速度又主要决定于温度。运行中不但要控制变压器上层油温和绕组温度不超过允许值，而且需要控制各部分温升不超过限值。

一、发电机正常运行方式下主要参数监视

1. 发电机频率的监视

电网的频率取决于整个电网有功负荷的供求关系。发电机正常运行时，应该保证电网频率在（50±0.2）Hz的范围之内。电网频率降低运行时，由于转子转速降低，发电机端电压降低，要维持正常的电压就必须增大转子的励磁电流，会使转子和励磁回路温度升高。另外，由于转速降低，发电机两端风扇鼓风的风压则以与转速平方成正比的关系下降，使冷却风量减少，将使定子线圈和铁芯的温度升高。因此在电网频率降低时，必须密切注意监视发电机电压和定子、转子线圈及铁芯的温度，不可超温。频率比额定值高较多时，发电机转速升高，转子承受的离心力增大，可能造成转子上某些部件损坏。同时，转速升高，通风摩擦损耗也增大，发电机效率下降。

2. 发电机功率的监视与调整

在电力系统中，由于电网运行方式的改变或由于用户用电的变化，使电网中的有功和无功失去平衡，引起电网周波和电压的变化。因此，在运行中应按照预定的负荷曲线或调度员的命令，对各发电机的有功负荷和无功负荷进行调整，维持系统有功功率平衡和无功功率平衡，以使周波和电压维持在允许的范围内。

（1）有功负荷的调整。发电机有功负荷的调整，在正常情况下是根据频率和有功功率的变化，由汽轮机调速系统控制汽轮机调速汽门的开度，调节汽轮机的进汽量，改变汽轮机转动力矩的大小，进而改变输出功率。

（2）无功负荷的调整。发电机无功负荷的调整，是根据功率因数表或无功表及电压表的指示，通过调节励磁电压，改变励磁电流而进行的。当有功负荷不变而增加无功负荷时，功率因数就下降；同理，当有功负荷不变而减少无功负荷时，功率因数就上升。目前发电机均装有自动励磁调整装置，它可以自动调节无功负荷。若不能满足调节要求时，也可以手动进行辅助调整，以改变无功负荷的大小。

（3）功率因数。功率因数 $\cos\psi$ 亦称为力率，它是表示发电机向系统输送的有功功率与视在功率之比。发电机额定功率因数 $\cos\psi$ 是在额定参数运行时，发电机额定有功功率与额定视在功率之比，即定子电压和电流之间相角差的余弦值。一般大型发电机额定功率因数是 0.85 或 0.9。为了保持发电机稳定运行，发电机的功率因数不应超过迟相（指定子电流相位落后于端电压）0.95 运行。因为发电机的功率因数愈高，表示发电机输出的无功就相对减少。当 $\cos\psi=1$ 时，输出无功负荷为零。而无功负荷的变化是通过调节励磁电流而达到的。减少励磁电流，降低了发电机的电势，从而使发电机无功负荷减少。

3. 发电机定子电压、定子电流的监视

电压是电能质量的重要指标之一。系统无功功率的不足是造成电压过低的主要原因。发电机运行电压规定一般不得低于额定电压的 95%，最低不得低于额定电压的 90%。如果运行电压低于额定电压的 90%时，则机组有可能与电力系统失去同步而造成事故。单元机组发电机电压过低，将使直接接在发电机出口的厂用电系统的电压也降低，影响厂用电动机的可靠运行。发电机本身也因定子电流不允许超过额定值而限制总出力。

现代发电机磁路是按近于磁饱和程度设计的。当发电机电压升高时，因磁通饱和使定子铁损大大增加，从而引起定子铁芯温度升高而损害绝缘。铁芯过度饱和还会使漏磁通增大，漏磁通将沿机架的金属部件形成回路，并产生很大的感应电流，引起发热，使转子护环表面及端部其他部件发热。正常运行时，发电机电压不得超过额定值的 110%，一般应保持在额定值的±5%以内，此时发电机可以维持额定出力。

发电机正常运行时，定子三相电流应平衡，各相电流之差不得超过额定值的 10%，同时最大一相电流不得大于额定电流。

4. 发电机各部分温度的监视

发电机运行时，在功率转换过程中，本身也要消耗一部分能量。所消耗能量主要包括铜损、铁损、机械损耗、励磁损耗，这些损耗将转换为热能，导致发电机各部分温度升高。

实验证明，发电机的导磁材料和导电材料的工作温度在 200℃以下时，不会影响其电磁和机械性能。但发电机有效部分的绝缘材料耐热性能则较差，工作温度过高会加速绝缘老化，缩短使用寿命，故发电机有效部分的允许温度应按其绝缘材料的耐热等级来确定。一般大型发电机定子绕组、转子绕组、定子铁芯的绝缘采用 F 级绝缘，由于通常采用的测温方法测量的只是平均温度，不能准确地反映发电机内最热点温度，为安全起见，按照 B 级绝缘的温升考核。

发电机温度限额规定如下：正常运行时，发电机定子线圈温度不得超过 90℃，线圈最高温度与最低温度相差超过 10K 时应报警。定子线圈各线棒出水温度及冷却水总出水管出水温度均不得大于80℃，当≥85℃应报警；总水管出水对进水的温升≥31K时应报警；上层或下层同类水支路，定子线棒最高或最低出水温度与平均出水温度之差一般应小于5K；上层或下层同类水支路，定子线棒出水最高温度与最低温度相差超过8K时应报警。

发电机定子线圈槽内任何两个上下层线棒同类水支路出水温差达12K，或任何线棒层间测温元件温差达14K，或任何一个出水测温元件温度达到90℃，不允许发电机继续高温运行。应立即降负荷使温差或温度低于限值以便核实读数的真伪，如确认属绕组内部问题，应立即解列发电机并查明原因。

发电机定子铁芯及磁屏蔽处温度不得大于120℃。

发电机转子绕组温度不得大于110℃（电阻法）。电阻法测量转子绕组温度应采用0.2级的电压表和电流表，按下式计算

$$T_2 = [(234.5 + T_1) \times R_2]/R_1 - 234.5$$

式中　T_2——转子绕组热态温度,℃；

T_1——转子绕组冷态温度,℃；

R_1——转子绕组冷态直流电阻，Ω；

R_2——转子绕组热态直流电阻，Ω。

5. 发电机冷却系统的监视

大容量汽轮发电机一般都采用氢冷或水冷。氢冷却系统主要监视氢气纯度和压力。水冷系统的水质要求较高，应予监督和保证。另外还应定期检查发电机有无漏水现象。

（1）氢气纯度。在氢气和空气的混合气体中，若氢气含量在4%～75%，便有爆炸危险性（在含氢气量22%～40%范围内爆炸力最大）。当氢气纯度下降到接近于爆炸危险的混合物时，则不允许发电机继续运行。此外，氢压维持不变时，纯度每降低1%，通风摩擦损耗约增加11%，一般要求氢气纯度应不低于96%。

（2）氢气压力和温度。随着氢压的提高，氢气传热能力提高。当氢压低于额定值时，氢气的传热能力减弱，应根据制造厂提供的出力曲线相应减少负荷。发电机冷氢温度一般运行在40～48℃之间，且温度应低于发电机对应的冷却水进水温度，以防止发电机内部湿度过高而引发结露，威胁内部绝缘的安全。当1/4氢气冷却器因故退出运行时，发电机负荷应降至80%额定负荷及以下继续运行，此时，冷氢温度最高允许值为48℃。

（3）水冷发电机的水质监督。水内冷发电机对冷却水质要求比较严格。由于水不断地在铜质线棒中循环，水中铜离子增加，导电度增大。导电度过高会导致水管内壁发生闪络，因此每天应对冷却水进行化验分析，确定冷却水的电导率、所含杂质的种类以及含量，并保证冷却水系统离子交换器投入运行，必要时可进行适当的排污。发电机组运行中，定子冷却水进水温度一般维持在45～50℃之间，水温不可过低，以防止定子绕组和铁芯温差过大，造成两者之间位移增大，或使回水母管上出现结露现象。

6. 发电机励磁系统的监视

发电机励磁调节器采用双通道结构，每个通道均是一个完全独立的处理系统。可以任选一个通道运行，另一个通道处于备用状态，且总是自动跟踪运行通道。当运行通道出现故障时，能自动无扰地切换到备用通道。每个通道又包括自动和手动两种调节方式，自动方式下，自动调节发电机端电压，最大限度维持端电压恒定。手动方式下，维持发电机恒定励磁电流，机组负荷若发生变化，需要人为调整励磁电流，以维持端电压恒定。运行中，励磁调

节器工作在自动调节方式，只有在备用通道故障情况下，运行通道自动方式再出现异常时，才自动切换至手动方式工作。每个通道的手动调节方式也总是自动跟踪自动调节方式，手自动切换也是无扰的。

励磁调节器还设置一些限制和保护单元，避免由于保护动作而造成非正常停机事故。例如，为避免机组起励升压过程中发生超调，设置空载励磁限制；为避免在进相运行工况下欠励过度而引起失步，设置欠励限制；为避免励磁电流过大引起励磁绕组过热，设置过励限制；为防止机组启动、空载或甩负荷期间电压升高或频率降低使发电机及主变铁芯过饱和而过热，设置电压/频率限制等。

7. 主变压器的监视

大型发电机通常采用发电机—主变压器组接线方式，发电机出口电压为 18～20kV，通过主变压器将电压升至 110～500kV，以便于远距离输电。主变压器的容量和发电机的容量相匹配，其型式多为双线圈强制油循环风冷或水冷变压器。

（1）变压器的运行温度。运行中的变压器要产生铁损和铜损，这些损耗最终全部转为热量，使变压器温度升高。当变压器温度高于周围介质（空气或油）温度时，就会向外部散热。变压器温度与周围介质温度的差别越大，向外散热愈快。变压器的温度对运行有很大的影响，最主要是对变压器绝缘强度的影响。变压器中所使用的绝缘材料，在长期的温度影响下，会逐渐失去原有的绝缘性能，这种逐渐变化的过程，叫做绝缘老化。温度越高，绝缘老化愈快，以致变脆而碎裂，使得绕组失去绝缘层的保护。温度越高，绝缘材料的绝缘强度就愈差，很容易被高电压击穿造成故障。因此变压器在正常运行中，不允许超过绝缘材料所允许的温度。为防止变压器绝缘材料和绝缘油老化，应控制变压器运行温度（绕组温度和上层油温）在允许值以内。

（2）变压器温升。变压器的温度与周围介质温度的差值称为变压器的温升。变压器运行时，不仅应监视上层油温，而且还应监视上层油的温升。因为当环境温度降低时，变压器外壳的散热大为增加，而变压器内部的散热能力却很少提高。当变压器高负荷运行时，尽管有时变压器上层油温未超过规定值，但温升却可能超过规定值。当温度或温升超过规定值时，应迅速采取减负荷的措施。对变压器来说，负荷是指其通过的视在功率而不是有功功率。

（3）变压器冷却装置。变压器必须在规定的冷却条件下，方可按照铭牌规范运行。对于强迫油循环风冷变压器，运行时必须投入冷却装置。变压器冷却装置运行方式依据变压器的负荷、绕组温度以及现场环境温度来决定投运数量，并尽量保持变压器两侧冷却装置对称运行，以减小两侧温差。在正常过负荷和事故过负荷期间，应开启全部冷却装置运行。当变压器冷却系统故障时，应迅速恢复其正常运行，并按规定减少变压器负荷。若冷却器故障全停，则应按规定限制变压器的运行时间。

8. 绝缘监督

绝缘是电气设备结构的重要组成部分。随着电气设备工作电压的提高，迫切需要通过改善绝缘结构，采用新型绝缘材料以及改进制造工艺等途径，使电气设备的绝缘质量和电气强度不断提高。

电气设备在运行过程中，由于电、热、化学及机械等因素的作用，固体和液体绝缘会逐渐老化，使其电气性能与机械性能不断下降。因此，绝缘在电气设备结构中往往是最薄弱的环节。绝缘故障常由绝缘缺陷引起，并且在外界因素影响下得到发展壮大，电气设备事故不少是由绝缘故障而引发的。对电气设备绝缘进行有效的监督、监测和试验是防患于未然的有效措施。

利用气体电离子的变化，可以在运行中有效地监督发电机内部绝缘温度的变化。发电机铁芯和绕组表面的绝缘涂层若发生局部过热，当温度升高到150～200℃时，绝缘涂层发生热分解释放出一些热解粒子，并扩散到氢气（空气）中。将机内气体引入一离子小室进行检测，由于热解粒子直径大于离子，使原离子电流大幅下降，利用离子电流的变化发出报警信号。

使用无线电频率监测器，利用设置在发电机中性点的高频电流互感器，可以在运行中直接测量出发电机内部局部放电时流过中性点回路的高频电流，经放大、滤波、限频后提供指示仪表和报警，进而实现在运行中对绝缘状况进行有效地监督。

通过定期的预防性监测试验，可把隐藏的绝缘缺陷及时地检测出来。试验通常包括绝缘参数测量和施加试验高电压两类方法。绝缘参数测量是在较低电压下或用其他不损伤绝缘的办法来测量绝缘特性，如测量绝缘电阻、泄漏电流、介质损耗和局部放电，对油中溶解气体或含水量进行分析，以及用射线或超声波探测绝缘缺陷等。预防性参数监测的任务是确定绝缘状态的优劣程度，把隐藏的绝缘缺陷检测出来。施加试验高电压方法是使电气设备在过电压下考验绝缘的电气强度，保证必要的绝缘水平和裕度。

二、发电机特殊运行方式

1. 发电机短时过负荷能力

在正常运行时，发电机是不允许过负荷的，即不允许超过额定容量长期运行。当发电机电压低于额定值时，允许定子电流适当增大，但定子电流最大不得超过105%额定值长期运行。

当系统发生短路故障、发电机失步运行、成批电动机启动和自启动以及强行励磁等情况时，发电机定子和转子都可能短时过负荷。过负荷使发电机定子、转子电流超过额定值较多时，会使绕组温度有超过允许限值的危险，使绝缘老化加快，甚至造成机械损坏。过负荷数值越大，持续时间越长，上述危险性越严重。但因发电机在额定工况下的温度较其所用的绝缘材料的最高允许温度低一些，有一定的备用余量可作短时过负荷使用。

发电机不允许经常过负荷，只有在事故情况下，当系统必须切除部分发电机或线路时，为防止系统静稳定破坏，保证连续供电，才允许发电机短时过负荷。

例：某厂600MW发电机允许的定子、转子短时过负荷能力。

从额定工况下的稳定温度起始，允许的定子电流和持续时间（直到120s）。

时间（s）	10	30	60	120
定子电流（%）	226	154	130	116

在额定工况稳定温度下，允许的励磁电压与持续时间（直到120s）。

时间（s）	10	30	60	120
励磁电压（%）	208	146	125	112

2. 发电机不对称运行

发电机不对称运行是一种非正常工作状态，它是指组成电力系统的电气元件三相对称状态遭到破坏时的运行状态，如三相阻抗不对称、三相负荷不对称等。即输电线路、变压器或其他电气设备断开一相或两相的工作状态。

出现不对称的原因可能是负荷不对称（系统内有大容量的单相负荷如电炉、电力机车等不对称用电设备）、也可能是输电线路不对称（如一相断线、某一相因故障或检修切除后采用两相运行、断路器失灵造成非全相运行等）或系统发生不对称短路。

发电机不对称运行时，在发电机的定子绕组内除正序电流外，还有负序电流。正序电流是由发电机电动势产生的，它所产生的正序磁场与转子保持同步速度同方向旋转，对转子而言是相对静止的，此时转子的发热只是由励磁电流决定的。

负序电流出现后，它除了和正序电流叠加使绕组相电流可能超过额定值，而使该相绕组发热超过允许值之外，还会产生负序磁场以同步转速与转子反方向旋转，在转子绕组、阻尼绕组及转子本体中感应出两倍频率的电流，引起转子的附加发热。除附加发热外，负序磁场还在转子上产生两倍频率的脉动转矩，使发电机组产生 100Hz 的振动并伴有噪声，同时使轴系产生扭振。

一般大型发电机允许的长时间运行稳态负序能力 I_2（标幺值）$\leqslant 10\%$，即长期稳定运行其负序电流不得大于额定值的 10%，而发电机允许短时间运行的暂态负序能力 $I_2^2 t \leqslant 10\text{s}$。当发电机的不平衡负序电流超过允许值时，应尽力设法减小不平衡电流（如减小发电机出力等）至允许值；机组配置有负序反时限保护，如不平衡电流所允许的时间已到达，而保护拒动时，则应立即解列发电机。

3. 发电机进相运行

当发电机处于发出有功功率、吸收无功功率的状态时，这种状态称为发电机进相运行。

(1) 进相运行的必要性和意义。

发电机进相运行是适应电网的发展和运行需要而采用的一种运行技术，已成为电网中调节无功功率、保证和提高电压质量的重要手段。

鉴于电网无功补偿安排原则实行分层分区平衡：对于 220kV 和 500kV 主网，应保持各电压层无功功率平衡，尽可能使各电压层间的无功功率窜动为零；对于 110kV 以下供电网，实行分区平衡和就地平衡。对于 500kV 电网，在正常情况下最好力求保持送、受端电压基本平衡。目前，华东电网 600MW 机组绝大部分接入 500kV 电网，且大多安装在远离负荷中心处，要经过长距离送出。在电力负荷处于低谷（例如节假日、后夜）或枯水期水电厂机组停运期间，轻负荷的高压长线路和部分网络中，可能会出现由充电电流引起的运行电压升高甚至电压超限的情况，并且有日趋严重之势，这不但破坏了电能质量、影响电网的经济运行，也威胁电气设备特别是磁通密度较高的大型变压器的运行及用电安全。

在电能质量指标中，交流电的频率和各点的电压值是两项重要指标，当然近年来对电压的波形也作出了规定和要求。而电网的频率受有功功率平衡的影响，电压主要受无功功率平衡的影响，随着电力负荷的波动及电网接线和运行方式的改变，电网的频率和各点的电压也是经常变化的。因此，调整网络有功功率和无功功率的平衡，以保证电网频率和各点电压值的合格是电力系统运行的重要任务。

采用发电机进相运行以吸收过剩的无功功率的办法，其优点如下：①利用发电机进相吸收线路过剩无功功率，不需增加投资；②发电机进相运行，可使无功就地平衡，几乎不产生功率附加损耗；③发电机进相对无功和电压的调节是平滑无级的，而且响应速度快。

（2）发电机进相运行状态。

发电机常用的运行状态是迟相运行，此时定子电流滞后于端电压，发电机处于过励磁运行状态。进相运行是相对于发电机迟相运行而言的，此时定子电流超前于端电压，发电机处于欠励磁运行状态。隐极式发电机迟相与进相运行时的相量图如图 3-12。

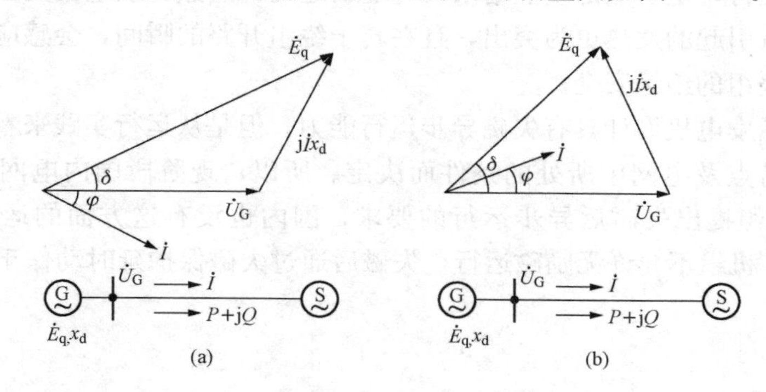

图 3-12　发电机迟相与进相运行相量图

（a）迟相时；（b）进相时

发电机迟相运行时，供给系统有功功率和感性无功功率，其有功功率表和无功功率表的指示均为正值；而进相运行时供给系统有功功率和容性无功功率，其有功功率表指示正值，而无功功率表指示为负值，故可以说此时从系统吸收感性无功功率。发电机进相运行时，各电磁参数仍是对称的，并且发电机仍然保持同步转速，因而是属于发电机正常运行方式中功率因数变动时的一种运行工况，只是拓宽了发电机通常的运行范围。同样在允许的进相运行限额范围内，只要电网需要，发电机进相状态是可以长时间运行的。

发电机能否进相运行取决于发电机端部构件的发热程度和在电网中运行的稳定性。发电机运行中，端部会有一定的漏磁通，且通过磁阻最小的路径形成闭路。端部漏磁在空间与转子同步旋转，切割定子端部各金属构件，并在其中感应涡流和磁滞损耗，引起发热。发电机端部漏磁的大小与功率因数及定子电流值有关。定子端部的温升取决于发热量和冷却条件的相互匹配。由于发电机在设计时是以迟相为标准的，因此发电机在迟相运行时端部各部件温升均能控制在限值内运行。发电机在进相运行时，其端部漏磁通密度较迟相运行时增大许多，端部的发热也趋于严重，因此需格外注意各部件的温升状况。

发电机进相运行时，励磁电流越小，从系统吸收的无功越大，功角也越大，进相运行的发电机与电网之间并列运行的稳定性较迟相运行时降低，可能在某一进相深度时达到稳定极限而失步。

由于每台发电机在实际制造中存在工艺和材料的偏差，以及实际运行中电网的参数和工况的不同，因此，现场需要通过试验来确定发电机各种工况下的进相深度。

4. 发电机失磁运行

同步汽轮发电机的失磁运行，是指发电机由于某种原因造成转子绕组的励磁突然全部失去或部分失去后，仍带有一定的有功功率，以低滑差与系统继续并联运行，即进入失励后的异步运行。

同步发电机失磁是常见的故障之一，根据近年来的励磁系统事故统计，引起发电机失磁主要有自动励磁调节器（AVR）事故、交流励磁机及副励磁机事故、励磁回路事故、运行或维护人员误操作、整流装置事故（可控硅与不可控硅）等几种原因，其中以 AVR 事故最多。

发电机失去励磁后，由发出无功突变为大量吸收无功，将造成系统内大量无功缺额，若系统内无功储备不足，将引起系统电压显著下降，甚至造成系统电压崩溃。发电机失磁运行相当于极限进相运行，定子端部发热增大，可能引起局部过热。发电机失去同步运行，转子本体上的感应电流引起的发热更为突出，且在转子绕组开路的瞬间，会感应出很高的瞬时过电压，危及转子绕组的绝缘安全。

现代大型汽轮发电机设计具有失磁异步运行能力，但是从运行实践来看，失磁异步运行要根据机组本身特点及电网中所处的条件而决定。所以，现阶段国内电网调度部门尚未对 600MW 以上的机组提出失磁后异步运行的要求，国内也没有这方面的运行经验和试验记录。因此 600MW 机组不允许无励磁运行，失磁后通过失磁保护延时动作于跳闸，将发电机解列。

⇨**【实践与探索】**

阅读案例，查阅相关资料，说明发电机运行中各部分温度如何监视？

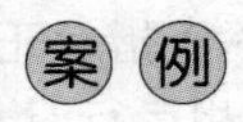

600MW 发电机运行调整中常见异常案例

1. 设备概述

某电厂 630MW 发电机为上海电机集团生产的 QFSN-630-2 型，双 Y 接线，定子铁芯共有 42 个开槽，每槽内上下放置 2 根线棒。发电机采用水氢氢冷却方式：定子绕组水内冷、定子铁心及端部结构件氢气表面冷却、转子绕组为气隙取气、径向斜流式氢内冷。在每槽上下层线棒之间埋置 1 支电阻测温元件监测线圈温度，在汽端总出水汇流母管的水接头上各装设 1 支热电偶监测回水温度。正常运行时，发电机定子线圈温度不得超过 90℃，且最高温度与最低温度相差超过 10K 时应报警；上层或下层同类水支路，定子线圈出水最高温度与最低温度相差超过 8K 时也发报警信号。

2. 异常的发生及原因分析

自 9 月 4 日起，该发电机定子线棒层间温度 12 点在机组负荷 500MW 及以上时开始异常升高，与最低点温差由投运初期的 4K 逐渐增大至 7K；9 月 6 日机组负荷 600MW，层间温度 12 点（65.0℃）与层间温度 9 点（57.0℃）温差达 8K；10 月 28 日机组负荷 620MW，层间温度 12 点（70.5℃）与层间温度 29 点（60.2℃）温差达 10.3K。查发电机定子线圈上层出水温度 12 点和下层出水温度 12 点变化趋势均无异常，发电机绝缘过热装置输出电流和射频监测仪输出也正常，无异常增大趋势。

通过对各数据历史趋势分析对比，可能有以下原因。

（1）测温元件故障或接线端子松动，接触电阻大。在发电机测温接线端子板处校核测温元件电阻值，并与CRT读数对比，确认温度传输回路正常，可以排除测温热电阻特性改变、测温元件接线端子松动的可能。

（2）定子12槽线棒冷却水回路不畅，引起线棒过热。定子每根线棒由矩形的空心和实心股线按照1∶2比例混合编织而成，空心股线中流过水介质来冷却。任一空心股线局部结垢、小颗粒堵塞、内壁存在小气泡等均会影响该线棒冷却水流量，线棒因冷却不良造成温度异常升高。线棒发热量与流过电流的平方成正比，在机组高负荷期间表现尤为显著。

发电机定子线棒各出水温度测点距定冷水出水汇流母管很近，受母管水温影响较大，虽然定子线棒上层出水温度12点和下层出水温度12点在高负荷期间未发现明显变化，不能排除12槽线棒过热可能。

3. 异常的处理及预防措施

由于发电机定子线棒层间温度12点随机组负荷缓慢升高，且刚超过报警值，因此没有立即采取停机或降负荷措施。

（1）发电机保持进相运行，尽量减小定子电流，减轻定子线棒的发热量。

（2）调整定冷水流量，控制定冷水进水温度，增强对线棒的冷却效果。

（3）对定冷水回路反冲洗。利用机组春节停备机会，对发电机定子线棒水回路进行48小时反冲洗，冲洗后的滤网上发现少量的絮状物，说明线棒水回路存在局部堵塞可能。从冲洗后的运行效果看，线棒层间12点温度异常升高现象已消除，与最低点温差已降至4K左右，进一步验证了线棒水回路存在局部堵塞的判断。

正常运行中，发电机定子冷却水质应纯净透明，无机械混合物；导电率（25℃时）维持在0.5～1.5μS/cm；硬度（25℃时）＜2μmol/L；pH值（25℃时）8.0～9.0。定子冷却水系统中滤网应符合要求，并定期切换清洗。离子交换器应投入运行，保证水质合格。定子冷却水系统检修后首次启动，应经发电机体外循环，水质合格后方可进入发电机水回路。

查阅技术文献，以案例方式说明氢冷发电机氢密封性监控及要求。

工作任务七　单元机组经济运行与调度

【任务目标】

掌握单元机组主要经济指标和提高机组经济性的措施；熟悉单元机组几种调峰方式、定压运行和滑压运行的特点；了解厂内机组间负荷经济调度的方法。

【知识准备】

一、单元机组的主要经济指标

1. 主要经济指标

单元机组的主要技术经济指标有发电标准煤耗率和厂用电率。两项指标的大小主要取决于机组的设计、制造及选用的燃料、运行调整和运行方式。因此，在运行中，应从能量转换的各个环节入手，尽可能提高各环节的效率，以降低单元机组的标准煤耗率和厂用电率。

发电标准煤耗率是指机组每发1kW·h的电所需要的标准煤，可表示为

$$b^{b}=\frac{B\times10^{6}}{W}\times\frac{Q_{ar,net}}{29\ 271} \tag{3-3}$$

式中 b^b——标准煤耗率，g/(kW·h)；

B——锅炉燃料消耗量，t；

W——机组发电量，kW·h；

$Q_{ar,net}$——锅炉燃料的收到基低位发热量，kJ/kg；

29 271——标准煤低位发热量，kJ/kg。

发电标准煤耗率还可以表示为

$$b^b = \frac{0.123}{\eta_{cp}} \tag{3-4}$$

$$\eta_{cp} = \eta_b \eta_p \eta_t \eta_{ri} \eta_m \eta_g \tag{3-5}$$

式中 η_{cp}——单元机组热效率，%；

η_b——锅炉效率，%；

η_p——管道效率，%；

η_t——循环效率，%；

η_{ri}——汽轮机相对内效率，%；

η_m——汽轮发电机组的机械效率，%；

η_g——发电机效率，%。

厂用电率是指机组每发 1kW·h 的电所消耗的厂用电量，可表示为

$$\xi_{ap} = \frac{P_{ap}}{P_{el}} \tag{3-6}$$

式中 P_{ap}——单元机组厂用电量，kW·h；

P_{el}——单元机组的发电量，kW·h。

在运行中，常把单元机组的标准煤耗率和厂用电率等主要经济指标分解成各项技术经济小指标。只要控制了这些小指标，也就控制了锅炉效率和汽轮机效率，从而保证了机组的经济性。主要技术经济小指标：排烟温度、飞灰含碳量、灰渣含碳量、主蒸汽压力、主蒸汽温度、再热蒸汽压力、再热蒸汽温度、凝汽器真空、凝汽器传热端差、凝结水过冷度、给水温度和厂用辅机用电单耗等。

2. 提高单元机组经济性的措施

提高单元机组经济性的主要措施有以下 5 个方面。

（1）提高循环热效率。提高循环热效率对提高单元机组运行的经济性有很大的影响，具体措施：①维持额定的蒸汽参数；②保持凝汽器的最佳真空；③充分利用回热加热设备，提高给水温度。

（2）维持各主要设备的经济运行。锅炉的经济运行，应注意以下几方面：①选择合理的通风量，维持最佳过量空气系数；②选择合理的煤粉细度，即经济细度，使各项损失之和最小；③注意调整燃烧，减少不完全燃烧损失；④减少锅炉本体及空气预热器漏风；⑤定期吹灰等降低锅炉排烟温度。汽轮机的经济运行，除与循环效率有关的一些主要措施外，还应注意以下几方面：①合理分配负荷，尽量使汽轮机进汽调节阀处于全开状态，以减少节流损失；②保持通流部分清洁；③减少疏水内漏，尽量回收各项疏水，减少机组汽水损失；④减少凝结水的过冷度；⑤保持轴封系统工作良好，避免轴封漏汽量增加。

（3）降低厂用电率。对燃煤电厂来说，给水泵、循环水泵、引风机、送风机和制粉系统

所消耗的电量占厂用电的比例很大。大型常规火电机组中风机耗电量约占厂用电量的25%～30%左右，水泵耗电量则占厂用电的40%左右，所以降低这些辅机的用电量对降低厂用电率效果最明显。

（4）提高自动装置的投入率。由于自动装置调节动作较快，容易保证各设备和运行参数在最佳值下工作，同时还可以降低辅机耗电率。

（5）提高单元机组系统严密性。单元机组对系统进行性能试验而严格隔离时，不明泄漏量应小于满负荷试验主蒸汽流量的0.1%。通常主蒸汽疏水、高压加热器的事故疏水、除氧器溢流系统、低压加热器事故疏水、省煤器或分离器放水门、过热器疏水和大气式扩容器、锅炉蒸汽或吹灰系统等都是内漏多发部位。由于系统严密性差引起补充水率每增加1%，单元机组供电煤耗约增加2～3g/(kW·h)。

二、单元机组调峰运行

1. 并网运行机组调峰性能分析

由于电能不能储存，而电力系统中的用电负荷是经常发生变化的，为了维持有功功率平衡，保持系统频率稳定，需要发电部门相应改变发电机的出力以适应用电负荷的变化，这就叫做调峰。机组按年负荷率和年运行小时数可以分为基本负荷机组和调峰负荷机组。承担基本负荷的机组年运行超过7000h，年负荷率在90%以上，要求机组满负荷高效率长期稳定运行，通常为核电机组、高效率火电机组等。承担调峰负荷的机组应具有良好的启停灵活性和迅速变负荷的能力。根据承担负荷的不同，调峰机组可分为两类：尖峰负荷机组和中间负荷机组。图3-13是典型的日负荷曲线。承担曲线中尖峰负荷部分的机组通常要求由坝库式水电机组、抽水蓄能机组以及燃气轮机机组来承担，年运行一般不超过2000h。承担曲线中中间负荷的机组通常为较大容量的火电机组，机组年负荷率为60%～80%，年运行为3500～5500h。

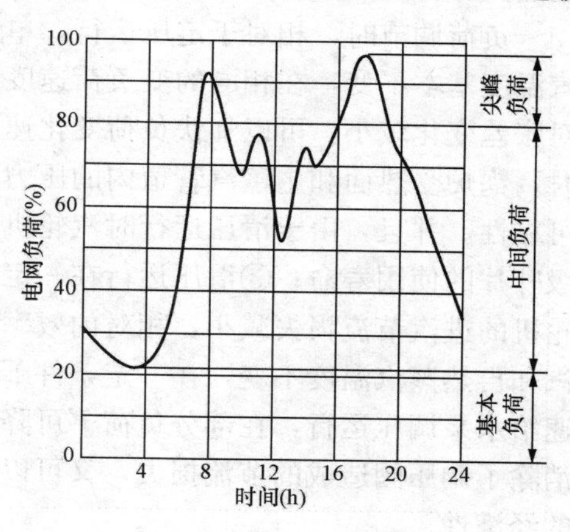

图3-13　日负荷曲线

2. 调峰机组的运行方式

由于我国各大电网的组成结构一般都是以燃煤火电机组为主。从调峰的现状来看，大型火电机组参加调峰主要采用以下3种方式。

（1）两班制运行方式。机组根据电网日负荷曲线的分配规律，白天正常运行，夜间电网负荷低谷时停机6～8h，次日清晨热态启动，机组重新并网。两班制调峰方式的优点是夜间停机后监护简单，机组可调出力大，调节电网负荷的效果显著。缺点是运行操作复杂，主、辅机启停频繁影响设备的寿命，且极热态启动时，参数要求极为严格，运行人员控制较难，安全性较低。

（2）少汽无功运行方式。在夜间电网负荷低谷时将机组负荷减至零，但不与电网解列，吸收少量电网功率，使机组仍处于额定转速旋转热备用的无功状态。与两班制相比，调峰幅度相同，但耗能却要高出很多，所以现在较少采用。

（3）变负荷调峰运行方式。通过改变机组的负荷来适应电网负荷变化的方式称为变负荷调峰运行方式，又称为旋转调峰运行方式或负荷跟踪运行方式，也有称为负荷平带。变负荷调峰就是在电网高峰负荷时间，机组在铭牌出力或可能达到的最高负荷下运行，在电网的低谷时间，机组在较低的负荷下运行；当电网负荷变化时，还要以较快的速度来升降负荷。因此，采用变负荷调峰的机组应具备以下技术性能：能带满设计允许的最大负荷，低负荷工况能长期安全运行，具有能够适应电网负荷变化的负荷变化率。

3. 定压运行与滑压运行方式

定压运行是指汽轮机自动主汽门前的压力和温度均保持不变。在不同工况时依靠改变调速汽门个数及调速汽门的开度来调整机组功率，以适应负荷变化的需要。此时，汽轮机内各级温度都发生变化，尤其是调节级变化最明显。定压运行时负荷的变化将引起较大的热应力和相对热膨胀，从而限制了机组负荷的适应性。同时，由于定压运行时以调节进汽量来增减负荷，蒸汽流量的变化还将引起级效率的降低。

滑压运行是保持汽轮机调速汽门全开或部分全开，通过锅炉调整主蒸汽压力达到调整汽轮机输出功率，满足电力系统负荷需要的一种机组运行方式，又称变压运行。滑压运行时，主蒸汽和再热蒸汽温度保持不变，主蒸汽压力随负荷的变化而变化。

负荷调节时，相对于定压运行，单元机组采用滑压运行的优点：①滑压运行时，保持进汽温度基本不变，在相同的变负荷速度下，转子和汽缸的温度变化小，其热应力和转子的相对胀差变化较小，可以加快负荷变化速度，提高汽轮机对外负荷变化的适应性；②滑压运行时，锅炉受热面和主蒸汽管道内的压力下降，其应力降低，可以延长机组使用寿命，提高其可靠性。并且，由于滑压运行时汽轮机末级蒸汽湿度的减少，减轻对叶片的冲蚀，延长了末级叶片的使用寿命；③滑压运行在一定程度上提高了机组热经济性。首先，部分负荷下，汽轮机的进汽节流损失减小，相对内效率相对提高；其次，在较大的负荷变化范围内保持主蒸汽和再热蒸汽温度不变，在一定条件下，循环效率相应提高；再次，滑压运行时可以采用变速给水泵调压运行，在部分负荷下可降低水泵的耗功量；最后，除氧器可采用滑压运行，既消除了调压阀造成的节流损失，又可以提高回热系统的运行效果，有利于提高机组滑压运行的经济性。

但是机组采用滑压运行也存在一些问题：①主蒸汽压力降低时机组的循环热效率会降低，对于亚临界压力机组，在高负荷区汽轮机内效率的提高不足以弥补循环热效率降低对经济性的影响；②负荷变动时，汽包内压力和温度随着变化，汽包的应力问题比定压运行时严重，成为限制汽包炉负荷变动速度的主要因素；③超（超）临界压力直流锅炉在整个滑压运行过程中，蒸发点的变化使水冷壁金属温度发生变化，容易引起疲劳破坏；此外在临界压力以下运行时，水冷壁管内会产生两相流动，易使水冷壁因膜态沸腾而导致管壁超温；④采用滑压运行时，若汽轮机的调节阀在整个负荷变化范围内均处于全开状态，完全要靠锅炉调节燃烧来适应负荷变化，存在负荷调节滞后的问题。因此采用该运行方式时，汽轮机的调节阀在整个负荷变化范围内，要保持一两个调节阀处于关闭或部分开启状态，以便机、炉实行协调控制。

目前采用比较广泛的是复合滑压运行方式，即高负荷和极低负荷时定压运行，在其他负荷时滑压运行。这样既保持了高负荷时的调频能力，又改善了中低负荷运行的经济性。机组最低负荷的界限，通常取决于锅炉，而锅炉的最低负荷限制主要取决于锅炉燃烧的稳定性和水动力工况的安全性两个方面。目前，对于新投产的锅炉，不投油低负荷稳燃能力一般设计在BMCR的35%～40%，有的甚至达到30%或更低的水平；对于难燃的贫煤和无烟煤，一般不投油低负荷稳燃能力也可以达到BMCR的50%左右。

三、厂内机组间负荷经济调度

随着越来越多的大容量机组投入运行和电网的峰谷差日益增大，电厂参与调峰的问题日益突出。以某电厂为例：两台300MW火电机组，装机总容量共为600MW，但凌晨低谷时最低负荷常降至260MW，负荷最大变化达340MW，占总负荷的57%，电厂大部分时间不在满负荷或接近满负荷状态下运行，在电厂实际负荷低于全厂额定总负荷时，各机组间的负荷如何分配才能保证全厂的总能耗最小？电厂在机组间的负荷分配上通常是让效率高的机组多带负荷或是在各机组间平均分配，其实这在大多数情况下是不科学、不经济的。随着电厂之间竞价上网的推行，各电厂都在努力提高运行水平，降低全厂煤耗，机组间进行负荷优化分配成为重要的一环。

厂内机组间负荷经济调度主要是指机组的运行组合方式已定（如m台机组运行），在调度给定的全厂总负荷下优化分配每台机组的负荷。常用的优化方法有等微增法、线性规划法、非线性规划法、动态规划法和智能决策法等等。这里主要介绍等微增法。

等微增法是以燃料消耗量最小为优化目标。其基本原理是，将电厂各机组间负荷的经济分配等效为一个函数求极值的问题，即在电厂各机组负荷之和等于调度下达给电厂总负荷的前提条件下，通过使全厂的总燃料消耗量为最小值，来确定各台机组应带的负荷。影响机组间负荷分配的不是机组的煤耗率，而是微增煤耗率。

燃料消耗微增率表示锅炉负荷每增加1t/h，燃料消耗的增加值。即每增加单位功率时煤耗量的变化率，微增煤耗率是电力系统经济调度和电厂机组间经济调度的最基本的指标。

$$\text{微增煤耗率} = dB/dP$$

式中　B——锅炉燃料消耗量，kg/h；

　　　P——机组电功率，MW。

在正常负荷范围内，微增率是随着负荷的增加而变大的。数学推理证明，若全厂的燃料消耗微增率与各机组燃料消耗微增率相等，则全厂总燃料消耗量最少，即当电厂机组间负荷的分配达到了等燃料消耗微增率时，就实现了负荷的最佳分配。

采用等微增法进行机组间负荷优化分配，首先通过试验求得各机组的燃料消耗量和负荷的特性关系（其曲线应单调可微，且下凸或上凹）；然后求导得出各台机组煤耗微增率；最后用解析法或图解法确定负荷分配方案。

按等微增煤耗率调度负荷的基本原则：①电厂增加负荷时，应尽量让微增煤耗率小的机组多带负荷；②电厂减少负荷时，应先让微增煤耗率大的机组减少负荷。

⇨【实践与探索】

（1）查阅相关资料，分析锅炉排烟温度高的原因并提出解决措施。

（2）查阅相关资料，分析飞灰含碳量高的原因并提出解决措施。

项目四 单元机组停运

模块目标

掌握单元机组停运的分类和主要过程；熟悉停运时锅炉、汽轮机主要零部件的热力特性；了解锅炉、汽轮机和发电机停运后的保养；能用仿真机进行单元机组停运操作，掌握操作过程中注意事项。

工作任务

工作任务 机组的滑参数停运

⇨【知识准备】

单元机组的停运是指机组从带负荷运行状态，到减去全部负荷、锅炉熄火、发电机解列、汽轮发电机惰走、投入盘车装置、锅炉降压冷却、辅机停运等全部过程。

一、停机的分类

根据不同的情况，单元机组停运过程可分为正常停机和故障停机两大类。正常停机是根据电网计划安排有准备的停运。正常停机根据不同的停机目的，在运行操作方法上又可分为正常参数停机和滑参数停机。

正常参数停机是在减负荷过程中，新蒸汽参数通常维持在额定值不变，通过关小调节阀减少进汽的方法减负荷。这样即使是负荷减得较快，也不致产生较大的热应力。大多数汽轮机可在很短的时间内均匀地将负荷减到零。一般电气设备和辅助设备有一些小的缺陷需要短时间停机处理，缺陷消除后就及时启动。在这种情况下，停机要求汽缸金属温度保持在较高的水平，因此采用正常参数停机。

汽轮机本体停机消缺、计划检修停机应采用滑参数停机方式，以使机组得到最大限度的冷却，使检修提前开工，缩短检修工期。采取这种方式停机时，汽轮机进汽调节阀保持全开，调整锅炉燃烧，保证蒸汽温度、压力平稳下降以降低汽缸温度，将机组负荷逐渐减到零。滑参数停机过程中，调节阀保持全开，通流部分通过的是大流量、低参数的蒸汽，各金属部件可以得到较均匀地冷却，逐渐降到较低的温度水平，热应力和热变形相应地保持在比较小的范围内。

如果电网突然发生故障或运行设备发生严重影响机组运行的缺陷，使机组必须迅速解列，甩掉所带的全部负荷，则称为故障停机。故障停机又可分为紧急故障停机和一般故障停机。当发生的故障对设备、系统构成严重威胁时，必须立即打闸解列并破坏真空进行紧急故障停机。一般故障停机可按规程规定将机组停下来，不必破坏真空。

二、机组停运前的准备

停机前应对锅炉本体、汽轮机本体、发电机、励磁系统以及机组辅助设备、系统进行一次全面检查。对运行中不能消除的缺陷进行汇总以便在机组停止后及时消缺。机组大、小修或停炉时间超过7天，应将所有原煤仓烧空。将冷灰斗内的灰渣除净。检查各自动调节系统，确认其状态良好。

停机前应做下列试验：汽轮机交流润滑油泵、直流润滑油泵、顶轴油泵、盘车装置、高压备用密封油泵联动和启动试验以及高压主汽门、中压主汽门、抽汽止回门的活动试验。若上述任一试验不合格，非故障停机条件下应暂缓停机，待缺陷消除后再停机。

根据系统情况进行停机前的切换准备工作，并在合适参数进行辅助蒸汽的切换和厂用电的切换，辅助蒸汽至除氧器和轴封管路应提前暖管，高低压加热器旁路系统暖管，作为备用。对炉前燃油系统进行一次全面检查，确认系统良好，燃油储油量能满足停炉的要求（如投用等离子点火器，则应检查确认等离子点火系统具备投运条件）。

停机前全面抄录一次汽轮机蒸汽及金属温度，然后从减负荷开始，每隔一小时抄录一次。注意仔细检查四管泄漏装置的历史记录值，分析受热面是否存在微漏。

当机组需停运较长时间时，一般采用滑参数停运方式。滑参数停运过程中对有关参数控制如下：主、再热蒸汽降温速度≤1℃/min，汽缸金属的温降率0.5～1℃/min，主、再热蒸汽过热度不少于50℃，各抽汽管道上下金属温差小于35℃。

滑参数停机时，应先降汽温再降汽压，分段交替下滑。由于汽轮机正常运行中，主蒸汽的过热度较大，所以滑参数停机时最好先维持汽压不变而适当降低汽温，降低主蒸汽的过热度，这样有利于汽缸的冷却，可以使停机后的汽缸温度低一些，能够缩短盘车时间。在整个滑停过程中要严密监视汽轮机胀差、轴向位移、上下缸的温差、各轴承振动及轴瓦温度在规程规定的范围内，否则应打闸停机。

三、机组减负荷的过程

停机前如果机组是在额定工况下运行，应先将汽轮机进汽方式切换至“单阀”运行方式，并把负荷减少15%～20%额定负荷，可逐渐降低蒸汽参数。此时随着蒸汽参数的降低，逐渐全开调节阀，使汽轮机在这种工况下稳定一段时间，当金属温度降低并且各部件的金属温差减小后再按滑参数停运曲线减负荷。

滑参数减负荷通常分阶段进行。一般是在稳定负荷情况下，通过调整锅炉燃烧并使用喷水减温的办法来降低新蒸汽温度，使调节级的蒸汽温度低于该处金属温度30～50℃。为了不使汽缸的热应力超过允许限度，金属温度下降速度不要超过1.5℃/min。待金属温度降低速度减缓且新蒸汽过热度接近50℃时，即可开始降低新蒸汽压力，此时负荷也伴随下降。降到下一阶段负荷停留若干时间，使汽轮机金属温差减小后，再次降温、降压。在机组降低有功负荷的同时，应根据发电机定子电压相应调节无功负荷，保持功率因数在允许值。发电机有功负荷减至100MW左右时，应将6kV厂用电由高厂变供电切至高备变供电，并将6kV工作电源开关改为冷备用。

在减负荷的过程中，应进行必要的系统切换和有关的辅助设备的停运，如切换给水泵小汽轮机及除氧器的汽源等。减负荷后发电机定子和转子电流相应减小，绕组和铁芯温度降低，应及时调整氢气冷却器、密封油冷却器、定冷水冷却器的冷却水量。

四、发电机解列与汽轮机惰走

正常停机应将有功负荷降至5%～3%，无功接近零时，汇报值长，汽轮机打闸，逆功率保护动作解列发电机，主汽阀和调速汽阀关闭，汽轮机停止供汽，转子惰走。发电机与系统解列后，定子冷却水系统、氢冷系统及密封油系统应继续运行。

每次停机都应记录惰走的时间，并尽量检查转子的惰走情况。如果转子惰走时间不正常地减小，可能是轴瓦磨损或机组动静部分摩擦；如果惰走时间不正常地增大，则有可能汽轮机主、再热蒸汽管道或抽汽管道阀门不严，使有压力的蒸汽漏入汽缸所致。惰走曲线与真空变化有密切关系，若真空下降太快，汽缸内摩擦鼓风损失将大幅度地增加，惰走时间将大大缩短，反之真空下降较慢，转子惰走时间相应延长。通常当转速下降大约额定转速的一半时，开始逐渐降低真空（一般通过关小抽气设备或开启真空破坏门等方法来降低真空），但转子在整个惰走时间内真空不能降到零。

当转子惰走结束真空到零后停止轴封供汽。如果真空未到零就停止轴封供汽，冷空气将自轴端进入汽缸，转子轴封段将受到冷却，严重时会造成轴封摩擦。如果转子静止后仍不切断轴封供汽，则会有部分轴封汽进入汽缸而无法排出，造成汽轮机通流部分腐蚀，也会造成上下汽缸的温差增大和转子受热不均匀，从而发生热弯曲。轴封进汽量过大还可能引起汽缸内部压力升高，冲开排汽缸大气安全门。

五、停机后的工作

锅炉停止燃烧、停止对外供热后，对于启动系统为简单疏水扩容式直流锅炉，应确认省煤器进口给水主路隔绝阀和旁路阀关闭严密；启动系统带炉水循环泵直流锅炉，启动电动给水泵维持分离器储水箱水位，保证炉水循环泵正常运行；对于汽包锅炉，将汽包水位升到较高允许值后停止进水，同时应开启省煤器再循环门，以保护省煤器。锅炉熄火后，需要保持引、送风机运行，调整总风量至25%BMCR通风量，维持炉膛负压－100～－150Pa对锅炉进行吹扫至少5min，吹扫结束后停运引送风机，关闭各风烟挡板。在锅炉停止燃烧进入降压冷却阶段要控制好降压、冷却速度，以防止冷却过快产生过大的热应力。冷空气之间的对流热交换是锅炉冷却的主要因素，在锅炉停止后的6h内，必须严密关闭烟道挡板和所有人孔门、检查门和除灰门等，防止冷空气涌入炉内使锅炉急剧冷却。如有必要加快锅炉的冷却，停炉6h后可打开风烟系统有关挡板，锅炉自然通风冷却，18h后，可启动一组引、送风机进行强制通风冷却。若需把炉水放尽时，应待汽压降至0.8MPa、炉水温度小于151℃，方可开启所有空气阀和放水门将炉水全部排出。

停机后要进行连续盘车，直到汽缸金属温度达150℃以下，且高中压缸上下缸温差均小于42℃，才可以停止连续盘车。连续盘车可以使转子不产生热弯曲和减小上下缸金属温差。在汽轮机辅助设备侧，当凝汽器内无任何水、汽源进入后，可以停止凝结水泵的运行。当排汽温度低于50℃时，可停止循环水泵运行。润滑油泵运行期间，冷油器也需要运行，维持润滑油温度不高于40℃，当冷油器出口油温低于35℃时，可以停止冷油器冷却水。氢冷发电机停机后仍为充氢状态，所以轴端密封油系统仍需保持运行。只有盘车停运，且发电机氢气置换完毕，方可停用密封油系统。

六、滑参数停机必须注意的问题

（1）必须严格控制蒸汽降温速度，这是滑参数停机成败的关键。若降温速度过大，会出现不允许的负胀差值。

（2）在启动时汽缸内表面是受热面，它所承受的是压应力，而在停机时汽缸内表面冷却得比外壁快，这时它承受的是拉应力，汽缸的裂纹多是热拉应力引起的，所以汽缸冷却过快比加热过快更危险。

(3) 再热蒸汽温度将随主蒸汽温度的降低和锅炉燃料的减少而自然下降。其降温速度比主蒸汽慢，减负荷时应等到再热蒸汽接近主蒸汽温度时，再进行下一次降压，以防止滑停结束时，中压缸温度仍较高。

(4) 滑参数停机必须保持主蒸汽温度有50℃以上的过热度。主蒸汽温度下降过快或发生水击时，高压缸推力增加，汽轮机转子可能出现负向位移，推力盘向非工作瓦块方向窜动，甚至导致中压缸第一级轴向间隙消失。

(5) 停机时转子冷却得比汽缸快，法兰冷却的滞后限制了汽缸的收缩，这时可以利用法兰加热装置来加速法兰的冷却。

(6) 滑参数停机过程中不得进行汽轮机超速试验。在蒸汽参数很低的情况下做超速试验是十分危险的。一般滑参数停机到发电机解列时，主汽门前蒸汽参数已经很低，要进行超速试验就必须关小调节汽门来提高调节汽门前压力。当压力升高后蒸汽的过热度更低，有可能使新蒸汽温度低于对应压力下的饱和温度，致使蒸汽带水，造成汽轮机水冲击事故。此外，停机过程或停机后再冲转，转子是受冷却的，转子表面受的是拉应力，在超速试验时由于离心力的作用，导致转子表面的拉应力比平时更大。所以规定大机组滑参数停机过程中不得进行超速试验。

(7) 高、低压加热器在滑参数停机时应随机滑停。

【任务描述】

滑参数停机对机组的使用寿命损耗最少，正常停机和故障申请停机一般应该采用滑参数停机。滑参数减负荷正常停机过程必须按照机组滑参数停机曲线进行降压、降温、减负荷。停机过程的不同阶段，蒸汽参数的下降速度是不同的。滑参数停机的关键在于准确地控制新蒸汽参数的滑降速度。一般降压速度为0.02～0.03MPa/min，平均降温速度为1.2～1.5℃/min。停机开始阶段汽压较高，降压速度可较大，后阶段的汽压较低，降压速度应较小。在降温过程中，必须保证主蒸汽温度不低于50℃的过热度。锅炉相应减少给水量和引、送风量，并根据负荷逐步减少各层、组燃烧器出力，然后停用各层、组燃烧器。在机组减负荷过程中必须注意监视机组各部状态的变化，如振动、胀差、轴向位移、轴承温度以及机炉各通流部分、承压部件的蒸汽温度和金属温度、温差，及时进行辅助系统与设备的切换，以保证机组各部参数的正常。机组负荷降至一定值后，为了保证燃烧稳定不至于发生突然熄火或爆炸事故，应投入油枪或等离子来稳定燃烧。单元机组滑参数停运任务实施流程见表4-1。

【任务实施】

表4-1 单元机组滑参数停运任务实施流程

工作任务	单元机组滑参数停运	
工况设置	600MW单元机组（直吹式制粉系统、前后墙对冲燃烧方式）满负荷运行工况	
工作准备	1. 什么是滑参数停机？ 2. 机组减负荷过程要注意哪些事项？ 3. 停机后有哪些主要工作	
工作项目	操作步骤及标准	执行
满负荷减至300MW	将汽轮机进汽方式切换至单阀控制方式。在CCS主控制界面设定目标负荷300MW，减负荷率为5～10MW/min，尽量使用协调控制方式减负荷	

续表

工作项目	操作步骤及标准	执行
满负荷减至300MW	负荷降到90%开始，机组进入滑压运行方式，应确认高压调门的开度在90%左右，主汽压随着负荷下降相应下降	
	先将各套制粉系统出力减至80%，然后再以由上至下的原则逐台减少磨煤机给煤量，逐台停运磨煤机，保留中下层三台磨煤机运行。降负荷过程应注意磨煤机点火条件具备，必要时应投油（或投用等离子点火器）助燃	
	在停机前4h，300MW负荷以上对炉本体和空气预热器进行一次全面吹灰	
	逐渐降低过热汽、再热汽温度和压力的设定值，按滑参数停运曲线降温、降压	
	负荷降到300MW，将锅炉主控切换至手动，汽轮机主控在自动，将机组控制方式切至汽轮机跟随（TF）模式	
降负荷至180MW	在汽轮机跟随模式下将机组负荷降至180MW，降负荷速率10MW/min；机组降压过程中根据汽轮机调门的开度手动调整主汽压力定值，维持汽轮机调门开度在90%左右	
	将燃料主控切至手动方式，手动调整锅炉燃料量	
	将辅汽供汽由四抽切换至邻机供汽，检查投入辅汽供除氧器加热调节门自动	
	减负荷过程中，视轴封压力及时将轴封汽源切至由辅助蒸汽供给，同时注意保持高、低加水位及除氧器压力、水位稳定	
	在减负荷过程中，应加强对风量、中间点温度及主蒸汽温度的监视，若自动失灵，应及时手动进行风量、燃水比及减温水的调整	
降负荷至0MW	负荷降到200MW左右，将电动给水泵投入运行，同时将一台汽动给水泵退出。如不启动电泵，将给水负荷转移到一台汽泵上，保持另一台汽泵备用运行。此时应加强对给水流量的监视和调整	
	联系化学将炉内水处理切换至AVT（加氨、联氨）方式运行	
	投入高、低压加热器旁路控制	
	逐渐减少燃烧率，以10MW/min速率继续降负荷	
	负荷减至120MW，检查汽轮机中、低压部分疏水门正常开启	
	负荷降至100MW，除氧器汽源切换至辅汽，检查除氧器运行正常	
	负荷约100MW时进行厂用电切换（发电机出口装设断路器接线方式除外）	
	负荷减至90MW，检查低压缸喷水阀自动开启，低压缸排汽温度正常	
	负荷减至60MW，检查汽轮机高压部分疏水门正常开启	
	减负荷过程中，投入油枪（或等离子），逐渐停止所有制粉系统运行；所有磨煤机停止后，停止制粉系统密封风机运行，停止一次风机运行	
	减负荷过程中，根据凝结水流量，将除氧器水位主调节阀切换至副调节阀运行，注意凝结水流量、凝汽器、除氧器水位	
	给水流量降低至475t/h时，切除给水泵自动，给水管道走旁路，用给水旁路调节门维持流量恒定不变	
	当启动分离器储水罐见水，并且主汽压力低于8.4MPa，开启疏水排凝汽器电动门及疏扩减温水门，高于12m，检查361阀自动开启、动作正常，关闭361阀暖阀系统各阀门	

续表

工作项目	操作步骤及标准	执行
解列停机	检查机组负荷减到零，无功负荷接近于零	
	启动主机交流润滑油泵、高压备用密封油泵，检查运行正常，接到值长命令后，按 MFT 按钮，汽轮机联跳、发电机解列	
	检查发电机解列灭磁，汽轮机高、中压主汽门、调门、抽汽电动门、止回阀及高排止回阀均关闭，转速下降	
	拉开发电机出口刀闸；断开发电机出口开关及出口刀闸的控制电源；接到值长命令后，将发电机转冷备用	
停机后的检查操作项目	汽轮机打闸后检查高压缸排汽通风阀开启，确认汽轮机高、中压疏水阀开启	
	检查汽轮机转速到零后盘车自动投入，否则手动投入。记录汽轮机惰走时间和打印惰走曲线，盘车期间记录汽轮机缸温、盘车电流、大轴偏心率等参数	
	确认高、低压旁路阀在关闭位置，无大量热汽热水排至凝汽器	
	视情况停止真空泵，开真空破坏门，破坏真空	
	真空到零后，可关闭轴封汽进汽门，停轴加风机，轴封汽系统停用	
	锅炉熄火后隔离燃油系统，停止空气预热器连续吹灰	
	锅炉熄火后，维持炉膛风量在30%以上，对炉膛进行通风吹扫；吹扫结束后，停运送、引风机，关闭各风、烟挡板	

⇨**【知识拓展】**

一、锅炉的停炉保养

（一）停炉保养的原则

锅炉停炉保养的目的主要是为了防止或减轻锅炉受热面管的腐蚀。主要的基本原则：不让空气进入锅炉的汽水系统；保持停用后锅炉汽水系统金属表面的干燥；在金属表面形成具有防腐作用的薄膜，以隔绝空气；使金属浸泡在含有除氧剂或其他保护剂的水溶液中。停炉保养期间，不仅要充分注意管内的防腐，受热面外部的防腐也应充分重视。

锅炉的停炉保养方法的选择应根据锅炉停用时间长短、停用后有无检修工作以及当地的环境条件来确定。还应充分考虑人员和环境的要求，不宜采用对人体和环境有害的保养方法。对于冬季的停炉，应充分考虑锅炉防冻的要求。

电厂可根据自己的经验，采取相应的停炉保护、检查方法。锅炉停炉检修时，工作人员只有在确认全部截止阀和挡板已闭锁在关闭位置后，才可进入炉内。在大修期间，应仔细检查全部燃烧器的烧损情况，校验全部挡板操作是否灵活。

在停炉期间，可能时应对受压件的内外壁进行检查，发现非正常的磨损或结垢，应查找原因并予以消除。

（二）锅炉停炉期间的保养方法

锅炉停炉后，为防止受热面发生腐蚀，应采取措施，认真做好保养工作，锅炉的保养一般有干法和湿法两种。

1. 干法保养

干法保养是使锅炉内无水，适用于长期停用的锅炉，具体方法是将炉水全部放出，开启所有人孔门，清除污垢和污物，用小火焰或邻炉热风来烘锅炉，使炉内的存水蒸发，然后将盛有干燥剂的无盖铁盒或其他容器放在汽包中，将所有门、孔关闭严密，防止空气进入。一定要注意各门、孔的严密性，否则会因泄漏而影响干燥剂的吸湿效果，甚至达不到吸湿防腐的目的。炉膛内部保养也按上述方法进行。

干燥剂一般采用无水氯化钙或生石灰，用量按每立方米容积加1～2kg无水氯化钙或2～3kg生石灰计算，每隔1～2个月应打开锅炉人孔门检查一次，发现干燥剂吸潮失效应予以更换。

2. 湿法保养

锅炉内部清理干净后，充入碱性溶剂，使金属表面形成碱性保护膜从而达到防腐的目的。湿法保养适用于短期停用的锅炉，采用的碱性溶液为氢氧化钠或磷酸三钠，也可用氢氧化钠、磷酸三钠和亚硫酸钠混合溶液。

在湿法保养中，炉水碱度维持在5～12mg/L之间。每五天左右化验一次，如碱度低于下限，应补充碱液。湿法保养时要清除受热面烟气侧的积灰，并保持干燥以防止结露腐蚀，在冬季不要在没有防冻措施的场所进行锅炉的湿法保养。

二、汽轮机停运后的保养

汽轮机停机后如果在一周内启动时，进行下列保养工作：汽轮机本体应隔绝所有可能进入汽缸内的汽水系统，所有管道及汽轮机本体疏水门均开启；凝汽器打开热水井放水门，凝汽器汽侧水排尽；隔绝所有可能进入凝汽器汽侧内的汽水系统；高压加热器水侧由化学加注联氨水保养；低压加热器汽、水侧与疏水扩容器存水排尽；除氧器采用辅汽加热保养，蒸汽压力保持0.04MPa。

汽轮机停机超过一周后，应进行下列保养工作：汽轮机长时间停运的保养，需采用热风干燥，烘干汽缸内部设备；汽轮机长期备用时需定期投运油泵进行油循环，以防调速系统等部件锈蚀卡涩；定期投入盘车运行；凝汽器长时间停运的设备、系统中的存水全部排尽；高压加热器汽侧和除氧器汽侧充氮保养。

三、发电机停运后的保养

对于氢冷发电机，较长时间停运，应进行气体置换，定子线圈中的水应放净吹干。当发电机每运行两个月及以上时，如遇停机或发电机大小修机会，开机前应对发电机定子绕组进行正反冲洗；发电机冬季短期停机，为了防止冰冻，应维持定子冷却水泵的连续运行，保持绕组温度在5℃以上，否则应采取必要的防冻措施。发电机冬季长期停机，应采取相应的防冻措施，维持机体温度在5℃以上。

⇨【实践与探索】

（1）停机过程中及停机后防止汽轮机进冷汽冷水的措施有哪些？

（2）查阅相关资料，编制发电机解列操作票并在仿真机上实践。

项目五　机组事故处理

项目目标

熟悉单元机组事故处理原则，遇到哪些情况需要紧急停运；能利用仿真机对单元机组典型事故进行判断和初步处理；熟悉事故处理过程中主要操作步骤、注意事项和技术要求；能用专业理论知识解释事故产生的原因，结合现场实际案例提高对机组典型故障分析的能力，增强预防事故发生的能力。

知识准备

一、单元机组事故处理原则

事故处理的基本原则是“保人身、保电网、保设备”。机组发生故障时，运行值班人员应根据设备参数变化、设备联动、报警提示和机组外部现象，判断是本机组故障还是系统或厂内其他设备故障。当判明是本机组故障时，应迅速消除对人身、电网和设备安全的威胁，必要时应立即解列发生故障的设备；迅速查清故障的性质，发生的地点和范围，然后进行处理和汇报；保证非故障设备的正常运行。当判明是系统或其他设备故障时，则应采取措施，维持机组运行，以便有可能尽快恢复机组的正常运行，同时做好事故预想。

单元机组故障，达到紧急停炉、停机条件而保护未动作时，应立即手动停止机组运行；辅机达到紧急停运条件而保护未动作时，应立即停止该辅机运行。

事故处理期间，各级人员必须服从值长的指挥，且事故处理的每一阶段都要及时汇报值长、单元长，以便及时汇报网、省调，正确采取措施，防止事故蔓延；若情况紧急来不及汇报，为防止事故扩大，可根据实际情况先进行处理，待事故处理告一段落再逐级向上汇报。有关领导和专业技术人员接到汇报后应尽快到现场监督故障消除工作，并给予运行人员必要的指导。

当运行人员到就地检查设备或寻找故障点时，在未与检查人取得联系之前，不允许对被检查设备合闸送电或进行操作。

事故处理过程中，运行值班人员不得擅自离开工作岗位。如果事故处理发生在交接班时间，应停止交接班，在事故处理完毕再进行交接班。在事故处理中接班人员要主动协助交班人员进行事故处理。禁止无关人员围聚在集控室或停留在故障发生地。

事故处理完毕，值班人员应将事故发生时的现象和时间、汇报的内容、接受的命令及发令人、采取的操作及操作的结果详细进行记录。班后会组织全值人员进行事故分析，写出事故分析报告。

二、机组紧急停运

锅炉遇到下列情况之一时，应立即停止运行，联动汽轮机停机、发电机解列：锅炉汽水管道或受热面等发生爆破或严重泄漏，不能维持机组正常运行或威胁人身设备安全；炉膛、烟道内发生爆炸或空气预热器、尾部烟道发生二次燃烧无法控制；主、再热汽压力升高超过设定值，安全阀拒动或锅炉安全阀动作后无法使其回座，蒸汽参数或各段工质温度变化不允许运行；空气预热器停转后烟气挡板隔绝不严造成排烟温度不正常升高或转子盘不动；锅炉所有给水流量表损坏，造成过热蒸汽温度不正常或过热蒸汽温度正常但半小时内给水流量表未恢复；DCS 系统故障，无法对机组进行控制和监视；仪用气源失去，无法对机组阀门设备进行控制操作；部分和全部厂用电源中断，无法维持机组正常运行；汽包锅炉运行中汽包水位计故障，无法判断真实水位或锅炉严重满水、缺水，汽包水位达规定限值；机组范围发生火灾，直接威胁机组的安全运行；机组的运行已经危及人身安全，必须停机才可避免发生人身事故；达到 MFT 保护动作条件，MFT 拒动等。

汽轮发电机组遇到下列情况之一，应紧急停机并破坏真空：汽轮机转速超过危急保安器动作转速而危急保安器拒动；汽轮机上下缸温差超过极限值，主、再热汽温在 10 分钟内急剧下降 50℃或发生水冲击；突然发生剧烈振动达保护动作值而保护未动作或机组内部有明显的金属摩擦、撞击声；任一轴承断油冒烟或金属温度达停机值；轴承或端部轴封摩擦冒火；润滑油压下降至 0.07MPa 保护不动作或主油箱油位急剧下降至低低油位以下且补油无效；发电机密封油中断，两端大量漏氢；胀差超过跳机值而保护未动作；轴向位移超过保护动作值而保护未动作；发电机冒烟、着火、爆炸；机组油系统或氢系统着火，无法很快扑灭并严重威胁人身或设备安全等。

汽轮发电机组遇到下列情况之一，应紧急停机但不破坏真空：单元机组发变组回路具备跳闸条件而保护拒动；发电机定子冷却水严重内漏；发电机定子绕组层间温度（温差）或冷却水温度（温差）超过极限值，且测温元件无误；DEH、TSI 系统故障，致使一些重要参数无法监控，不能维持机组运行，机组逆功率运行时间超过 1min 等。

破坏真空紧急停机操作要点：手动按下“紧急停机”按钮或就地手拉汽轮机跳闸手柄，确认高中压主汽门、调速汽门、高排止回阀、抽汽止回阀全部关闭，联动锅炉 MFT，发电机解列；厂用电系统备用电源自动投入正常；检查汽轮机润滑油泵自动投入，油压、油温正常；汽轮机转速降至 2000r/min 时，停运真空泵，开启真空破坏门，关闭至凝汽器所有疏水；现场仔细倾听机组内部有无明显的金属撞击声，转速至 0，投运盘车，记录转子惰走时间；根据情况，投运真空系统。

不破坏真空紧急停机操作步骤类似，不需停运真空泵破坏凝汽器真空。

三、机组故障停止

机组发生一般故障或控制限额接近极限值、且未立即造成严重后果时，应尽量采取措施予以挽回，处理无效时，应故障停机，且应尽可能先减负荷再停机。

锅炉若遇给以下情况之一时，应请示值长申请停止锅炉运行。水、蒸汽品质严重恶化无法恢复正常；承压部件泄漏仍可维持直流锅炉正常水动力工况或汽包炉汽包水位；结焦、堵灰严重处理无效；PCV 阀和锅炉安全阀存在严重内漏或不能正常动作；汽温和受热面壁温严重超温调整无效；主要设备、汽水管道的支吊架发生变形或断裂；电气除尘器或脱硫岛故障，短时间无法恢复等。

汽轮机遇到以下情况之一时，应申请停机。主、再热蒸汽温度超过规定值，在规定时间内不能恢复；凝汽器真空下降至低于允许值；任一低压缸排汽温度升至 121℃，连续运行 15min；两个低压外缸之间排汽温差达 16℃或两低压缸之间压力偏差值达 8.6kPa；汽轮机主油泵工作严重失常；高中压主汽门、调门卡涩无法活动；润滑油、EH 油、发电机密封油系统漏油，无法维持机组正常运行；调节保安系统故障无法维持机组正常运行等。

发变组回路若出现以下情况之一，申请停止机组运行。发电机漏氢量超标且运行中无法处理；直流系统故障不能正常断开并网用断路器；失去主保护运行（因工作需要短时停一套保护并能很快恢复，并有相应的措施除外）；转子绕组匝间短路，转子电流超过额定值，无功仍然很小等。

工作任务

工作任务一 锅炉受热面泄漏

【任务目标】

锅炉受热面泄漏是指锅炉水冷壁、省煤器、过热器、再热器泄漏。在锅炉事故中，受热面损坏事故比较常见。据统计，磨损、焊接、过热因素是导致四管泄漏的主要因素。当发生锅炉受热面损坏事故时，高温高压的汽水喷出，不仅造成设备损坏，需要停炉，还易造成人身伤害事故。通过本任务的学习和实践，掌握锅炉受热面泄漏事故现象、原因及处理步骤，对保持机组的安全经济运行具有重要意义。

【知识准备】

1. 事故现象

锅炉泄漏检测装置报警；炉本体有明显的泄漏响声，爆管严重时，不严密处向外喷炉烟或蒸汽；水冷壁、省煤器、过热器泄漏时，锅炉给水流量明显大于蒸汽流量；泄漏严重时，引风机电流增大，炉膛及烟道负压减小或变正，摆动幅度较大；泄漏侧烟气温度下降，泄漏点后沿程工质温度上升；过热器（或再热器）泄漏严重时，主汽压力（或再热器出口压力）下降。

2. 事故原因

（1）金属超温爆管。给水或蒸汽品质不合格，造成管内结垢，水垢热阻较大，不利于水（蒸汽）对管壁的冷却而使金属超温；燃烧调整不当，气流冲刷炉墙造成结渣，使得炉膛内热负荷分配不均匀，局部热负荷过高区域，水冷壁管内产生膜态沸腾，传热恶化使金属超温，结渣区域水冷壁吸热量小可能引起水循环不良，金属因冷却不够超温；配风不当或炉膛漏风量大等因素造成火焰中心上移，炉膛出口烟气温度过高，使得过热器和再热器管超温。

（2）腐蚀或磨损泄漏。给水或蒸汽品质不合格引起管内腐蚀，结渣区域水冷壁管高温腐蚀，烟气中硫化物等对管材的外部腐蚀，以及烟气中灰粒对管材的冲刷磨损均会造成管壁变薄，无法承受工作压力时将会发生泄漏。

（3）金属疲劳破坏。运行中水（蒸汽）温度和流量的变化，造成金属内产生交变应力，管子发生疲劳破坏；锅炉启动时进水温度过高、进水速度过快，以及升温升压过快、停运时放水过快、冷却过快等均会产生较大的热应力，造成金属疲劳损坏。

（4）外力损伤。吹灰不当造成管壁受损，大渣块掉落砸坏水冷壁管，造成泄漏。

（5）设计、制造质量存在隐患。焊接质量不佳或错用管材，将引起受热面泄漏。

3. 事故处理

(1) 检查确认泄漏的部位，如果是水冷壁或省煤器泄漏，泄漏部位又不是水冷壁角部，且泄漏不严重，给水流量能够满足机组负荷需要或能控制汽包水位正常，各水冷壁金属温度不超温，管间温差在允许范围时，汇报值长申请停炉，并密切监视泄漏发展情况。否则，应立即汇报并紧急降负荷后停止锅炉运行；情况严重时，应紧急停炉。

(2) 如果是过热器或再热器管泄漏，且能维持运行时，应立即降压降负荷运行，汇报申请停炉，并密切监视泄漏发展情况；当泄漏严重，无法维持运行时，应立即汇报并紧急降负荷后停止锅炉运行。

(3) 未停炉前增大引风量，维持炉膛负压，必要时投油助燃稳定燃烧；降压降负荷运行，调整减温水量，维持正常汽温；加强泄漏点监视。

(4) 对于汽包炉，停炉后应尽量维持汽包水位，省煤器、水冷壁泄漏，停止上水后禁止开启省煤器再循环门并停止炉水循环泵。

(5) 停炉后保留一台引风机运行，以排除炉内烟气和蒸汽，并执行锅炉强制冷却的有关规定，为尽快检修创造条件。

(6) 发现锅炉爆管后，切除部分电除尘电场运行，停炉后，投入连续加热和振打；及时消除电除尘和省煤器灰斗的积灰。

【典型案例】

1. 事故经过

2 月 18 日某电厂 300MW 火电机组 6 号机带负荷 200MW，9 时 25 分，6 号机炉膛负压突然偏正，主汽温度升高，燃烧不稳，炉班长就地检查发现，炉膛上方甲侧过热器受热面有泄漏声，即降负荷至 150MW，由于后屏管壁超温严重，逐步降负荷至 110MW，10 时 55 分炉膛负压大幅度波动，且后屏仍超温，6 号机滑停，12 时 10 分 6 号机负荷到零解列。因停炉较迟，后屏超温时间长，留下了事故隐患。3 月 18 日 20 时 48 分，6 号机负荷 150MW，♯6 炉灭火保护动作熄火。20 时 55 分炉点火成功，21 时 10 分负荷恢复 150MW。在恢复过程中发现后屏过热器爆管，停炉临检，后经金相分析为短期大幅度超温造成严重过热所致。

2. 事故分析

2 月 18 日锅炉前屏过热器受热面爆管时，爆口处有大量蒸汽外泄，部分蒸汽短路，流经爆口后部过热器系统的蒸汽量减少，使单位过热蒸汽的吸热量增加，引起后屏管壁超温，虽未爆管却留下隐患。爆管时短时超温，运行人员调节尾部烟道挡板和一级减温水来控制汽温，幅度过大，使用不当。在 3 月 18 日，锅炉熄火恢复过程中的低负荷阶段，燃料投入快，投入量偏多，且给水压力偏低，一级减温水投用不当，引起后屏管壁温度瞬间大幅超温，管壁严重过热损坏。

6 号炉本身前、后屏联箱结构不尽合理，部分屏片进、出口联箱为一个联箱，中间采用隔板隔开，隔板与联箱内壁存在环型间隙，致使部分蒸汽短路，流量不均。此外本锅炉采用四角切圆燃烧方式，其炉膛出口烟气存在较强的旋流余旋，炉膛出口存在较大的烟速不均，致使后屏处热力不均。

3. 事故经验

运行值班员应严密监视各管壁温度，控制壁温在规定范围内，严禁锅炉在超温、超压情况下运行；要有完善的管壁温度测点，并按规程要求进行检查、校验。在启停炉和事故处理过程中，要注意对过热器、再热器的保护。调整汽温时根据不同的负荷，合理使用一、二级减温水和烟道挡板，控制各级受热面出口温度在规定范围内。在采用油粉混烧的启停炉时，尤其是升负荷初期和停炉后期，屏式过热器的温升很大，要合理使用一级减温水及烟道挡板，控制屏式过热器进口蒸汽温度。在升降负荷、高压加热器投停、锅炉排污、启停制粉系统等操作时，要注意对各级汽温的调整与监视。对于该厂锅炉，运行中根据汽温、壁温情况，尽量减少上层燃烧器出力，增加火焰至屏过的距离；采取措施，降低炉膛出口烟气的旋流余旋。利用机组大修对屏过系统结构进行改进，前、后屏联箱采用大联箱结构或尽量消除进、出口联箱间隔板间隙，消除漏流，减小水力不均。

防止锅炉受热面泄漏对保持机组的安全经济运行最为重要，要按《防止电力生产重大事故的二十五项重点要求》认真执行行之有效的各种运行、检修规程规定，一是加强受热面监视、检查和治理的力度，利用每次检修和停炉机会对受热面进行检查和治理，做到逢停必检。对在检查中发现变形的管排应及时进行调整，防止烟气走廊的形成；对烧损、脱落的护瓦进行重新安装；针对煤质灰分大、尾部易磨损现象，应超前防范、控制风险，对弯头及其他磨损严重的部位采取必要的防磨措施如安装护瓦、喷涂耐磨涂料等来减少磨损破坏。二是加强受热面运行中的超温监控，对超温现象加强技术分析；提前掌握煤炭、设备、运行方式等信息，加强燃烧调整。严格控制机组在启停、水压试验和运行过程中出现升降温速度过快、超温超压运行和燃烧不稳定等现象，同时加强对水质、煤质等监督工作。

⇨【实践与探索】

（1）利用火电机组仿真机进行过热器泄漏事故处理，根据表格自评并填写事故现象、原因和总结处理要点。过热器泄漏事故处理评分表见表5-1。

表5-1　过热器泄漏事故处理评分表

事故名称	过热器泄漏		
适用系统	超临界、亚临界、超高压、控制循环、自然循环、中间再热锅炉机组		
工况要求	满负荷工况		
事故处理	事故处理步骤及要求	配分	得分
	监视炉膛负压、汽压、负荷、烟温及汽温偏差、给水流量与主汽流量偏差、汽包水位、氧量、引风机电流的变化、检漏报警指示等初步判断	10	
	派人到就地核实泄漏点，确认受热面泄漏及泄漏部位，判断泄漏程度	5	
	立即将泄漏情况汇报值长。解除有关自动及协调，机组改滑压并降压、降负荷，调整炉膛负压、汽温、水位在正常范围内	10	
	汽轮机主控切手动将汽轮机调门开至100%，降低主蒸汽压力，减少泄漏量，以防损坏面积增大	5	
	调整燃烧，必要时投油稳燃。投入预热器吹灰，必要时退出电除尘。注意对泄漏点后受热面壁温的监视，不允许超温。注意对再热汽温的监视调整	10	

续表

	事故处理步骤及要求	配分	得分
事故处理	注意监视给水泵不超出力运行，加强除氧器水位调节，凝汽器自动补水的监视和调整，必要时手动调节	5	
	各主要参数的控制正常，汽温、汽压、汽包水位、两侧烟温差的控制依本仿真机规程规定执行	5	
	注意监视引风机不超电流。泄漏不严重，尽量降低压力运行，控制参数，维持短时运行，就地检查	5	
	联系检修确认，汇报值长申请停炉。泄漏严重，（汽包水位或炉膛负压）不能维持，立即停炉	5	
	按规程进行停炉后工作，维持一台引风机的运行，排尽炉内烟气及水蒸气	10	
职业素质	损坏元件、工具扣2分，造成人身及设备伤害事故扣该项总分，即本操作总分为零分	10	
事故原因		10	
处理要点总结		10	
合计得分		100	

（2）利用火电机组仿真机进行省煤器泄漏事故处理，并如（1）所示制作事故处理表格。

（3）阅读专业杂志，撰写有关锅炉受热面泄漏的读书笔记一篇。

工作任务二　锅炉燃烧事故

【任务目标】

常见的锅炉燃烧事故有炉膛灭火、灭火打炮和尾部烟道二次燃烧。通过本任务的学习和实践，掌握锅炉灭火和尾部烟道二次燃烧两种事故的现象和原因，并能正确处理，防止事故扩大，引起炉膛或烟道爆炸，损坏设备。

【知识准备】

一、锅炉灭火

1．事故现象

炉膛负压突然大幅度摆动或负至最大；火焰监视工业电视显示炉膛变黑、无火；FSSS系统火焰检测装置检测不到火焰；蒸汽温度和压力迅速下降，汽包水位大幅度波动；MFT保护动作，联动汽轮机、发电机及部分辅机跳闸。

2．事故原因

（1）燃料质量低劣。煤中挥发分低，水分、灰分高或燃油中的水分高、黏度大，都会造成着火困难，燃烧不稳。煤中水分高，还易发生煤斗、给煤机、给粉机及落煤管、煤粉管道阻塞，使下煤不均匀，甚至中断。这些情况的发生，都可能造成灭火。此外，燃用易结焦的煤种，运行中因结焦多而出现大量塌焦，使锅炉熄火。

（2）燃烧调节不当。风粉或风油比例配合不当，旋流喷燃器扩展角大小不合适，直流喷燃器四角气流方向紊乱、混合不好，一次风速过高或过低等，特别在负荷低时燃烧调节不当，都会造成火焰不稳定而灭火。

（3）燃烧设备损坏。煤粉喷燃器喷口烧坏，使煤粉气流紊乱；给粉机事故"缺角"运行，使火焰不稳；油喷嘴喷头烧坏，使油的雾化质量恶化等。

（4）煤粉或燃油供应不当。煤粉仓粉位过低，使给粉机给粉不均或部分给粉机给粉中断。燃油杂质多、黏度大、油温低，以致雾化质量不良，堵塞喷嘴，供油不均。

（5）炉膛温度低。当燃料中的水分、灰分高时，极易使炉膛温度降低。此外，炉膛漏风量过大，锅炉负荷降得太快，水冷壁管严重爆破，大量水汽泄漏入炉膛等，都会导致炉膛温度降低，使燃烧工况变坏，严重时造成灭火。

（6）设备事故。引风机或送风机跳闸、仓储式制粉系统事故、直吹式制粉系统的给煤机跳闸都可能造成灭火事故。

（7）控制系统故障、运行人员误操作、并联风机抢风等使得炉膛负压大幅度波动造成锅炉燃烧不稳、灭火。

3. 事故处理

检查 MFT 后各连锁保护动作正确，否则手动干预。

（1）检查全炉膛失火焰保护动作，汽轮机、发电机均跳闸。

（2）检查一次风机和所有燃烧器联跳，所有燃料已隔绝；所有密封风机、电除尘器、脱硫岛、汽动给水泵跳闸；各减温水阀自动关闭。

（3）机组厂用电切换至备用电源供电；汽轮机转速下降，交流油泵自启动正常；将轴封汽切至备用汽源供给。

（4）检查炉膛压力自动调节正常，否则应解除自动，手动调节。

（5）汽包炉要启动电动给水泵向锅炉进水，维持汽包水位正常；直流炉检查省煤器进口阀和旁路阀关闭，停止上水。

（6）查明锅炉灭火的原因并采取措施消除后，迅速满足锅炉炉膛吹扫条件，进行炉膛吹扫。吹扫完成后，复位 MFT，锅炉进行点火。

（7）锅炉点火后，启动制粉系统前，必须对磨煤机和一次风管进行吹扫，以防止积留煤粉突然进入炉膛造成爆燃。

二、锅炉尾部烟道二次燃烧

1. 事故现象

尾部烟道烟气温度由某一段开始不正常升高；一、二次热风温度不正常升高；炉膛和烟道负压不正常急剧波动，氧量指示值偏小；再燃烧点附近人孔、检查孔、吹灰孔等不严密处向外冒烟和火星，烟道、省煤器或空气预热器灰斗、空气预热器壳体可能会过热烧红，再燃烧点附近有较强热辐射感；如省煤器处再燃烧，省煤器出口给水温度不正常升高。

2. 事故原因

（1）运行工况失调。燃烧调整不当造成火焰中心偏高、风量过小缺氧燃烧、煤粉过粗或给粉不均匀、风粉混合差、油枪雾化不良、炉膛负压过大等，均会使未燃尽的炭黑或油滴随烟气进入烟道后沉积在受热面上。

（2）锅炉启停或长期低负荷运行，因炉膛内温度低，燃料燃烧过程变长，部分燃料在炉膛内未燃尽就进入烟道，加上烟气流速较低，可燃物沉积在受热面上。油煤混燃时，油和煤粉相互黏附，不易燃尽，油垢和未燃尽煤粉极易附着在受热面上。

（3）紧急停炉时未及时切断燃料供应，停炉后或再次启动前，吹扫时间过短或吹扫风量过小，未将沉积可燃物清理干净；或在运行中不按照规定要求吹灰或吹灰周期过长，省煤器、空气预热器灰斗长期堵塞，沉积的可燃物未能及时清除。

3. 事故处理

（1）立即调整燃烧，并投入吹灰系统对再燃烧处受热面进行灭火。适当降低过量空气系数和减小 SOFA 的风量比例。

（2）若是空气预热器受热面再燃烧，应立即提升扇形密封板至“完全恢复”。若单侧空气预热器发生再燃烧，隔离再燃烧空气预热器，锅炉进行单侧运行。

（3）若上述处理无效，排烟温度仍上升至 200℃时，应立即停止锅炉运行，停运送、引风机并关闭所有烟风挡板。

（4）若是省煤器处再燃烧，停炉后应启动电动给水泵以 150t/h 的流量进行上水冷却。

（5）若空气预热器发生卡涩，主驱动马达和辅助驱动马达跳闸，应立即联系检修连续手动盘动空气预热器转子。保持空气预热器连续吹灰进行灭火，必要时投入消防水进行灭火。

（6）停炉后，当省煤器出口给水温度接近入口温度（省煤器处再燃烧），空气预热器入口烟气温度、排烟温度、热风温度降低到 80℃以下，各人孔和检查孔不再有烟气和火星冒出后停止蒸汽吹灰或消防水。打开人孔和检查孔检查确认再燃烧熄灭后，开启烟道排水门排尽烟道内的积水后开启烟风挡板进行通风冷却。

（7）炉膛经过全面冷却，进入再燃烧处检查确认设备无损坏，受热面积聚的可燃物彻底清理干净后方可重新启动锅炉。

【典型案例】

1. 事故经过

5 月 24 日 8 时 10 分，某电厂值长令 4 号机组增加负荷。运行人员在调整燃烧加负荷过程中主汽压力有下降趋势，并伴有燃烧不稳现象。增投备用给粉机后，主汽压力仍下降，运行人员又投入 2 只油枪助燃，停运部分给粉机，主汽压力回升，同时发现主汽温度急剧上升到 562℃。经降低机组负荷、调整燃烧方式、增加减温水等措施后，参数逐渐恢复正常，机组恢复正常运行。

2. 事故分析

在升负荷过程中，运行人员没有根据风量、氧量调整燃料量，使炉膛内在高负荷区出现缺氧燃烧，并且发现汽压下降时，没有认真分析确切原因，再次盲目增加燃料，大量未完全燃烧的煤粉带至炉膛上部，为二次燃烧创造了条件。

3. 事故经验

锅炉运行中应控制风、煤配比适当，氧量表指示在 4%～6%。如发现氧量偏小，应及时查明原因，调整燃烧方式确保氧量在规定范围，避免锅炉长时间低氧量运行。机组手动增加负荷时，应先增加风量，再增加燃料量；减负荷时，应先减少燃料量，再减小风量。定期对炉膛各受热面进行吹灰，在锅炉燃用高灰分煤种或煤油混燃期间，应增加尾部受热面及空气预热器吹灰次数。定期检测煤粉细度，调节制粉系统分离器挡板开度，保持煤粉细度合适。

锅炉采取无油点火时，应考虑点火初期煤粉存在燃不尽现象，飞灰含碳量高，积存在尾部烟道内可能发生二次燃烧，要加强对尾部烟道和空气预热器的吹灰，一般在点火启动阶段和负荷＜30％时，空气预热器保持连续吹灰。

【实践与探索】

(1) 区分空气预热器受热面积灰和着火异常的主要依据是什么？

(2) 利用火电机组仿真机进行锅炉灭火事故处理，根据表格自评并填写事故现象、原因和总结处理要点。锅炉灭火事故处理评价表见表 5-2。

表 5-2　　锅炉灭火事故处理评价表

事故名称	锅炉灭火		
适用系统	超临界、亚临界、超高压、控制循环、自然循环、中间再热锅炉机组		
工况要求	满负荷工况		
事故处理	事故处理步骤及要求	配分	得分
	根据负荷、炉膛负压、汽压、汽温、火焰工业电视、MFT 报警及时发现锅炉熄火	10	
	检查锅炉灭火保护正确动作，如果保护未动，应立即手动停炉	5	
	检查汽轮机、发电机联跳正常；检查大机润滑油泵（BOP）自启正常	10	
	检查所有运行的一次风机、密封风机、磨煤机、给煤机跳闸，各挡板关闭正常；二次风挡板自开	10	
	确认燃油速关阀关闭、减温水总门关闭，否则应立即手动关闭	5	
	检查汽泵跳闸正常	5	
	检查厂用电切换正常，将轴封汽切至备用汽源供给	10	
	查明锅炉灭火的原因并采取措施消除后，迅速满足锅炉炉膛吹扫条件，进行炉膛吹扫	10	
	条件具备后等待调度命令重新点火	5	
职业素质	损坏元件、工具扣 2 分，造成人身及设备伤害事故扣该项总分，即本操作总分为零分	10	
事故原因		10	
处理要点总结		10	
合 计 得 分		100	

工作任务三　汽包水位事故

【任务目标】

汽包水位事故是汽包炉恶性事故之一，如果处理不当，易造成炉管爆破或汽轮机叶片损坏。汽包水位事故有缺水、满水和汽水共腾等情况。通过本任务的学习和实践，能正确处理锅炉汽包水位满水或缺水，总结事故经验，防止水位事故的发生。

【知识准备】

一、汽包水位高或满水

1. 事故现象

汽包水位高光字牌报警；汽包就地水位计及控制室各水位计显示水位高；给水流量不正常地大于对应的蒸汽流量；锅炉给水压力与汽包压力的差值出现不正常的偏差；严重满水时，过热蒸汽温度下降，蒸汽管道内可能发生水冲击、法兰处冒汽；水位高至跳闸值时，MFT 动作。

2. 事故原因

（1）水位计指示不准确。水位计结垢、水侧连通管泄漏等原因，水位计指示偏低，引起给水调节操作错误。

（2）人员误操作。运行人员对汽包水位监视不够，未及时发现汽包水位异常升高；给水泵切换操作失误，给水流量波动过大造成汽包水位高。

（3）控制系统故障或炉水循环泵跳闸。给水自动调节失控，造成给水流量不正常地大于蒸汽流量；炉水循环泵跳闸也将引起汽包水位快速上升。

（4）运行工况突变。机组负荷增加过快或汽轮机旁路阀突开，导致汽包压力下降过快，汽包出现虚假水位。

3. 事故处理

（1）发现汽包水位高时应及时分析原因并减少给水量，水位高二值时事故放水门自动打开，否则立即手动开启。

（2）汽包水位达保护定值时，MFT 应动作，否则，手动 MFT。

（3）停炉后，锅炉停止上水，打开省煤器再循环门；锅炉放水至汽包正常水位；全开过热器、再热器疏水门及主汽管道、再热汽管道疏水。

（4）查明汽包水位高的原因并采取有效措施，确认设备正常，在汽包水位正常后，锅炉可重新启动。

二、汽包水位低或缺水

1. 事故现象

汽包水位低光字牌报警；汽包就地水位计及控制室各水位计显示水位低；给水流量与蒸汽流量出现不正常偏差；锅炉给水压力与汽包压力的差值出现不正常的偏差；严重缺水时，过热蒸汽温度升高；炉水循环泵进出口差压下降，运行的炉水循环泵电动机电流降低且波动大；水位低至跳闸值时，MFT 动作。

2. 事故原因

(1) 给水系统设备故障或自动控制系统失灵。给水泵故障或给水系统阀门阀芯脱落，造成给水压力低于汽包压力，给水无法进入汽包；给水自动调节失控，造成给水流量低于蒸汽流量。

(2) 锅炉受热面爆管。水冷壁、省煤器管爆破或给水管道大量泄漏，造起汽水大量损失。

(3) 水位计指示不准确。水位计结垢、汽侧连通管泄漏或水侧连通管堵塞等原因，水位计指示偏高，引起给水调节操作错误。

(4) 人员误操作。运行人员对汽包水位监视不够，未及时发现汽包水位异常降低；负荷突然变化或安全阀起座时误判断、误操作造成汽包缺水。

(5) 锅炉排污不当。运行中排污量过大、排污门泄漏会造成锅炉缺水；汽包低水位或机组高负荷阶段排污也会引起汽包水位低。

(6) 运行工况突变。汽轮机突然甩负荷，蒸汽压力快速升高，汽包出现虚假水位。

3. 事故处理

(1) 发现汽包水位低时应及时增加给水量，尽快恢复至正常水位。水位低二值时定期排污应自动关闭，否则立即手动关闭排污及一切放水阀。

(2) 汽包水位达保护定值时，MFT 应动作，否则，手动 MFT。

(3) 如果在停炉前，汽包仍能见到水位，停炉后立即增加锅炉给水，维持汽包水位正常。

(4) 若锅炉严重缺水，停炉时，任何汽包水位计均显示不出水位，停炉后必须禁止向锅炉进水，待请示总工程师后，会同检修人员进行检查，确认锅炉受热面无问题后，方可重新向锅炉上水。

(5) 查明汽包水位低的原因并采取有效措施，在汽包水位正常后，锅炉可重新启动。

【典型案例】

1. 事故经过

4 月 16 日，某厂 6 号机负荷 145MW，13 台给粉机和乙给水泵运行，甲给水泵备用。23 时 14 分，6 号机乙给水泵处“咣当”一声，乙给水泵电流由 400A 下降至 200A，泵出口压力由 13MPa 降至 9MPa，运行人员监盘发现乙给水泵转速下降，给水流量到零，立即抢合甲给水泵并停乙给水泵。甲给水泵投运后升速过程中液力耦合器勺管卡在 50%处，汽包水位下降快，紧急降低机组负荷，锅炉投油并减少燃料量，主蒸汽压力高安全门动作，并且减温水流量小，汽温上升较快。锅炉汽包水位迅速下降到－250mm，MFT 动作紧急停炉。23 时 18 分甲给水泵勺管卡缺陷消除，锅炉进至点火水位后重新点火。

2. 事故分析

备用给水泵不能处于正常的备用状态，以致备用泵开启后转速无法调整，给水压力和流量无法升高；运行人员事故预想不周到，事故处理中慌乱，降低机组负荷幅度大、速度较快，锅炉燃料减少缓慢，引起主汽压力上升较多，给水压力与汽包压力差太小，给水无法进入汽包内。

3. 事故经验

加强设备检修及维护，提高设备的健康水平；认真执行设备定期轮换及试验制度，严格执行《二十五项反措》，给水系统中各备用设备应处于正常备用状态。当失去备用时，应制订安全运行措施，限期恢复投入备用。运行人员必须经常分析各运行参数的变化，力争第一时间发现异常；大力开展反事故演习活动，提高运行人员事故判断能力及应急处置技能；锅炉投油助燃后，应迅速降燃烧，调整风量，以降低炉水蒸发量，同时注意控制好汽温；锅炉缺水紧急停炉后，应尽量减少或停止向外界供汽，以控制水容积热容量释放，减少炉水的蒸发，严防干锅造成管材过热损坏。

【实践与探索】

（1）试分析，锅炉严重缺水停炉后为什么严禁向锅炉进水？

（2）某台锅炉正常运行中突然出现汽包水位大幅波动，水位计中看不清水位，过热蒸汽温度急剧下降，饱和蒸汽的含盐量大的异常现象，请判断锅炉发生何种异常，应如何处理？

（3）查找资料了解汽包水位的测量中电接点水位计、双色水位计和水位变送器三种水位测量装置各自的特点。

工作任务四 锅炉结焦

【任务目标】

结焦是锅炉运行中比较普遍的问题，严重的结焦会导致锅炉被迫停炉，极大地影响锅炉的安全性和经济性。掌握结焦的现象、原因和处理方法，了解从运行调整的角度如何尽量减少和预防结焦的发生，防止形成大块的焦掉落而影响锅炉安全。

【知识准备】

1. 事故现象

锅炉受热面、喷燃器、冷灰斗等处有焦渣聚集；按工质流动方向，结焦部位之后的沿程工质温度偏低；按烟气流动方向，结焦部位及其后各段烟温升高；喷燃器结焦严重可能造成对应的一次风管堵塞，炉内燃烧不稳定，炉膛热负荷不均，受热面金属温度偏差增大；除灰时，发现炉内有大块焦渣。

2. 事故原因

（1）燃煤品质劣化。燃用灰分大、含硫高、灰熔点低的煤容易结焦。

（2）运行调整不当。配风不合理，氧量偏小或风量与燃料混合不完全，炉膛内局部燃料未完全燃烧产生还原性气体，使得高熔点氧化物转化成低熔点氧化物；一次风速过高、喷燃器损坏等造成火焰刷墙、贴壁及火焰中心抬高，导致水冷壁或炉膛上部结焦；一次风量过低、煤粉颗粒过细、磨煤机出口温度过高等造成着火点提前，喷燃器附近区域热负荷过高结焦。

（3）火焰中心偏斜。炉内空气动力场不合格、燃烧器摆角偏离水平位置运行时间过长均会造成火焰的最高温度区域偏斜，当与水冷壁接触时，未完全燃烧的煤粉颗粒黏附在管壁上继续燃烧，此时炉墙温度很高，黏附性也很强故易结焦。

(4) 炉膛热负荷过高。锅炉长时间超出力运行，当燃烧中心温度达1450℃以上时，灰的结渣性增强。

(5) 吹灰除焦不及时。受热面积灰后，表面粗糙，对灰粒子黏结性增强，越积越多；未结焦区域热负荷增大，也容易结渣。

3. 事故处理

(1) 运行人员应及时掌握燃煤品质的变化并制定相应的措施。

(2) 锅炉应控制在最大出力以下运行，如果炉膛结焦严重，通过吹灰和调整燃烧仍然不能改善应降低锅炉出力。

(3) 调整和保持合理的一、二次风配比，以维持喷燃器出口的二次风强度，喷燃器损坏或结焦应及时处理，防止火焰贴壁造成结焦。

(4) 保持正常的磨煤机出口温度、一次风量和煤粉细度，如果喷燃器附近结焦严重可适当降低磨煤机出口温度、适当增加一次风量和适当降低煤粉细度，将着火点适当延后。

(5) 维持制粉系统正常运行方式，部分磨煤机检修时，调整运行磨煤机的负荷分配及配风，必要时降低机组负荷。

(6) 维持氧量在正常范围内，适当降低燃尽风量，增加喷燃器的配风。

(7) 避免燃烧器长期在某个偏离水平的方向运行。

(8) 按规定执行锅炉吹灰，炉膛结焦严重时应适当提高吹灰频率。

(9) 锅炉结焦严重，威胁锅炉安全运行或有不易清除的大块焦渣有坠落损坏水冷壁的可能时，应申请停炉。

【典型案例】

1. 事故经过

某电厂5号炉运行中炉膛结渣严重，经常掉大渣块，渣块随捞渣机到出口使落渣口产生堵塞，造成回程刮板拉损，导致捞渣机故障。从现场情况看，掉渣的部位在捞渣机南侧、中部偏西，即炉膛结渣部位应该在后墙偏西位置。同时运行的6号锅炉基本上无此现象。

2. 事故分析

两台锅炉燃烧的煤质基本相同，可以排除煤质变化对结渣的影响。锅炉停备期间对5号炉膛内部检查发现，结渣部位基本上在后墙，其中F1、F3燃烧器出口结渣尤为严重。

比较两台锅炉燃烧器配风情况发现，5号炉外二次风开度明显比6号炉外二次风开度小，二次风旋流强度大，引起煤粉气流冲刷水冷壁；同时，5号炉磨煤机风量比6号炉小15%～20%，煤粉着火提前，燃烧器区域温度偏高，使燃烧器出口结渣严重。

3. 事故经验

缓慢调整5号炉燃烧器外二次风门至60%以上，以减小燃烧器出口气流旋转强度，减轻煤粉气流刷墙，观察落渣情况，直到开度合适为止。调整时每增加5%～10%开度后应稳定观察，避免对燃烧造成过大扰动，要特别注意低负荷稳燃情况，防止灭火。增加磨煤机一次风量，使煤粉着火点适当。

利用停炉机会进行冷态空气动力场试验，调整合理的一、二次风配比。

【实践与探索】

(1) 结合事故案例，依据《防止电力生产重大事故的二十五项重点要求》中防止人身伤亡事故条款，分析事故原因。

5月12日，某电厂2号炉捞渣机链条倾斜卡涩停运检修。消缺结束后，运行人员打开西侧关断门排放焦渣正常，东侧焦渣下落不畅，经检查焦渣在冷灰斗处积存蓬住。多次采取捞渣机关断门开启、关闭措施，效果不明显。正当维护人员现场研究处理方案期间，突然发生大量灰焦渣塌落现象，大量热汽、热水、热渣喷出，导致站在捞渣机上部平台工作的9人不同程度烫伤。

(2) 查找资料，熟悉灰分在炉膛内结渣的过程，制定防止结渣的主要措施。

工作任务五　汽轮发电机组异常振动

【任务目标】

汽轮发电机组运行中的异常振动，往往是设备遭受严重损坏的先兆。熟悉汽轮机发生异常振动的原因和处理原则，能迅速正确地判断和处理，是防止事故进一步扩大的关键。

【知识准备】

1. 事故现象

“汽轮发电机振动大”报警；TSI记录仪振动指示及CRT监视画面显示振动增大；就地实际测量振动大；机组声音异常。

2. 事故原因

(1) 机械激振力引起。转子存在较大的质量不平衡、汽轮机转子弯曲、汽轮机中心不正或联轴器松动、轴承座松动、汽轮机动静间隙消失产生摩擦、滑销系统卡涩造成汽轮机膨胀受阻或不均匀、汽轮机断叶片或内部部件脱落等原因引起振动。

(2) 电磁激振力引起。发电机静子电流不平衡、转子线圈匝间短路造成发电机磁力中心变化，发电机气隙磁场不均匀。

(3) 自激振动。润滑油温或油压变化大，引起轴承油膜不稳定形成油膜振荡、蒸汽在间隙自激、摩擦涡动引起转子振动。

3. 事故处理

(1) 机组启动过程中，当机组转速在600r/min以下，偏心度大于0.076mm时，应停机进行盘车，直到偏心度小于0.076mm时，方可启动；转速大于600r/min，瓦振动超过0.03mm或轴振超过0.08mm应设法消除，通过临界转速时，当瓦振超过0.1mm或轴振超过0.254mm，应立即打闸停机，严禁强行通过临界转速或降速暖机。

（2）在额定转速3000r/min或带负荷稳定工况下机组瓦振不超过0.03mm或轴振动不超过0.08mm，当瓦振变化±0.015mm或相对轴振动变化±0.05mm，应查明原因设法消除；当瓦振突增0.05mm，应打闸停机。当轴振明显增大至0.127mm，应按如下规定处理：机组轴振达0.127mm报警，对照表计变化，查找原因；如机组负荷、参数变化大引起振动大，应尽快稳定机组负荷、参数，同时注意汽轮机上下缸温差变化，若上下缸温差大于42℃而小于56℃，应保持负荷，查明原因予以消除。若温差大于56℃则紧急停机，并检查汽轮机胀差、轴向位移，如有异常，查明原因；检查润滑油温、油压及各轴承温度正常，否则，调整润滑油温、油压至正常；如发电机电流不平衡等电气故障引起振动，应查明原因并及时处理。

（3）在负荷控制过程中，当振动达到报警值时，停止升负荷，保持15分钟，观察若振动无下降，则降负荷10%，保持15min，若仍无下降，继续降负荷10%，直至振动下降并稳定在报警值以下，方可恢复带负荷。在降负荷过程中，注意观察汽泵出力，及时开启电泵运行。

（4）若机组轴振突然增至0.254mm，或汽轮机内部发出明显金属摩擦声应紧急停机。

【典型案例】

1. 事故经过

某厂1号发电机为上海电机厂早期生产的双水内冷发电机，其型号为QFS-300-2，1号发电机于2007年4月进行了增容改造，其额定功率增至320MW。2009年下半年以来，发电机10号瓦轴振明显增大，最高达217μm。试验发现，分别稳定发电机无功（有功）不变的情况下，降有功（无功），振动值和有功（无功）下降曲线相吻合，振动值与有功（无功）成正比变化。

2. 事故分析

通过对试验数据的对比、分析，判断为1号发电机转子存在少量热变形。引起热变形的原因主要有发电机转子绕组匝间短路和发电机转子水回路局部堵塞。而双水内冷发电机转子发生匝间短路的可能性较小，最大可能是由于发电机转子的水冷通道中，某个或某些通路有少量的阻碍物使得水流不均匀。2010年利用机组小修机会对转子水回路进行反冲洗，冲出少量的黑色小颗粒，进一步验证了转子水回路局部堵塞的判断。

3. 事故经验

为确保机组长周期安全、稳定运行，应加强主机及其附属系统设备的运行、维护管理工作；加强对励磁电流和发电机振动的监视；结合发电机的大、小修，进行水回路反冲洗工作，运行期间尽可能保证水质合格，水箱无异物进入，以有效地预防发电机冷却水回路发生堵塞故障。

【实践与探索】

利用火电机组仿真机进行汽轮机3号轴承磨损事故处理，根据表格自评并填写事故现象、原因和总结处理要点。汽轮机3号轴承磨损事故处理评价表见表5-3。

表 5-3 汽轮机 3 号轴承磨损事故处理评价表

事故名称	汽轮机 3 号轴承磨损		
适用系统	超临界、亚临界、超高压、控制循环、自然循环、中间再热锅炉机组		
工况要求	满负荷工况		
	事故处理步骤及要求	配分	得分
事故处理	检查机组运行参数，如汽温、汽压、负荷、真空、高低压加热器水位等，做好机组降负荷和停机准备	5	
	严密监视润滑油压力、润滑滑油温度、径向轴承温度、振动、轴向位移等参数	5	
	分阶段降低机组负荷，观察是否有效。减负荷过程中不能使锅炉安全门动作	10	
	试开交、直流润滑油泵，高压密封备用泵，顶轴油泵，盘车电机	5	
	当 3 号轴承温度升至 113℃且还继续上升或振动继续上升至跳闸值时，手动打闸停机	10	
	检查 TV1～2、GV1～4、IV1～4、RSV1～2 及各段抽汽止回阀、抽汽电动门关闭，发电机解列，负荷到零，转速下降	5	
	启动高压密封备用泵和交流润滑油泵	5	
	停真空泵，开启真空破坏门。随真空下降调整轴封汽压力。关闭至凝汽器疏水门	10	
	就地听音，记录转子惰走时间	5	
	注意调节除氧器、凝汽器和各加热器水位正常	10	
职业素质	损坏元件、工具扣 2 分，造成人身及设备伤害事故扣该项总分，即本操作总分为零分	10	
事故原因		10	
处理要点总结		10	
	合 计 得 分	100	

工作任务六 汽 轮 机 进 水

【任务目标】

汽轮机进水称为水冲击，是恶性事故，如果处理不及时将直接损坏汽轮机本体。汽轮机进水事故应以预防为主，通过本任务的学习，掌握汽轮机进水的原因，加以预防；同时通过实践，能准确判断事故现象，并能采取迅速果断的措施进行处理，保护设备安全。

【知识准备】

1. 事故现象

主蒸汽、再热蒸汽或抽汽温度急剧下降，过热度减小；汽缸及转子金属温度突然下降，汽缸上、下缸温差明显增大；主蒸汽、再热蒸汽或抽气管道振动，轴封或汽轮机内有水击声；轴向位移增大，推力轴承金属温度和回油温度急剧上升；机组发生强烈振动；盘车状态下盘车电流增大。

2. 事故原因

(1) 蒸汽带水或汽包满水。因误操作或自动调节装置失灵，锅炉蒸汽温度急剧下降或汽包满水，蒸汽带水进入汽轮机。汽轮机热态启动时，蒸汽管道疏水不畅，积水进入汽轮机。

(2) 抽汽系统倒灌。加热器、除氧器满水，水倒灌进入汽轮机；抽汽管道疏水不畅，积水或疏水进入汽轮机。

(3) 汽封系统进水。轴封蒸汽温度不够、温度调节门动作不正常或管道疏水不畅，水带入汽轮机轴封腔室。

(4) 凝汽器满水。凝汽器突然大量泄漏、运行人员疏于监视或水位计显示错误等引起水位过高，水进入汽轮机低压缸。

(5) 汽轮机本体疏水系统返水。由于设计或安装错误，将不同压力等级疏水连接到同一联箱上，压力高的疏水通过压力低的疏水管道返至汽缸。

3. 事故处理

(1) 汽轮机在盘车中发现进水，必须保持盘车运行，直到汽轮机上下缸温差恢复正常，同时加强对汽轮机内部声音、转子偏心度、盘车电流的监视。

(2) 汽轮机在升速过程中发现进水，应立即停机并进行盘车。

(3) 运行中主、再汽温突降超过规定值或下降至极限值，应立即紧急停机。

(4) 当发现汽轮机上下缸温差明显增大应及时汇报，严密监视主再热蒸汽温度，轴向位移、推力轴承金属温度、推力轴承回油温度、胀差及机组振动情况。汽轮机上下缸温差大于56℃或胀差、振动、轴向位移达到停机值应紧急破坏真空停机。

(5) 发现汽轮机进水，应立即开启本体及有关蒸汽管道疏水阀。若是加热器满水引起的进水应隔离加热器运行，并开启其抽汽管道疏水阀。

(6) 当汽轮机因水冲击而停机后，应先进行手动盘车，检查机组无异常后，方可投入连续盘车。

(7) 汽轮机因水冲击紧急停机过程中，若伴有轴向位移大报警或跳闸信号，则停机后应进行推力轴承解体检查，否则禁止启动汽轮机。

(8) 汽轮机紧急停机过程中，若惰走时间明显缩短，且伴有金属碰撞声，则汽轮机应揭缸检查，否则禁止启动汽轮机。如停机惰走过程中，一切正常，可重新启动，但启动前要充分疏水。再次启动时汽缸上下缸温差应小于 41.8℃，转子偏心应小于 0.076mm。重新启动过程中，密切监视机组振动、声音、推力瓦温及轴向位移、胀差、上下缸温差等数值，发现机内有异音或振动增大应停止启动。

⇨【典型案例】

1. 事故经过

某厂 3 号机组容量 200MW。1 月 10 日 15：30，负荷由 90MW 开始滑停，负荷至 40MW 时，由于运行人员操作不当造成主汽温度和压力突降，17：20 中压外缸内壁上下温差 272℃，高压缸胀差由 1.2mm 增大到 2.07mm 时降负荷至零。17：32，3 号发电机与系统解列。17：33 打闸后转子惰走至 1700r/min 时，1、2 号轴承振动突增，破坏真空停机。

2. 事故分析

运行值班人员在机组滑停过程中，由于锅炉燃烧和减温水控制不好，造成主蒸汽温度、压力和再热蒸汽温度的突降，三级抽汽压力低于除氧器的压力，除氧器内水发生沸腾，加上三级抽汽止回阀关闭不严致使冷汽进入中压缸，导致中压外缸内壁上、下温差增大。20MW负荷时，由于中压缸温差大，造成高压缸胀差突然增大。汽轮机中压侧动叶围带脱落较多，造成转子质量不平衡，惰走阶段瓦盖振动增大。

3. 事故经验

对三级抽汽止回阀解体检查，并加装一道机械止回阀，防止除氧器水倒流进汽缸；立即修改现行规程，将“高压加热器和除氧器随机滑停”修改为“高压加热器随机滑停，在负荷60MW时，关闭三级抽汽电动门和隔离门；同时将轴封汽源切至备用汽供给”；加大对运行主要值班人员的培训力度，特别是锅炉燃烧调整和汽温调整，利用仿真机进行操作技能培训。

【实践与探索】

（1）汽轮机抽汽管道上装设截止阀和止回阀各有什么作用?

（2）机组正常运行期间，主（再）热蒸汽温度在10min突然下降50℃应如何处理?

工作任务七 汽轮机真空下降

【任务目标】

汽轮机真空下降的故障不仅常见，而且情况多种多样。通过本任务的学习和实践，能在发现真空下降时正确分析、判断真空下降的原因，并进行相应的处理。

【知识准备】

1. 事故现象

CRT真空表显示凝汽器真空下降，“真空低”声光报警信号发出，备用真空泵联动；CRT及就地表计显示汽轮机低压缸排汽温度升高；负荷瞬时下降；轴向位移显示增大；在相同负荷下，蒸汽流量增加，调节级压力升高。

2. 事故原因

（1）循环水系统故障。如循环水泵跳闸、凝汽器循环水进（出）口阀误关造成循环水中断，以及循环水母管破裂、循环水泵进口滤网堵塞、备用泵出口阀漏流等原因引起循环水量减少。

（2）抽气设备及其系统事故。运行真空泵跳闸备用泵未自启动，抽气作用失去；水环式真空泵工作水温过高、水位不正常，抽吸效率降低。

（3）真空系统不严密。大（小）汽轮机真空系统以及与之相连接的管道和阀门存在漏点、低压缸防爆门破裂、真空破坏阀误开或水封失去，空气漏入凝汽器。

（4）轴封汽系统工作不正常。汽轮机（包括小汽轮机）轴封供汽压力低、轴封加热器疏水U形管水封破坏，空气进入汽轮机或凝汽器。

（5）凝结水系统运行异常。凝结水泵失去密封水漏空气；凝汽器热水井水位高淹没铜管过多造成冷却能力降低；凝汽器补水箱水位过低，空气沿补水管道进入凝汽器。

（6）凝汽器冷却水管脏污，冷却效果降低。

（7）凝汽器热负荷过高。高（低）压旁路误开或漏量大、疏水内漏严重、汽轮机过负荷等均使凝汽器热负荷增大，引起真空下降。

3. 事故处理

发现真空下降时，应对照就地压力表、低压缸排汽温度及凝结水温度，并检查信号报警情况，分析、判断真空下降的原因，进行下列处理。

（1）检查当时机组有无影响真空的操作，如有应立即停止。

（2）凝汽器压力大于报警值时，真空低报警信号发出，应汇报值长减负荷。

（3）凝汽器压力大于保护值时，汽轮机“真空低低保护”动作跳闸，否则应手动打闸停机。

（4）检查循环水系统是否正常：循环水泵工作是否正常，备用泵碟阀关闭是否严密，若工作失常应启动备用循环泵；检查循环水压力、凝汽器进出口压差是否正常，当发现循环水压力急剧下降时，应检查循环水泵是否跳闸或循环水管破裂；当凝汽器进出口循环水温差增大时，表示循环水量不足，应设法增加水量；根据凝汽器端差，检查凝汽器是否结垢，应定期进行胶球清洗；检查循环水泵进口滤网是否脏污堵塞和前池水位低而造成吸水井水位低，否则，应补水或启动清污机清理滤网。

（5）检查轴封系统：各轴封汽源控制站和溢流站是否正常，调整轴封母管压力正常；检查轴加及轴加负压情况，检查轴加疏水是否正常，水封是否破坏，否则应启动备用轴封风机和调整轴封疏水。

（6）检查凝泵是否漏空气或汽化，如有，应设法消除，否则应启动备用泵。

（7）检查真空泵电流、汽水分离器水位及工作水温是否正常并进行调整，若真空泵工作失常，启动备用真空泵。

（8）检查凝汽器水位是否正常，若水位高应查明原因及时处理；若补水箱水位不正常时应补水至正常。

（9）如真空严密性不合格，应对真空系统进行查漏和堵漏。

（10）检查小机真空系统是否泄漏，必要时应将机组负荷降至额定负荷的80%（配30%容量电泵的机组），启动电泵，停运真空泄漏的小机并隔绝进行堵漏消缺。

【典型案例】

1. 事故经过

3月11日20：30，某发电厂4号机组满负荷300MW运行，制粉系统B、C、D、F磨投入，汽泵A、B运行，电泵C备用；真空泵A、D运行，B、C泵备用；CRT显示凝汽器A侧真空6.64kPa（绝对压力），B侧真空4.52kPa。

20：38运行发现4号机凝汽器B侧真空快速下降，20：39凝汽器A侧真空也快速下降，备用真空泵C自启，20：40手启备用真空泵B和循泵B，投入B、F层油枪，停磨煤机B快速降低机组负荷。20：45 4号机组“凝汽器真空低低”保护动作，汽轮机跳闸，锅炉MFT。

2. 事故分析

停机后检查凝汽器A、B真空破坏阀水封良好，机组轴封汽母管压力正常(0.039MPa)，全开4台机械真空泵后，凝汽器A、B侧真空最高只能达到76kPa左右，轴加风机电流偏小、进口负压比正常运行时要大，低压缸A、B两端轴封处泄漏量较大，其他真空系统未发现明显泄漏点。

进入凝汽器内部检查，发现凝汽器内部B低压缸后轴封回汽管弯头处一只焊口齐根断裂，导致凝汽器两侧真空急剧下降至ETS动作值。经分析该焊口在基建安装时焊接工艺不规范，存在严重质量问题，降低了焊口的强度导致运行中损坏。

3. 事故经验

基建安装阶段加强管道焊接工艺的监控，确保焊接质量；机组检修期间对低压排汽缸进行内部检查，必要时对轴封回汽管焊缝薄弱处进行补焊加固。

运行人员在试验期间作好充分的事故预想，进一步提升应急处置能力。机组真空严密性试验中真空出现突然变化时，应及时组织对真空系统进行查漏并进行原因分析，及时采取有效措施。

⇨【实践与探索】

（1）利用火电机组仿真机进行真空系统泄漏事故处理，根据表格自评并填写事故现象、原因和总结处理要点。真空系统泄漏事故处理评价表见表5-4。

表5-4　　　　　　　　真空系统泄漏事故处理评价表

事故名称	真空系统泄漏		
适用系统	超临界、亚临界、超高压、控制循环、自然循环、中间再热锅炉机组		
工况要求	满负荷工况		
	事故处理步骤及要求	配分	得分
	发现凝汽器真空下降，应该迅速核对有关表计，确认凝汽器真空降低，做好机组降负荷或停机准备	10	
	立即启动备用真空泵，并检查备用真空泵各气动阀的动作情况	5	
	检查影响真空的有关因素：旁路、轴封、循环水、真空泵、给水泵密封水、凝汽器水位、凝泵、真空破坏门、小汽轮机真空与排汽温度等	10	
	自“真空低”报警信号发出开始，真空每降低1kPa，相应降低机组负荷50～100MW	10	
事故处理	真空下降时注意汽轮机旁路工况，禁开旁路	5	
	真空下降时，注意低压缸排汽温度升高情况，当达到80℃时，检查低缸喷水阀自动开启，否则手动开启喷水阀	5	
	在真空下降过程中，运行人员要不断检查机组运行情况，如油温、振动、轴向位移、各瓦温度等	10	
	降负荷过程中要尽量保持主、再蒸汽参数正常，如果超限，则应按参数超限规定处理	10	
	注意调节除氧器、各加热器、凝汽器水位正常	5	
职业素质	损坏元件、工具扣2分，造成人身及设备伤害事故扣该项总分，即本操作总分为零分	10	
事故原因		10	
处理要点总结		10	
合计得分		100	

（2）试分析：汽轮机排汽压力变化对机组运行安全性和经济性的影响。

工作任务八 发电机故障及异常运行

【任务目标】

在由电气事故导致的大型单元机组停机事故中，发电机故障率较高，是各电厂防范的重点。通过本任务的学习和实践，熟悉发电机故障类型，能根据事故现象判断故障原因并正确处理。

【知识准备】

一、发电机电压回路断线

1. 事故现象

DCS报警窗口发出“TV断线”信号，可能有“定子接地”信号出现；DCS画面定子电压、有功功率、无功功率指示下降或到零；励磁调节器（AVR）参数指示可能异常，AVR的相应通道自动退出运行或退出备用；AVR在单通道运行时，运行方式将由自动转为手动；励磁系统可能发“发电机TV断线”信号；定子线电压不平衡，定子三相相电压值，只有降低相，没有明显升高相。

2. 事故原因

发电机出口TV高压侧匝间短路或接地造成高压熔丝熔断；发电机出口TV低压侧短路引起低压侧空开跳闸，或越级造成高压熔丝熔断；发电机出口TV一（二）次回路接线松动，接触电阻大，测量电压过低。

3. 事故处理

（1）根据报警信号，就地检查TV二次侧空开是否跳闸，二次回路是否完好，测量TV低压侧电压，判明故障相。

（2）汇报值长，联系检修人员。加强对发电机定子电流、转子电流、转子电压的监视。

（3）机炉尽可能保持负荷稳定，必要时可解除CCS并将机炉主控切至手动，投油助燃，手动调节机炉主控指令至异常前状态，加强对汽温、汽压和给水流量、蒸汽流量的监视。

（4）停用断线TV有关自动装置和保护（解除复压闭锁过流、定子接地、逆功率、失磁、定子过电压、过励磁、失步保护压板）。

（5）不论哪台压变回路熔丝熔断（或空开跳闸），均应准确记录时间，尽可能在熔丝熔断（或空开跳闸）和恢复时分别记下功率指示的读数，作为丢失电量计算的依据。

（6）若二次侧空开跳闸，应试送一次，如仍然跳闸，则禁止再次强送，应等待检修人员查明原因并消除缺陷后，再合上空开。

（7）若一次熔断器熔断，断开TV二次侧空开，拉出故障相TV，对TV进行检查，无异常后更换熔断器。

（8）正常后，恢复TV运行，测量投入上述解除的保护压板，恢复停用的自动装置；待机组定子电压、有功、无功恢复正常后，重新投入AGC运行并根据情况撤去燃油；无法恢复时，汇报值长，申请停机。

（9）注意：TV的推拉必须使用绝缘工具，操作人员必须穿绝缘鞋、戴绝缘手套，并保持安全距离。

二、发电机定子单相接地

额定电压为20kV的发电机，定子单相接地电流的允许值为1A。当定子接地保护报警，确认定子单相接地时，应立即转移负荷，安排停机。

1. 事故现象

DCS报警窗口发出“发电机定子接地”信号报警；定子三相线电压不变；定子三相相电压不平衡，接地相电压降低或为零，其他两相电压升高，当接地相电压为零时，其他两相电压升高到线电压值。

2. 事故原因

发电机定子线圈绝缘老化或磨损，绝缘薄弱处击穿放电；发电机定子线圈漏水，绝缘受潮击穿接地；发电机出线支撑瓷瓶绝缘污损，瓷瓶表面污闪接地。

3. 事故处理

(1) 若保护动作发电机跳闸，按发电机事故跳闸处理。

(2) 若发电机未跳闸，应全面核对参数，如检查到中性点电流与相电压指示值对应变化，则证明发电机定子确已接地，应立即解列停机。

(3) 若发电机未跳闸，但同时检查到发电机发生漏水、漏油故障或伴随发电机检漏计报警信号发出时，应立即解列停机。

三、发电机转子一点接地

1. 事故现象

DCS报警窗口发“发电机转子一点接地”报警信号，励磁系统就地控制屏发转子接地信号；检查发电机转子电压绝缘监察指示，一极对地电压降低或为零，另一极对地电压升高或为转子电压。

2. 事故原因

发电机转子绕组对地绝缘老化或磨损，绝缘薄弱处击穿放电；励磁回路直流侧支撑瓷瓶绝缘污损，瓷瓶表面污闪接地；滑环碳刷积污放电接地；发电机内进油或转子绕组漏水引起绝缘破坏接地。

3. 事故处理

(1) 检查转子电压绝缘监察装置工作是否正常，进一步测量核对转子正、负极对地电压值，判明接地极和接地程度。

(2) 加强对励磁系统的监视，当发现转子电流增大而无功出力又有明显下降时，应立即停机。

(3) 若检漏计或湿度仪报警与转子一点接地信号相继发出，或同时检查到发电机有漏水、漏油故障时，应立即停机。

(4) 如接地的同时，发电机发生失磁或失步，应立即停机。

(5) 对励磁系统进行全面检查，有无明显接地迹象，若为滑环或励磁回路积污引起时，应联系检修人员采用吹灰器或压缩空气进行吹扫。

(6) 如为转子内部稳定性的非金属性接地或接地点在外部但必须停机才能消除时，则汇报值长，申请尽快停机处理。

(7) 如转子接地保护Ⅱ段动作跳闸，则按照事故跳闸处理，如保护动作拒动，则立即将发电机解列灭磁。

四、发电机频率异常

我国电力系统的频率为50Hz，国标规定：电力系统正常频率偏差允许值为±0.2Hz，当系统容量较小（3000MW以下者）时，偏差值可放宽到±0.5Hz。实际运行中，电力系统都保持在不大于±0.1Hz范围内。

1. 事故现象

频率表指示上升或下降，长时间超过（50±0.2）Hz；汽轮机转速升高或降低；机组负荷发生变化，一次调频回路动作减少或增加机组负荷；机组声音发生变化；频率低时，发电机低频保护达报警值时动作报警，严重时保护动作发电机跳闸。

2. 事故原因

电网系统内大容量机组故障或联络线跳闸，发电机输出功率与负载消耗功率不平衡，出现剩余功率时，电网频率升高；若功率缺额时，电网频率降低。

3. 事故处理

（1）若低频保护动作发电机跳闸，按机组跳闸处理。

（2）发生系统频率低于49.8Hz，应不待调令，立即将发电机负荷升至最高，发电机的过负荷按事故过负荷规定执行，但应注意不得使过负荷保护动作，并立即汇报调度。

（3）电网频率超过50.1Hz时，机组应自动降低负荷；电网频率超过50.2Hz时，应迅速降低机组负荷，直至频率恢复到50.2Hz以下为止，同时汇报调度；电网频率超过51Hz时，应立即将机组负荷降至最低，直至频率恢复到50.5Hz以下为止，然后再根据调度命令处理。

（4）频率发生变化时，应注意监视机组的蒸汽参数、轴向位移、振动、轴承温度、润滑油压等参数不超限额，否则应作相应的处理。

（5）频率下降时，应注意监视发电机定转子电压、电流不超过允许的高限；监视发电机本体各部温度、定子冷却水系统参数和发电机进出风温度在允许范围。

（6）当频率下降时，应加强监视厂用母线电压和辅机的运行情况，防止厂用辅机过载跳闸，当辅机出现出力不足、电机过热等现象时，视需要可启动备用辅机。

（7）当频率下降时，应加强监视主油泵出口压力、润滑油压、隔膜阀顶部油压，必要时启动BOP、SOP维持机组运行。

（8）当系统低频和低电压同时发生的时候，应优先考虑满足频率要求。

五、电力系统振荡及发电机失步

1. 事故现象

发电机“失步”保护报警，严重时动作于跳闸，可能发“失磁”保护动作信号，“过负荷”保护可能动作报警，强励可能动作；发电机定子电流、500kV出线的线路电流指示来回剧烈地周期性摆动，并有超过正常值的情形；发电机定子电压、500kV母线电压和厂用母线电压指示都发生剧烈的周期性摆动，通常是电压降低；发电机转子电压、电流在正常值附近周期性摆动；发电机的有功、无功指示在全量程范围内周期性摆动；系统频率波动，汽轮机组转速波动；PSS动作，DCS上发“PSS动作”报警；发电机、主变发出节奏与上述参数摆动合拍的轰鸣声；照明周期性地一明一暗，其节奏与上述参数合拍。

2. 事故原因

(1) 发电机负荷突变。系统内大容量机组突然跳闸；汽轮机调速系统因误操作或故障而大幅波动，造成原动机功率突变；发电机非同期并列对系统冲击等原因引起振荡。

(2) 系统异常运行或发生故障。系统联络线故障，保护延时切除后，使得系统联系电抗突然增大，系统动稳定破坏；线路输送功率超过静稳定极限以及突然发生短路故障等，均可造成系统振荡。

(3) 发电机失磁或欠励磁。励磁调节器以手动方式运行，监视不力或调节不当造成发电机失磁，电磁转矩减小，在剩余转矩作用下发电机失去同步。

3. 振荡中心的判断

(1) 单机振荡。振荡中心落在发变组内，发电机端电压和厂用母线电压周期性严重降低，失步发电机指示与邻机及线路指示摆动方向相反，摆动幅度比邻机及线路激烈。自并励的发电机可能失步伴随失磁使振荡幅度更为剧烈。

(2) 发电厂和系统之间振荡。振荡中心落在500kV母线，500kV母线电压周期性严重降低，本厂所有发电机摆动方向相同，摆动幅度基本一致。

(3) 系统振荡。振荡中心落在本厂送出线路以外，本厂所有发电机摆动方向相同，摆动幅度基本一致，幅度相对较小。

4. 事故处理

(1) 发电机失步保护动作跳闸时，按停机处理。

(2) 由于非同期并列或失磁等原因引起的本机振荡，应立即将发电机解列。

(3) 发电机高功率因数引起振荡，应降低有功出力，同时增加励磁电流，以提高机组稳定运行能力。

(4) 对于发电厂与系统之间的振荡，则按下列原则处理。

1) 汇报值长，听令快减负荷。

2) 当励磁调节器自动方式运行时，应任其动作，值班人员严禁干涉其调节；手动方式运行时，应立即增加发电机励磁电流至允许的最大值，此时，按发电机事故过负荷规定执行。

(5) 对于系统振荡，则按下列原则处理：

1) 若发生趋向稳定的振荡，即振幅逐渐变小，则不需要操作，但值班人员必须作好处理事故的思想准备。

2) 若造成失步，则应尽快创造恢复同期的条件，按下列原则处理：①当励磁调节器自动方式运行时，应任其动作，值班人员严禁干涉其调节；②当励磁调节器手动方式运行时，应立即增加发电机励磁电流至允许的最大值，以增加定、转子磁极间的拉力，削弱转子的惯性作用，使发电机在到达平衡点附近时易于拉入同步；③监视系统频率并参考汽轮机机械转速表，当电厂属于频率升高侧时，应立即自行降低有功出力，同时将发电机定子电压提高到最大允许值，当电厂属于频率降低侧时，应立即自行增加有功出力，必要时使用发电机事故过负荷能力，同时也要将发电机定子电压提高到最大允许值。

(6) 若强励动作，运行人员在10s之内不得干涉。10s后强励动作结束，励磁调节器应自动控制励磁电流降至1.05倍额定值以下。若10s后强励未结束或励磁电流未自动降至1.05倍额定值以下，应立即将励磁调节器切至“手动”运行方式，手动控制励磁电流在

1.05倍额定值以下。

（7）在系统振荡时，应密切注意机组辅机运行情况，设法调整有关运行参数在允许范围内。

（8）振荡消失后全面检查发变组回路、励磁回路、厂用电系统和厂用辅机运行正常。

（9）处理振荡事故，一方面要沉着冷静分析，准确判断；另一方面要有整体观念，及时汇报值长和调度，听从指挥。

六、发电机温度异常

1. 事故现象

DCS画面显示：发电机定子线棒、铁芯温度异常；发电机定冷水温度异常；发电机冷、热氢气温度异常。

2. 事故原因

（1）测温装置、测温元件故障。测温元件特性改变或断线造成温度值测量不准确；测温元件接线端子松动或腐蚀，接触电阻大，测量值传输出现偏差。

（2）发电机异常运行。发电机过负荷运行发热量增加；定子三相电流不平衡，负序电流在转子表面发热；发电机深度进相运行，端部发热量大；发电机铁芯局部短路或转子线圈匝间短路异常发热。

（3）冷却系统工作异常。定子冷却水泵跳闸或线棒水回路局部堵塞引起水流量减少、进水温度高；发电机氢气压力降低、氢气冷却器工作异常造成冷氢温度高，冷却效果降低。

3. 事故处理

（1）调出DCS发电机温度画面，安排专人加强对发电机运行工况的监视，密切注意报警次数。

（2）通知热控人员立即检查测温装置、测温元件是否良好；通知电气人员立即检查发电机本体及其附属设备。

（3）检查发电机三相电流是否超过允许值，不平衡度是否超过允许值（≤10%额定值），如发电机过负荷或三相电流不平衡度超限，应降低发电机负荷。

（4）检查定子冷却水进水压力、流量、温度是否正常，调整上述参数在允许范围内。

（5）检查发电机氢气压力是否正常，若低于正常值时，应查明原因并补氢。

（6）检查氢气冷却器冷却水流量是否正常，如氢气冷却器冷却效率低，应检查冷却器内有无空气和堵塞；如果冷氢温度自动调节不正常，改用手动调节。

（7）发电机冷、热氢温度明显升高时，如确认是由于铁芯硅钢件部分短路所引起，应汇报值长，申请停机处理。

（8）若定子线圈某点温度突然明显升高时，除检查测温装置和测温元件外，如发现温度随负荷电流的减少而显著降低，应考虑到定子线圈通水支路是否有阻塞现象；此时应严格监视温度不超过正常运行值，当判明温度升高是由通水支路阻塞引起的，则应汇报值长，申请停机处理。

（9）经上述处理无效或无法判明故障原因，应汇报值长，降低有功负荷，使温度或温差低于限值并要求检修人员作进一步检查，若判断为发电机内部异常时，应汇报值长，申请停机处理。

（10）发生下列情况之一时，应立即紧急停机并汇报值长。

1）当发电机任一定子槽内层间测温元件温度超过 90℃或者出水温度超过 85℃时，并在确认测温元件无误后。

2）定子线圈层间温度最高与最低间的温差达 14K 或定子线圈同类支路出水温度差达 12K 时，并在确认测温元件无误后。

3）发电机任一定子铁芯测温元件温度超过 120℃时，并在确认测温元件无误后。

（11）为判明测温元件是否故障，经值长同意，运行人员可适当降低发电机负荷（5%为一级），并加以稳定，观察其变化趋势。如在不同负荷工况下某测温元件始终显示异常，说明该热电偶或电阻元件可能损坏。

七、发电机漏氢

1. 事故现象

发电机氢压下降速度增快；补氢次数明显增加，补氢量增大。

2. 事故原因

氢气系统存在漏点，发电机内氢气泄漏造成压力降低；密封油系统工作异常，密封油压降低造成端部漏氢增大。

3. 事故处理

（1）检查发电机漏氢检测装置是否报警，就地使用氢气检漏计查找漏氢点，联系检修人员协同查找处理。

（2）对发电机进行手动方式补氢，恢复机内正常氢压。

（3）检查密封油压是否正常，发电机两端油氢压差是否在允许范围内。

（4）若定冷水箱中的含氢量超过 2%（体积含量），应加强对发电机的监视，一旦发现内冷水系统漏入大量氢气，含氢量超过 10%（体积含量）或确认机内已进水，应立即停机处理。

（5）如氢压继续下降，补氢仍不能保持正常氢压时，则应降低发电机负荷，使发电机各部温度保持正常，并申请停机。

（6）当发生漏氢时，严禁在汽轮机房内动火作业，防止发生氢爆。

八、发电机内有油水

1. 事故现象

DCS 报警窗显示“发电机内有油水”信号；发电机就地液位信号器内有油水。

2. 事故原因

发电机油氢压差阀故障，导致油氢压差过大，密封油进入发电机内；气体置换期间发电机内部压力波动过大，油氢差压阀调节不及时，密封油进入发电机内；发电机密封油回油不畅，消泡箱内满油造成发电机进油；氢气冷却器泄漏，冷却水漏入发电机内部；发电机定冷水压力大于机内气压，定子线棒绝缘引水管泄漏。

3. 事故处理

（1）汽轮机在启动或正常运行中，当出现发电机泄漏报警应立即检查发电机油氢压差阀调节状态是否正常，如不正常进行手动调节，然后再进一步分析原因。

（2）就地对发电机液位信号器内油水进行排放，确定发电机内进油水程度并加强对发电机的监视。若发电机氢压过低应及时进行补氢。

（3）就地检查发电机油氢压差阀氢油信号管、阀门在正常工作状态。

（4）当有“发电机内有油水”信号，并且同时伴随有“定子接地”信号发出，汇报值长手动解列发电机。

（5）若判断为某台氢气冷却器发生漏水故障，先降低发电机负荷至80%额定负荷以下，再隔离故障氢气冷却器消缺。

九、励磁调节器（AVR）故障

1. 事故现象

DCS报警窗发“励磁系统故障”、“发电机TV断线”等报警信号；发电机无功指示值、转子电流指示值及定子电压指示值等参数波动。

2. 事故原因

发电机出口TV故障，励磁调节器输入电压异常；自动通道电源故障，自动通道同步电压消失，调节器无法正常工作；控制单元故障；在自动方式时，可控硅触发回路故障。

3. 事故处理

（1）检查励磁调节器（AVR）自动切至另一通道的自动方式运行，如另一通道的自动方式也故障，则切至本通道的手动方式运行。

（2）根据DCS画面上的报警显示和就地控制屏上的报警信号确认报警原因，并作相应的检查。若是由某分路保险熔断引起，可在检修人员确认后更换同一规格的保险；若是由某分路电源开关跳闸引起，由检修人员确认回路无故障后重新合上。

（3）当单通道故障或在手动方式运行时，应由运行人员专人对DCS励磁系统画面进行连续监视、调节直至故障消除。

（4）如励磁调节器（AVR）故障不能消除，则应汇报值长，申请解列停机处理。故障消除后恢复正常运行方式。

（5）对于励磁调节器（AVR）出现的异常情况，要认真分析，谨慎对待，且均应通知检修人员协助处理。

【典型案例】

1. 事故经过

4月26日16：00，某厂运行监盘发现“6号发电机励磁系统TV断线”、“发电机励磁系统总报警”、“6号发变组第二套保护装置报警”、“6号发变组第二套保护TV断线”、“6号发电机故障录波器异常报警”、“6号发变组第二套输出发电机无电压信号”报警信号由光子牌发出，6号发电机定子电压、有功功率、无功功率及励磁系统运行参数正常。就地检查发电机出口TV二次侧空开合闸良好，测量TV二次电压，发现TV 2B相二次侧电压0V，A、C相电压正常。

2. 事故分析

根据报警信号和就地测量参数，判断6号发电机出口TV 2B相一次侧熔丝熔断。切除发电机自动电压控制（AVC），解除发变组保护B屏下列保护压板：发电机相间后备保护、定子接地基波零序电压保护、发电机失磁保护、发电机过电压保护、过励磁保护、发电机逆功率保护。断开TV 2B相二次侧空开，将TV 2B相拉至检修位置，测量确认TV 2B相一次熔丝熔断，电气检修人员对TV 2B相回路详细检查未发现异常，更换新熔丝后，恢复TV2B相运行，正常后投运上述保护压板。

3. 事故经验

当DCS画面发"发电机TV断线"信号时，运行人员应首先确认机炉侧稳定运行、有功稳定、无功稳定。否则应立即切除CCS、DEH遥控口、AVC，并将AVR切至手动方式，设法维持机组各参数稳定。确认AVR工作通道对应的TV无故障，否则应确认AVR无扰切换至备用通道运行。汇报值长，解除故障TV对应通道的发变组相关电压保护。

运行人员在处理工作前，应作好必要的安全防护措施，如穿戴绝缘手套、绝缘靴；处理时首先检查故障TV的二次空开是否跳开，二次航空插头是否接触正常，并量取各相空开的上下口压差应小于0.05V；如二次空开的上下口压差大于0.05V，应请求电气二次人员更换空开；如二次航空插头接触不良，可以重新试插一次；如二次空开跳开，严禁强合。采用万用表分别测量故障TV二次空开上口相电压和线电压。正常的相电压为57.7V，线电压为100V，并以此为依据判断具体的故障相。确认故障相后，开展针对性检查处理工作。

【实践与探索】

(1) 利用火电机组仿真机进行发电机电压回路断线事故处理，根据表格自评并填写事故现象、原因和总结处理要点，见表5-5。

表5-5 发电机TV1电压回路断线事故处理评价表

事故名称	发电机TV 1电压回路断线		
适用系统	超临界压力、亚临界压力、超高压、控制循环、自然循环、中间再热锅炉机组		
工况要求	满负荷工况		
事故处理	事故处理步骤及要求	配分	得分
	确认发电机电压回路失压报警信号，检查相应测量功率、电压指示及零序电压$3U_0$	10	
	检查发电机励磁调节器运行状况，励磁调节A通道切换B通道运行	5	
	检查发变组保护，A柜"电压断线"发信，相关保护闭锁	5	
	根据报警信号以及测量电压指示，判断故障TV并分析断线故障	10	
	退出发变组A柜保护压板（失磁、复压过流、定子接地、过激磁、过电压、逆功率保护）。保护未退出TV停电，扣30分	5	
	按TV停电原则将TV1停电	10	
	检查并更换断线相保险，同时对TV1本体进行检查	10	
	测量绝缘正常后将TV1恢复运行，未测绝缘扣2分	10	
	重新投入所退发变组A柜保护压板，复归信号	5	
职业素质	损坏元件、工具扣2分，造成人身及设备伤害事故扣该项总分，即本操作总分为零分	10	
事故原因		10	
处理要点总结		10	
合计得分		100	

(2) 定子绕组单相接地对发电机的危害是什么？大型机组通常装设100%定子绕组单相接地保护装置，查阅相关资料，了解100%定子绕组单相接地保护工作原理。编制发电机定

子接地故障事故处理操作卡，利用火电机组仿真机进行实践。

工作任务九　变压器故障及异常运行

【任务目标】

变压器运行中发生的异常主要包括上层油温超限、油位异常、气体继电器报警、冷却系统故障等。通过本任务的学习和实践，能及时分析各种故障及异常运行的性质、原因及影响，并采取适当的处理措施，防止事故扩大，保证变压器的安全。

【知识准备】

一、主变压器油位异常

1. 事故现象

主变油枕油位计指示偏高或偏低；主变油位高或低信号可能发出；主变轻瓦斯信号可能发出。

2. 事故原因

主变油箱漏油，油枕油位降低；主变油温过高或过低，造成油位过高或过低；主变油枕呼吸器堵塞，油枕内部负压引起油位指示异常升高。

3. 事故处理

(1) 就地检查变压器油枕油位、油温和绕组温度是否正常，变压器本体是否有漏油迹象。

(2) 如由于长期微量漏油引起油位降低，应通知检修人员加油。

(3) 如果因大量漏油而使油位迅速下降时，应立即汇报值长，联系检修人员采取堵漏措施并进行加油，同时作好事故跳闸准备。严禁将重瓦斯改投信号。

(4) 若油枕呼吸器堵塞造成虚假油位，应通知检修人员进行疏通。

(5) 因油温上升使变压器油位升高至油位计指示极限，检查主变冷却系统运行是否正常，投运备用冷却器或降低主变负荷。必要时联系检修人员放油。

(6) 主变压器进行放油、加油或疏通呼吸器等工作前，按规定将重瓦斯保护改投信号。

二、变压器油温（或绕组温度）异常升高

1. 事故现象

变压器油温、绕组温度异常升高；变压器“过负荷”信号可能发出；变压器冷却系统可能发异常信号。

2. 事故原因

变压器过负荷运行，发热量增大，油温升高超过正常值；变压器冷却系统工作异常（部分冷却风扇跳闸、散热器脏污、冷却器油路进出口阀门未全开、变压器两侧运行冷却装置不对称），造成冷却效果下降，油温升高；变压器内部故障，异常发热引起油温升高。

3. 事故处理

(1) 核对就地与远方温度指示是否一致，核实温度测量装置是否故障。

(2) 检查变压器的负荷和冷却介质的温度，校对该负荷和冷却条件下应有的温度值。

(3) 检查变压器冷却装置运行是否正常，必要时手动投入辅助、备用冷却器组。

（4）若冷却装置散热器脏污，联系检修人员及时清洗。

（5）汇报值长，适当降低变压器负荷，使变压器温度不超过允许值。

（6）经检查变压器冷却系统及测温装置均正常，调整负荷和运行方式仍无效，变压器油温或绕组温度仍有上升趋势，则认为变压器已发生内部故障，应立即汇报值长，停止变压器运行，并联系检修人员消缺。

三、变压器着火

1. 事故现象

变压器本体冒烟着火；变压器周围有绝缘焦糊味。

2. 事故原因

变压器绕组短路，电弧引燃油着火；过电压引起绝缘击穿放电；长期严重过载造成绝缘损坏。

3. 事故处理

（1）立即断开变压器各侧电源开关，在电源开关未断开前，严禁灭火。

（2）停止变压器全部冷却装置运行。

（3）汇报值长，通知消防部门，有条件的应将备用变压器投入运行。

（4）启动变压器喷淋装置进行灭火，防止火势蔓延。

（5）油溢至地面着火，可用砂子灭火。

四、变压器轻瓦斯保护动作

1. 事故现象

DCS 报警窗口“轻瓦斯保护动作”信号发出。

2. 事故原因

因滤油、加油或冷却系统不严密，致使空气进入变压器内部；因环境温度下降或漏油致使油面缓慢降低，瓦斯继电器油杯下降发报警信号；因变压器内部故障而产生少量气体，瓦斯继电器油杯气体聚集达到报警值；发生穿越性短路，电流瞬时增加，油中气体分离过快引起轻瓦斯保护动作；二次回路故障误动作发报警信号。

3. 事故处理

（1）立即对变压器进行外部检查：变压器本体及冷却系统是否漏油；油位是否过低；油温、绕组温度是否升高；变压器是否过负荷；变压器运行声音是否正常；保护装置或二次回路是否有故障；瓦斯继电器内是否有气体等，以判明变压器是否存在内部故障。

（2）若瓦斯继电器内存在气体，应记录气量，鉴定气体的颜色及是否可燃，通知检修取气样和油样进行色谱分析。

瓦斯继电器内气体的性质和变压器故障性质的鉴别可根据表 5-6 确定。

表 5-6　气体性质与故障性质对照表

气 体 性 质	故 障 性 质
无色、无臭，不可燃	油中分离出来的空气或空气侵入
深灰色或黑色、略有臭味且可燃	变压器内部闪络或油温过高引起油的分解
黄色、微色或无色，不易燃	木质材料故障

续表

气体性质	故障性质
灰白色、有臭味且可燃	内部绝缘故障

注意事项：
(1) 鉴别气体的颜色，必须迅速进行，否则经一段时间，有色物质将会沉淀，颜色则消失。
(2) 检查气体是否可燃时，必须将气体聚集在专用器具里进行。
(3) 若要在瓦斯继电器顶部检验气体时，须特别谨慎，不要将火靠近瓦斯继电器顶端，而应在其上方 5～6cm 处进行

(3) 若是变压器外部无故障迹象，瓦斯继电器内气体色谱分析结果为空气，则变压器仍可继续运行；若判明气体是可燃的，说明变压器内部故障，必须停止变压器运行；若气体不可燃，但不是空气，则应对变压器严密监视，如色谱分析超过正常值，经综合判断变压器内部有故障，则应停止变压器运行。

(4) 必要时还可检查油的闪光点，若闪光点较过去降低 5℃以上，则说明变压器内部有故障，必须停止变压器运行。

(5) 在上述处理的同时，应注意轻瓦斯信号发出的间隔时间，如间隔时间逐次缩短，则表示变压器可能跳闸，此时禁止将重瓦斯保护停用或改投信号，并立即汇报值长，有条件时可投入备用变压器。

➾【典型案例】

1. 事故经过

某电厂 2 号机组负荷 600MW，各运行参数均正常，17：04，2 号机组跳闸，首出“2A 高厂变差动保护动作”，发变组高压侧开关 2502 跳闸，灭磁开关跳闸、厂用电切换正常。就地保护屏 2A 高厂变 T35-2 保护差动保护动作，2A 高厂变“TRIP”跳闸、“2A 高厂变差动保护动作”LED 灯亮。

2. 事故分析

发电机跳闸后，运行人员检查 2A 高厂变本体无异常，差动保护范围内一次设备正常，差动 TA 二次接线正确，无开路、虚接现象。调阅录波图，发现 2A 高厂变高压侧电流 A、B 相发生畸变，趋于同相位，C 相电流突变为 0A，因 2A 高厂变高压侧 C 相电流消失，低压侧负荷电流成为差流导致 C 相差动保护动作跳闸。初步分析判断 2A 高厂变保护装置采样板（F8F）在运行中采样计算出现异常，引起差动保护误动作。

3. 事故经验

鉴于 2A 高厂变保护装置采样板（F8F）内部已出现故障计算出错，停用该套保护装置。利用大、小修机会对保护装置采样板进行全部升级更换。运行人员加强对保护装置检查，发现异常立即汇报，按照规定退出异常（故障）保护。

➾【实践与探索】

(1) 变压器发生重瓦斯保护报警如何分析处理？利用火电机组仿真机进行主变压器重瓦斯保护动作事故处理，根据表格自评并填写事故现象、原因和总结处理要点。主变压器重瓦

斯保护动作事故处理评价表见表 5-7。

表 5-7 主变压器重瓦斯保护动作事故处理评价表

事故名称	主变压器重瓦斯保护动作		
适用系统	超临界压力、亚临界压力、超高压、控制循环、自然循环、中间再热锅炉机组		
工况要求	满负荷工况		
事故处理	事故处理步骤及要求	配分	得分
	检查确认主变重瓦斯保护动作，发电机跳闸，汽轮机跳闸，锅炉 MFT 动作	5	
	确认机组厂用电运行正常	5	
	立即对变压器进行外部检查，重点检查：本体、油位、油温、绕组温度、防爆门、套管、压力释放阀等是否有异常，有无喷油或严重漏油现象，有无着火、冒烟现象，内部有无爆裂声	10	
	若发生火情，联系消防人员灭火，运行人员立即将主变压器转检修状态；通知检修人员协助处理	5	
	检查变压器差动保护、速断保护或其他动作于跳闸的后备保护是否同时动作，检查瓦斯保护是否正确动作，检查保护装置、二次回路有无故障，判明是否由于区外故障引起误动	10	
	通知检修取油（气）样化验，以鉴定变压器内部是否存在故障	5	
	根据变压器跳闸时的现象（系统有无冲击、电压有无波动），外部检查及色谱分析结果，判断变压器故障性质，查明原因	10	
	若变压器因瓦斯保护动作而跳闸，并判明因可燃性气体而使保护装置动作时，则变压器在未经检查并试验合格后不允许再投入运行	10	
	经检查确认重瓦斯保护误动作，申请解除该保护压板，做好机组启动准备工作	10	
职业素质	损坏元件、工具扣 2 分，造成人身及设备伤害事故扣该项总分，即本操作总分为零分	10	
事故原因		10	
处理要点总结		10	
合计得分		100	

（2）哪些情况下运行中的变压器必须立即停用？

工作任务十 机组综合性故障处理

⇨【任务目标】

单元机组纵向联系紧密，锅炉主燃料跳闸、机组快速减负荷、厂用电中断等机组综合性故障处理需要炉、机、电协调配合，迅速处理。通过本任务的学习和实践，掌握几种典型的综合性故障现象、原因及处理原则。

【知识准备】

一、锅炉主燃料跳闸（MFT）

1. 事故现象

事故声光报警信号发出，FSSS 显示 MFT 首出原因；汽轮机跳闸，逆功率保护动作，发电机解列，机组负荷到零；燃油进、回油快关阀及所有油枪快关阀关闭；所有一次风机、磨煤机、给煤机、密封风机跳闸，所有一次风快关挡板关闭；炉膛灭火，火焰监视器看不到火焰；汽温、汽压、蒸汽流量急剧下降，炉膛负压瞬间剧增；所有电器除尘器和脱硫岛跳闸。

2. 事故原因

以下条件任一项满足，MFT 保护启动：两台引风机全停或两台送风机全停；任一煤层运行时一次风机全停；锅炉给水流量低低或给水泵全停；火检冷却风机出口母管压力低低；锅炉总风量＜25%BMCR；分离器出口蒸汽温度高高或分离器水位高高；过热蒸汽温度高高或再热蒸汽温度高高；全燃料中断跳闸或全炉膛无火焰；炉膛压力高高或炉膛压力低低；汽轮机跳闸且锅炉负荷＞35%；再热器失去保护；螺旋管出口管壁温度高高；烟气脱硫系统 FGD 要求锅炉跳闸；手动 MFT。

3. 事故处理

（1）确认汽轮机、发电机均已跳闸，否则，手动打闸汽轮机、解列发电机。

（2）检查所有运行的一次风机、磨煤机、给煤机、密封风机、电除尘器、脱硫岛、汽动给水泵跳闸，否则，手动停止其运行。

（3）检查省煤器进口阀及其旁路隔离阀、燃油母管快关阀、各油角阀、过热器各级减温水电动阀、再热器事故减温水电动总阀关闭，否则，手动关闭。

（4）检查炉膛负压自动跟踪正常，否则应解除自动，手动进行调整，防止炉膛负压超限导致风机跳闸。如果是由于失去引风机而导致的 MFT，则应检查风烟系统通道上的所有挡板在全开位，以建立尽可能大的自然通风。

（5）注意监视锅炉压力，如锅炉主蒸汽压力达到电磁泄放阀动作值时电磁泄放阀不动作，应立即手动起跳电磁泄放阀泄压。

（6）复位跳闸设备，检查炉膛后吹扫正常。注意监视锅炉排烟温度和热风温度，防止尾部受热面再燃烧。

（7）迅速查明 MFT 原因，确认故障消除后进行再次启动准备。MFT 动作原因一时难以查明或消除，则按正常停炉处理。

二、机组快速减负荷（RUN BACK）

1. 事故现象

事故声光报警信号发出，CRT 显示 RUN BACK 原因；故障跳闸设备状态指示闪烁；部分制粉系统跳闸；机组负荷快速下降。

2. 事故原因

（1）机组负荷＞50%，两台送风机中一台跳闸。

（2）机组负荷＞50%，两台引风机中一台跳闸。

（3）机组负荷＞50%，两台一次风机中一台跳闸。

（4）机组负荷＞80%，两台汽泵中一台跳闸，电泵自启动正常，RUN BACK 目标负荷

80%；电泵未自启动，RUN BACK 目标负荷 50%。

3. 事故处理

(1) RUN BACK 发生，检查协调自动跟踪情况，如协调跟踪正常要密切监视协调的工作情况，不得解除协调进行手动调整。如果协调跟踪不正常，应立即解除协调，停运上层磨煤机，保留不超过 3 台磨煤机运行，并投油稳燃，将运行给煤机出力调整到和目标负荷相适应，调整给水流量，保障主、再热汽沿程温度正常。

(2) 一台给水泵跳闸应立即将运行的给水泵出力加到最大，四抽压力不足立即切换到冷段汽源运行。

(3) 一台风机跳闸立即将运行风机出力加到最大，检查跳闸风机出口挡板（若是引风机跳闸，还包括入口挡板）关闭严密，联络挡板开启。一台一次风机跳闸时要严密监视锅炉一次风母管压力变化和停运磨煤机的出入口挡板关闭情况，避免出现一次风压力过低而影响送粉和着火，以及一次风压力突然升高可能出现的炉膛爆燃。

(4) 系统运行相对稳定后调整燃料量、给水量、风量保证机组在允许的最大出力工况稳定运行，联系检修人员查找 RUN BACK 原因，消除故障后恢复机组正常运行。

(5) 风机跳闸增大另一台风机出力时要防止风机过电流。

三、机组厂用电中断

1. 事故现象

DCS 发报警信号，锅炉 MFT，汽轮机跳闸，发电机解列；交流照明灯熄灭，事故照明灯亮，控制室变暗；各段厂用母线电压指示到零，所有运行的交流辅机停运，备用交流辅机不自启，各交流负荷回路电流指示到零，各直流设备自启；汽温、汽压、真空等参数迅速下降。

2. 事故原因

机组或电力系统故障导致机组跳闸，两台高备变故障或在停役状态或 6kV 备用电源自投不成功；6kV 工作电源与备用电源同时故障；6kV 系统由高备变供电，而高备变突然跳闸；系统瓦解，500kV 和 220kV 系统同时失压。

3. 事故处理

(1) 电气侧处理要点有以下几条。

1) 汽轮机跳闸后，应确认 6kV 工作电源开关、500kV 断路器和灭磁开关已自动跳开，否则按发变组紧急跳闸按钮。

2) 迅速确认柴油发电机自启动成功，保安 EMCC 母线电压正常。否则应立即手动启动柴油发电机，并恢复保安 EMCC 正常供电，逐步恢复保安 EMCC 上各负荷。

3) 确认 6kV 各段上所有开关均已跳闸，否则手动拉开。

4) 迅速检查厂用母线备用电源自投不成功的原因；若确认备用电源正常，且 6kV 厂用母线各段无故障信号（例如，检查无“分支过流”、“分支零序过流”、“6kV 母线闭锁切换”信号等），确认工作电源开关在断开位，可用备用电源开关对失电母线强送电一次，如强送电不成功不得再送；强送正常后，汇报值长，恢复各负荷供电；若备用电源有故障信号或 6kV 厂用母线各段有故障信号时，必须汇报值长，联系检修人员排除故障后方可试送。

5) 恢复低压厂变运行，逐级恢复厂用电母线供电，根据机组情况逐步恢复各辅助系统。

6）确认在保安 EMCC 失电期间 UPS 电源自动切换由 220V 直流电源供电，UPS 输出正常。

7）保安 EMCC 电源恢复以后，确认 UPS 旁路电源恢复正常。

8）保安 EMCC 电源恢复以后，确认或恢复直流系统充电器以正常方式运行，浮充电正常，直流母线电压正常；逐步停运有关直流设备。

9）注意事项：①在恢复厂用电之前，应对已启动或动作的保护进行检查和记录，并会同检修人员加以复归，同时对相应设备电源开关状态进行检查和记录，并复归各跳闸设备，解除备用设备连锁，以防来电后自启动；②厂用电系统恢复后，应全面检查厂用电系统，投入必要的设备连锁保护。

（2）汽轮机侧处理要点有以下几条。

1）按破坏真空，紧急停机处理，并通知各外围岗位进行厂用电失去的相应处理。

2）保安 EMCC 电压正常后，检查主机交流润滑油泵、小汽轮机交流润滑油泵自启动，否则应立即手动开启；检查主机空侧、氢侧密封油泵运行正常，油氢差压正常；检查主机和小机润滑油压正常。

3）若柴发未自启或保安 EMCC 电压不正常，应确认主机和小机直流润滑油泵、发电机空侧直流密封油泵均已启动，否则手动强合；检查主机润滑油压、油氢差压正常。

4）检查确认高中压主汽门、调门、高排止回阀、各抽汽止回阀已关闭，关闭有关电动门；检查高压缸通风阀开启。

5）强制关闭汽轮机各疏水阀，严禁向凝汽器排汽、排水。

6）手动关闭可能有汽、水倒入汽轮机的阀门。

7）全面检查机组无异常，注意监视润滑油压、油温及轴承金属温度、回油温度变化，准确记录惰走时间。

8）真空接近于零，停用轴封汽。

9）在 DCS 操作画面上将各辅机连锁开关切除，辅机控制开关复位。

10）保安 EMCC 电源恢复后，进行下列工作：①启动主机 BOP、SOP 油泵、顶轴油泵、空侧、氢侧交流密封油泵、小机交流油泵，停直流油泵；②投入各辅机润滑油系统；③关闭汽泵、电泵出口门，检查泵不倒转；④汽轮机转速降至 600r/min 时注意顶轴油泵自启动，否则手动开启；⑤主机转速至零投入盘车运行。如在投盘车前转子已静止，应先翻转转子 180°，停留一段时间，偏心度合格后，再投入连续盘车；⑥厂用电系统恢复后，若低压缸排汽温度大于 50℃，应先启动凝泵，待排汽温度小于 50℃后，方可投入循环水系统；⑦投入低缸喷水；⑧逐步进行恢复机组运行的其他操作。

（3）锅炉侧处理要点有以下几条。

1）按事故停炉（MFT）进行处理，并通知各外围岗位进行厂用电失去的相应处理。

2）投入空气预热器气动马达，确认空气预热器运转正常，否则应联系检修人员进行人工盘动；检查油系统速断阀关闭，关闭炉前燃油母管进油手动总门、回油手动总门及各油枪角阀前手动门。

3）检查所有停运制粉系统的风门、挡板全部关闭；检查过热器、再热器减温水总阀及各分路阀关闭。

4）在 DCS 操作画面上将各辅机连锁开关切除，辅机控制开关复位。

5）保安EMCC恢复后，进行下列工作：①恢复火检冷却风机及等离子图像火检冷却风机正常运行；②恢复空气预热器主电机正常运行；③恢复引风机、送风机、一次风机、脱硫增压风机及磨煤机润滑油系统。

6）逐步进行恢复机组运行的其他操作。

【典型案例】

1. 事故经过

某厂4号机组容量300MW，四套中间仓储式制粉系统，三层油枪，四角切圆燃烧方式。11月7日上午，热控人员对锅炉A空气预热器LCS控制系统调试时，A空气预热器跳闸，联跳A引风机和A送风机，机组发RUN BACK。自动投入AA层油枪，同时D排粉机跳闸，C层给粉机转速降至290r/min，延时10s，B层给粉机转速下调50r/min，A层给粉机转速60s内保持不变。机组负荷由255MW降至150MW运行。

2. 事故分析

热控人员调试A空气预热器LCS时，危险性分析不充分，应对措施不完备，2号扇形板与空气预热器转子发生机械摩擦，导致机械重，空气预热器电机过电流保护动作跳闸。

3. 事故经验

当机组负荷大于160MW，单侧风烟系统跳闸触发RUN BACK时，若四层粉运行，切D层粉，投AA层油枪，CCS同时将C层给粉机转速降至290r/min，延时10s，B层给粉机转速下调50r/min，A层给粉机转速60s内保持不变，机组目标负荷150MW。若三层粉运行，投AA层油枪，CCS同时将C层（D层）给粉机转速降至290r/min，延时10秒，B层给粉机转速下调50r/min，A层给粉机转速60s内保持不变，机组目标负荷150MW。运行人员严密监视RUN BACK动作情况，维持各运行参数稳定，确保机组安全运行。

对于空气预热器LCS调试等危险因素较大的工作，运行人员应加强各参数的监视和分析，作好充分的事故预想。

【实践与探索】

（1）利用火电机组仿真机进行6kV某段厂用电失电事故处理，根据表格自评并填写事故现象、原因和总结处理要点。6kV某段厂用电失电事故处理评价表见表5-8。

表5-8　6kV某段厂用电失电事故处理评价表

事故名称	6kV某段厂用电失电		
适用系统	超临界、亚临界、超高压、控制循环、自然循环、中间再热锅炉机组		
工况要求	满负荷工况		
事故处理	事故处理步骤及要求	配分	得分
	根据光字牌报警，查看6kV 4B段母线电压至0，确认6kV 4B段母线失电，工作电源、备用电源开关均断开，汇报值长，联系检修人员到场共同处理	10	

续表

	事故处理步骤及要求	配分	得分
事故处理	检查400V汽轮机PC B段母线、400V锅炉PC B段母线自动切换至母联开关供电。检查400V保安EMCC母线电压正常	10	
	立即紧急停运部分制粉系统运行，调整运行制粉系统出力，防止运行磨煤机发生堵煤等异常情况；注意检查火检是否稳定，不稳时及时投入油枪	10	
	调整给水流量，手动将煤量稳定在50%负荷对应的煤量。注意锅炉煤水比正常，加强对锅炉主、再热汽温的控制，保证参数正常	10	
	将400V除尘PC B段母线、400V公用PC B段母线、400V照明PC B段母线手动切换至母联开关供电	5	
	就地检查高厂变保护动作情况，判断事故为“6kV 4B段母线永久性故障”。断开失电母线上所有开关，对母线测量绝缘	5	
	联系检修人员消除故障点	5	
	故障消除后，测量该段母线绝缘合格，复位各保护动作信号，用6kV 4B段母线备用电源开关对母线试送电成功	10	
	对正常负载送电，恢复厂用电正常运行方式	3	
	恢复机组负荷	2	
职业素质	损坏元件、工具扣2分，造成人身及设备伤害事故扣该项总分，即本操作总分为零分	10	
事故原因		10	
处理要点总结		10	
合计得分		100	

(2) 以下是某电厂600MW机组一次风机RUN BACK (R.B) 动作过程，作为运行人员，在机组RUN BACK动作期间，应注意监视哪些参数变化？

机组A、B、C、D、E、F六台磨煤机运行，负荷540MW。引风、送风、一次风、给煤机、燃料主控、给水主控等系统投入自动方式运行，机组协调投运，机组RUN BACK功能投入。

一次风机RB信号触发，目标负荷300MW。

动作过程如下。

(1) 主控画面显示“一次风机R.B”发生，锅炉主控切至手动控制，汽轮机主控仍维持自动，协调控制系统控制方式由“炉跟机协调 (CCS)”方式自动切换为“汽轮机跟随 (TF)”方式运行。

(2) 运行中的一次风机动叶将自动迅速开大并进行自动调节。

(3) 磨煤机F跳闸、3s后磨煤机E跳闸、3s后磨煤机D跳闸，按照1、3—2、4 (延迟3s) 投运A层等离子助燃。

(4) 燃料主控、各台给煤机控制切至手动，尚在运行的给煤机煤量维持不变；给水流量以较快的速度跟踪煤量变化以维持合适的煤水比。

（5）机组切至滑压运行方式，汽轮机主控维持自动，通过汽轮机调门控制主汽压力跟踪主汽压力设定值。

（6）过热蒸汽一、二级减温水调门关小 20%（5s 脉冲）后恢复原开度，以防止主蒸汽温度下降过低，影响机组安全运行。

（7）机组负荷下降至 350MW 以下，RB 信号自动复位。

附录A DG1900/25.4-Ⅱ1型锅炉冷态启动曲线

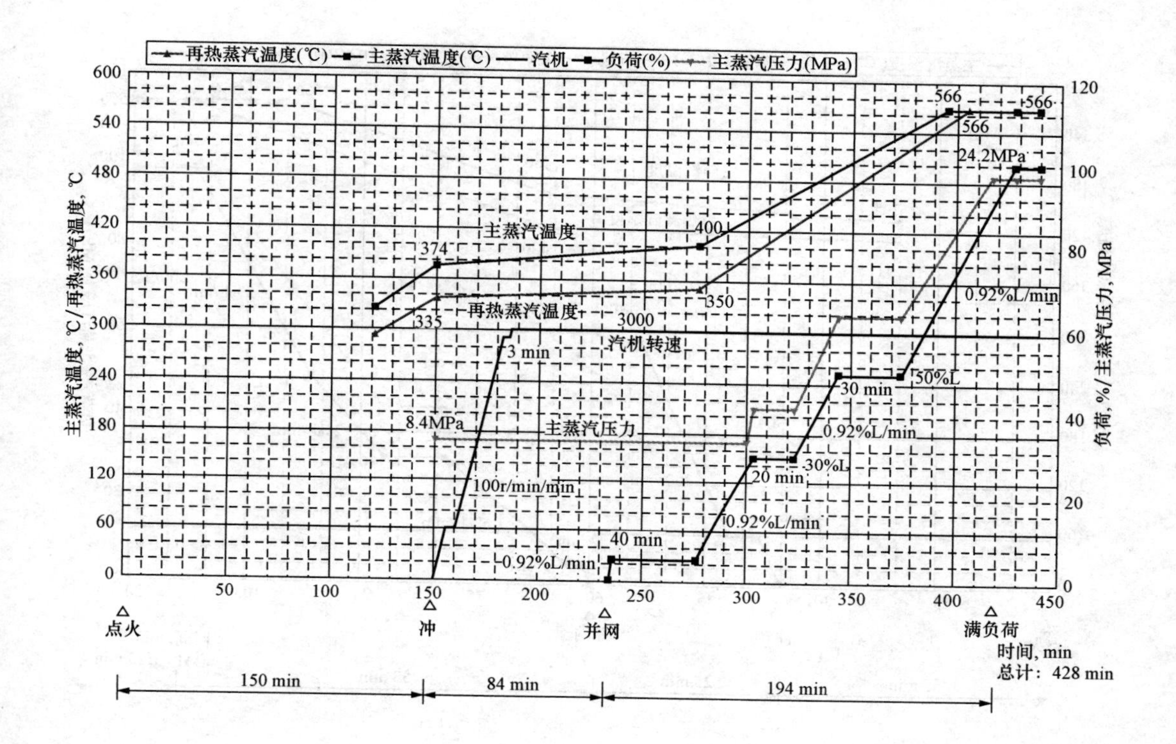

附录B　DG1900/25.4-Ⅱ1型锅炉热态启动曲线

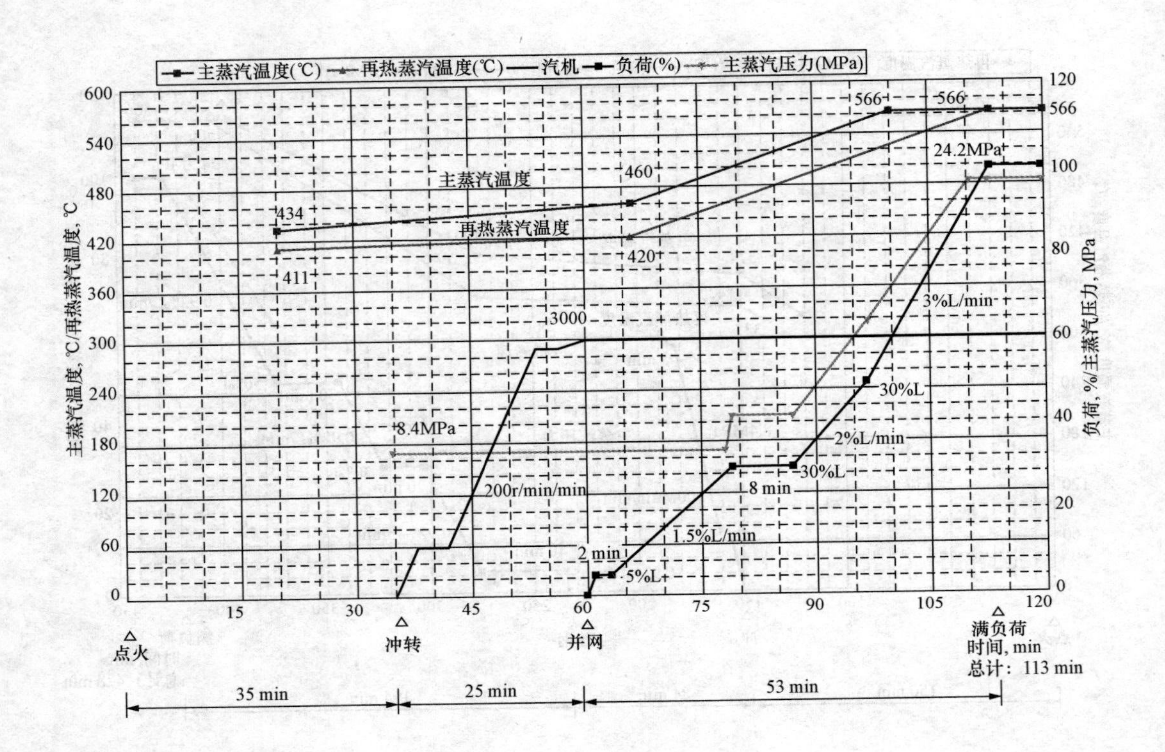

参 考 文 献

[1] 朱全利. 国产600MW超临界火力发电机组技术丛书　锅炉设备及系统. 北京：中国电力出版社，2006.
[2] 陈庚. 单元机组集控运行. 北京：中国电力出版社，2000.
[3] 黄新元. 电站锅炉运行与燃烧调整. 北京：中国电力出版社，2003.
[4] 杨成民. 600MW超临界压力火电机组系统与仿真运行. 北京：中国电力出版社，2010.
[5] 谭欣星. 600MW火电机组系列培训教材：单元机组集控运行. 北京：中国电力出版社，2010.
[6] 张立人. 大型火电机组电气运行技术问答. 北京：中国电力出版社，2009.
[7] 周如曼. 300MW火力发电机组故障分析. 北京：中国电力出版社，2002.
[8] 黄伟. 600MW超临界机组冲转时主蒸汽温度偏高的原因分析及改进措施. 电力建设，2006，11：55-57.
[9] 王华江. 浅谈阜阳华润电力2×600MW锅炉燃烧调整及经济运行优化举措. 科技博览，2010，26：60.
[10] 翟德双. 600MW超临界机组直流锅炉燃烧调整简介. 安徽电力科技信息，2008，1：1-4.